红花玉兰研究

——育苗 栽培 管理

第三卷

马履一 等◎著

中国林业出版社
China Forestry Publishing House

图书在版编目(CIP)数据

红花玉兰研究. 第三卷，育苗　栽培　管理 / 马履一等著. —北京：中国林业出版社，2022. 7

ISBN 978-7-5219-1566-2

Ⅰ. ①红…　Ⅱ. ①马…　Ⅲ. ①玉兰-栽培技术-研究-中国　Ⅳ. ①S685. 15

中国版本图书馆 CIP 数据核字(2022)第 021684 号

出版　中国林业出版社(100009　北京西城区刘海胡同 7 号)
电话　010－83143564
发行　中国林业出版社
印刷　北京中科印刷有限公司
版次　2022 年 7 月第 1 版
印次　2022 年 7 月第 1 次
开本　787mm×1092mm　　1/16
印张　18. 75
字数　430 千字
定价　75. 00 元

本书著者

主要著者

姓名	职称	单位
马履一	教　授	北京林业大学 红花玉兰研究中心
陈发菊	教　授	三峡大学
桑子阳	正高级工程师	五峰土家族自治县林业科学研究所
贾忠奎	教　授	北京林业大学
彭祚登	教　授	北京林业大学
朱仲龙	副高级工程师	五峰博翎红花玉兰科技发展有限公司
段　劼	副教授	北京林业大学
汪加魏	讲　师	江西农业大学
赵秀婷		北京林业大学

其他参与人员

芮飞燕　郝　跃　管玄玄　许　昊　李招弟
佘　萍　韩　煜　赵　朝　张紫玮　张梦珂
施侃侃　王志杨　王延双　陈思雨　张山山
邓世鑫　尹　群　施晓灯　王　艺　吴坤璟
张雨童

本专著是多个项目和课题的研究成果总结，其出版得到了以下课题和项目的共同资助，在此一并表示感谢！

北京林业大学林学院林学一级学科双一流建设项目

林业公益性行业科研专项项目“红花玉兰新品种选育与规模化繁殖技术研究”(201504704)

林业知识产权转化运用项目“红花玉兰新品种‘娇红 1 号’、‘娇红 2 号’产业化示范与推广”(2017-11)

林业科学技术推广项目“红花玉兰苗木繁育技术示范推广与产业化”(〔2014〕27 号)

林业科学技术研究项目“红花玉兰种质资源收集保护、遗传测定与开发”(2006-39)

中央财政林业科技推广示范项目“红花玉兰新品种‘娇红 1 号’引种栽培及推广示范”(JXTG〔2021〕20 号)

前　言

红花玉兰(*Magnolia wufengensis* L. Y. Ma et L. R. Wang)及其变种多瓣红花玉兰(*Magnolia wufengensis* var. *multitepala* L. Y. Ma et L. R. Wang)是北京林业大学教授马履一、湖北省林业局林木种苗总站高级工程师王罗荣等人于湖北五峰发现的木兰科植物新种和变种，经我国著名树木分类学家洪涛先生的协助鉴定，最终定名。红花玉兰属于高大落叶乔木，最高可达30m，其树干通直，冠形优美，花部性状变异丰富，花被片9~46瓣，花色从纯红至粉红，花型有菊花型、荷花型、牡丹型和月季型等，具有极高的观赏价值，是优良的园林绿化树种。

木兰科植物是被子植物最原始的类群之一，在整个植物进化系统中具有极其重要的位置。种质资源调查结果表明，红花玉兰仅分布于湖北省西南部五峰土家族自治县，是三峡地区特有种。长期在这样的环境下生存与演化，红花玉兰保留了其祖先丰富的总体遗传多样性，同时形成了丰富的遗传变异类型。红花玉兰的发现对木兰科植物的区系研究、分类和系统发育等核心问题具较高的学术意义。

红花玉兰分布区域狭窄，仅分布于湖北省西南部五峰土家族自治县西部海拔1400~2000m的次生林中。红花玉兰对水分、温度、光照和土壤等环境条件要求严格是导致其地理分布局限性的主要原因。其种子在自然条件下的萌发率极低，自我更新困难。此外，长期以来当地居民的种植开荒导致野生红花玉兰林地遭到破坏，红花玉兰种群面积急剧缩小，生境破碎化进程加快。

自2006年红花玉兰发现以来10余年间，马履一带领的红花玉兰科研团队从种质资源保护、种群生态学、遗传多样性、苗木繁育、新品种选育、病虫害防治及抗性生理等多方面开展了研究，并已取得一定的成果。由于研究内容较多，将研究成果进行分卷出版。本卷涉及红花玉兰育苗、栽培、管理等内容，分种子、苗木两编，主要内容如下：

第1章：介绍了红花玉兰种子的基本生物学特性。

第2章：介绍了红花玉兰种子的休眠与萌发机理，探讨了其储藏和萌发所需适宜条件。

第3章：对北京地区红花玉兰苗木年生长规律和生长特性进行了观测，对红花玉兰和木兰科其他树种的叶表型性状、光合特性和蒸腾特性等生长特性进行了对比研究。

第4章：探索红花玉兰种子的最佳播种时间和播种间距，从而提高播种苗出苗率；从

圃地准备、种子处理、播种育苗、苗木管理、病虫害防治、越冬防寒、苗木出圃等方面掌握播种育苗关键技术，形成完整的红花玉兰播种育苗技术体系。

第 5 章：分别探究了容器规格、基质配比及生长调节剂对红花玉兰容器苗生长的影响，得出红花玉兰容器苗最佳培育方法。

第 6 章：对红花玉兰苗木施肥技术进行了研究，探讨了氮肥的施用量、氮磷钾配比和施肥次数对红花玉兰生长的影响，提出了最佳的施肥方案。

第 7 章：对红花玉兰幼苗移栽后出现的缓苗现象进行了研究，利用微生物菌剂、ABT 生根粉等土壤生化处理及夏季修剪等措施提高红花玉兰移栽成活率，为红花玉兰的移栽管理提供技术支撑。

第 8 章：探讨植物生长延缓剂、植物生长抑制剂、截干和修剪对红花玉兰形态、生理、内源激素等方面的影响，得到经济有效的矮化红花玉兰植株的技术方法。

借此机会向支持和关心红花玉兰研究工作的所有单位和个人表示衷心的感谢，本书的出版得到了北京林业大学林学院林学一级学科双一流建设经费的资助，在此特表谢意！红花玉兰研究是一项长期的工作，本书是近十几年本课题组在红花玉兰育苗、栽培、管理方面的研究成果。书中内容涉及范围较广，因编者水平有限，疏漏之处在所难免，恳请各位专家、读者和同行批评指正！

著　者

2021 年 8 月

目　录

上编　种　子

第1章 红花玉兰种子的基本生物学特性

在自然状态下，红花玉兰结实率低，种子萌发困难，种子向幼苗转型率低，林下更新幼苗少见，自然更新受阻，自然繁殖更新能力已严重衰退而处于濒危状态。本章节研究红花玉兰种子的结实率、形态、千粒重、生活力等基本生物学特性，以期为该树种更新、保护、栽培、引种驯化和繁殖以及种质资源保存等工作提供科学依据。

1.1 研究方法

1.1.1 试验材料

将新采集(2008年8月下旬)的红花玉兰果实放在阴凉通风处，待聚合蓇葖果完全开裂后剥出带红色外种皮的种子，取一部分种子分别剥下红色外种皮、黑色中种皮、胚乳(包含胚)称重后过液氮，超低温保存，以备进行新鲜种子种皮抑制物的分析试验；其余种子清水浸泡1~2d，搓洗去掉外种皮，露出带有黑色中种皮的种子，并利用水的浮力净种，净种后于阴凉处晾干表面水分，以备进行种子生物学试验。

1.1.2 试验方法

1.1.2.1 结实率

随机抽取30个聚合蓇葖果，晾晒至裂口，数取每个果实的心皮数和胚珠数、成熟的种子数，成熟种子数与胚珠数的比值即为该蓇葖果的结实率，取30个果实的结实率平均值即为红花玉兰的结实率。

1.1.2.2 种子形态

使用游标卡尺测量新鲜种子的横轴、纵轴长度及种子厚度(单位均为cm)，每组100粒，计算平均值，重复三次。

1.1.2.3 千粒重

采用四分法测量种子的千粒重，每次取种子 100 粒称重，重复 8 次。

$$种子千粒重 = (M_1 + M_2 + \cdots + M_8) \times 1/8 \times 10 \quad (1\text{-}1)$$

式中，M_1，M_2，…，M_8 为每次测量的 100 粒种子的质量，单位为 g。

1.1.2.4 种子含水率检测

取净种后待测的新鲜种子 200 粒称重后，放入 85℃烘箱烘干，第一天每隔 4h 取出称重，以后几天每 12h 测定一次，直到显示恒重，设置 3 个重复，取 3 次重复的平均值计算新鲜种子含水率。

1.1.2.5 种子种皮透性测定

取净种后待测的新鲜种子，分为完整种子和破皮种子(夹破)两种处理，每种处理 3 个重复，每个重复 50 粒种子称重后放入室温下水中浸泡，第一天每隔 4h 取出用滤纸吸干表面水分后称重，以后几天每 12h 测定一次，直到种子吸水达到饱和，每种处理取 3 次重复的平均值(g)计算完整种子和破皮种子的吸水速率。

1.1.2.6 种子生活力检测

取新鲜种子于 50℃温水中浸泡 48h 后，纵向剖开，以不损伤胚而暴露胚为佳。再以 0.5%的 TTC 染液在 30℃的恒温箱中黑暗染色 12h，检查胚和胚乳的着色情况以检测种子的生活力，设置重复 3 次，每重复 50 粒。

1.1.2.7 种子抑制物的分析

(1)抑制物提取

分别称取外种皮、中种皮和胚乳 2.5g 于研钵中，5mL 80%甲醇研磨，将研磨液分别倒入 50mL 试管中，再各以 80%甲醇清洗研钵 3 次，清洗液与研磨液合并于同一试管中，最后分别以 80%甲醇定容至 50mL，振荡均匀。试管中的浸提液于 0℃下浸提 24h，期间振荡 4~5 次。24h 后取出试管，于 0℃ 4000rpm 条件下离心 15min，上清液分别倒入小烧杯中，沉淀液再以 80%甲醇定容至 50mL，搅拌并振荡充分混合，于 0℃下再次浸提，操作同第一次浸提，重复 3 次，分别合并 3 次浸提液，将装有浸提液的烧杯，放在 35℃的气候箱中蒸发浓缩，待甲醇挥发干净后再以蒸馏水分别定容至 50mL，即得到种子各部分萌发抑制物的浸提液原液。

(2)生物学鉴定

将浸提液原液分别稀释至 10%、25%、50%、75%、100%，以蒸馏水为对照，在 12cm 直径的培养皿中放 2 层滤纸，分别加入 5mL 不同部位的、不同浓度的浸提液浸透滤纸，每皿摆放 50 粒白菜种子做萌发试验，各重复 3 次。24h、48h 分别统计发芽率，72h 测量苗高与根长。

1.2 红花玉兰种子基本生物学特性测试结果

1.2.1 果实形态与结实率

红花玉兰果实形态如图1.1所示，红花玉兰果实形态多样，长度为5~20cm不等，绝大多数心皮中有种子或胚珠两枚，其结实率的多少在果实之间差异也很大，且这一差异直接决定了果实的长度和直径，结实率越高，果实的长度和直径越大。经统计，红花玉兰果实的平均结实率为29.74%。

图1.1 红花玉兰果实形态

这一结果表明红花玉兰果实的结实率很低。初步解剖观察发现，绝大多数胚珠不能发育成种子，可能是授粉障碍或胚珠败育导致了大部分的胚珠不能发育为正常的种子。

1.2.2 种子形态

由图1.2及表1.1可见，红花玉兰成熟种子多为心形，表面黑色或深褐色，大小不一，横轴平均值为0.948cm，纵轴0.822cm，厚度平均值为0.430cm，纵轴与横轴之比的平均值为0.902。

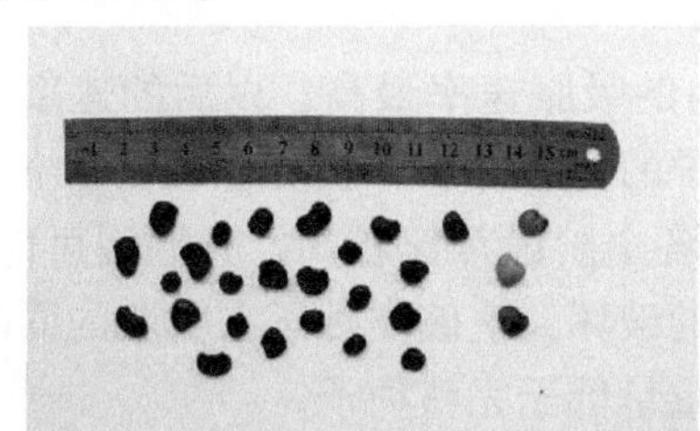

图1.2 红花玉兰种子形态

表 1.1　红花玉兰种子形态特征

指标	横轴(cm)	纵轴(cm)	纵轴/横轴	厚度(cm)
平均值	0.948	0.822	0.902	0.430
最大值	1.084	1.000	1.276	0.500
最小值	0.682	0.678	0.713	0.350

此外，成熟的红花玉兰种子经净种以后5%～10%在种子的尖端发现虫蛀的圆形小孔(图 1.3)，并且在蓇葖果的营养运送部分即心皮着生纤维束内部发现了某种害虫，白色，长约 1.0cm，应处于幼年阶段。这些带有虫孔的种子胚乳已经变成黑色，但是不能通过水的浮力与完整种子进行区别，只能通过人工挑选的方法进行鉴别。

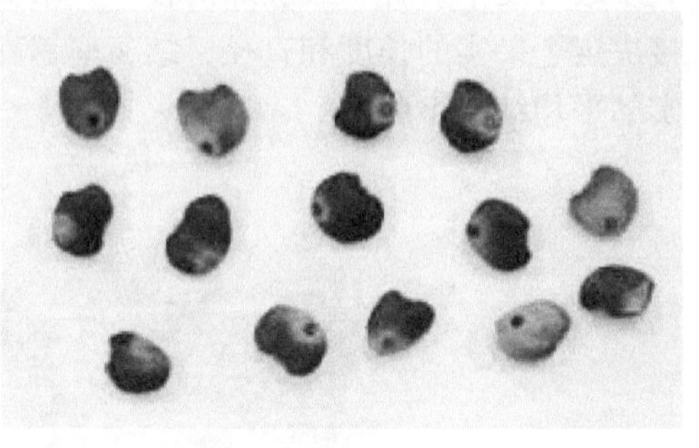

图 1.3　被害虫蛀蚀过的红花玉兰种子

1.2.3　种子千粒重

经测定，红花玉兰新鲜种子千粒重为 128.2001g，约为油松种子的 2.5 倍。

1.2.4　新鲜种子含水率

如图 1.4 所示，红花玉兰新鲜种子含水率为 23.85%，在 85℃条件下烘干 36h 达到恒重，最初 4h 失水最快。

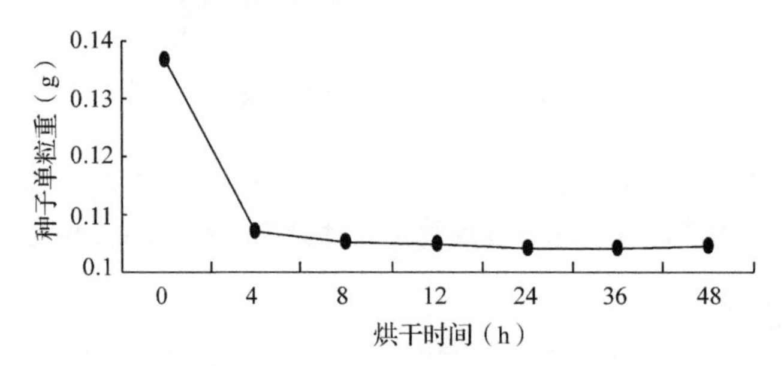

图 1.4　红花玉兰新鲜种子含水率测定

1.2.5　新鲜种子种皮透性

如图 1.5 所示，两种处理的种子均在最初 4h 内的吸胀速率最高，以后的速率平稳下降，在 72h 达到最高。相比之下，红花玉兰新鲜种子的完整种子和破皮种子在各个阶段的吸水速率都趋于一致，而完整种子的绝对吸水量在各个阶段都比较高，其原因可能在于，破皮种子在夹破种皮时对胚乳的完整性造成了一定的破坏，使破皮种子在吸胀的同时也有一部分胚乳被溶解到水中，致使破皮种子吸水后的重量低于完整种子。

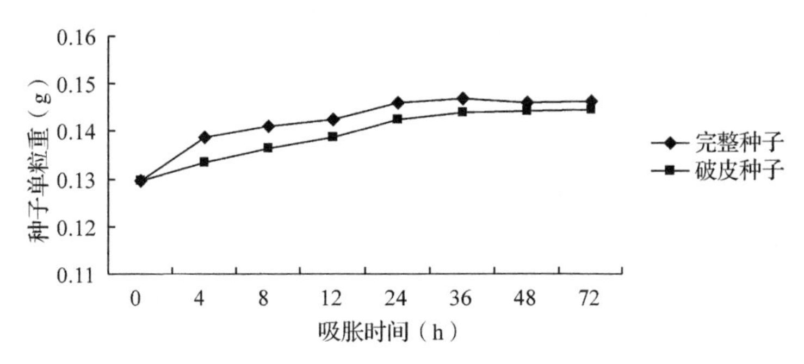

图1.5　红花玉兰新鲜种子吸水速率

1.2.6　新鲜种子生活力检测

TTC法检测表明，红花玉兰新鲜种子的生活力为90.0%。

1.2.7　新鲜种子各部分浸提液对白菜种子萌发的影响

由图1.6可见，胚乳与中种皮各浓度的浸提液对白菜种子的萌发都没有影响，与对照萌发率也没有差别。对于外种皮，随着浓度的增加，外种皮浸提液对白菜种子萌发的抑制作用也越来越明显，外种皮浸提液原液(100%)对白菜种子萌发的抑制作用高达95%。根据试验观察，除了10%的外种皮浸提液中的部分白菜种子能够长出较短的根以外，其余浓度下的白菜种子虽然也有不同程度的萌发，但不能生根，而得不到水分和养分的继续供给，幼苗很快黄化、卷曲，不能继续生长。25%以上的外种皮浸提液能完全抑制白菜种子萌发，且其对白菜种子生根的抑制作用明显强于对发芽的抑制作用。

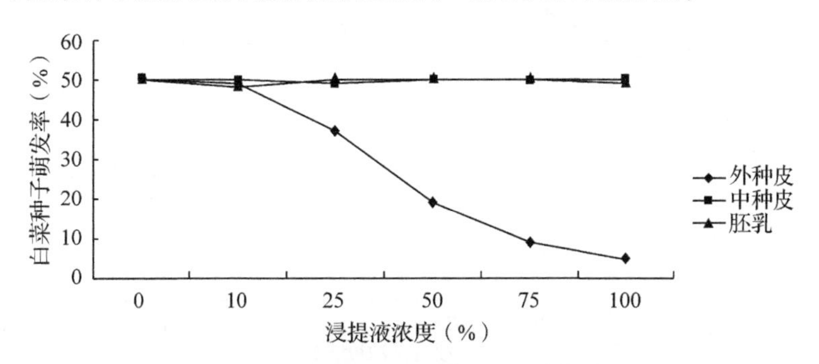

图1.6　播种48h后白菜种子萌发率

（注：图中浸提液浓度0表示对照，即蒸馏水，下同。）

由图1.7可以看出，红花玉兰种子不同部位不同浓度的浸提液对白菜种苗苗高生长的影响各不相同，与对照(蒸馏水)相比，中种皮10%的浸提液对白菜种苗的苗高生长起到了一定程度的抑制作用，在中种皮25%~75%的浸提液中，白菜种苗苗高的生长与对照基本持平，而中种皮100%的浸提液和所有浓度的胚乳浸提液，以及10%的外种皮浸提液都对白菜种苗苗高的生长起到了促进作用，而胚乳浸提液的促进作用明显高于中种皮和外种皮的浸提液。其原因可能在于，红花玉兰种子不同部位不同浓度的浸提液中影响苗高生长的各种物质的含量存在差异，而可能抑制和促进苗高生长的物质发挥作用的绝对浓度以及两者的比例都不同，所以造成不同部位不同浓度的浸提液对白菜种苗的苗高生长产生了不同的影响。

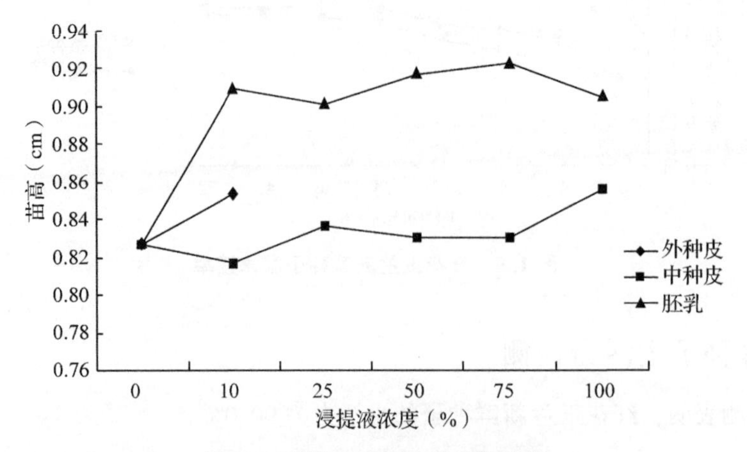

图 1.7 播种 72h 后白菜种苗苗高

根据图 1.8 可以看出，红花玉兰种子不同部位不同浓度的浸提液对白菜种苗根生长的影响各不相同，其中各个浓度的中种皮和胚乳浸提液都能够促进根生长，而胚乳的促进作用整体上稍强于中种皮；10%的外种皮浸提液则可以非常显著地抑制根生长，与对照相比抑制程度达到了 81.32%，可见红花玉兰外种皮中含有很高浓度的抑制白菜种苗根生长的物质。

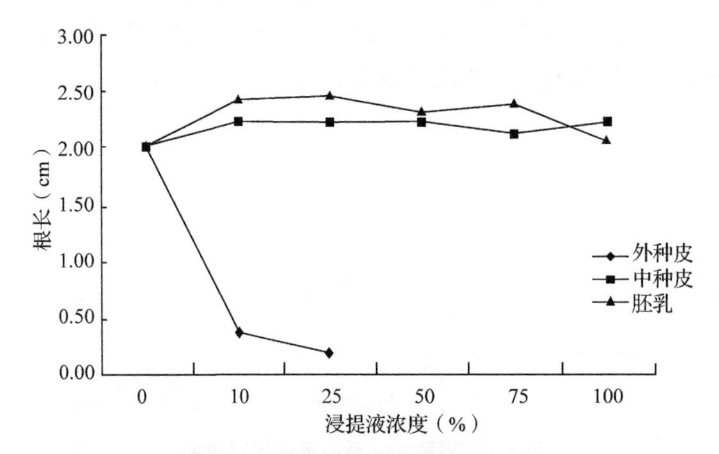

图 1.8 播种 72h 后白菜种苗根长

红花玉兰种子不同部位不同浓度的浸提液对白菜种苗苗高与根长比值的影响是浸提液对白菜种子生长影响效果的综合体现。由图 1.9 可知，低浓度（10%～50%）的中种皮浸提液中播种的白菜种子，其苗高与根长之比小于对照，而高浓度（75%～100%）的中种皮和胚乳浸提液中白菜种子的苗高与根长之比与对照基本持平，而 10%的外种皮浸提液中，白菜种子的苗高与根长之比值几乎达到了对照的 3 倍。结合前面的苗高与根长的折线图，结果说明红花玉兰种子不同部位不同浓度的浸提液对白菜种苗的生长作用效果各不相同，但可以肯定的是，外种皮中含有相当大浓度的抑制白菜种子生根及根生长的物质。但胚乳和中种皮中对白菜种子发芽和生根促进或抑制的物质的含量和作用有待进一步结合内源激素试验结果进行更深入的分析。

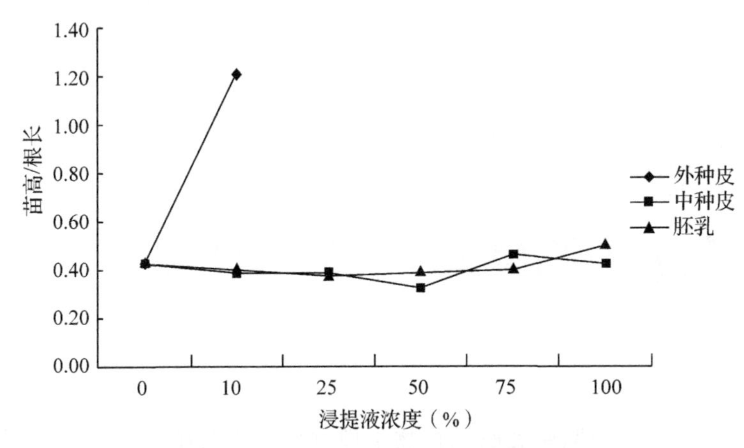

图 1.9　播种 72h 后白菜种苗苗高与根长之比

1.3　小结

红花玉兰结实率低，平均结实率为 29. 74%；成熟种子多为心形，表面黑色或深褐色，新鲜种子千粒重为 128. 2001g，含水率为 23. 85%，生活力为 90. 0%。通过新鲜种子各部分浸提液对白菜种子萌发试验发现，外种皮中含有相当大浓度的抑制白菜种子生根及根生长的物质。

第2章 红花玉兰种子的休眠与萌发机理

种子休眠与萌发是两个紧密关联的植物生理过程。休眠在种子成熟过程中逐渐形成，其程度往往在新收获的种子中达到最高，可以帮助植物种子在不利的环境中得以保存，防止“胎萌”现象的发生。后熟、低温和光照等因素往往可以打破休眠、促使种子萌发，使植物开始新的生命周期。种子休眠与萌发既受内在因素的控制，也受外界环境的调节。本章节研究了不同光照、温度等条件对红花玉兰种子贮藏和萌发过程中同工酶酶谱及其活性、可溶性蛋白含量和丙二醛含量的变化，探明了该物种种子休眠和萌发的生理机理，为红花玉兰种质资源保护和繁育提供理论指导。

2.1 研究方法

2.1.1 试验材料

2.1.1.1 新鲜种子萌发试验的试验材料与处理

将采集的红花玉兰蓇葖果放于阴凉处，待其完全开裂，收集红色种子，搓洗去掉外种皮，清洗干净得到黑色或深褐色的种子，于阴凉通风处晾干表面水分待用。

2.1.1.2 不同条件储藏过程的红花玉兰种子试验材料与处理

①同2.1.1.1方法获得红花玉兰种子。

②分别称取11份一定重量的种子，设置4℃、室温和野外埋藏三种处理，其中前两种分别设置干藏、含水率20%、50%、70%、100%五个湿度梯度(此试验中湿度以河沙含水率计)，分别用干净纱布包好待处理。将河沙淘洗烘干消毒，以1.5kg干沙/390mL水为沙子含水率100%计，依此计算出各个含水率所需水分，配成各个储藏湿度所需的沙藏条件，将湿藏的种子分别藏于其中，存放于相应温度条件下。

③分别在新鲜种子储存15d、30d、45d、60d及其后每15d取材一次，直到同年12月末，在适合水分和温度条件下储藏的种子已经有部分萌发为止。每次每种处理各取10份，每份10粒，锡箔纸包裹标记并过液氮后，保存于-70℃超低温冰箱中，待用。具体取材过程及材料编号见表2.1。

表2.1 红花玉兰种子储藏过程材料编号

储藏条件	取材时间(年.月.日)							
	08.09.03	08.09.23	08.10.08	08.10.23	08.11.11	08.11.23	08.12.09	08.12.24
新鲜种子	0							
4℃干藏		1	2	3	4	5	6	7
4℃-20%		8	9	10	11	12	13	14
4℃-50%		15	16	17	18	19	20	21
4℃-70%		22	23	24	25	26	27	28
4℃-100%		29	30	31	32	33	34	35
室温干藏		36	37	38	39	40	41	42
室温-20%		43	44	45	46	47	48	49
室温-50%		50	51	52	53	54	55	56
室温-70%		57	58	59	60	61	62	63
室温-100%		64	65	66	67	68	69	70
野外储藏			71	72	73	74	75	76

注：表中0~76的数字为材料编号。

2.1.1.3 不同光照条件下萌发过程的试验材料与处理

①根据新鲜种子萌发试验结果以及2.1.1.2中不同处理的红花玉兰种子储藏过程的种子同工酶含量与活性变化，确定4℃100%湿度沙藏为红花玉兰种子最佳储藏条件，25℃100%湿度全光照为最佳萌发条件。

②取一定量4℃100%湿度沙藏6个月的种子，清水中吸胀24h，在25℃100%湿度条件下设置全光照、光暗交替(12h/12h)、全黑暗三种条件进行萌发试验。

③将种子的萌发过程分为：萌动0d(4℃湿沙藏6个月后)，吸胀后、萌动之前、萌动期、裂口、胚根刚突破种皮时期(胚根0~0.5cm)、胚根长度0.5~1.0cm时期、胚轴伸长时期(胚根2.0~3.0cm)、侧根长出，以及侧根长出后几个阶段，三种条件下每个阶段分别取材10份，每份约1g(其中萌动之前每隔一天取材一次)，具体取材过程及材料编号见表2.2，锡箔纸包裹标记后过液氮，后保存于-70℃超低温冰箱中，待用。

④取白玉兰4℃100%湿度沙藏6个月的种子，清水中吸胀24h，在25℃100%湿度条件下全光照萌发，作为酶活性对比试验材料。

表2.2 红花玉兰种子萌发过程材料编号

<table>
<tr><th rowspan="2">时间
条件</th><th rowspan="2">吸胀前</th><th rowspan="2">吸胀后</th><th rowspan="2">2d</th><th rowspan="2">4d</th><th rowspan="2">6d</th><th rowspan="2">萌动</th><th rowspan="2">裂口</th><th colspan="3">胚根生长不同长度(cm)</th><th rowspan="2">侧根长出</th><th rowspan="2">侧根长出后</th></tr>
<tr><th>0~0.5</th><th>0.5~1.0</th><th>2.0~3.0</th></tr>
<tr><td>全光照</td><td>01</td><td>02</td><td>a1</td><td>a2</td><td>a3</td><td>a4</td><td>a5</td><td>a6</td><td>a7</td><td>a8</td><td>a9</td><td>a10</td></tr>
<tr><td>光暗交替</td><td>01</td><td>02</td><td>b1</td><td>b2</td><td>b3</td><td>b4</td><td>b5</td><td>b6</td><td>b7</td><td>b8</td><td>b9</td><td>b10</td></tr>
<tr><td>全黑暗</td><td>01</td><td>02</td><td>c1</td><td>c2</td><td>c3</td><td>c4</td><td>c5</td><td>c6</td><td>c7</td><td>c8</td><td>c9</td><td></td></tr>
</table>

注：a. 表中01~c9为材料编号；b. 吸胀后表示播种当天；2d、4d、6d分别表示播种后第二、四、六天。

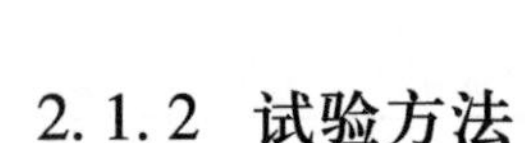

2.1.2 试验方法

2.1.2.1 不同光照、温度、赤霉素和聚乙二醇处理对新鲜种子萌发的影响

取新鲜种子进行催芽萌发，设置如下因素及处理水平，筛选出种子适合的催芽萌发条件：

(1)不同光照、温度处理

设置光照和温度两个处理，其中光照设置全光照、光暗交替 12h/12h、全黑暗三个水平，温度设置 15℃、20℃、25℃、30℃四个水平，以自然条件(100%湿度)为对照，合计共 13 种不同处理。每处理三个重复，每重复 50 粒种子，消毒过的两层滤纸置于培养皿或者托盘中作为发芽床，滤纸吸湿达饱和，将饱满的种子置于其上，以保鲜膜封住上口以防止水分过快蒸发，以针刺一些小孔通气，需要光暗交替和全黑暗条件的容器则制作一个大小合适的黑纸盖用来遮光，放在人工气候箱培养，设置空气相对湿度为 100%。按照试验设计分别在不同的温度和光照条件下培养，每 24h 加水一次使滤纸保持湿润。

种子的萌发以胚根达到种子长度的 1/2 为标志。萌发过程中每天观察 1 次，以发芽率和发芽势为指标，在发芽种子数达到高峰时计算发芽势，在发芽末期连续 5d 发芽粒数平均不足供测种子总数的 1%时计算发芽率。发芽率和发芽势计算公式如下：

$$发芽率(\%)=(正常发芽种子粒数/参试种子总粒数)\times100\% \tag{2-1}$$

$$发芽势(\%)=(到达高峰时正常发芽种子粒数/参试种子总粒数)\times100\% \tag{2-2}$$

(2)赤霉素不同浓度、不同浸种时间处理

种子经 64℃热水浸种和不经热水浸种两种预处理。

两种预处理的种子均设置赤霉素处理浓度梯度(浓度分别为 $50mg\cdot L^{-1}$、$100mg\cdot L^{-1}$、$200mg\cdot L^{-1}$、$400mg\cdot L^{-1}$)和浸种时间梯度(赤霉素浸种的时间为 48h、72h)，设置 CK(清水处理)，每处理三个重复，每重复 50 粒种子，4℃浸种，25℃条件下进行萌发试验，萌发方法和结果统计方法同(1)。

(3)聚乙二醇(PEG)浸种处理

将红花玉兰种子分别用 10%、20%、30%的聚乙二醇溶液浸种，设置恒温 25℃，湿度 65%，每天光照 8h(光强为 1200 lx)，每处理 50 粒种子，重复 3 次，共 450 粒种子。

2.1.2.2 不同光照条件对储藏后种子萌发的影响

取经 4℃100%湿度沙藏的红花玉兰种子，洗净清水中吸胀 24h，25℃100%湿度条件下，设置全光照、光暗交替(12h/12h)、全黑暗三种条件进行萌发试验，萌发方法和结果统计方法同 2.1.2.1 的(1)。

2.1.2.3 不同条件储藏与萌发过程中种子同工酶变化

2.1.2.3.1 不同条件储藏与萌发过程中种子同工酶酶谱分析

(1)同工酶分离及电泳所需溶液配制

30%丙烯酰胺(Arc)贮备液：30g 丙烯酰胺(Acr)和 0.8g N,N′-亚甲双丙烯酰胺(Bis)

溶于100mL重蒸水中，验证其pH值不大于7.0，定容，过滤。置于棕色瓶中，4℃保存。

分离胶缓冲液：即1.5mol·L^{-1} Tris(pH8.8)溶液，18.30g Tris，用盐酸调节pH至8.8，用重蒸水定容至100mL，4℃保存。

浓缩胶缓冲液：即0.5mol·L^{-1} Tris(pH6.8)溶液，量取1mol·L^{-1} Tris溶液50mL，用盐酸调节pH至6.8，用重蒸水定容至100mL，4℃保存。

10%过硫酸铵(AP)：称取40mg，加重蒸水定容至400μL，置于棕色瓶中，冰浴上新鲜配制。

PAGE电极缓冲液：每1000mL该溶液中，含6.06g Tris、28.8g甘氨酸，pH8.3。

60%甘油：甘油60mL，加重蒸水定容至100mL。

10%溴酚蓝：100mg溴酚蓝溶于1mL重蒸水中。

0.05mol·L^{-1}，pH7.8磷酸缓冲液：0.2mol·L^{-1}的Na_2HPO_4溶液57.19mL，0.2mol·L^{-1}的NaH_2PO_4溶液5.31mL，加重蒸水定容至250mL。

5.0%淀粉：可溶性淀粉5.0g，加入95.0mL重蒸水，煮沸数分钟，至透明无气泡，冷却备用，新鲜配置。

(2)同工酶染色液配制

0.04mol·L^{-1}，pH7.0磷酸缓冲液(PBS):0.2mol·L^{-1}的NaH_2PO_4溶液3.4mL，0.2mol· L^{-1}的Na_2HPO_4溶液36.6mL，加重蒸水定容至200mL。

0.005mol·L^{-1} I_2-KI染色液(用于淀粉酶同工酶染色)：0.3807gKI溶于80mL 0.04mol· L^{-1}、pH7.0磷酸缓冲液后，加入0.1269g I_2充分溶解后定容至100mL，过滤，棕色瓶保存，新鲜配置。

醋酸联苯胺溶液(用于过氧化物酶同工酶染色)：0.5g醋酸联苯胺加5mL冰醋酸，然后加热到60℃溶解，待溶解后加44mL蒸馏水，混匀过滤，染色之前再加入1mL 30%的H_2O_2。

0.5mol·L^{-1}Tris-HCl(pH8.0)：量取1mol·L^{-1} Tris溶液50mL，用盐酸调节pH至8.0，用重蒸水定容至100mL，4℃保存。

5mg·mL^{-1} PMS溶液：25mg PMS，溶于5mL蒸馏水，4℃保存。

5mg·mL^{-1} MTT溶液：25mg MTT，溶于5mL蒸馏水，4℃保存。

2.0%琼脂糖：1.0g琼脂糖溶于50mL蒸馏水。

0.1mol·L^{-1}，pH5.0醋酸缓冲液：14.80mL 0.2mol·L^{-1} HAc溶液与35.20mL 0.2mol·L^{-1} NaAc溶液混合定容至100mL。

0.1mol·L^{-1}、pH5.0醋酸盐(用于酯酶同工酶染色)染色液：50mg α-乙酸萘酯、50mg β-乙酸萘酯、100mg坚牢蓝RR(或坚牢蓝B)，溶于100mL 0.1mol·L^{-1}，pH5.0醋酸缓冲液，避光保存。

pH8.0 Tris-甘氨酸溶液：1.04g Tris、0.69g甘氨酸溶解于100mL重蒸水中。

ATP酶染色液：20.3116g ATP-Na、0.555g无水$CaCl_2$，溶于100mL pH8.0 Tris-甘氨酸溶液中。

0.1mol·L^{-1}、pH5.0醋酸盐(用于酸性磷酸酯酶同工酶染色)染色液：100mg α-磷酸萘酯、100mg坚牢蓝RR(或坚牢蓝B)，溶于100mL 0.1mol·L^{-1}，pH5.0醋酸缓冲液，配成醋

酸盐染色液。

注：以上六种同工酶染色液用量均为一块胶的用量，胶数较多时则增加相应倍数的用量。

(3)酶液制备

称取种子(经蒸馏水洗，吸干)1.0g，按样品重：磷酸缓冲液：PVP(聚乙烯吡咯烷酮)为1：5：0.15的比例加入磷酸缓冲液(pH7.8)和PVP；然后，将样品于冰浴上研磨成匀浆(动作迅速，尽量短时间里)，分装于1.5mL离心管中，于冰浴上静置1~2h。将静置后的样品液于4℃离心机上，在12000rpm下，离心20min；再取上清液放入另一离心管中，于12000rpm，4℃离心20min，如此重复3次，得到上清液用于点样。

(4)凝胶系统的形成

①装胶板

凝胶电泳系统一般由电泳槽、电泳和冷却装置组成，同时配套的有各种灌胶模具、染色用具等。电泳槽是凝胶电泳系统的核心部分，其系统的迅速发展主要也是体现在电泳槽上。基于试验室现有的条件，本课题采用的是垂直平板电泳，它包括平玻板、凹玻板、U形硅胶框、梳形样品槽模具、支撑槽和缓冲液槽。两玻板结合能形成一个“夹芯式”凝胶腔，与外面的缓冲液槽形成一个通室，通入电流时，电流即在此回流。垂直电泳槽的较大优点是可在同一块凝胶板上同时比较多个样品，而保证结果的准确和可靠，节省试验材料，且电泳后易于取出凝胶保存或做电泳后的各种鉴定，适用于蛋白质及核酸的快速检测(郭尧君，1999)。

如图2.1所示将密封用硅胶框放在平玻璃板上，然后将凹型玻璃与平玻璃板重叠，将两块玻璃立起来使其底端接触桌面，用手将两块玻璃板夹住放入电泳槽内，然后插入斜插板到适中程度，即可灌胶，如图2.2所示。

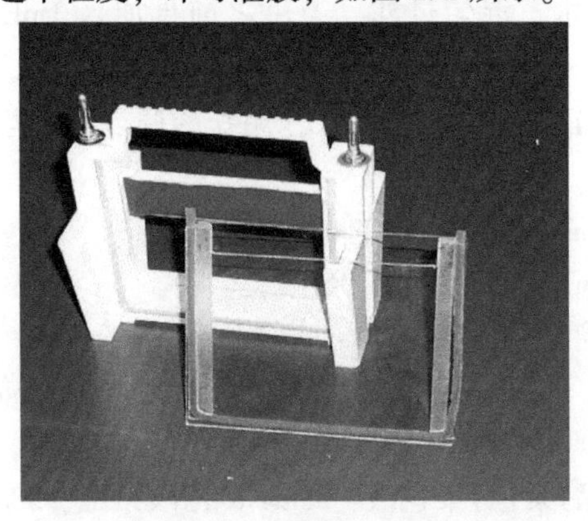

图2.1 玻璃板示意图

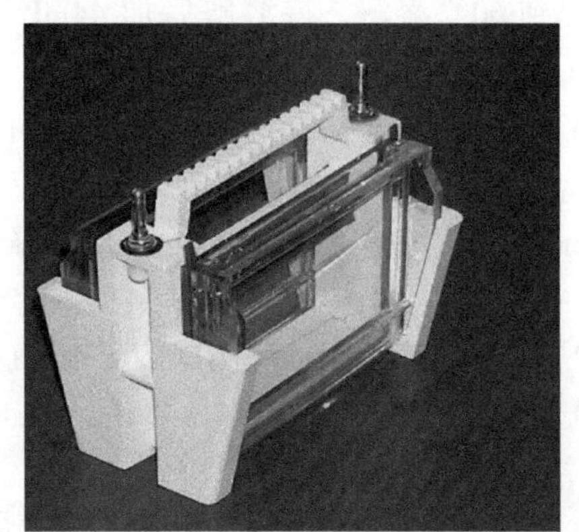

图2.2 装置示意图

②配制分离胶和浓缩胶

PAGE凝胶的配制：按表2.3的加溶液顺序配制10%分离胶，边加边贴桌面轻轻摇动，不要产生气泡，最后加入AP(过硫酸铵)，混匀后将分离胶沿长玻璃板加入胶室内，小心不要产生气泡，加至距短玻璃板顶端3cm处，立即覆盖2~3mm的重蒸水(在胶上加入水层，称水封，其目的是保持胶面平整和防止空气进入，影响凝聚)，静置待聚合(约30min)，当胶与水层的界面重新出现时表明胶已聚合。

按表2.3的加溶液顺序配制3.0%浓缩胶，先倒掉分离胶上的水层，立即加入浓缩胶，插入梳子(即样品槽模板)，凝胶聚集后，轻轻取下梳子，用手夹住两块玻璃板，上提斜插板，使其松开，然后取下玻璃胶室，去掉密封用硅胶框，再将玻璃胶室凹面朝里置于电泳槽。插入斜插板，将稀释10倍的电极缓冲液倒入两槽中，前槽(短板侧)缓冲液要求没过样品槽，后槽(长板侧)缓冲液要求没过电极，备用。

表2.3 PAGE凝胶配方

组　分	10%分离胶	3%浓缩胶
30%丙烯酰胺(Arc)贮备液(mL)	5.00	0.40
分离胶缓冲液(mL)	3.75	—
浓缩胶缓冲液(mL)	—	1.00
TEMED(μL)	15.00	4.00
重蒸水(mL)	6.10	2.56
静置	10~15min	
10% AP(mL)	0.15	0.04
总体积(mL)	15.00	4.00

注：在做淀粉酶时，其分离胶需加入5.0%淀粉溶液，加入量为每8mL分离胶加0.2mL，其他成分按表中的量加入。

(5)加样

按酶提取液：60%甘油:10%溴酚蓝为40:10:1(体积比)，处理样液。混匀后每孔加样40mL。

(6)电泳

插上电极，启动电泳仪，设置电泳参数。

开始电压调至60 V，当样品进入分离胶时，调节电压恒定在120 V，电泳至溴酚蓝移动到离底部0.5cm处，大致需要2~3h；电泳结束后，关掉电源按住支撑槽提手打开上盖，拔掉固定板，取出玻璃板，用刀片轻轻将玻璃夹层分开。弃去浓缩胶，保留分离胶，并在右下角切下一个小角为记号(为第一点样处)，将分离胶放入玻璃平皿内，重蒸水冲洗几次，染色。

(7)同工酶染色

过氧化物酶（POD）：将染色液倒入培养皿，轻轻晃动，使染色液均匀分布在凝胶上。染色大致几分钟后，凝胶出现清晰的蓝色条带，倒掉染色液，用蒸馏水冲洗一两次，马上记录结果，照相。随时间延长，条带渐渐变成棕色。

淀粉酶（AMY）：将凝胶放入0.1mol·L^{-1}，pH7.0的磷酸缓冲溶液中，37℃下浸泡45min，蒸馏水冲洗3次，浸入0.005mol·L^{-1}的I_2-KI溶液中，显色10min左右即可，结果为蓝色背景下的白色条带，用蒸馏水漂洗2次，照相。

超氧化物歧化酶（SOD）：0.5mol·L^{-1} Tris-HCL(pH8.0) 25mL，MTT 5mg·mL^{-1} 2mL，PMS 5mg·mL^{-1} 2mL，加在一起混匀。电泳结束时，将上述反应液倒入2 %琼脂糖50mL(煮沸后冷却到50~60℃)溶液中，混匀后，均匀地倒在胶板上，曝光几分钟，然后放在37℃下保温，直到在暗背景下出现白色酶带。记录结果，照相。

酯酶（EST）：将凝胶放入染色皿，倒入0.1mol·L^{-1}，pH5.0醋酸盐(用于酯酶同工酶

染色)染色液约 50mL，在小摇床上、室温下，黑暗摇动 2~4h，即可看到无色背景下的棕褐色或棕黑色条带，条带清晰时，倒掉染液，水洗胶版 1~2 次，记录结果，照相。

ATP 酶：将凝胶放入染色皿，倒入 ATP 酶同工酶染色液约 100mL，加盖与 25℃光培养室内静置大于 24h，待透明胶板上出现清晰的白色酶带时倒掉染色液，清洗胶板并记录结果，照相。

酸性磷酸酯酶(ACP)：将凝胶放入染色皿，倒入 0.1mol·L^{-1}，pH5.0 醋酸盐(用于酸性磷酸酯酶同工酶染色)染色液约 50mL，在小摇床上、室温下，黑暗摇动 2~4h，即可看到无色背景下的玫红色条带，条带清晰时，倒掉染液，水洗胶版 1~2 次，记录结果，照相。

2.1.2.3.2 不同条件储藏与萌发过程中种子同工酶活性变化测定

过氧化物酶（POD）：具体方法参见孙文全《联苯胺比色法测定果树过氧化物酶活性的研究》，果树科学，1988，5(3)：105-108。

淀粉酶（AMY）：具体方法参见李合生主编《植物生理生化试验原理和技术》，高等教育出版社，2000 年 7 月(2004 年重印)：169-172。

超氧化物歧化酶(SOD)：具体方法参见李合生主编《植物生理生化试验原理和技术》，高等教育出版社，2000 年 7 月(2004 年重印)：167-169。

2.1.2.4 不同条件储藏与萌发过程中种子可溶性蛋白含量变化

具体方法参见李合生主编《植物生理生化试验原理和技术》，高等教育出版社，2000 年 7 月(2004 年重印)：167-169。

考马斯亮蓝 G-250 染色法测量植物组织中可溶性蛋白质的含量。

2.1.2.5 不同条件储藏与萌发过程中种子丙二醛含量变化

具体方法参见王学奎主编《植物生理生化试验原理和技术(第二版)》，高等教育出版社，2006 年 5 月(2007 年重印)：180-181。

2.2 光照、温度、赤霉素以及聚乙二醇(PEG)对新鲜种子萌发的影响

由表 2.4 可知，自然条件下，红花玉兰新鲜种子难以萌发，仅极少数新鲜种子 25℃条件下萌发。全光照、光暗交替、全黑暗条件下，42d 的萌发率分别为 2.00%、1.67% 和 1.33%。观察发现，30℃100%湿度条件下，无论光照条件如何，种子均不能萌发，且很容易劣变，15℃、20℃、25℃条件下的种子也有部分劣变，但劣变程度远低于 30℃条件下的。由此可见，红花玉兰新鲜种子难以萌发，温度和光照条件对红花玉兰新鲜种子的萌发有一定程度的影响，25℃全光照(100%湿度)为红花玉兰种子萌发的适合条件。

表 2.4　不同光照和温度条件对红花玉兰新鲜种子萌发的影响

光照条件	播种天数	萌发率				
		15℃	20℃	25℃	30℃	自然温度
全光照	10d	0	0	0	0	0
	15d	0	0	0	0	0
	25d	0	0	0	0	0
	35d	0	0	1.33%	0	0
	42d	0	0	2.00%	0	0
光暗交替	10d	0	0	0	0	0
	15d	0	0	0	0	0
	25d	0	0	0	0	0
	35d	0	0	0.67%	0	0
	42d	0	0	1.67%	0	0
全黑暗	10d	0	0	0	0	0
	15d	0	0	0	0	0
	25d	0	0	0	0	0
	35d	0	0	1.33%	0	0
	42d	0	0	1.33%	0	0

由表2.5可见，与清水浸种相比，赤霉素能促进红花玉兰新鲜种子的萌发，浓度 $100mg \cdot L^{-1}$ 的 GA_3 溶液浸种72h，其最高萌发率仅达到25.33%。总体上讲，赤霉素浸种72h对萌发的促进效果好于浸种48h，热水浸种预处理不利于红花玉兰新鲜种子。而不经热水处理，直接以 $100mg \cdot L^{-1}$ 的赤霉素浸种72h对萌发的促进作用最大，可见赤霉素浸种处理促进萌发也需要合适的浓度和浸种时间，并非浓度越大效果越明显。另外，根据试验观察，赤霉素浸种后的种子在萌发中的劣变率明显高于清水浸种的种子，其原因尚不明确。

表 2.5　不同赤霉素处理后红花玉兰新鲜种子的萌发率

浸种时间	播种天数	$50mg \cdot L^{-1}$		$100mg \cdot L^{-1}$		$200mg \cdot L^{-1}$		$400mg \cdot L^{-1}$		清水浸种	
		处理Ⅰ	处理Ⅱ	处理Ⅰ	处理Ⅱ	处理Ⅰ	处理Ⅱ	处理Ⅰ	处理Ⅱ	处理Ⅰ	处理Ⅱ
48h	10d	0	0	0	0	0	0	0	0	0	0
	15d	0		0	2.67%	0	4.00%	0	2.67%	0	0
	25d	0	4.00%	0	9.33%	1.33%	12.00%	0	8.00%	0	0
	35d	0	17.33%	0	10.67%	6.67%	13.33%	2.67%	13.33%	1.33%	2.67%
	42d	0	20.00%	0	12.00%	12.00%	13.33%	5.33%	13.33%	1.33%	4.00%
72h	10d	0	0	0	0	0	0	0	0	0	0
	15d	0	0	0	0	0	0	0	0	0	0
	25d	1.33%	1.33%	4.00%	5.33%	5.33%	1.33%	5.33%	12.00%	0	0
	35d	5.33%	10.67%	10.67%	22.67%	9.33%	2.67%	12.00%	16.00%	1.33%	4.00%
	42d	9.33%	13.33%	14.67%	25.33%	12.00%	2.67%	12.00%	16.00%	2.67%	8.00%

注：表中处理Ⅰ表示经热水浸种后再以赤霉素浸种的种子，处理Ⅱ表示未经热水浸种的种子。

由表 2.6 可知，不同浓度溶液浸种处理对于贮藏后红花玉兰种子各发芽指标影响都不显著。且根据试验观察，浸种后的种子在萌发中的劣变率明显高于用清水浸种的种子。

表 2.6 PEG 溶液处理各发芽指标的方差分析

发芽指标	峰值	发芽势(%)	绝对发芽率(%)	发芽值	平均发芽时间(d)	发芽速度系数($\%\cdot d^{-1}$)	发芽指数
F	0.5	0.5514	0.911	0.5053	0.1847	0.9258	1.4993

注：$F_{0.05}(2, 6)=5.14$；$F_{0.01}(2, 6)=10.9$

2.3 光照条件对储藏后种子萌发的影响

比较表 2.4、表 2.5、表 2.7 可知，合适的储藏条件(4℃ 100% 湿度沙藏)可以显著地提高红花玉兰种子的萌发率，经 4℃ 100% 湿度沙藏的种子的萌发率均在 20.00% 以上。经六个月的储藏，红花玉兰种子在全光照条件下的萌发率由 2.00% 提高到了 36.07%，光暗交替条件和全黑暗条件下的种子萌发率也有不同幅度的提高；另外，4℃ 100% 湿度沙藏处理 6 个月比新鲜种子经不同浓度的赤霉素处理在提高发芽率方面效果要好，最佳的赤霉素处理(即 $100mg\cdot L^{-1}$ 赤霉素 4℃ 浸种 72h)只能将红花玉兰新鲜种子的发芽率由 2.00% 提高到 25.33%，小于 4℃ 100% 湿度沙藏处理 6 个月后的 36.07% 发芽率。

表 2.7 储藏后不同光照条件下红花玉兰种子的萌发率

萌发条件	播种时间						
	7d	10d	20d	30d	40d	50d	55d
全光照	约 5% 裂口	约 12% 裂口	6.77%	17.19%	27.60%	34.11%	36.07%
光暗交替	极少裂口	约 5% 裂口	4.69%	11.85%	20.96%	26.17%	26.82%
全黑暗	—	—	3.52%	8.98%	14.19%	20.70%	21.35%

注：白玉兰萌发试验中因种子太少而无法统计萌发率，故表中未列出，据观察其 50d 萌发率达到 90% 以上。

2.4 储藏条件对红花玉兰种子生理生化过程的影响

2.4.1 不同条件储藏过程中红花玉兰种子同工酶酶谱分析及活性变化

2.4.1.1 不同条件储藏过程中红花玉兰种子淀粉酶同工酶酶谱分析及活性变化

(1)不同条件储藏过程中红花玉兰种子淀粉酶同工酶酶谱分析

由红花玉兰种子储藏过程中的淀粉酶同工酶酶谱图可知，多种淀粉酶在储藏过程中表达，但量少且变化不大，这一结果与种子储藏过程中的较低的生理代谢相符合，其中 a1 和 a4 为红花玉兰种子各种储藏条件下的共有酶带(43~49 号材料中 a4 的缺失是由于试验操作过程中拍照太晚造成)，且表达强度没有显著差异。其余条带为特异性酶带，在 4℃ 条件下的 a2 酶带和室温条件下的 a2 酶带其出现位置明显不同，其本质上应为两条不同的酶带，另外，a6 为室温干藏条件下的特异酶带，在其他储藏条件下都没有出现。由此可见，储藏温度和湿度对红花玉兰种子储藏过程中淀粉酶的表达有较大影响。而种子休眠过程中，各种代谢活动很低，消耗能量较少，红花玉兰种子的主要能源物质是淀粉，休眠过程中较低的能量代谢也就不需要淀粉酶的大量表达，因此可以推测，酶带 a6 是红花玉兰种子储藏过程中遭遇失水时种子反应的表达，而根据植物在遭遇逆境时提前结束休眠的普遍现象，可以推测这一酶带与红花玉兰种子的萌发具有直接关系，对红花玉兰种子萌发过程的淀粉酶同工酶酶谱分析也证实了这一推测(图 2.3、图 2.4)。

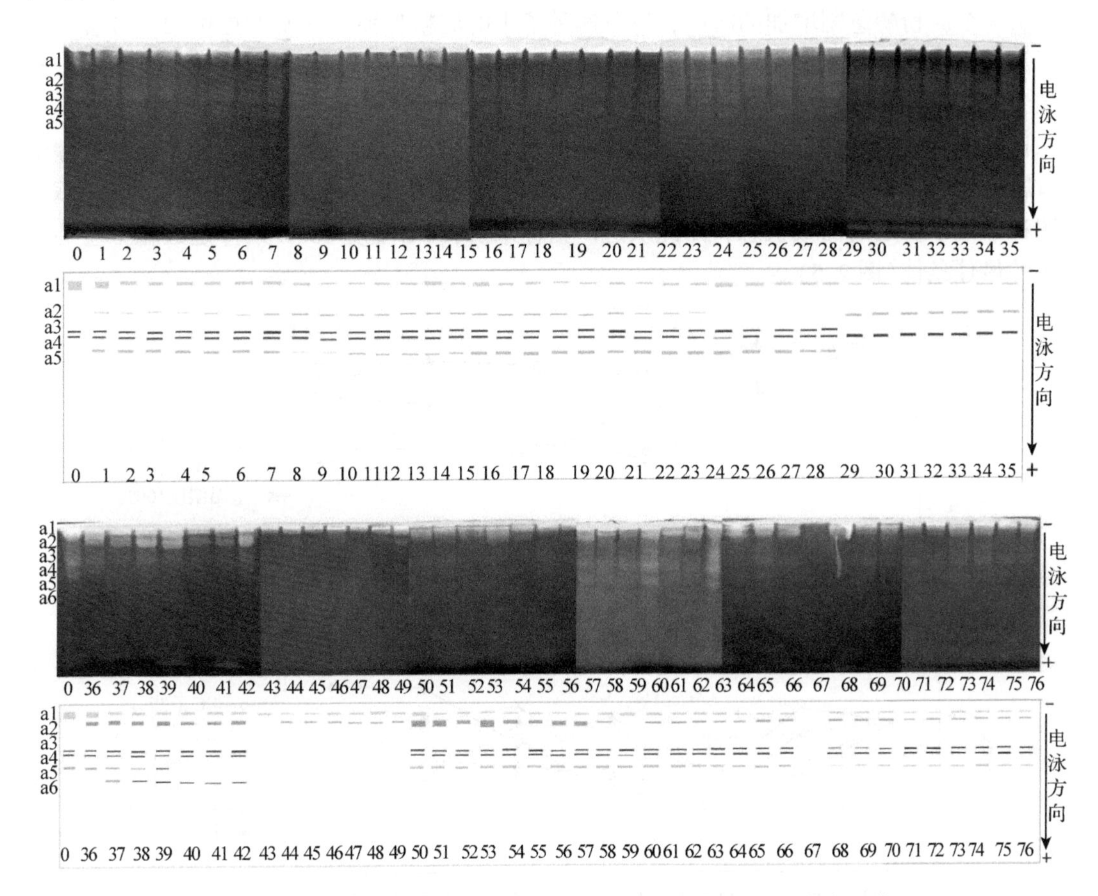

图 2.3　不同条件储藏过程中红花玉兰种子淀粉酶 PAGE 电泳图谱

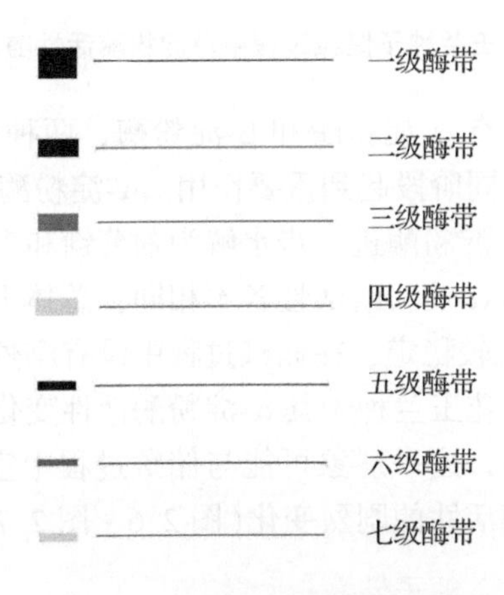

图 2.4　同工酶酶谱图条带说明

(2)不同条件储藏过程中红花玉兰种子淀粉酶同工酶活性变化

通过对红花玉兰种子储藏过程中总淀粉酶活性的测定分析，多数储藏条件下的淀粉酶总活性均低于红花玉兰新鲜种子，且储藏过程中活性变化不大，这与种子储藏过程中的较低的生理代谢水平相符合。值得注意的是，两种温度下干藏的种子淀粉酶总活性都在储藏后的第四至第五个月期间出现了剧烈的上升阶段。在通常条件下，种子由休眠转向萌发都会经历一个淀粉酶急剧增加的阶段，以分解种子中的淀粉为种子的萌发提供细胞分裂和生长所需的大量物质和能量。这样的反应只能说明，在这种条件下储藏的红花玉兰种子已经达到致死的临界水分，在水分胁迫的状态下，导致其产生了一系列萌发的生物学特征。

比较而言，4℃湿度100%条件下储藏的红花玉兰种子，其淀粉酶总活性在储藏过程中没有剧烈变化且稳步减小，可见在这种条件下储藏的红花玉兰种子淀粉的分解作用微弱，说明种子处于稳定的储藏状态，因此从这一指标来讲，4℃湿度100%条件是红花玉兰种子储藏的最佳条件(图2.5)。

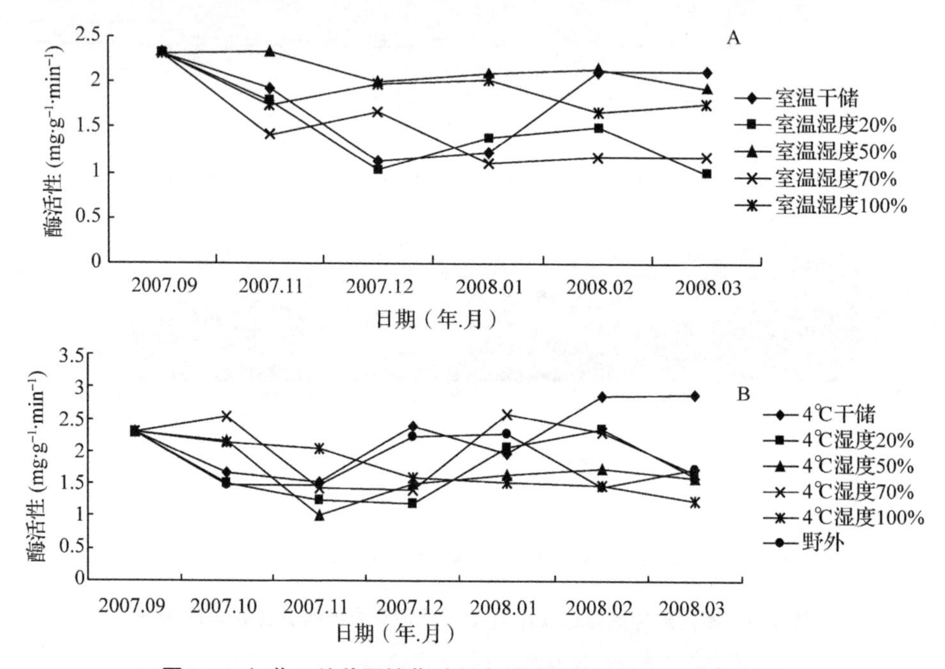

图2.5　红花玉兰种子储藏过程中总淀粉酶活性随时间的变化

植物体内的总淀粉酶主要有α-淀粉酶和β-淀粉酶，两种淀粉酶分别在淀粉分解为可供植物直接利用的葡萄糖的不同阶段起到重要作用。α-淀粉酶分解淀粉粒中的直链淀粉和支链淀粉，释放的低聚糖经α-淀粉酶进一步水解为葡萄糖和麦芽糖。如图2.6所示，红花玉兰种子在不同储藏条件下的α-淀粉酶活性各不相同，总体上讲，野外储藏以及4℃各个湿度条件下的α-淀粉酶活性比较稳定，在储藏过程中没有剧烈变化，均高于红花玉兰新鲜种子；而室温条件下储藏的红花玉兰种子其α-淀粉酶活性变化较大，在整个储藏过程中高低不一，并且没有明显的趋势，这一现象可能与储藏过程中室温的变化剧烈有很大关系，外界温度的剧烈变化导致了酶活性的剧烈变化(图2.6、图2.7)。

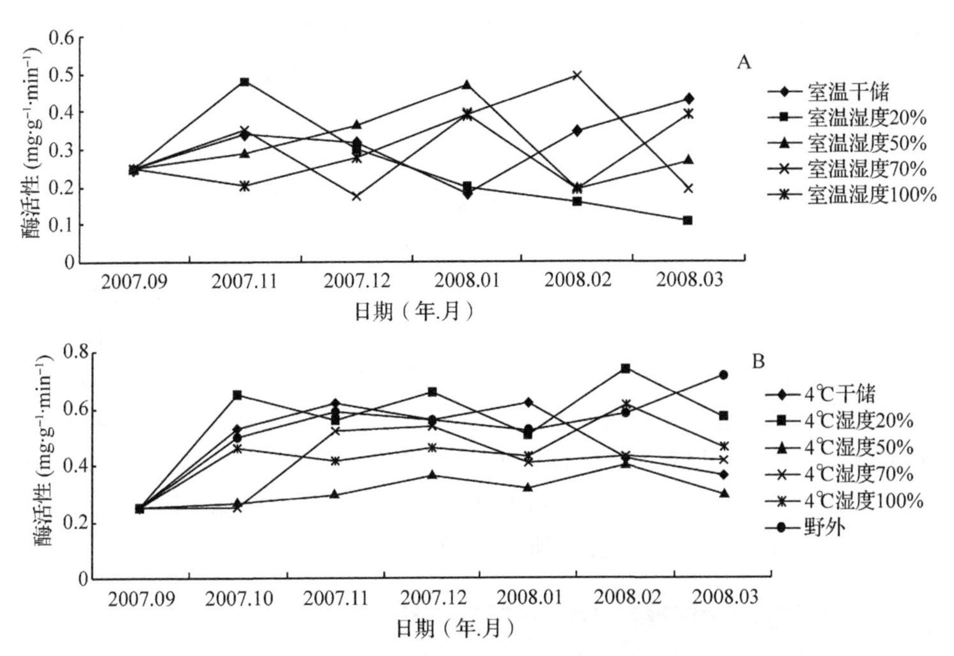

图 2.6　红花玉兰种子储藏过程中 α-淀粉酶活性随时间的变化

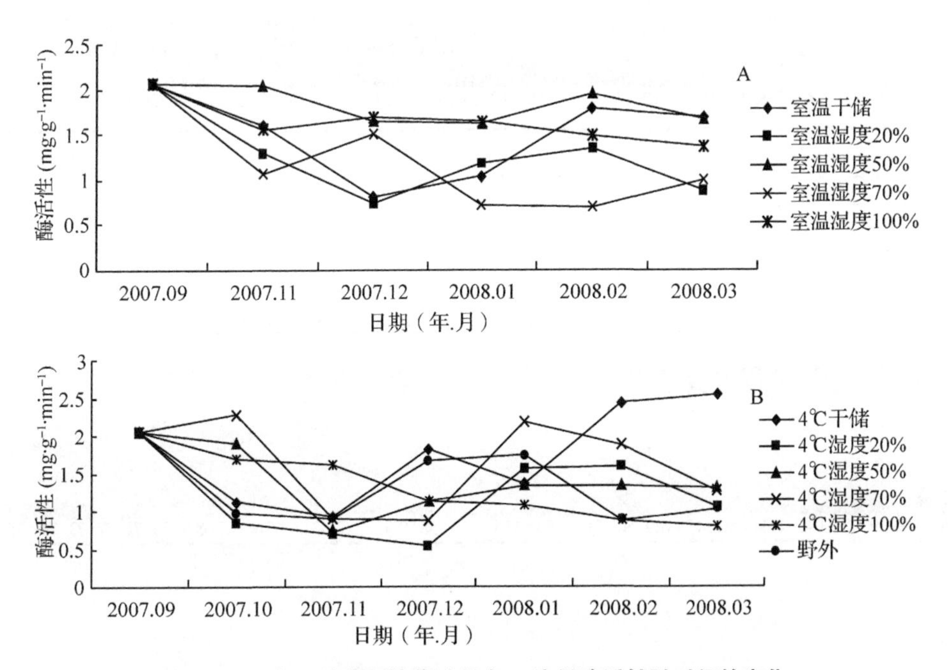

图 2.7　红花玉兰种子储藏过程中 β-淀粉酶活性随时间的变化

β-淀粉酶不能直接分解天然淀粉粒，只能在 α-淀粉酶分解的基础上，断裂开非还原端的麦芽糖，经 α-淀粉酶和 β-淀粉酶作用所产生的麦芽二糖，由葡糖苷酶进一步转化为两个葡萄糖分子。比较可知，β-淀粉酶在各个储藏条件下的活性与淀粉酶总活性所表现出来的趋势一致，且两种温度下干藏的种子 β-淀粉酶活性都在储藏后的第四至第五个月期间出现了剧烈的上升阶段，其原因与总淀粉酶活性中的分析相同。在α-淀粉酶活性总体都比较高的情况下，β-淀粉酶的活性高低直接决定了红花玉兰种子在各个储藏条件下的生理生化活动的剧烈程度。从上图的分析可知，4℃ 100%湿度是红花玉兰种子储藏的最佳条件。

2.4.1.2 不同储藏条件红花玉兰种子过氧化物酶同工酶酶谱分析及活性变化

（1）不同储藏条件红花玉兰种子过氧化物酶同工酶酶谱分析

过氧化物酶（简称POD）是植物体内的保护酶之一，能消除活性氧和超氧阴离子自由基对细胞造成的伤害，过氧化物酶的表达量以及活性的高低可以反映植物生长发育及内在代谢情况，同时也是植物抗性好坏的标志之一，在植物抗逆境胁迫中也是非常关键的酶。从图2.8的分析可知，过氧化物酶在红花玉兰种子的各种储藏条件中表达均较少，除p1为共有酶带外，其他酶带均有一定的特异性。4℃条件下储藏的红花玉兰种子其POD的表达种类比较稳定，且各个湿度条件下POD的表达量随时间的变化不大，而室温条件下POD的种类和表达量在不同湿度之间或同一湿度不同时间都存在着一定差异。

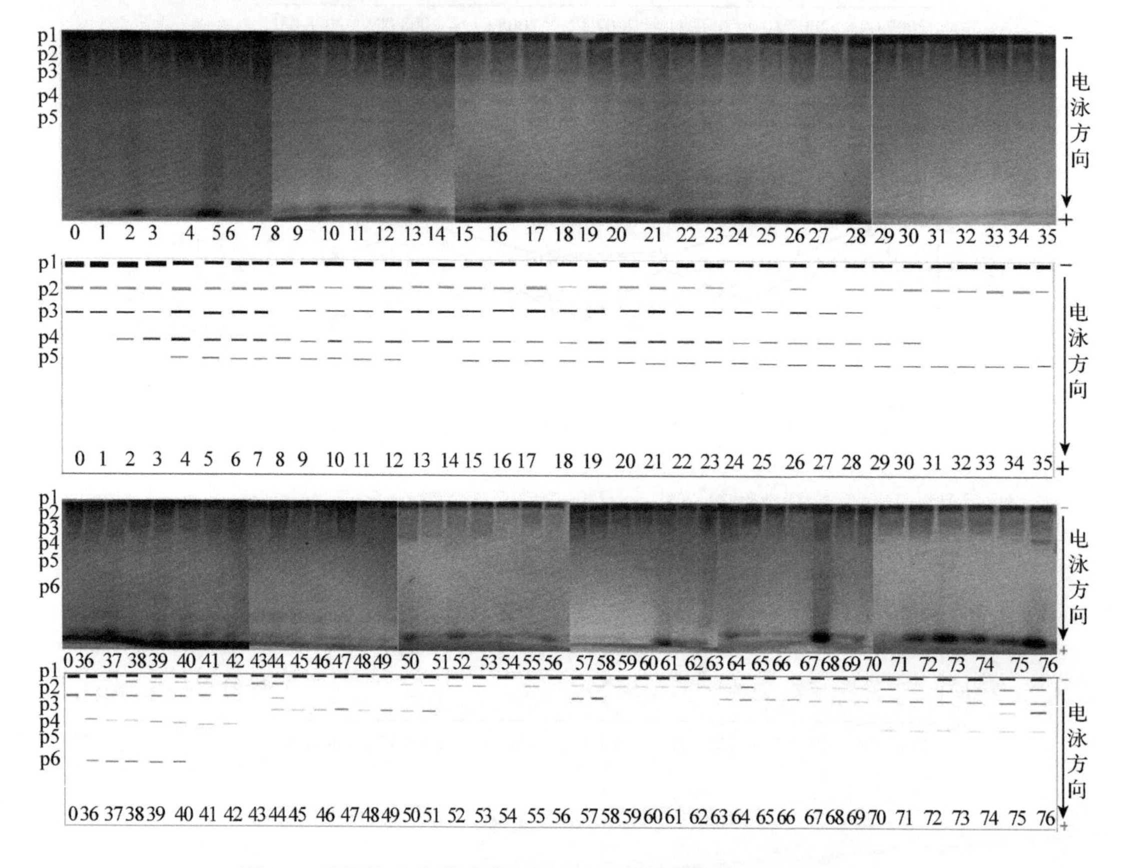

图2.8 不同储藏条件红花玉兰种子过氧化物酶PAGE电泳图谱

室温和4℃干藏条件下，p1的表达量都出现了由多到少的显著变化，同时，小分子量的p2-p5表达活跃，表明失水过程中红花玉兰种子内的细胞膜受到了比较严重的伤害，

POD 的活跃表达是为了消除这种伤害对细胞的影响。4℃湿度 100% 条件下，POD 的表达种类与表达量比较稳定，说明红花玉兰种子在这种条件下内在代谢活动稳定，细胞受到的伤害小。POD 的这一特点说明了红花玉兰种子在低湿度条件下保藏时间短，可能与水分不足导致细胞膜受损有直接关系。

与此同时，POD 在红花玉兰种子储藏过程中的表达量都非常少，这就使红花玉兰种子主动消除活性氧和超氧阴离子自由基对细胞造成的伤害的能力很低，这也可能是红花玉兰种子储藏过程中极易腐坏变质的原因之一。

(2) 不同储藏条件红花玉兰种子过氧化物酶同工酶活性变化

如图 2.9 所示，红花玉兰种子储藏过程中 POD 活性的结果分析表明，4℃条件下储藏的红花玉兰种子其 POD 活性总体上均高于新鲜种子和室温、野外条件下储藏的种子，说明在 4℃条件下红花玉兰种子保护酶活性较高，对细胞的保护作用也比较强；在 4℃和室温两种干藏条件下，红花玉兰种子中的 POD 活性随着储藏时间的变化规律不尽相同，室温干藏条件下，POD 的活性很快降低至最低点，而 4℃干藏条件下，POD 活性经历了先升高后降低的过程，这一现象的出现与种子的储藏环境密切相关，在 4℃条件下种子失水缓慢，而室温条件下，新鲜种子采集处理后是 9 月上旬，在储藏地(湖北宜昌)的气温还非常高，导致种子的迅速失水，这就解释了两种干藏条件下红花玉兰种子中 POD 活性规律不同的现象。

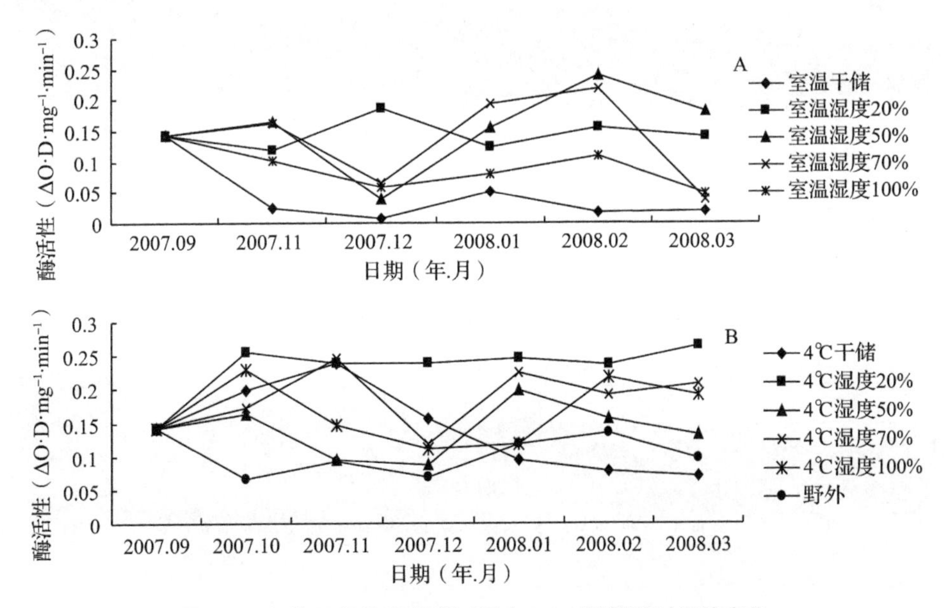

图 2.9 红花玉兰种子储藏过程中 POD 活性随时间的变化

结合 POD 同工酶酶谱的分析和活性分析，4℃100% 湿度储藏条件下红花玉兰种子细胞受到了 POD 同工酶最大程度的保护，从这一指标的角度来讲，认为 4℃100% 湿度是红花玉兰种子储藏的最佳条件，这与淀粉酶同工酶的酶谱和活性分析结果相一致。

2.4.1.3 不同条件储藏过程中红花玉兰种子超氧化物歧化酶同工酶酶谱分析及活性变化

(1)不同条件储藏过程中红花玉兰种子超氧化物歧化酶同工酶酶谱分析

不同条件储藏过程中红花玉兰种子超氧化物歧化酶 PAGE 电泳图谱见图 2.10，s2 在各个样品中均有表达，为红花玉兰种子不同贮藏条件和储藏时间的共有酶带，其他酶带则均有一定的特异性。比较各种储藏条件，4℃和野外储藏条件下不同湿度不同时期超氧歧化物酶(SOD)在表达种类上变化不大，且表达量也相对稳定。而室温条件下干藏的红花玉兰种子中 SOD 出现了三条特异性酶带，使得室温干藏条件下红花玉兰种子中 SOD 的活动异常活跃，这表明随着失水进程的发展，环境胁迫渐渐严峻，而超氧化物歧化酶是一种抗逆性酶，因而种子中 SOD 活动逐渐加强，它表达强度的增加说明种子的抗逆性活动逐渐加强，以使种子度过不良环境。相比之下，4℃100%湿度条件下的红花玉兰种子中 SOD 种类较多且表达量稳定，可以认为在这种储藏条件下红花玉兰种子受到的逆境胁迫最小，因而是红花玉兰种子储藏的最佳条件，这与淀粉酶同工酶和过氧化物酶同工酶的分析结果是一致的。

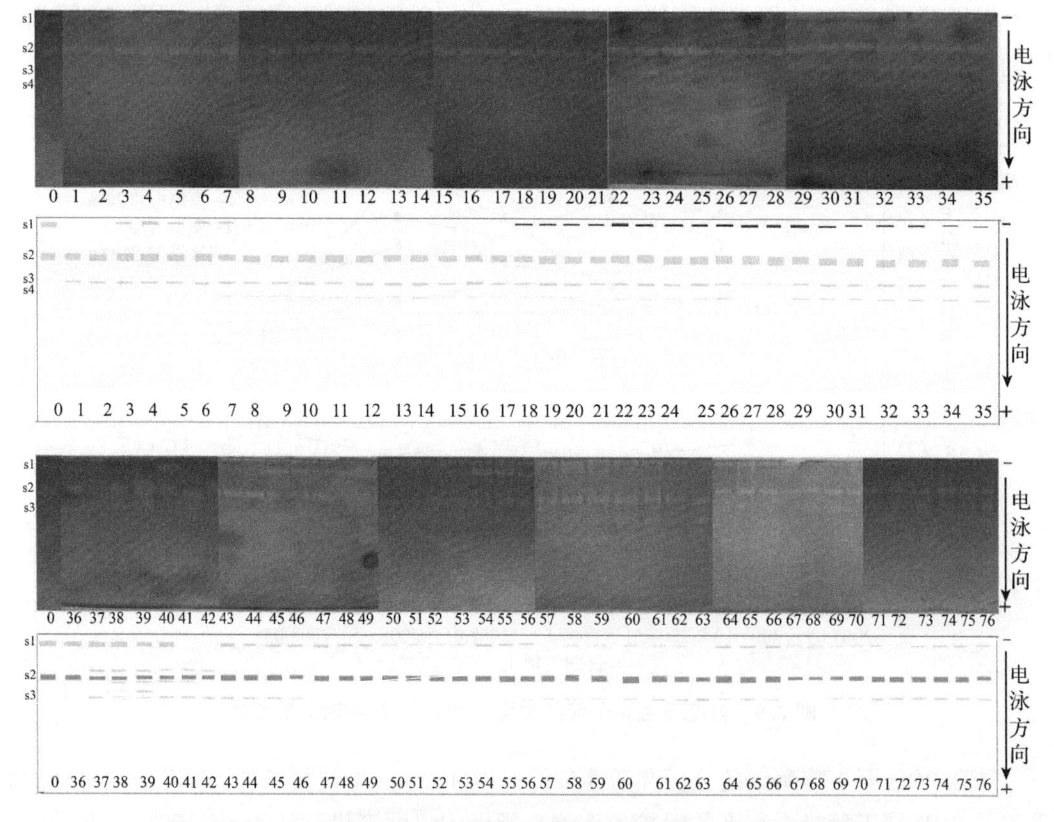

图 2.10 不同储藏条件红花玉兰种子超氧化物歧化酶 PAGE 电泳图谱

(2)不同储藏条件红花玉兰种子超氧化物歧化酶同工酶活性变化

通常认为水分胁迫下植物体内 SOD 活性与植物抗氧化能力呈正相关(王建华等,

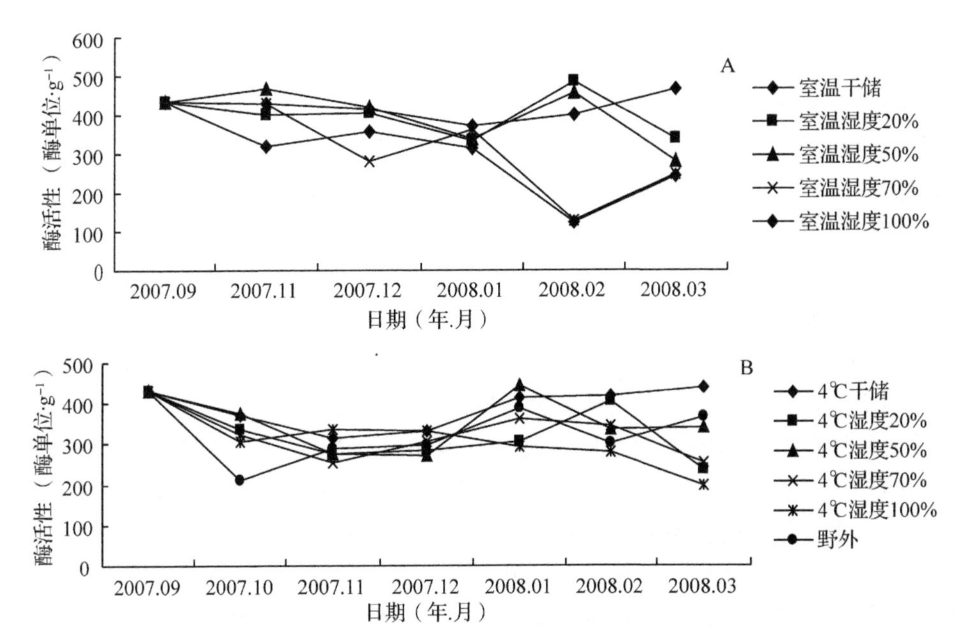

图 2.11　不同储藏条件红花玉兰种子 SOD 活性随时间的变化

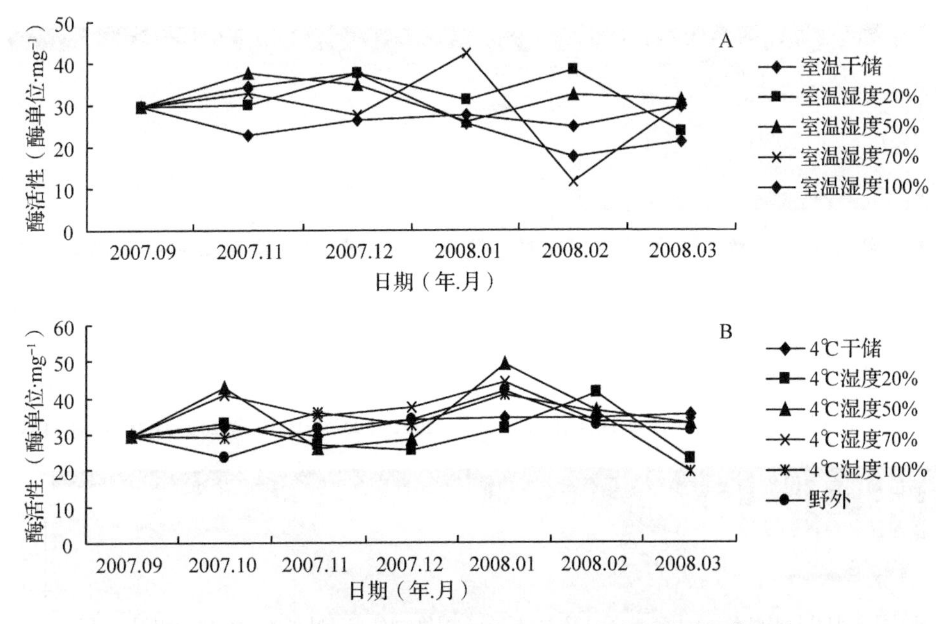

图 2.12　不同储藏条件红花玉兰种子 SOD 比活力随时间的变化

1989)，尽管 SOD 可清除 O_2^-，减轻膜脂过氧化对细胞内其他部位的伤害，但这种保护作用是有限的(王建华等，1989)，过度干旱则会使 SOD 活性下降(任安芝，刘爽，1999)。在膜脂遭到严重破坏的情况下，SOD 活性呈现异常变化，下降或是显著上升，因此由 SOD 活性的变化可以大致推断出适宜植物生长的合理环境湿度、受到水分胁迫的(严重)胁迫湿度甚至是危及植物生存的临界湿度。室温储藏条件下的 SOD 总活性随时间变化较大，而

4℃储藏条件下的 SOD 总活性随时间变化很小且各个湿度之间相差也不大；SOD 比活力也呈现出相似的规律，因此分析可以确定 4℃比室温更适合红花玉兰种子的储藏，且 4℃ 100%湿度条件下红花玉兰种子中的 SOD 总活性和比活力随着储藏时间产生的变化最小，表明红花玉兰种子在这种储藏条件下受到的水分和其他可造成膜系统破坏的伤害最小，因此可以根据这一指标确定红花玉兰储藏的适宜条件为 4℃100%湿度，这与前面的淀粉酶、过氧化物酶等同工酶的研究分析结果是一致的(图 2.11、图 2.12)。

2.4.1.4　不同储藏条件红花玉兰种子酯酶同工酶酶谱分析

酯酶(EST)同工酶是本试验分析的几种酶中最活跃、表达量最多的一种同工酶。EST 在植物体内担负着转脂的作用，此种酶表达量大且活跃说明红花玉兰种子内的脂肪含量较多。比较各种储藏条件的酯酶酶谱图发现，室温条件下酯酶的表达量和活跃程度要高于 4℃储藏和野外储藏，而在室温各个湿度储藏条件下，低含水量环境酯酶的表达量和活跃度又高于高含水量的环境，室温干藏条件下酯酶的表达量和活跃度均达到了最强，共有 15 条酶带，其中至少 8 条为特异性酶带，可见室温干藏种子对于脂类代谢的调控活跃度要高于其他条件储藏的种子，这一特点可能就是红花玉兰种子采用干藏法保藏时间短且易于劣败的原因。从细胞生物学角度来看，可能是种子的低含水量诱导了特异性酶带的表达(图 2.13)。

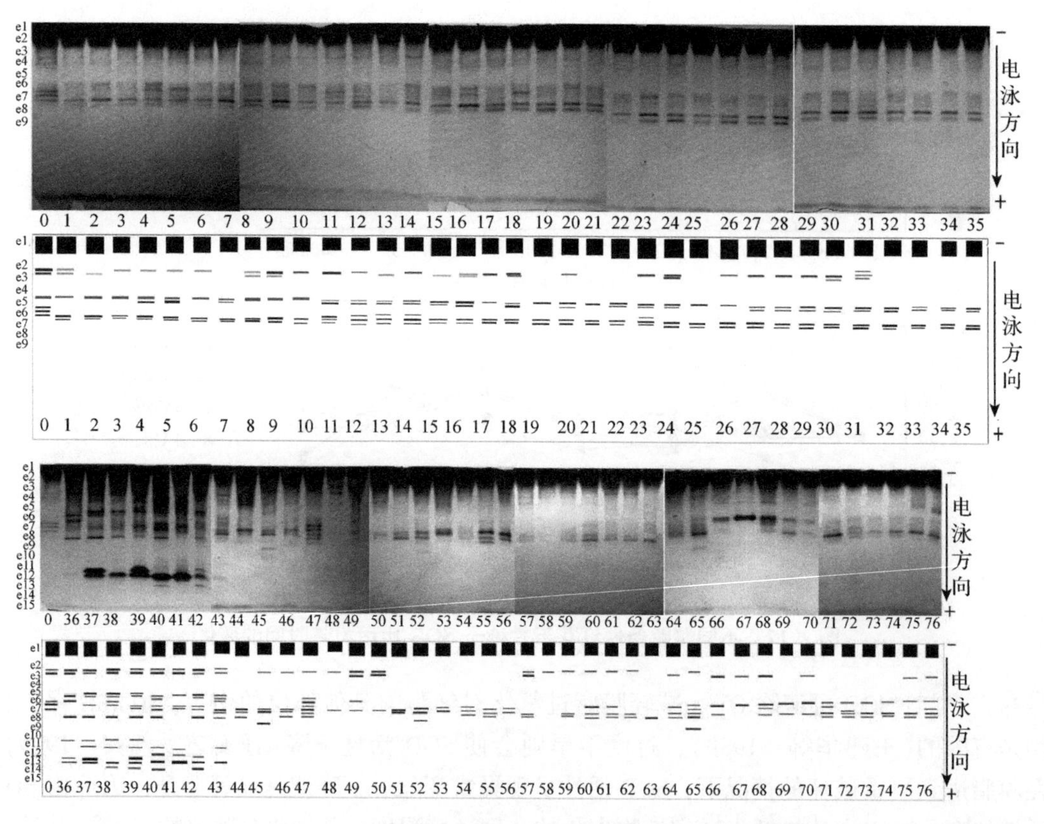

图 2.13　不同储藏条件红花玉兰种子酯酶 PAGE 电泳图谱

2.4.1.5 不同条件储藏过程中红花玉兰种子 ATP 酶同工酶酶谱分析

跨膜 ATP 酶是植物体内 ATP 酶的重要组成部分，可以为细胞输入许多新陈代谢所需的物质并输出毒物、代谢废物以及其他可能阻碍细胞进程的物质。由图 2.14 的分析可知，a2 为各种储藏条件下的共有酶带，其余几个酶带都具有一定的特异性。红花玉兰种子在室温低含水量的环境中 ATP 酶表达活跃，室温干藏一段时间(4~5 个月)后，ATP 酶带数达到了 6 条，且几条特异性酶带的表达量都表现出了先增加再减小的规律，在其他储藏条件下酶谱则比较稳定，大部分时间只有共有酶带的表达，这表明在室温干旱条件下，种子内生理生化活动剧烈，诱导了跨膜 ATP 酶的表达，这些酶的活跃作用在一定程度上缓解了细胞内外电荷的流动以及细胞内外溶液浓度差的增大，延缓了细胞膜受伤害的速度，以使种子免于干旱环境的伤害。

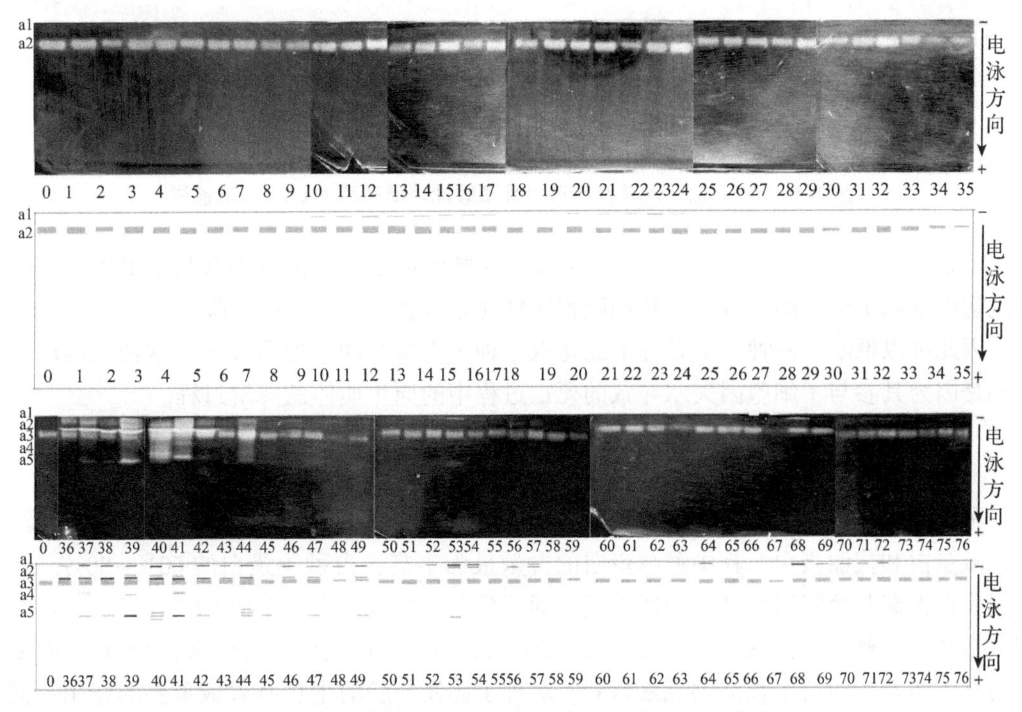

图 2.14 不同储藏条件红花玉兰种子 ATP 酶 PAGE 电泳图谱

2.4.1.6 不同储藏条件红花玉兰种子酸性磷酸酯酶同工酶酶谱分析

由图 2.15 可见，室温和野外储藏条件下，红花玉兰种子中的酸性磷酸酶表达强度高，且酶带数也多。其中又以室温干藏条件下表达最为强烈，并出现了 a6 和 a8 两条特异性酶带。而 4℃各湿度条件下，除干藏过程中酶表达强度比较大以外，其余几种条件下酶谱基本相同，且几种酸性磷酸酶同工酶表达量少而稳定。可见，温度和湿度对红花玉兰种子中酸性磷酸酶的表达影响较大，其中温度的影响力大于湿度的含水量。

甘小洪等(2006)通过对毛竹茎干纤维细胞发育过程的研究发现，随着液泡膜的裂解，在裂解的液泡膜、降解的线粒体和细胞质上具有酸性磷酸酶活性。酸性磷酸酶可能是引起

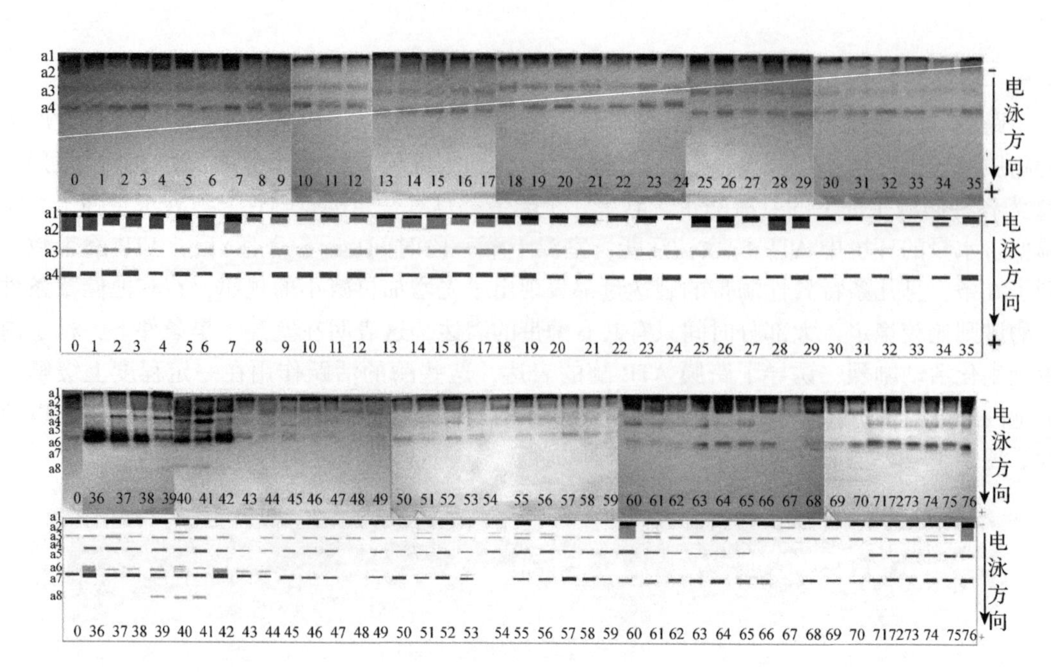

图 2.15 不同储藏条件红花玉兰种子酸性磷酸酯酶 PAGE 电泳图谱

纤维细胞程序性死亡的原因之一，不同的酸性磷酸酶同工酶可能分别参与了毛竹茎秆纤维细胞初生壁和次生壁的形成，以及细胞程序性死亡过程中原生质体的降解。

因此可以推断，两种干藏条件下红花玉兰种子中酸性磷酸酯酶表达异常强烈的原因也可能是因为其参与了细胞因失水导致的死亡过程中的原生质体的降解过程。

2.4.2 不同储藏条件红花玉兰种子可溶性蛋白含量变化

种子的贮藏物质主要是碳水化合物、脂肪和蛋白质，种子的蛋白质可分为两种类型，即贮藏蛋白和代谢蛋白，其中贮藏蛋白的含量最为丰富，占种子蛋白的 60%～80%。种子贮藏蛋白根据其溶解特性可分为四大类，即清蛋白、盐溶蛋白(包括白蛋白和球蛋白)、醇溶蛋白和溶于稀酸或稀碱溶液的谷蛋白(赵文明，1995；楼建中，楼程富，2000)。贮藏蛋白为种子萌发和幼苗生长提供氮素营养，对种子萌发与胚的生长有着极重要的作用；同时与种子活力的形成和保持有着密切的关系。一般认为，种子活力与贮藏蛋白合成能力有关，当活力下降时，蛋白质合成量减少，蛋白质和酶结构遭到破坏。关于种子活力与储藏蛋白含量的关系，傅家瑞(1991)、范国强(1995；1996)、林鹿(1995)等的研究结果证实蛋白质含量与种子活力高度相关。不同储藏条件下，红花玉兰种子可溶性蛋白的含量与种子中各种酶的表达量存在着直接关系。

通过对图 2.16 的分析可见，除两种温度干藏及室温 20% 湿度以外的其他储藏条件下，红花玉兰种子中的可溶性蛋白质含量在储藏的各个阶段均小于新鲜种子并呈现出不断下降的趋势，这一现象说明在储藏过程中，红花玉兰种子储藏蛋白的含量逐渐下降，从而导致种子的活力下降，这与普遍认同的“在贮藏过程中，成熟的种子会经历活力下降的不可逆的过程”(徐是雄等，1987)的研究结果是一致的，这在大豆(吴淑君，王爱国，1990)、大葱(董海州等，1998)和油菜(钱秀珍等，1993)等的研究中已得到证实。另外，在呈现这种趋势的储藏条件之间相比较，蛋白质的含量相差不大，总体上讲，高含水量储藏条件下(4℃和室温条件下的 70% 与 100% 湿度)种子的可溶性蛋白质含量偏低，这说明在高含水量储藏条件下红花玉兰种子内的生理生化活动缓慢，各种酶活动较少，生命状态稳定，这也保证了红花玉兰种子在这种条件下能够储藏较长的时间。

与此同时，我们也注意到两种温度下的干藏和室温 20% 湿度条件下的储藏过程中，红花玉兰种子可溶性蛋白质含量明显高于其他储藏条件，且 4℃ 干藏和室温 20% 湿度条件下可溶性蛋白质含量都经历了先减小再逐渐增大的趋势，初步推测这一现象可能与种子的失水有关。失水过程中种子的含水量迅速减小，但是可溶性蛋白质绝对含量的减少速度要慢于种子的失水速率，并且失水会导致了种子中酯酶、过氧化物酶、超氧化物歧化酶等的表达量显著增加，体现在可溶性蛋白含量的测定结果上，就导致了这些储藏条件下种子中的可溶性蛋白质含量呈现增加的趋势，这与前面同工酶的研究分析结果是一致的，也与范国强(1995；1996)在对花生种子老化过程发芽率和蛋白质的变化研究中得到的结论相符，他发现随着种子活力的丧失，蛋白质含量增加。

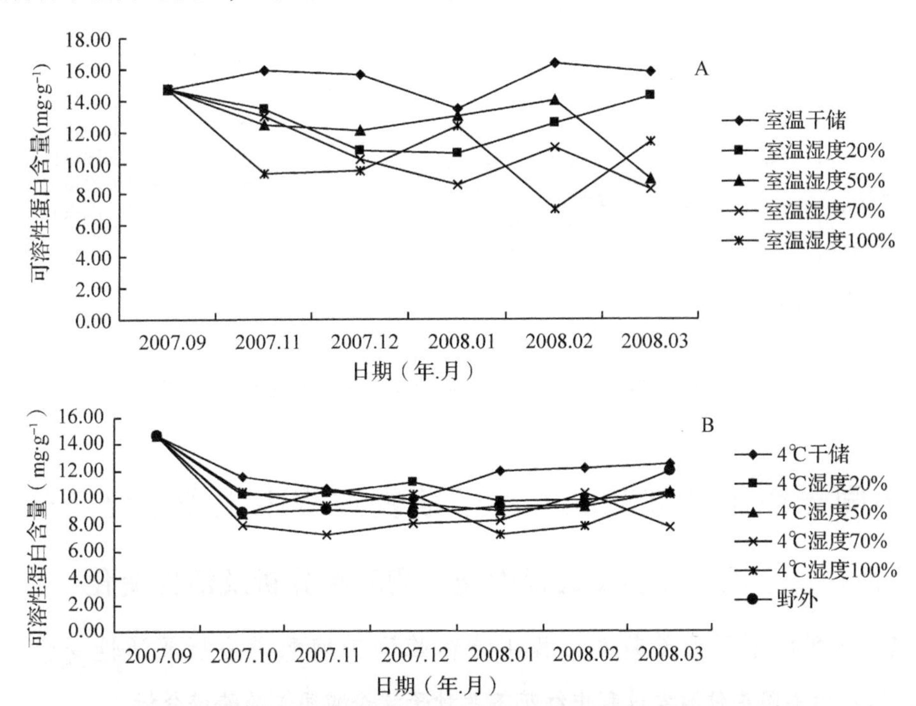

图 2.16　不同储藏条件红花玉兰种子可溶性蛋白含量随储藏时间变化

2.4.3　不同条件储藏过程中红花玉兰种子中丙二醛含量变化

丙二醛(MDA)含量是反映膜脂过氧化作用强弱和质膜受破坏程度的重要标志，也是反映水分胁迫对植物造成伤害的重要参数。在水分胁迫条件下，膜脂过氧化的主要产物—MDA 增加表明植物干旱胁迫程度的加剧。从图 2.17 分析可见，两种温度的干藏条件下，一段时间后红花玉兰种子中的 MDA 含量都明显高于新鲜种子和其他条件储藏的种子，且两种温度条件下，随着储藏环境含水量由低到高，红花玉兰种子中的 MDA 含量也呈现出由高到低的规律，这一现象充分说明红花玉兰种子对脱水敏感性很强，这种特性可能是红花玉兰种子在自然条件下储藏时间较短且容易劣变的主要原因，也是红花玉兰这一物种自然更新困难从而导致濒危的重要原因。另外，两种温度的高含水量储藏条件下红花玉兰种子中 MDA 含量都是同一储藏温度中最低的，这一现象证明红花玉兰种子在高湿度的环境中保存是适宜的。

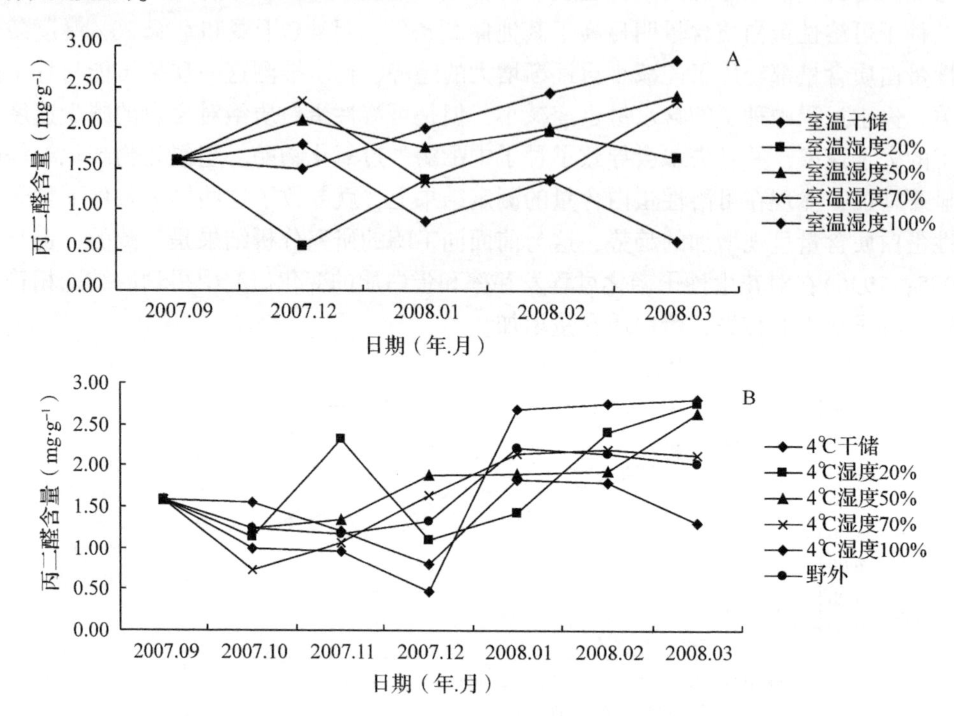

图 2.17 红花玉兰种子储藏过程中丙二醛含量随时间的变化

2.5 不同光照条件红花玉兰种子萌发过程中生理生化变化

2.5.1 储藏后不同条件萌发过程中同工酶酶谱分析及活性变化

2.5.1.1 储藏后不同条件萌发过程中淀粉酶同工酶酶谱分析及活性变化

(1)储藏后不同条件萌发过程中红花玉兰种子淀粉酶同工酶酶谱分析

由图 2.18 可见，a1 为红花玉兰种子各个储藏条件下的共有酶带，且其表达强度在种子裂口后开始有显著变化。其他酶带均有一定的特异性，表达强度也有所变化。淀粉酶在种子萌发早期表达活跃，这与早期需要分解种子储藏的淀粉以提供细胞分裂和生长所需的大量物质和能量有关，随着萌发进程，表达的酶带数出现递减的趋势，而且强度也逐渐减弱。

另外，从三种萌发条件的比较分析可知，全光照萌发条件下的红花玉兰种子淀粉酶表达最为活跃且各种淀粉酶的表达量明显高于其他两种萌发条件，光暗交替条件下次之，全黑暗条件下表达量最弱。从酶谱图可知，a3、a4、a5为几种光照条件下差异比较明显的特异酶带，全光照条件下几种酶带消失和减弱的速度慢于短时间光照(12h)和黑暗条件，可见光照时间对红花玉兰种子萌发过程产生了比较大的影响。由此推测，光照时间的长短可能影响了红花玉兰种子中淀粉的分解代谢途径，全光照可能促使红花玉兰种子中的淀粉代谢途径由低效率的磷酸解快速转入效率较高的水解，从而产生了酶谱的差异。

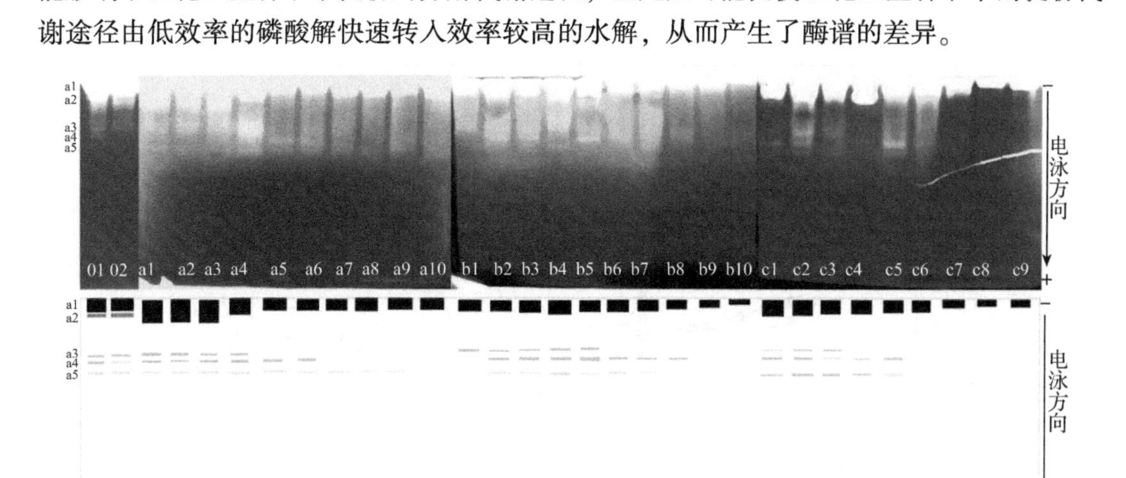

图2.18　储藏后不同条件萌发过程中红花玉兰种子淀粉酶PAGE电泳图谱

从图2.18中分析，可知a3淀粉酶在萌动的晚期至萌发(胚根突破种皮时期)阶段表达活性较高，而在萌动的早期以及萌发以后表达活性却降低直至没有表达。同时，从萌动0天到胚根突破种皮时期，a4酶的表达由弱到强，萌发后又迅速减弱，甚至在全黑暗萌发条件下萌发后表达为0。这一过程中，a3和a4两酶的表达强度的变化，可能启动了种子中与萌发相关基因的表达，从而推动萌发进程向前。在启动萌发早期事件的进行后，后续事件的进行则并不需要这两种酶的参与，甚至并不需其他淀粉酶的参与。后续事件的发生仅需淀粉酶本底水平的表达来维持即可。总体来看，在红花玉兰整个萌发过程中淀粉酶的表达强度呈递减趋势，各时期的酶谱存在差异，可作为红花玉兰种子萌发过程的生化标志之一。

(2)储藏后不同条件萌发过程中红花玉兰种子淀粉酶同工酶活性变化

由图2.19~图2.21分析可知，不同光照条件下，红花玉兰种子萌发过程中的总淀粉酶活性、α-淀粉酶活性和β-淀粉酶活性规律都各不相同。首先，总淀粉酶的活性与β-淀粉酶的活性规律相似，黑暗条件下均表现稳定，这与植物种子多数自然界中萌发均为黑暗条件相符，β-淀粉酶活性的稳定表明了葡萄糖生成量的稳定，从而保证了种子萌发过程中细胞分裂和生长所需的大量物质和能量的供应，使种子能够顺利过渡为幼苗；同时，α-淀粉酶的活性在几种萌发条件下表现出了非常相近的规律，都在胚根突破种皮后(胚根0.5~1.0cm)达到最低点，这表明种子中储藏的能够直接被α-淀粉酶分解的自然淀粉粒已经消耗殆尽，同时这一时期的生长也不需要低聚糖的大量分解。胚根继续生长后α-淀粉酶活性又呈现剧烈的上升趋势，这一现象可能与胚根的伸长需要α-淀粉酶继续水解低聚糖提供物

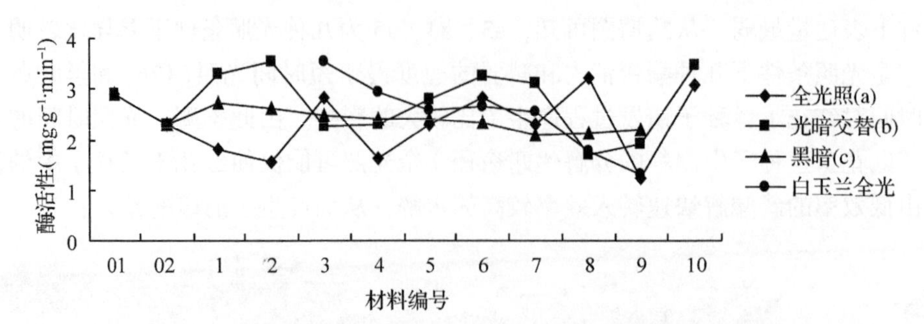

图 2.19　不同萌发条件下红花玉兰种子总淀粉酶活性随时间的变化

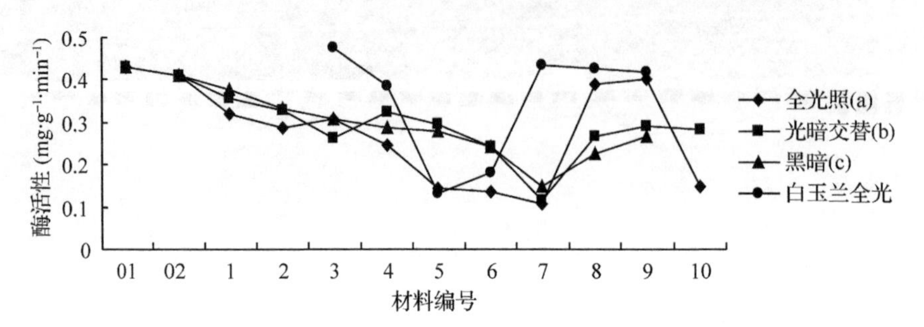

图 2.20　不同萌发条件下红花玉兰种子 α-淀粉酶活性随时间的变化

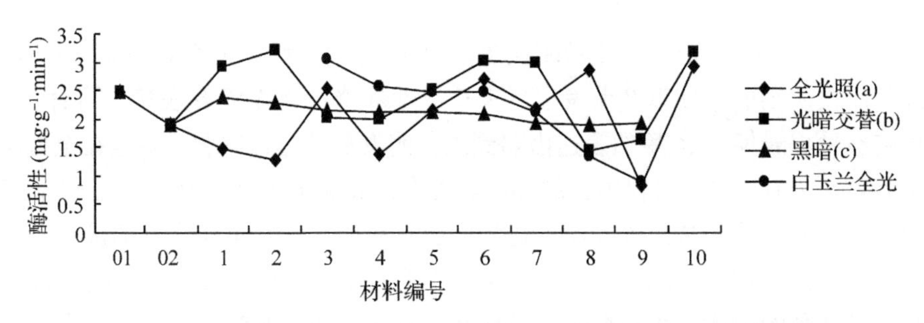

图 2.21　不同萌发条件下红花玉兰种子 β-淀粉酶活性随时间的变化

质和能量有关。

根据几种不同光照条件淀粉酶活性的比较，全光照条件下的 α-淀粉酶活性在胚根突破种皮后出现了比较大的不同，其活性上升的剧烈程度远高于光暗交替条件和全黑暗条件，这说明在胚根突破种皮后全光照条件可以促进 α-淀粉酶进一步水解低聚糖，从而加快种子成苗的速度。全光照条件下红花玉兰和白玉兰种子萌发过程中淀粉酶总活性、α-淀粉酶活性和 β-淀粉酶活性变化规律具有一致性，但总体上白玉兰的变化规律性更强。

2.5.1.2　储藏后不同条件萌发过程中过氧化物酶同工酶酶谱分析及活性变化

（1）储藏后不同条件萌发过程中红花玉兰种子过氧化物酶同工酶酶谱分析

由图 2.22 可知，过氧化物酶同工酶在红花玉兰种子的各种条件萌发过程中的表达均显示出了相近的规律性。p1 为共有酶带且随着萌发进程其表达量逐渐增加，其他酶则均有一定的特异性，p4 在萌发的初始阶段就有表达，但很快表达强度就逐渐减弱，到种子裂口时几乎就消失了，而此时 p6 开始了表达，且强度逐渐增大。据此可以初步推断，p4 在种子的萌发初期起到很重要的作用，即它是种子启动萌发过程所不可缺少的一种酶，而 p6 则主要起到负责萌发后续事件的作用，它的出现可以指示萌发过程的进行。而 p1 的表达也有增强的趋势，从而可以认为它们在红花玉兰种子的萌发过程中起到促进作用。因此，红花玉兰种子的萌发过程可以通过过氧化物酶同工酶的变化来标记。

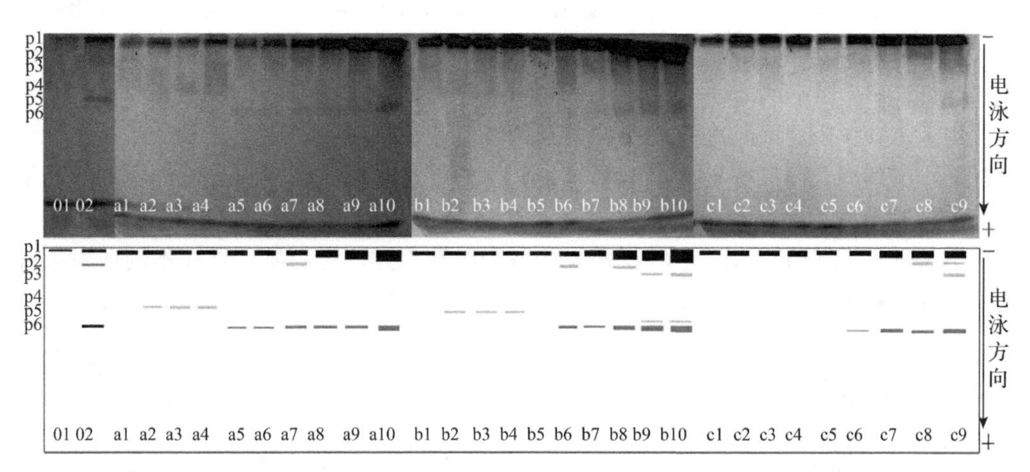

图 2.22　储藏后不同条件萌发过程中红花玉兰种子过氧化物酶 PAGE 电泳图谱

(2)储藏后不同条件萌发过程中红花玉兰种子过氧化物酶同工酶活性变化

从图 2.23 的分析得知，光暗交替条件和全黑暗条件下萌发的红花玉兰种子，其中的 POD 活性规律在各个阶段都表现出了一致性，而全光照条件下红花玉兰种子中 POD 活性的变化规律在胚根突破种皮以前(图中横坐标 7 以前)恰好比其他两种条件提前了一个时期，体现在活性升高和降低的转折点上，即这些转折点均比其他两种萌发条件提前一个时期出现。这说明光照时间对红花玉兰种子的萌发过程产生了明显的影响，全光照条件可以显著促进红花玉兰种子萌发过程中与 POD 有关的生理生化进程。另外，该试验结果显示红花玉兰种子萌发过程中 POD 的活性低于白玉兰，这可能是红花玉兰种子在萌发过程中容易发生劣变的原因之一。

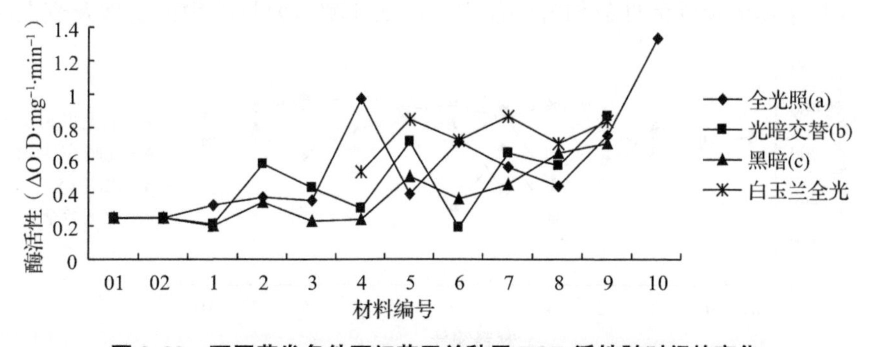

图 2.23　不同萌发条件下红花玉兰种子 POD 活性随时间的变化

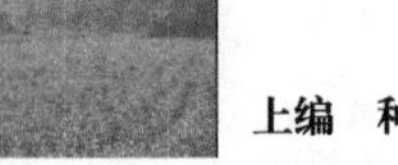

2.5.1.3 不同条件萌发过程中超氧化物歧化酶同工酶酶谱分析及活性变化

(1)储藏后不同条件萌发过程中红花玉兰种子超氧化物歧化酶同工酶酶谱分析

从图2.24中可以看出，s3和s5为红花玉兰种子在不同萌发条件下的共有酶带，其余为特异性条带。在不同光照条件下，随着萌发时间推移均表现出s3表达强度减弱至消失，s5表达强度逐渐增强的趋势；另外，在两种有光照的条件下，在s5出现的稍晚一个阶段，s4也随之出现，并表现出与s5一样表达强度逐渐增强的趋势。因而推测，s5可能是种子萌发后期表达的SOD酶，与种子后期的生理生化反应有关，而s3可能负责种子萌发前期的相关事件，s4在不同光照条件下的有无以及表达时间开始的不同，说明光照对这一酶的表达产生了重要影响，必须在有光照的萌发条件下这一酶才会表达，并且全光照比光暗交替能使这一酶的表达时间提前。总的来说，SOD酶带数随萌发过程的进行而增加。其原因可能是因为脂类等营养物质的大量消耗，产生大量的超氧自由基，从而诱导了新的SOD酶的表达。SOD酶带在红花玉兰种子萌发的各个时期差异较为明显，且在不同萌发条件下强弱变化规律稳定，因而也可作为其阶段发育的生化指标。

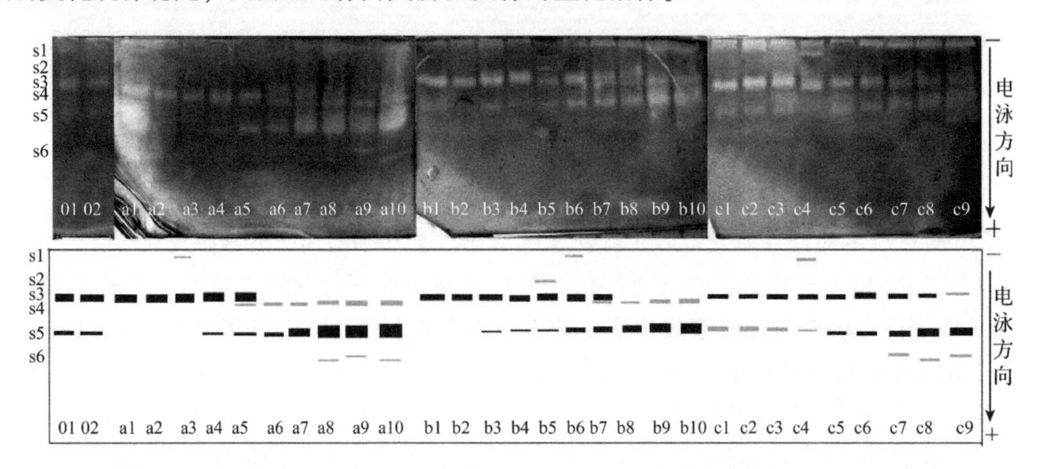

图2.24 储藏后不同条件萌发过程中红花玉兰种子超氧化物歧化酶PAGE电泳图谱

(2)储藏后不同条件萌发过程中红花玉兰种子超氧化物歧化酶同工酶活性变化

超氧物歧化酶(SOD)普遍存在于动、植物体内，是一种清除超氧阴离子自由基($O_2^{\cdot-}$)的酶，有保护生物体免受活性氧伤害的能力。已知此酶活力与植物抗逆性及衰老有密切关

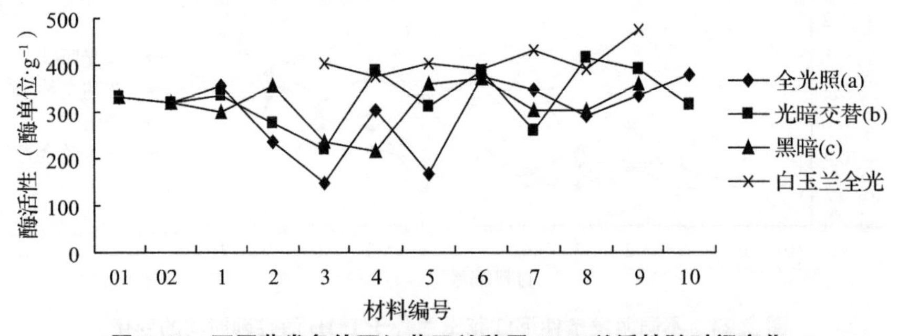

图2.25 不同萌发条件下红花玉兰种子SOD总活性随时间变化

系，故成为植物逆境生理学的重要研究对象。由图2.25和图2.26可见，不同萌发条件下红花玉兰种子萌发过程中SOD活性变化规律一致，且几种条件下活性差异不明显，但该试验结果可以反映红花玉兰种子萌发过程中SOD的活性低于白玉兰，同等条件下其SOD比活力只达到了白玉兰50%左右的水平，这也可能是红花玉兰种子在萌发过程中容易发生劣变的原因之一。

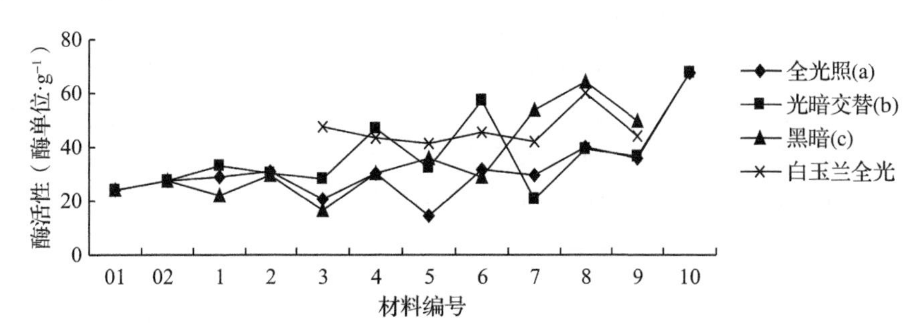

图2.26 不同萌发条件下红花玉兰种子SOD比活力随时间变化

2.5.1.4 储藏后不同条件萌发过程中红花玉兰种子酯酶同工酶酶谱分析

从图2.27中可以看出，红花玉兰种子在不同光照条件下萌发其酯酶同工酶的酶谱有不同表现，总体来讲，都经历了酶谱由多到少再增加的过程，这表明红花玉兰种子的萌发需要某些酯酶的启动，如e8、e9，但萌发的后续事件则与不同的酯酶有关，如e10。值得关注的是，在有光照萌发条件下红花玉兰种子萌发进程到达胚根突破种皮这一阶段时(见图中a7与b7)，酶谱图中都表现出了一个阶段性的特征，即前一阶段表达强度很强的a10分化成了三到四条表达强度比较弱的酶带，且这一分化在胚轴开始生长以后(即胚根长1~2cm，见图中a8、b8)即消失，几条表达强度比较弱的酶带又合并为表达强度比较强的a10。初步推测，这一现象与光照有关，光照可以促进这一过程的进行，但具体原理有待进一步试验证明。总体来讲，红花玉兰种子萌发过程中种子酯酶同工酶的变化规律比较明显，且在不

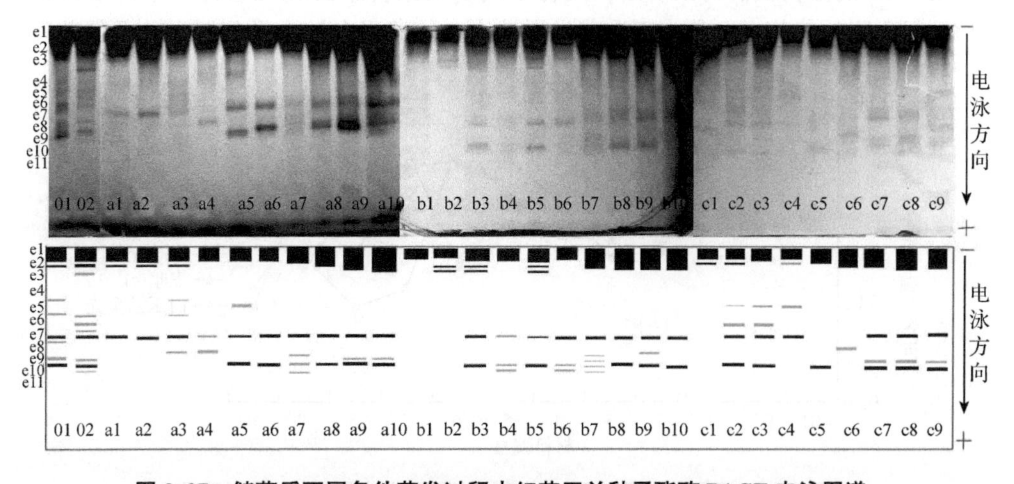

图2.27 储藏后不同条件萌发过程中红花玉兰种子酯酶PAGE电泳图谱

同萌发条件下比较稳定，因此，红花玉兰种子萌发过程可通过酯酶的变化来体现。

2.5.1.5 储藏后不同条件萌发过程中红花玉兰种子ATP酶同工酶酶谱分析

在萌发的种子中，ATP酶的活跃表达是比较符合实际情况的现象，跨膜ATP酶可以为细胞输入许多新陈代谢所需的物质并输出毒物、代谢废物以及其他可能阻碍细胞进程的物质，因此，红花玉兰种子萌发过程中表达的大部分ATP酶应该为跨膜ATP酶。图2.28中a1、a2、a3为各种萌发条件下的共有酶带，这一过程中没有特异性酶带的表达，只有表达量的差异，这说明a1、a2、a3均为红花玉兰种子在各种条件下萌发各个阶段所必须。从表达量上来看，全光照条件高于光暗交替条件，全黑暗条件最低，这说明在全光照条件下，跨膜的物质运输最为活跃，也解释了光照能加速红花玉兰种子萌发的一些生理生化活动进程的现象。

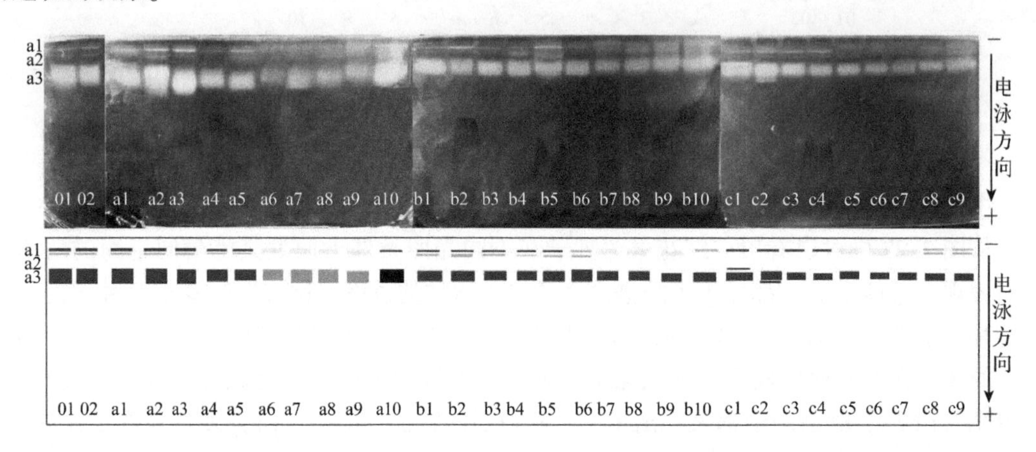

图2.28 储藏后不同条件萌发过程中红花玉兰种子ATP酶PAGE电泳图谱

2.5.2 储藏后不同条件萌发过程中红花玉兰种子可溶性蛋白含量变化

从图2.29的分析我们可以看出，几种不同萌发条件下红花玉兰种子中可溶性蛋白的含量均呈现下降的趋势，这是由于在萌发活动中，储藏蛋白被大量分解为种子的萌发提供

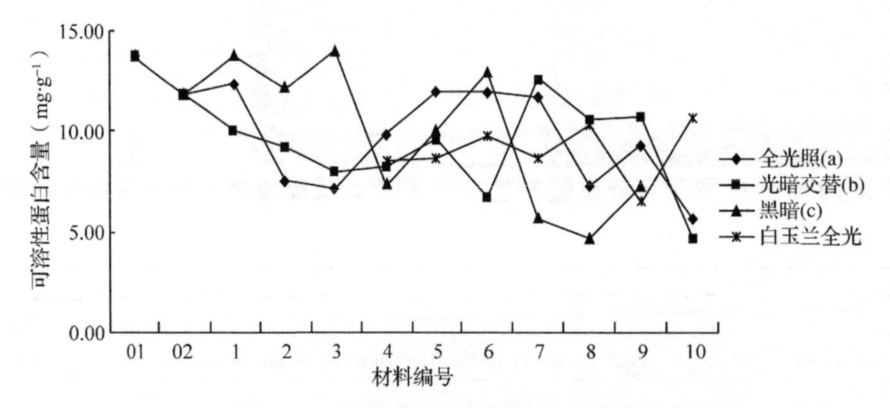

图2.29 不同萌发条件下红花玉兰种子可溶性蛋白随时间的变化

氮素营养，并且在这一试验结果的分析中，各个光照条件下种子中的可溶性蛋白含量没有表现出整体趋势上的明显差异，因此不能得出光照时间长短对于红花玉兰种子萌发过程中可溶性蛋白质含量变化之间关系的明显结论。关于不同活力种子蛋白质合成量变化与种子萌发的关系，刘军(1999)认为：高活力种子中贮藏蛋白能够及时动员为合成新蛋白提供足够的氨基酸，种子活力与种子萌发时胚贮藏的蛋白降解效率及新蛋白合成一致，这表明不同活力种子的蛋白质合成能力、贮藏蛋白降解程度，可以作为衡量种子活力的生化指标。

2.5.3 储藏后不同条件萌发过程中红花玉兰种子中丙二醛含量变化

从图 2.30 中可以分析得知，红花玉兰种子在各种萌发条件下萌发过程中 MDA 的含量都呈现出上升的趋势，这是种子萌发过程中的必然现象，因为种子萌发进行有氧代谢过程中，必然产生氧自由基，自由基不断积累，攻击膜脂分子，引起过氧化作用，形成有机自由基。有机自由基一方面攻击其他脂肪酸链和蛋白质分子，另一方面自身进一步氧化为最终产物丙二醛(MDA)等。试验结果显示 MDA 含量萌发过程中呈上升趋势，且红花玉兰种子萌发过程中 MDA 的积累量高于白玉兰，也说明 MDA 在红花玉兰种子中的抗氧化酶如 SOD、CAT 等含量比较少，不能使自由基的产生与清除达到平衡，MDA 的积累又反过来抑制细胞保护酶的活性及降低抗氧化物的含量，这也可能是红花玉兰种子在萌发过程中容易发生劣变的原因之一，这也很可能是红花玉兰种子在萌发过程中劣变的一个重要原因。

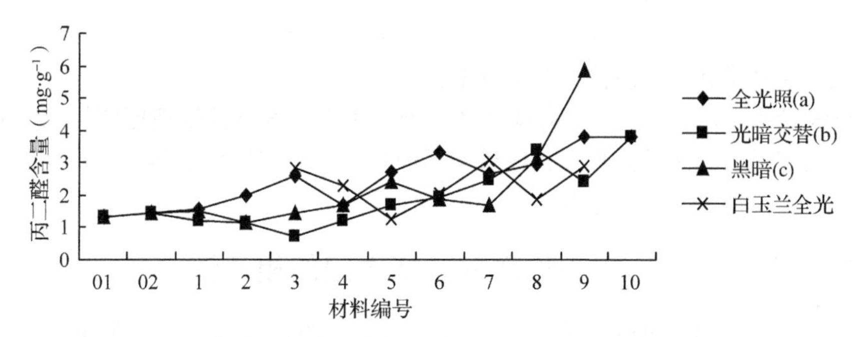

图 2.30 不同萌发条件下红花玉兰种子丙二醛含量随时间的变化

2.6 小结

2.6.1 红花玉兰种子储藏与萌发的条件

新鲜红花玉兰种子含水率为 23.85%。不同条件的储藏过程中各种同工酶的酶谱及活性变化分析结果显示，红花玉兰种子对储藏环境中的水分变化非常敏感，干燥脱水易受损伤，对低温敏感(2008 年春季雪灾后，野外条件储藏的前一年采集的红花玉兰种子萌发率非常低)，不耐贮藏(即使在高含水量的环境中贮藏也会有很高的劣变率)等特点符合顽拗性种子(recalcitrant seed)的最主要的生物学特性，可以初步认定红花玉兰种子属于顽拗性种子。

红花玉兰在不同温度、湿度条件下储藏过程中各种酶同工酶酶谱和活性分析结果显

示，4℃100%湿度沙藏为红花玉兰种子储藏的最佳条件。在这一条件下，种子内部的生理生化活动较少，代谢水平较低，消耗能量较少，与能量供应有关的淀粉酶表达较少，与细胞膜等结构保护有关的过氧化物酶、超氧化物歧化酶等保护酶的表达量也较少，与脂肪分解有关的酯酶、与跨膜物质运输有关的 ATP 酶以及参与细胞程序性死亡过程中原生质体的降解的酸性磷酸酶活性都比较低。另外，在这一条件下种子中的可溶性蛋白含量和丙二醛含量均最少，说明这一条件下红花玉兰种子中的酶活动较少，膜质过氧化作用弱，质膜受破坏程度低，适合红花玉兰种子的储藏。

通过比较分析不同萌发条件下红花玉兰新鲜种子的萌发结果显示，新鲜种子在自然条件下不能萌发，通过各种不同浓度和不同浸种时间和浸种方式的赤霉素处理以后萌发率产生了差异，直接以 $100mg \cdot L^{-1}$ 的赤霉素浸种 72h 并于 25℃全光照萌发时最适宜红花玉兰新鲜种子萌发的条件，萌发率达到了 25.33%，但萌发过程中种子劣变情况比较严重；4℃100%湿度沙藏 6 个月后红花玉兰种子在 25℃全光照条件下的萌发率达到了 36.03%，高于赤霉素处理的新鲜种子。

2.6.2 红花玉兰种子的休眠与萌发机理

新采集的红花玉兰种子经检测在形态和生理上均已成熟，但是通过种子萌发抑制物的分析可知，红花玉兰外种皮中存在高浓度的萌发抑制物质，导致红花玉兰种子成熟后直接进入休眠，且外种皮在自然条件下很难脱落，只能依靠土壤中的微生物进行分解，这一特性致使红花玉兰种子在自然条件下的萌发率很低。

对比试验结果显示，4℃100%湿度沙藏 6 个月比赤霉素直接处理更能提高红花玉兰新鲜种子的萌发率，但这两种处理方式效果均不理想，不能直接用于指导生产实践，在以后的生产中可以尝试两种方式的结合使用。

2.6.3 红花玉兰种子与该物种濒危机制之间的相关性

从种子的休眠与萌发机制角度讲，由统计结果可知，红花玉兰蓇葖果平均结实率为 29.74%，制种后还存在 5%~10%被虫蛀过的种子，红花玉兰新鲜种子由于外种皮中含有大量的萌发抑制物而难以萌发；在对其进行处理的各种不同条件储藏和萌发过程中均出现了很大比例的劣变种子，在经过了种种不利条件筛选后保存下来的种子中还有相当一部分最终也不能萌发，沙藏后种子的最高萌发率仅为 36%，这些试验结果解释了红花玉兰种子在自然条件下萌发率低，自然更新困难的现象，可能是导致该物种濒危的重要原因之一。

从储藏与萌发过程中种子的生理生化变化角度讲，红花玉兰种子不耐储藏、对缺水敏感度很高，在低含水量的储藏环境中失水迅速，种子内部的生理生化活动剧烈，代谢水平高，消耗能量多，并对种子细胞造成了一系列不可逆的损伤，表现在同工酶酶谱和活性分析结果上就是与能量供应有关的淀粉酶表达较多，与细胞膜等结构保护有关的过氧化物酶、超氧化物歧化酶等保护酶的表达量也较多，与脂肪分解有关的酯酶、与跨膜物质运输有关的 ATP 酶以及参与细胞程序性死亡过程中原生质体的降解的酸性磷酸酶活性都比较高；在缺水条件下种子中的可溶性蛋白含量和丙二醛含量均较多，说明这一条件下红花玉兰种子中的酶活动剧烈，膜质过氧化作用强，质膜受到了较大程度的破坏。另外，在萌发过程中，与同等条件萌发的白玉兰种子相比，红花玉兰种子萌发过程中与能量供应有关的淀粉酶表达少，与细胞膜等结构保护有关的过氧化物酶、超氧化物歧化酶等保护酶的表达量也远少于相同萌发条件下的白玉兰种子，红花玉兰种子萌发过程中的丙二醛含量均高于同等条件下萌发的白玉兰，表明萌发过程中红花玉兰种子自我保护与调节的机制弱于白玉兰，才产生了保护酶活性低而有害物质积累多的现象，这应该是红花玉兰种子在萌发过程中容易劣变的根本原因。另外根据观察，2008 年春季雪灾后，野外条件储藏的前一年采集的红花玉兰种子萌发率非常低，说明红花玉兰种子对低温的敏感度也是很高的。在自然界严酷的环境条件下，红花玉兰种子对缺水和低温等逆境极度敏感的特性也是造成该物种濒危的重要原因。

下编　苗　木

第3章 红花玉兰苗木年生长规律和生长特性

苗木生长规律和特性与苗木培育措施的制定和应用具有密切关系。本章节观测了红花玉兰一年生幼苗年生长规律、北京地区春季物候特性，以及不同种玉兰的叶表型性状、光合作用、蒸腾作用等方面的差异，以期更好地制定合理育苗措施、调控苗木生长发育。

3.1 研究方法

3.1.1 红花玉兰苗木年生长规律

3.1.1.1 试验材料

2009年播种材料为2008年秋季于湖北省五峰县采集的混系种子，于2008年11月运至北京林业大学森林培育试验室冰箱内混沙贮藏(温度为4℃)，贮藏前将河沙清洗并消毒，保证湿沙含水量为80%~100%，每20d翻动一次。试验前对种子进行质量检验，结果表明，该批种子千粒重为110.563g。

3.1.1.2 试验方法

试验采用盆栽方式进行，地点为北京林业大学生物学院的温室苗圃，为了减少温室高温环境对苗木生长的影响，试验中将温室内窗户全部敞开，相当于只留顶棚，防止雨水等淋湿苗木。试验选择使用大小为20cm×20cm×15cm(上口径×高×下口径)的花盆进行育苗。用腐殖土、蛭石及苗圃土作为原料配制营养土，将其按照1：1：1的比例充分混合后装入盆内。

3.1.1.3 指标测定方法

苗高：使用钢卷尺(精度1mm)，每15d测定一次。

地径：使用游标卡尺(精度0.01mm)，每15d测定一次。

3.1.2 红花玉兰北京地区春季物候特性研究

3.1.2.1 试验材料

以北京市昌平区苗圃地种植的四种玉兰(红花玉兰、望春玉兰、武当玉兰和紫玉兰)为研究材料，选择生长健壮、无病虫害、无其他不良形状的优良木共30株，其中四种玉兰(图3.1~图3.4)的选择来源见表3.1。

表3.1 四种玉兰的试验材料选择来源

种名	株数	种植时间	种植地
红花玉兰 *Magnolia wufengensis*	15	2006	昌平区林学会菊花地苗圃
望春玉兰 *Magnolia biondii*	5	2006	昌平区林学会菊花地苗圃
武当玉兰 *Magnolia sprengeri*	5	2006	昌平区林学会菊花地苗圃
紫玉兰 *Magnolia liliflora*	5	2006	昌平区林学会菊花地苗圃

图3.1 红花玉兰

图3.2 望春玉兰

图3.3 武当玉兰

图3.4 紫玉兰

(注：红花玉兰和望春玉兰在观测期间均未开花。)

3.1.2.2 观测方法

此次研究主要是针对红花玉兰的春季物候期进行的，根据《中国物候观测方法》(宛敏渭，1979)的要求，在试验苗圃地选择一定数量的红花玉兰及其他三种玉兰，进行编号挂牌及定期观测，本研究每3~4d观测一次。观测植物物候现象的时间一般是在下午，因为上午未出现的现象，在条件具备后往往在下午出现(这是因为一天之内，下午13:00~14:00气温最高，植物的物候现象是常温之后出现的)。物候观测应该随看随记，详细记录某种物候出现的时期和特征。同时，需要对当地的气候气象因子进行每天的观测记录，包括平均温度、最高温度、最低温度、稳定通过温度、平均湿度、最高湿度和最低湿度等。

3.1.2.3 观测标准

根据观测的要求(宛敏渭，1979)和玉兰生长的特点，将玉兰的春季物候期(3~5月)分为下面几个时期(图3.5)：

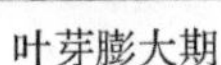
叶芽膨大期　　叶芽开放期　　展叶始期

展叶盛期　　花芽开放期　　花期

图 3.5　部分玉兰春季物候期的物候现象图

树液流动期：简称伤流期，指春季树液开始流动时。

芽始膨大期：玉兰在开花后，当年又形成花芽，外部为黄色绒毛，在第二年春天绒毛外鳞片顶部开裂时，就是玉兰的芽始膨大期。

芽开放期：玉兰在芽膨大后，绒毛状的外鳞片一层一层地裂开，在见到花蕾顶端的时候，就是花芽开放期，也就是花蕾出现期。

叶芽膨大期：玉兰的叶芽顶部开裂时，就是玉兰的叶芽膨大期。

叶芽开放期：玉兰的叶芽膨大后，鳞片一层层裂开，见到卷叶出现时，就是叶芽开放期。

展叶始期：当玉兰的芽从芽苞中发出按叶脉折叠着的小叶，出现第一批有一、二片的叶片平展时，就是展叶始期。

展叶盛期：在观测的树上有半数枝条上的小叶完全平展时为展叶盛期。

抽梢期：玉兰在春季开始有当年生枝条形成，称为玉兰的抽梢期。

3.1.2.4　数据处理方法

对各植物物候期的儒略日①(julian day)与年份进行一元线性回归，分析植物的物候变

① 儒略日是在儒略周期内以连续的日数计算时间的计时法。

化趋势。对各种类物候现象平均开始日期与其各旬气温及降水量等进行相关分析，研究植物物候变化对气候变化的响应规律，得到的相关系数求取平均值，并对相关系数进行显著性检验(陈彬彬，2007)。

(1)儒略日换算

在获得红花玉兰的春季物候期数据后，需要对相应的物候数据进行处理分析。根据上述的观测方法和标准，记录时需要详细地记录观测的时间(年、月、日)、玉兰的物候期和编号。将物候现象各年出现日期转化成距1月1日的实际天数，得出年顺序累积天数—儒略日(竺可桢，1999)，从而得到各物候期的时间序列。然后根据多年的结果再求和平均，由累积天数反算出各物候现象出现的平均日期。

(2)一元线性回归模型的建立

回归分析方法是处理变量间相关关系的有力工具，它不仅为建立变量间关系的数学表达式(经验公式)提供了一般的方法，而且能判明所建立的经验公式的有效性，从而达到利用经验公式预测、控制等目的(苏德矿，1996)。

如果预测对象与主要影响因素之间存在线性关系，将预测对象作为因变量 y，将主要影响因素作为自变量 x，那么它们之间的关系可以用一元线性回归模型表示，回归方程为：

$$y = a + bx \tag{3-1}$$

其中，a 为回归常数，b 为回归系数。

$$a = \bar{y} - b\bar{x} \qquad b = \frac{\sum_{i=1}^{n} X_i Y_i - \bar{x}\sum_{i=1}^{n} Y_i}{\sum_{i=1}^{n} X_i^{\ 2} - \bar{x}\sum_{i=1}^{n} X_i} \tag{3-2}$$

其中 x_i，y_i 分别为自变量 x 和因变量 y 的观测值：

$$\bar{x} = \frac{\sum_{i=1}^{n} x_i}{n} \qquad \bar{y} = \frac{\sum_{i=1}^{n} y_i}{n} \tag{3-3}$$

(3)样本相关系数

在利用回归模型进行预测时，需要用统计方法对回归方程进行检验，判断预测模型的合理性和适用性。统计的方法就是排除偶然因素的影响而看两因素是否存在某种关系。假如客观上确实存在直线相关，但由于许多偶然因素的影响，使因变量不在直线上，而在直线两边左右跳动，那就会造成许多假象，令人迷惑不解。于是，数学家们经过研究设计了样本相关系数(用 r 来表示)的特征量，用以排除偶然因素的影响，提高人们的判断力(苏德矿，1996)。

根据相关系数的定义，

$$r = \frac{\sum_{i=1}^{n} (x_i - \bar{x})(y_i - \bar{y})}{\sqrt{\sum_{i=1}^{n} (x_i - \bar{x})^2 \cdot \sum_{i=1}^{n} (y_i - \bar{y})^2}} \tag{3-4}$$

其中，相关系数的取值范围为[-1，1]，如果 $r>0$ 为正相关，$r<0$ 为负相关，$r=0$ 表示不相关。相关系数的绝对值越接近1，相关越密切；越接近于0，相关越不密切。当 $r=$

0时，说明x和y两个变量之间无直线关系。通常$|r|$大于0.75时，认为两个变量有很强的线性相关性。

3.1.3 红花玉兰苗木叶表型分析

3.1.3.1 试验材料

试验于2016年3月至2017年2月在湖北省五峰土家族自治县渔洋关镇王家坪的红花玉兰基地进行。以种植于湖北省五峰土家族自治县渔洋关镇王家坪的红花玉兰基地的2年生红花玉兰为试验材料，在其植物学性状较为明显的6~11月，对红花玉兰基地里2年生红花玉兰的各种叶表型性状进行调查和统计，并分出7种较为明显的叶型，分别为倒卵形、矩圆形、宽倒卵形、椭圆形、圆形、长倒卵形、长椭圆形(图3.6)，每种叶型分别选取10株树作为样株，这些样株需满足生长正常、无严重缺陷、无明显病虫害(郑昕，2013)，每株采集3~5片叶子，装入自封袋，少量液氮和冰块封存后，带回北京林业大学森林培育试验作为叶型扫描的试验材料。

分别采集种植于湖北省五峰土家族自治县渔洋关镇王家坪的红花玉兰基地和基地附近的天然林中的的广玉兰、白玉兰、望春玉兰作为试验材料，每个树种选取5株生长正常、无严重缺陷、无明显病虫害的植株作为样株，每株采集3~5片叶子作为试验材料，分别对其叶色(正反)、叶形、叶尖、叶基部性状进行调查和统计。

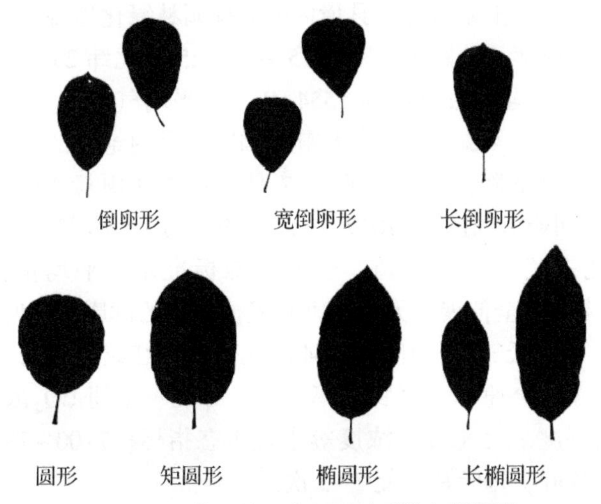

图3.6 红花玉兰7个不同叶型的扫描图片

3.1.3.2 试验方法

采集叶片利用EPSON PERFECTION V700 PHOTO扫描仪进行扫描，分辨率为3400×4680，水平和垂直分辨率均为400dpi，扫描后的图片格式为tif。将扫描成功的叶片图像用Win FOLIA Reg 2014b叶片软件分析，即可测得叶片的叶长、叶宽、叶平均宽、叶柄长、叶面积、叶周长、叶形指数(叶宽/叶长)及形状系数等表型性状指标。利用Excel 2003对红花玉兰不同叶型的8个性状指标的测定数据进行统计排版，分析计算平均值，标准差与

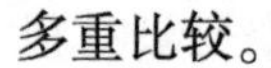

多重比较。

叶形状系数的计算公式为：

$$Sc = 4\pi \cdot A / P^2 \tag{3-5}$$

其中：A 为叶面积，P 为叶周长。

用变异系数 CV 来表示红花玉兰叶表型性状的离散程度，相对极差 R 表示红花玉兰叶表型性状的极端差异程度。

变异系数的计算公式为：

$$CV = S/X \tag{3-6}$$

其中：S 是标准差，X 是平均值。

相对极差：

$$R = R_n/R_0 \tag{3-7}$$

其中：R_n 为某个叶型的单个性状的极差，R_0 为总的性状的极差(吴清，2014)。

采用 RHS 英国皇家园林园艺植物比色卡比较广玉兰、白玉兰、望春玉兰和红花玉兰叶色；观测不同树种叶形、叶尖、叶基部形状并记录。

3.1.4 红花玉兰苗木光合特性分析

3.1.4.1 夏季自然条件下红花玉兰幼苗光合特性的研究

试验地位于湖北省五峰土家族自治县境内的五峰园林绿化珍稀植物研究所。五峰土家族自治县位于湖北省西南部，地跨东经 110°15′~111°25′，北纬 29°56′~30°25′。气候属亚热带温湿季风气候，年平均日照时数为 1554.4h，年平均气温为 13.1℃，夏季逐月均温 20~24℃，冬季逐月均温 2~4℃，年平均无霜期 247d。县内绝大部分区域降雨量 1~7 月逐月增多，7 月至次年 1 月下降，降雨峰点在 7 月。年均降雨量 1416mm，最大年降雨量 1999mm(1983 年)，最小年降雨量为 1027.2mm(1966 年)，年均降雨日数 166d。

试验材料为红花玉兰 2 年生幼苗。选取 3 株标准木，平均苗高 1.2m，平均地径 1.762cm，选择枝条中部完全伸展、无病虫害和机械损伤的健康阳生叶进行光合测定。

2008 年 6 月初，晴朗天气下，利用 Li-6400 光合仪对红花玉兰的光合生理指标日进程进行测定，主要包括净光合速率、蒸腾速率、气孔导度、胞间 CO_2 浓度、光合有效辐射、大气温度、大气相对湿度、大气 CO_2 浓度等生理生态指标。7:00~18:00，每小时测定一次，每株苗木测定 3 片叶，每叶片重复 3~5 次。

3.1.4.2 红花玉兰幼苗光合生长特性对不同光环境的响应

试验地位于湖北省五峰土家族自治县境内的五峰园林绿化珍稀植物研究所。2008 年 7 月上旬选取长势一致的红花玉兰当年生幼苗做遮阴处理。在塑料遮阳网搭设的遮阴棚下进行遮阴试验，分透光率为 25% 全光照和 10% 全光照 2 个遮阴处理，以全光照处理为对照，每个处理 30 株苗木(平均苗高 8.29cm，平均地径 0.363cm)，常规栽培管理。夏季遮阴 60d 后测定各处理下苗木的光合特性和生长指标。

(1)叶绿素含量测定

叶绿素含量的测定采用乙醇浸提法。随机选取幼苗中部叶片，剪碎混匀，室温黑暗条件下以95%乙醇浸提，中间摇晃数次，至叶片全变成白色为止。以95%乙醇为空白，用分光光度计测定浸提液在665nm、649nm波长下的吸光度，重复3次。用以下公式计算叶绿素浓度：

$$C_a(\mathrm{mg \cdot L^{-1}}) = 13.95A_{665} - 6.88A_{649} \tag{3-8}$$

$$C_b(\mathrm{mg \cdot L^{-1}}) = 24.96A_{649} - 7.32A_{665} \tag{3-9}$$

$$C_{a+b}(\mathrm{mg \cdot L^{-1}}) = C_a + C_b \tag{3-10}$$

式中，C_a、C_b、C_{a+b} 为叶绿素a、叶绿素b和叶绿素的总浓度；A_{665}、A_{649} 为叶绿素提取液在波长665nm、649nm下的吸光度。

求得色素浓度后，再按下式计算各色素含量：

$$\text{叶绿素含量}(\mathrm{mg \cdot g^{-1}}) = \frac{C \times V_T}{FW \times 1000} \times n \tag{3-11}$$

式中，C 为叶绿素浓度（$\mathrm{mg \cdot L^{-1}}$）；FW 为鲜重（g）；V_T 为提取液总体积（mL）；n 为稀释倍数。

(2)光合参数测定

幼苗光合光响应曲线用Li-6400光合分析仪在开放气路下测定。测定前采用1000μmol·$\mathrm{m^{-2} \cdot s^{-1}}$ 的人工光源诱导植物叶片15min；测定时，流速设定为500mL·$\mathrm{min^{-1}}$，温度28℃，CO_2 浓度370μmol·$\mathrm{mol^{-1}}$。光照强度从2000μmol·$\mathrm{m^{-2} \cdot s^{-1}}$ 逐渐递减，分别在2000、1800、1500、1200、1000、800、600、400、200、150、80、50、20、10和0μmol·$\mathrm{m^{-2} \cdot s^{-1}}$ 下测定净光合速率。以光合有效辐射为横轴，净光合速率为纵轴绘制光合作用光响应曲线。用光合助手软件（photosyn assisttant）对光响应曲线进行模拟计算。光合助手软件的原理是利用Prioul和Chartier（1977）建立的非直角双曲线模型，对叶片净光合速率与光合有效辐射（PAR）之间的关系进行拟合，并能直接求出最大净光合速率（P_{max}）、表观光量子效率（Φ）、暗呼吸速率（R_{day}）、光补偿点（LCP）、光饱和点（LSP）、光响应曲线曲角（K）等参数值。非直角双曲线模型理论公式：

$$P_n = \frac{\Phi \cdot PAR + P_{max} - \sqrt{(\Phi \cdot PAR + P_{max})^2 - 4\Phi \cdot PAR \cdot K \cdot P_{max}}}{2k} - R_{day} \tag{3-12}$$

(3)生长指标测定

在每组光处理中随机选取5株幼苗，分别测定株高与地径。然后将试验材料带回室内于80℃烘干后测定根、茎、叶各部分干重，并计算以下指标：根重/总生物量、茎重/总生物量、叶重/总生物量、地上/地下部分生物量。

3.1.4.3 红花玉兰与同属其他三种玉兰的光合日变化对比

试验地设在北京市昌平区白浮村，北京林学会的菊花地苗圃。东经115°50′17″~116°29′49″，北纬40°2′18″~40°23′13″，属于温带季风气候。年平均气温8.5~9.6℃，无霜期一般为150d左右，年平均降水量607mm。试验地土壤为褐土，pH值约为8.6，有机质含量13.83g·$\mathrm{kg^{-1}}$，全N 0.8g·$\mathrm{kg^{-1}}$，速效P 10.7mg·$\mathrm{kg^{-1}}$，速效K 112mg·$\mathrm{kg^{-1}}$。

研究材料为望春玉兰（*Magnolia biondii*）、黄玉兰（*Michelia champaca*）、紫玉兰（*Magnolia liliflora*）和红花玉兰（*Magnolia wufengensis*）四种玉兰。

采用美国 Li-Cor 公司生产的 Li-6400 光合作用分析系统测定。具体方法是：在田间条件下用 Li-6400 每天测定 6 次，分别在每天的 7:00、9:00、11:00、13:00、15:00、17:00 各测定一次；每次测量四个树种，六个不同测点：红花玉兰一年生、四年生、五年生、黄玉兰三年生、紫玉兰三年生和望春玉兰三年生；每个点取三棵长势良好苗木，再分别在所选的三棵苗上各取一片叶子进行测定。所用标准叶室 2cm×3cm。分别测定红花玉兰、黄玉兰、望春玉兰、紫玉兰的光合速率（*Pn*，μmol $CO_2 \cdot m^{-2} \cdot s^{-1}$）、蒸腾速率（*Tr*，mmol $H_2O \cdot m^{-2} \cdot s^{-1}$）、气孔导度、胞间 CO_2 浓度（*Ci*）等指标，以 *Pn/Tr* 计算水分利用效率（Wue，μmol $CO_2 \cdot mmol^{-1}$ H_2O），并对其进行比较。

对于土壤水分日变化的研究采用的是称重法，每天在每个点取一个土样，称取湿重，然后烘干后称取干重，即得出土壤含水量与光合日变化的关系。所用公式：土壤含水量=（原土重-烘干土重）/原土重×100%。土壤水分日变化一共测五天，与光合日变化测定相伴随进行。

3.1.4.4 红花玉兰不同叶型的光合特性对比

选取 2 年生红花玉兰 4 种较为典型的叶型（长倒卵形、宽倒卵形、圆形、椭圆形）作为试验材料，每种叶型选 3 株作为标准树，每株选择枝条中上部完全伸展、无机械损伤和病虫害的 3 片健康阳生叶片进行光合特性的测定。

在红花玉兰营养生长期，测定红花玉兰的光响应曲线。为避免因为环境的变化而导致的试验误差，选择外界光照强度、温度和湿度都相对稳定的晴天，上午 10:00 到下午 4:00 利用便携式光合测定仪（Li-6400）对红花玉兰的功能叶片进行光合指标测定。在设定好的条件下测定红花玉兰净光合速率，测定光强设定为 2000、1800、1500、1200、1000、800、500、200、100、50、0μmol$\cdot$mol$^{-2}\cdot$s^{-1} 的光辐射强度梯度（陈瑞芳，2014），叶室内的 CO_2 浓度设定为 400μmol$\cdot$mol^{-1}，叶室温度设定为 29℃，随机选择不同叶型红花玉兰 5 株，测定功能叶片的光合速率，每一叶片重复测定 3 次。在测定光合作用的光响应曲线过程中，同时完成光饱和点、光补偿点、表观光量子效率、最大净光合速率、暗呼吸速率等光合参数的测定。

光响应曲线的非直角双曲线模型表达式为：

$$Photo = \frac{A \cdot PARi + P_{max} - \sqrt{(A \cdot PARi + P_{max})^2 - 4 \cdot A \cdot PARi \cdot K \cdot P_{max}}}{2 \cdot K} - R \quad (3\text{-}13)$$

式中，*Photo* 为净光合速率，*PARi* 为光强，*A* 为植物光合作用对光响应曲线在 $PARi=0$ 时的斜率，即光响应曲线的初始斜率，也称初始量子效率，$0 \leqslant A \leqslant 0.125$；$P_{max}$ 为最大净光合速率，*R* 为暗呼吸速率。式（3-13）是一个没有极值的函数，即直角双曲线是一条没有极点的渐近线。由式（3-13）无法直接求出最大净光合速率，因此净光合速率只能通过估算得出。*K* 为反映光响应曲线弯曲程度的曲角参数，取值 $0 \leqslant K \leqslant 1$。

直角双曲线模型：

$$Photo = \frac{A \cdot PARi \cdot P_{max}}{A \cdot PARi + P_{max}} - R \quad (3\text{-}14)$$

式（3-14）中的 P_{max} 值的求法同非直线双曲线（段爱国，2009）。

3.1.5 红花玉兰苗木蒸腾特性分析

3.1.5.1 试验材料

试验地位于北京市昌平区白浮村，北京林学会菊花地苗圃。

供测植物有红花玉兰、望春玉兰、黄玉兰和紫玉兰，其中红花玉兰分别有1年生、4年生和5年生3种不同年龄的植株，望春玉兰、黄玉兰和紫玉兰均为3年生植株。

3.1.5.2 试验方法

(1)蒸腾速率

于2008年5月至6月期间，使用LICOR-6400光合系统分析仪对4种树木进行了测定，在不同土壤含水量下，共测定6次。每次测定时间为7:00、9:00、11:00、13:00、15:00和17:00。主要对单位面积净光合速率(μmol·m^{-2}·s^{-1})、单位面积蒸腾速率(mmol·m^{-2}·s^{-1})、气孔导度(mol·m^{-2}·s^{-1})、空气温度(℃)、空气湿度(%)、光量子强度(μmol·m^{-2}·s^{-1})、CO_2浓度(μmol·mol^{-1})等参数进行测定。

(2)土壤水分

采用烘干法测定土壤含水量。

(3)叶面积

测定叶面积为2cm×3cm，取生长健康植株上部叶片。

3.2 红花玉兰苗木年生长规律

3.2.1 生长模型的建立与拟合

苗木的生长规律首先是由其遗传特性决定的，因此不同树种都有不同的年生长规律。其次，苗木的生长规律也会受到环境因素的影响，不同的环境条件下苗木生长周期、生长速度也有一定变化。若想对其进行合理的灌溉与施肥，必须了解苗木不同生长时期对养分、水分等的需求，这样才能制定合理的施肥与灌溉制度。2008年3月22日播种，6月24日开始测量相关指标对红花玉兰的生长规律进行研究(表3.2)。沈作奎(2005)、张琰(2006)等对紫玉兰、鹅掌楸的苗期生长节律研究表明：木兰科植物一般符合“S”型生长曲线，因此选择用Logistic生长模型来拟合红花玉兰的生长规律，其方程为：

$$y = \frac{k}{1 + ae^{-bt}} \tag{3-15}$$

利用等差三点法求出k值，公式为：

$$k = \frac{2y_1y_2y_3 - y_2^2(y_1 + y_2)}{y_1y_3 - y_2^2} \tag{3-16}$$

利用最小二乘估计法求出系数a、b，建立苗高和地径的生长模型(参数见表3.3)，相关系数达到0.9以上。用F值进行显著性检验，都达到极显著水平($P>F=0.0001<0.01$)，说明利用Logistic方程拟合红花玉兰一年生播种苗的生长是可行的。

将苗高、地径的Logistic生长模型运用到SPSS进行拟合，可以得出红花玉兰一年生播种苗的苗高、地径生长拟合曲线(图3.7)。可以看出苗木在苗期的年生长进程符合“S”型曲线。

苗高Logistic生长方程为：

$$H = \frac{35.5}{1 + 1740.8845e^{-0.061875403t}} \tag{3-17}$$

地径Logistic生长方程为：

$$D = \frac{9.12837797}{1 + 84.17277356e^{-0.031490667t}} \tag{3-18}$$

表3.2 一年生红花玉兰播种苗苗高、地径年生长变化

日期	苗高		地径	
	生长量(cm)	净生长量(cm)	生长量(mm)	净生长量(mm)
06.24	5.32		1.66	
07.09	10.73	5.41	2.42	0.76
07.24	19.86	9.13	3.21	0.79
08.08	27.18	7.32	4.26	1.05
08.24	32.36	5.18	5.48	1.22
09.10	34.44	2.08	6.64	1.16
09.25	34.92	0.48	7.41	0.77
10.10	35.18	0.26	7.87	0.46
10.25	35.37	0.19	8.12	0.25

表3.3 苗高、地径的Logistic生长模型参数

指标	k	a	b	R^2	F值
苗高	35.50	1740.8845	0.061875403	0.993	938.536
地径	9.12837797	84.17277326	0.031490667	0.994	1250

3.2.2 苗木生长时期的划分

对式(3-15)求二阶导数，可以求得连日生长量最大的日期t：

$$t = \frac{\ln a}{b} \tag{3-19}$$

求三阶导数，可以求出苗木生长变化速度曲线的左拐点t_1和右拐点t_2，$t_1 \sim t_2$即为速生期。

$$t_1 = \frac{\ln\left(\frac{a}{3.73205}\right)}{b} \qquad t_2 = \frac{\ln\left(\frac{a}{0.26795}\right)}{b} \tag{3-20}$$

对式(3-19)和式(3-20)求解可以得出苗高、地径的速生期(表3.4)。从中可以看出，一年生苗高的峰值出现在出苗后120d，地径峰值延后20d在140d左右出现；速生期始点：

苗高和地径速生期起始点基本相同，在出苗后99d出现；速生期终点：一年生苗高在142d左右，持续43d；地径在182d左右，持续85d。根据以上分析将红花玉兰一年生播种苗的年生长过程划分为出苗期3月22日到5月21日(播种后60d左右)、生长初期5月22日到6月29日(播种后61~99d)、生长旺期6月30日到9月1日(播种后100~163d左右)、生长后期9月2日以后(播种后164d之后)四个时期。

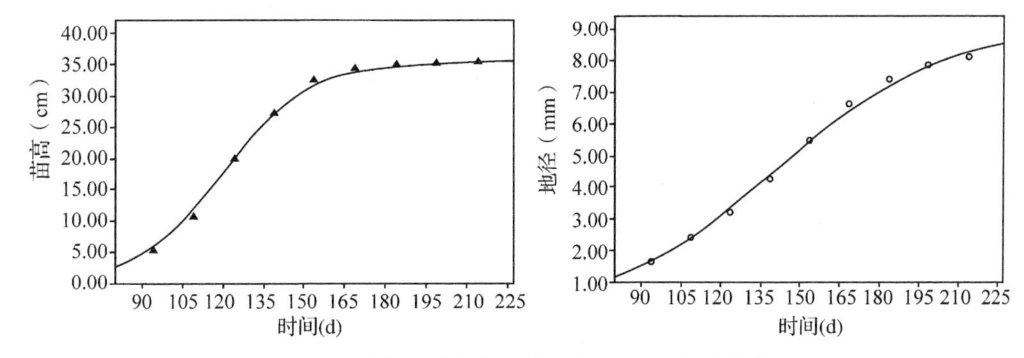

图3.7 苗高、地径生长动态与Logistic拟合曲线

表3.4 速生期及速生期天数

指标	t(d)	t_1(d)	t_2(d)	速生期天数(d)
苗高	120.60	99.32	141.88	42.56
地径	140.77	98.95	141.88	84.64

3.3 红花玉兰北京地区春季物候特性研究

3.3.1 不同玉兰的物候期

从2008年至2009年每年春季(3~5月)，样木的物候期观测见表3.5。不同玉兰种类物候期的儒略日换算如表3.6所示。

表3.5 2009年玉兰各种的物候数据统计

树种	编号	树液流动期	芽始膨大期	芽开放期	叶芽膨大期	叶芽开放期	展叶始期	展叶盛期	抽梢期
武当玉兰	1	3-12	3-17	3-20	4-2	4-7	4-13	4-17	4-25
	2	3-12	3-16	3-19	4-2	4-6	4-12	4-15	4-25
	3	3-13	3-16	3-18	4-3	4-7	4-14	4-18	4-27
	4	3-13	3-17	3-20	4-2	4-5	4-12	4-15	4-26
	5	3-11	3-16	3-19	4-1	4-5	4-11	4-16	4-27
紫玉兰	1	3-13	3-18	3-21	3-31	4-5	4-12	4-17	4-28
	2	3-14	3-19	3-21	4-2	4-6	4-11	4-15	4-25
	3	3-15	3-19	3-22	4-2	4-6	4-11	4-16	4-25
	4	3-15	3-19	3-23	4-3	4-7	4-10	4-17	4-26
	5	3-14	3-18	3-21	4-1	4-5	4-10	4-15	4-26

（续）

树种	编号	树液流动期	芽始膨大期	芽开放期	叶芽膨大期	叶芽开放期	展叶始期	展叶盛期	抽梢期
红花玉兰	1	3-17	—	—	4-3	4-9	4-12	4-17	4-28
	2	—	—	—	—	—	—	—	—
	3	—	—	—	—	—	—	—	—
	4	3-19	—	—	4-3	4-8	4-13	4-18	4-28
	5	3-18	—	—	4-5	4-9	4-13	4-19	4-28
	6	3-20	—	—	4-4	4-7	4-14	4-19	4-30
	7	3-18	—	—	4-2	4-7	4-11	4-17	4-28
	8	—	—	—	—	—	—	—	—
	9	—	—	—	—	—	—	—	—
	10	3-17	—	—	4-3	4-8	4-12	4-18	4-27
	11	3-18	—	—	4-4	4-8	4-13	4-18	4-26
	12	3-19	—	—	4-2	4-7	4-10	4-16	4-26
	13	3-18	—	—	4-1	4-6	4-11	4-15	4-26
	14	3-20	—	—	4-2	4-6	4-10	4-17	4-27
	15	3-19	—	—	4-1	4-5	4-10	4-17	4-29
望春玉兰	1	3-23	—	—	4-6	4-10	4-14	4-20	4-30
	2	—	—	—	—	—	—	—	—
	3	3-23	—	—	4-5	4-8	4-12	4-18	4-29
	4	3-22	—	—	4-4	4-7	4-12	4-18	4-29
	5	3-23	—	—	4-4	4-6	4-10	4-17	4-29

注：1. “—”表示该玉兰没有出现相应的物候期现象或该种已经死亡；2. “3-12”表示 2009 年 3 月 12 日。

表 3.6 四种玉兰的平均儒略日统计表

树种	年份	树液流动期	芽始膨大期	芽开放期	叶芽膨大期	叶芽开放期	展叶始期	展叶盛期	抽梢期
红花玉兰	2008	3-17	—	—	3-29	4-2	4-8	4-14	4-23
望春玉兰	2008	3-29	—	—	4-2	4-7	4-11	4-14	4-25
武当玉兰	2008	3-5	3-11	3-17	3-25	4-4	4-7	4-16	4-20
紫玉兰	2008	3-8	3-15	3-23	3-27	4-6	4-12	4-20	4-23
红花玉兰	2009	3-18	—	—	4-3	4-7	4-12	4-17	4-28
望春玉兰	2009	3-23	—	—	4-5	4-8	4-12	4-18	4-29
武当玉兰	2009	3-12	3-16	3-19	4-2	4-6	4-12	4-16	4-26
紫玉兰	2009	3-14	3-19	3-22	4-2	4-6	4-11	4-16	4-26

注：1. “—”表示该玉兰种没有出现相应的物候现象；2. “3-17”表示 3 月 17 日。

3.3.1.1 红花玉兰春季物候期

从图 3.8 的物候期对比图可以看出，总体上，2009 年玉兰各种的春季物候期比 2008 年出现的时间有所推迟，这并不符合相关文献(王植，2007；张福春，1995；李荣，2008；

韩亚，2007）对此类现象的阐述，由于全球气候的进一步变化，使得植物物候相应地提前。我认为可能有以下三个方面的原因：

（1）由于只对玉兰各种的春季物候期进行了两年的观测记录，因此，并不能完全显示出物候期随全球气候变化的趋势；

（2）可能由于2008年观测完后，一部分玉兰的观测样木死亡，而部分的标签丢失，从而造成部分样木发生了变化，致使观测出的物候数据跟实际的变化规律有出入；

（3）由于2008年和2009年的数据是由两个人分别观测记录的，可能对于不同物候期的观测现象有不同的理解或标准，致使观测数据不准确。

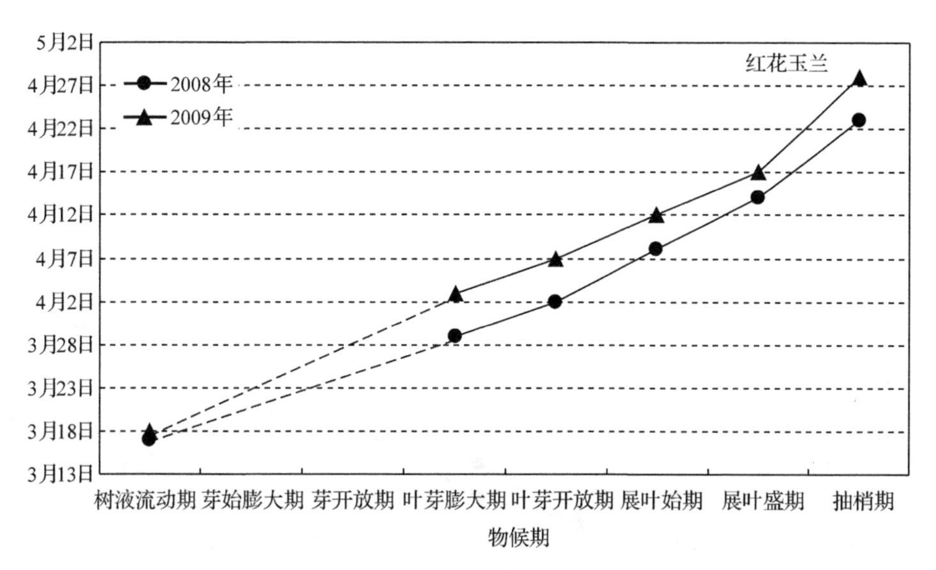

注：图中虚线表示红花玉兰没有出现芽始膨大期和芽开放期的物候现象。

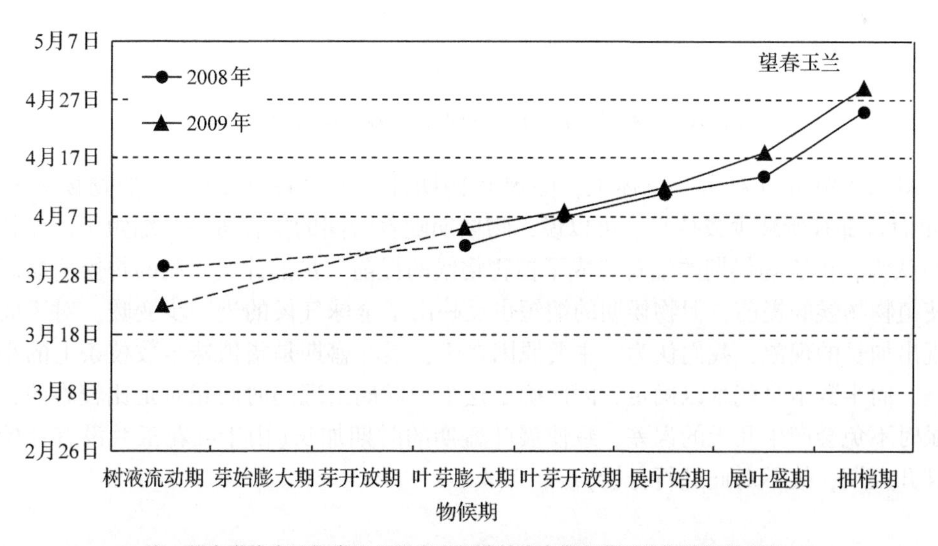

注：图中虚线表示望春玉兰没有出现芽始膨大期和芽开放期的物候现象。

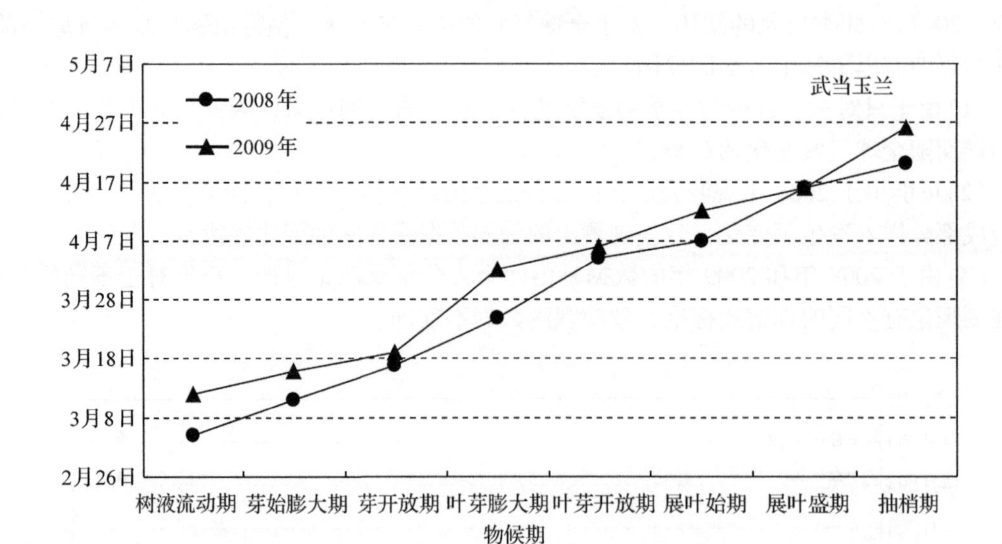

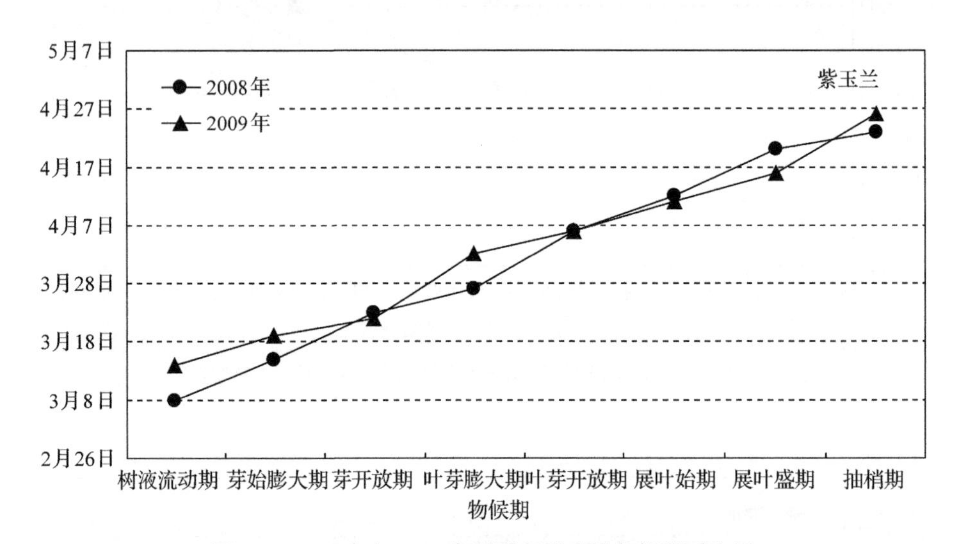

图 3.8 2008 年与 2009 年四种玉兰春季物候期对比图

从图 3.9 中可以看出，总体上，除展叶盛期外，玉兰各种 2009 年的物候期相比较 2008 年而言都有所减少或持平。可以说，物候期随着时间的推移进一步缩短了。而韩小梅(2008)认为，由于物候期的缩短造成了植物物候的提前。虽然此次观测的物候期缩短并没有致使植物物候的提前，但物候期的缩短也反映出了全球气候的进一步变暖。对于展叶盛期表现出加长的现象，我们认为，主要原因在于：展叶盛期是指植株半数枝条上的小叶完全平展，而半数本身就难以确定，因此确定这个物候期出现的时间相对是比较难的，所以在记录时不免会产生几天的误差，致使展叶盛期的时期加长(由于红花玉兰没有芽始膨大期和芽开放期，故不对此进行分析)。

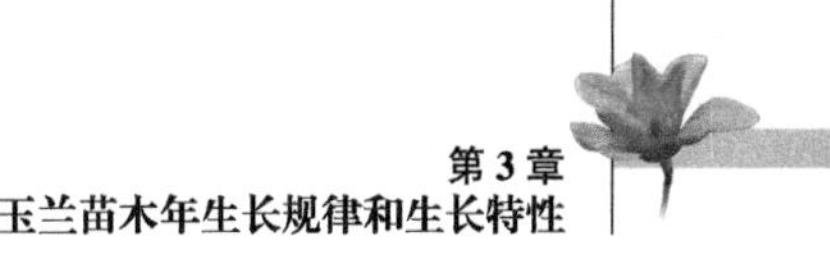

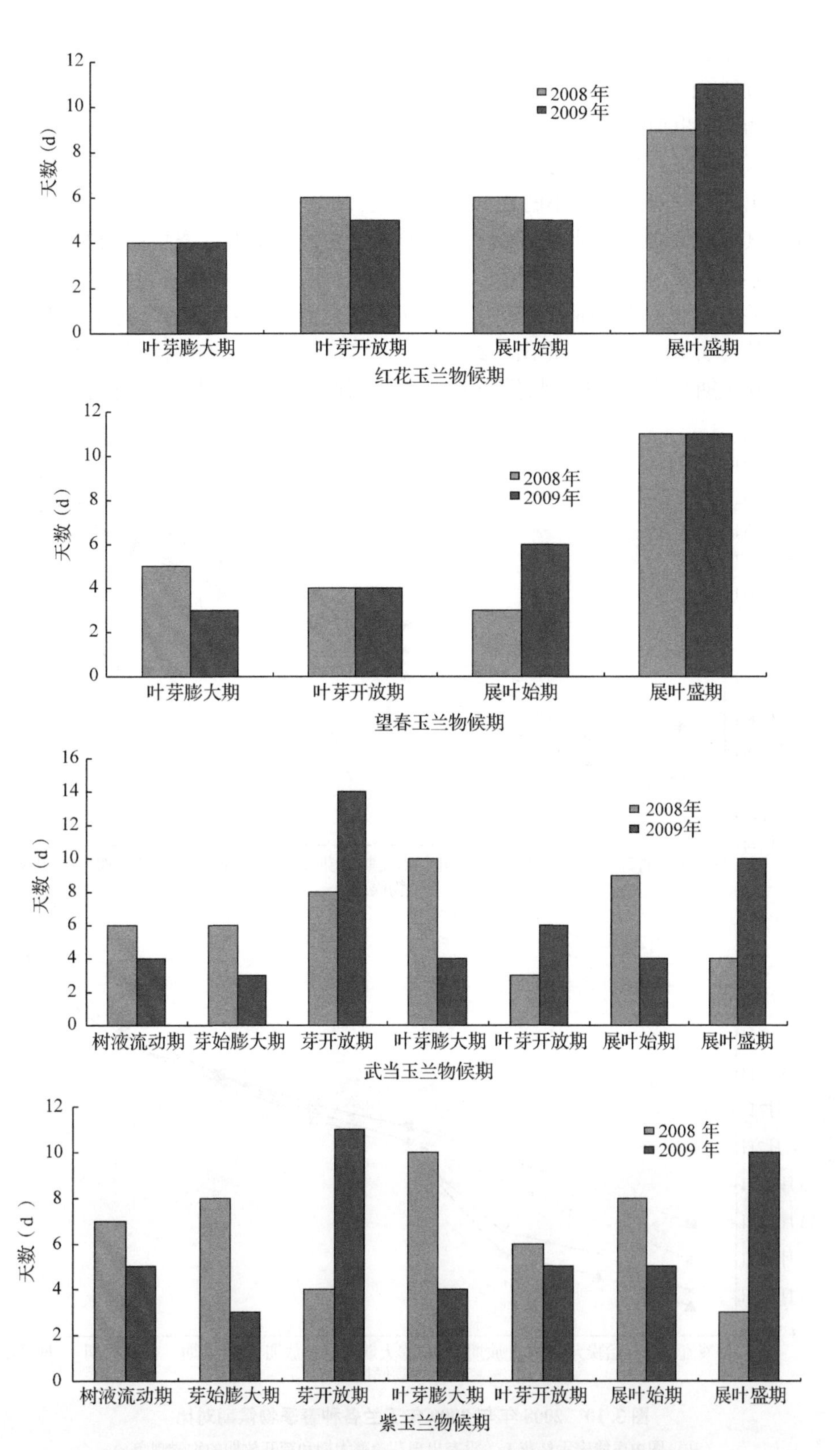

图 3.9　2008 年与 2009 年四种玉兰春季物候期的持续时间对比图

3.3.1.2 四种玉兰的春季物候期

图3.10反映了2008年和2009年四种玉兰的春季物候期特征，我们可以得知，四种玉兰的春季物候期出现的顺序(由早到晚)依次为：武当玉兰→紫玉兰→红花玉兰→望春玉兰。我们还可以看出，在树液流动期，各玉兰种出现的时间差比较大，而随着时间的推移，物候期出现的时间差有减小的趋势。陈效逑(2001)研究发现，愈接近春季物候出现期，温度对其影响就愈大。因此，我认为由于树液流动期作为春季物候期的第一个时期，其受温度的影响最大，随着植株的生长，温度对其物候期的影响越来越小，而四种玉兰对试验地气候的适应性不同，所以会产生上述不同玉兰种春季物候期时间差越来越小的趋势。此外，从图3.10中还可以得出，红花玉兰和望春玉兰在连续两年的春季观测中都没有出现芽始膨大期和芽开放期的物候现象，也就是没有开花，这与玉兰种先叶开花的特性

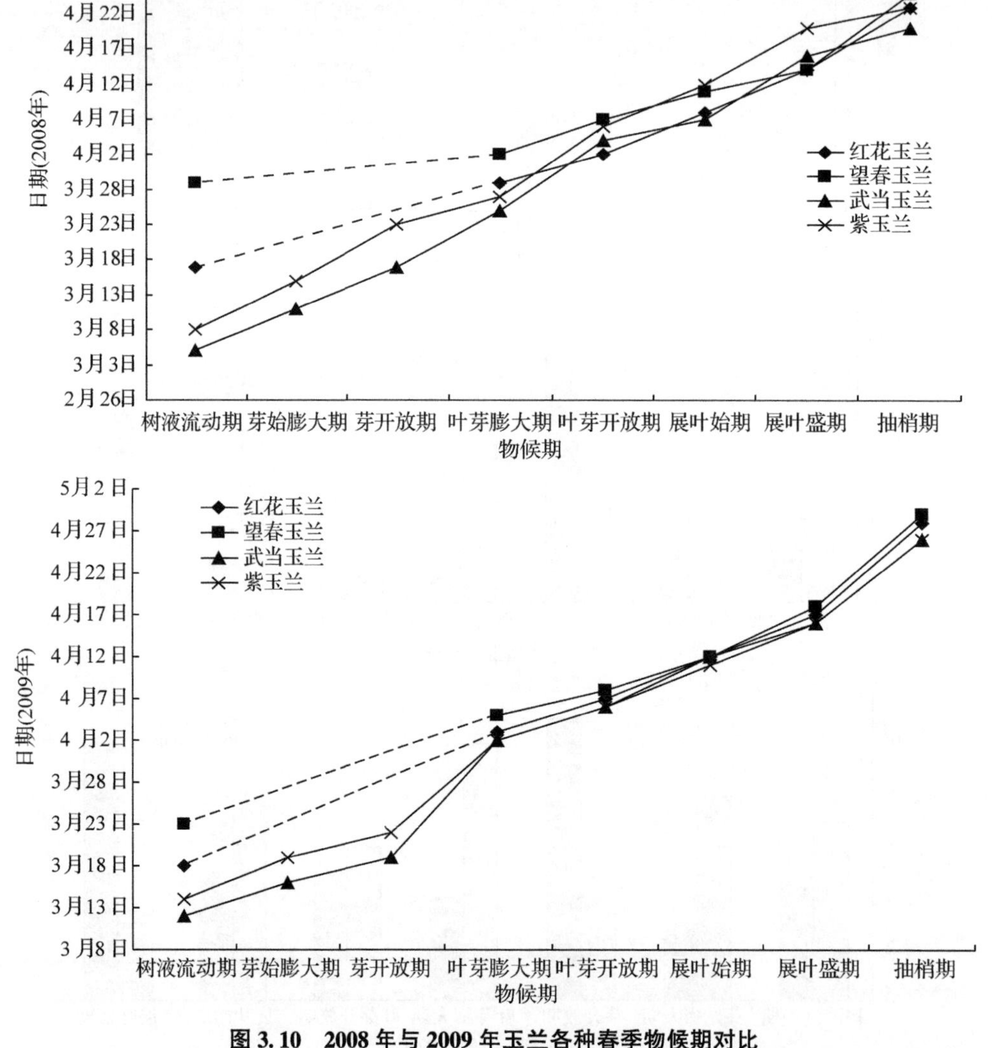

图3.10 2008年与2009年玉兰各种春季物候期对比

(注：图中虚线表示红花玉兰没有出现芽始膨大期和芽开放期的物候现象。)

显然不相符。造成这种现象的原因有以下两点：

(1)红花玉兰和望春玉兰都是在2006年才种植的，到目前也只经过不到三年的时间，可能由于其尚处于早期，所以还未达到开花的时期。

(2)红花玉兰是2006年从湖北五峰县引种过来种植的，而昌平苗圃地与湖北省当地气象条件差异较大(从上述红花玉兰的生境和北京市昌平苗圃地的自然概况便可以看出)，尤其是温度的差异，从而影响了红花玉兰正常的物候期。

从图3.11中，我们可以看出，玉兰各种春季物候期的持续时间差异较大，有多有少，得不出相互规律。而从图3.12可以得出，除树液流动期、芽始膨大期和芽开放期以外，其余四个春季物候期的时间长短基本一致，相差不超过3天。可能由于对各玉兰种春季物候期的观测同处在2009年，因此，四种玉兰所处的环境(包括气候条件、土壤条件和灌溉

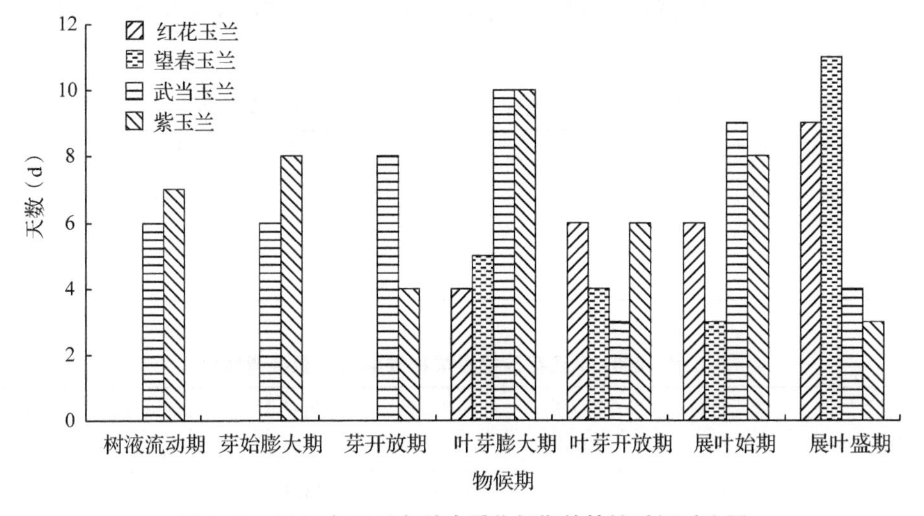

图3.11　2008年玉兰各种春季物候期的持续时间对比图

(注：图中红花玉兰和望春玉兰没有树液流动期、芽始膨大期和芽开放期的持续时间。)

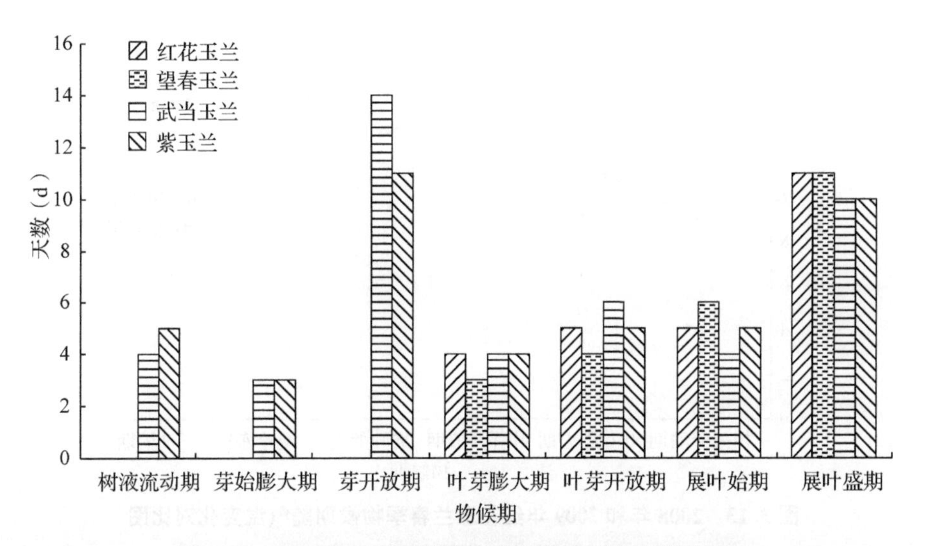

图3.12　2009年玉兰各种春季物候期的持续时间对比图

(注：图中红花玉兰和望春玉兰没有树液流动期、芽始膨大期和芽开放期的持续时间。)

条件)都比较一致，而根据芮飞燕(2007)的研究，温度和水分对玉兰的花期物候有较明显的关系，即外界环境对玉兰物候的影响比较大，所以，在同一环境下，四种玉兰呈现出物候时间基本一致的现象也是比较符合玉兰树种生理学特征的。

结合图3.11和图3.12，我们可以发现，虽然2009年玉兰各种春季物候期的持续时间呈现出较好的相关性，但2008年却无此规律。究其原因，可能是由于两年的数据还不足以显示出各玉兰种的相关性，而对于其规律，还需做进一步的试验研究。

3.3.2 不同气象要素对红花玉兰物候期的影响

根据陈彬彬(2007)的分析，木本植物春季物候期对气候的变化较为敏感。冬末春初的平均气温是最主要的影响因子。气温升高，日照增加，春季物候期提前。根据影响玉兰正常生长的要素，本文把气温和降水量作为影响红花玉兰物候期的主要因子，并对其进行了相关的统计分析(表3.7、表3.8、图3.13)。

表3.7 2008年红花玉兰春季物候期与气象要素统计

物候期	树液流动期	叶芽膨大期	叶芽开放期	展叶始期	展叶盛期	抽梢期
(日期)	3-17	3-29	4-2	4-8	4-14	4-23
平均气温(℃)	8.71	8.45	12.51	13.08	16.38	12.85
降水量(mm)	0	0.2	1.6	4.6	0	0

表3.8 2009年红花玉兰春季物候期与气象要素统计

物候期	树液流动期	叶芽膨大期	叶芽开放期	展叶始期	展叶盛期	抽梢期
(日期)	3-18	4-3	4-7	4-12	4-17	4-28
平均气温(℃)	8.73	11.05	12.83	13.21	15.36	14.17
降水量(mm)	0	1.4	4.6	0	0	0.2

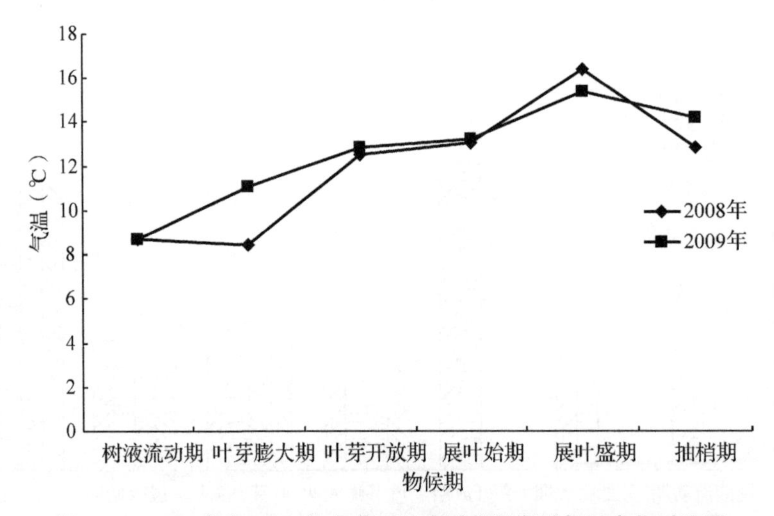

图3.13 2008年和2009年红花玉兰春季物候期随气温变化对比图

3.3.2.1 气温与红花玉兰物候期的关系

根据图3.13及表3.7和表3.8的相关数据，根据式(3-1)~式(3-3)，分别将2008年和2009年红花玉兰的春季物候期与气温进行一元线性回归，并按式(3-4)进行相关系数的计算，结果见表3.9。

表3.9 2008年和2009年红花玉兰春季物候期与气温的统计分析

年份	回归方程	相关系数 r
2008年	$y=1.2874x+7.4907$	0.8050
2009年	$y=1.574x+8.5073$	0.9171

从表3.9计算出的相关系数可以看出，对于2008年的数据统计分析，相关系数 $r=0.8050>0.75$，说明2008年红花玉兰的春季物候期与气温有显著的线性相关性；对于2009年的数据统计分析，相关系数 $r=0.9171>0.75$，说明2009年红花玉兰的春季物候期与气温也有着非常显著的线性相关性。从分析结果上看，气温对红花玉兰春季物候期的影响是显著的，这也符合了陈效逑(2001)对近50年北京春季物候的变化及其对气候变化的研究，他们认为影响北京春季物候的关键因素是春季气温，所有春季物候都与春季气温高低相关，温度越高，物候期越早。

3.3.2.2 降水量与红花玉兰物候期的关系

由图3.14可以得出，降水量与红花玉兰的春季物候期并不存在线性相关性，而且也不存在其他类型的相关性，可以说降水量对红花玉兰春季物候期没有直接的影响。造成这种现象的原因一方面是北京地区干旱少雨，所以为保证玉兰正常的生长，采取了灌溉技术措施，这在一定程度上降低了降水对玉兰物候期的影响；另一方面由于玉兰属落叶乔木，而一般木本植物的根系相对比较深，它可以深入地下吸收水分，这也减少了玉兰对降水的需求。由于以上两种因素的共同作用，致使降水量对红花玉兰春季物候期的影响降低了许多，因此，两者无法呈现出相关性。

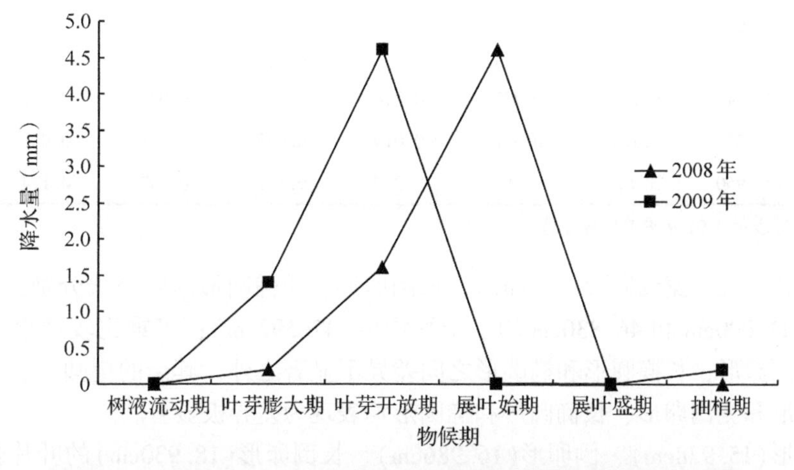

图3.14 2008年和2009年红花玉兰春季物候期随降水量变化对比图

3.4 红花玉兰苗木叶表型分析

3.4.1 红花玉兰不同叶型性状的变异特征

由表3.10数据可知：在这8个性状之间，叶周长的变异系数最大(0.161)，就叶面积而言，7种不同叶型叶面积平均值为143.462cm^2，倒卵形(86.701cm^2)、宽倒卵形(86.905cm^2)、长倒卵形(93.479cm^2)、长椭圆形(114.928cm^2)的叶面积小于平均值，多重比较结果可以看出倒卵形、宽倒卵形、长倒卵形之间差异不显著；矩圆形(258.647cm^2)、椭圆形(157.283cm^2)、圆形(238.483cm^2)的叶面积大于平均值，多重比较结果为差异极显著。

表3.10 叶表型数量性状平均值、标准差与多重比较

叶型	叶面积(cm^2)	叶周长(cm)	叶长(cm)	叶宽(cm)	平均叶宽(cm)	叶宽长比	形状系数	叶柄长(cm)
倒卵形	86.701^{E}±3.007	37.088^{E}±0.779	16.986^{D}±0.330	8.897^{DE}±0.150	5.106^{D}±0.098	0.526^{C}±0.006	0.792^{AB}±0.128	3.840^{BC}±0.095
矩圆形	258.647^{A}±10.243	65.440^{A}±1.648	25.497^{A}±0.382	15.58^{B}±0.368	10.113^{B}±0.281	0.610^{B}±0.009	0.761^{B}±0.017	4.196^{AB}±0.208
宽倒卵形	86.905^{E}±2.253	36.767^{E}±0.549	15.928^{E}±0.221	9.572^{D}±0.123	5.483^{D}±0.075	0.602^{B}±0.005	0.805^{A}±0.009	3.593^{CD}±0.072
椭圆形	157.283^{C}±6.564	49.515^{C}±1.099	21.704^{B}±0.352	11.49^{C}±0.304	7.174^{C}±0.210	0.526^{C}±0.008	0.792^{AB}±0.010	3.888^{BC}±0.103
圆形	238.483^{B}±10.075	61.642^{B}±1.541	21.622^{B}±0.292	16.76^{A}±0.401	11.058^{A}±0.357	0.773^{A}±0.011	0.789^{AB}±0.018	4.517^{A}±0.238
长倒卵形	93.479^{E}±5.682	41.000^{D}±1.283	18.930^{C}±0.397	8.802^{DE}±0.317	4.881^{D}±0.185	0.462^{D}±0.008	0.687^{C}±0.012	3.945^{BC}±0.157
长椭圆形	114.928^{D}±7.564	46.830^{C}±1.226	22.129^{B}±0.485	8.413^{E}±0.340	5.077^{D}±0.230	0.376^{E}±0.009	0.631^{D}±0.014	3.224^{D}±0.115
平均值	143.462±4.704	47.592±0.765	20.263±0.232	11.13±0.216	6.820±0.160	0.547±0.007	0.753±0.006	3.855±0.057
变异系数	0.033	0.161	0.011	0.019	0.023	0.013	0.008	0.015
极差	171.950	28.673	9.569	8.347	6.177	0.397	0.174	1.293

注：大写字母表示0.01水平差异极显著。

从叶周长来说：宽倒卵形、倒卵形、长倒卵形、长椭圆形的叶周长分别为36.767cm、37.088cm、41.000cm和46.830cm均小于平均值(47.592cm)；多重比较结果可以看出除倒卵形和宽倒卵形，长椭圆形和椭圆形之间差异不显著之外，其余的矩圆形、圆形、长倒卵形、倒卵形和宽倒卵形、长椭圆形和椭圆形均表现为差异极显著。

宽倒卵形(15.928cm)、倒卵形(16.986cm)、长倒卵形(18.930cm)的叶片长小于平均值(20.263cm)；多重比较结果可以看出圆形、椭圆形、长椭圆形之间差异不显著，矩圆

形、长倒卵形、倒卵形、宽倒卵形、圆形和椭圆形(B)以及长椭圆形之间表现为极显著差异。

从表3.10中叶宽数据可以看出，长椭圆形(8.413cm)、长倒卵形(8.802cm)、倒卵形(8.897cm)、宽倒卵形(9.572cm)的叶宽小于平均值(11.13cm)，多重比较结果为倒卵形和宽倒卵形、长倒卵形之间差异不显著，长椭圆形和长倒卵形及倒卵形之间差异不显著；圆形、矩圆形、椭圆形表现为显著差异。

平均叶宽数据表明，长倒卵形(4.881cm)、长椭圆形(5.077cm)、倒卵形(5.106cm)、宽倒卵形(5.483cm)的平均叶片宽度小于平均值(6.820cm)且它们之间差异不显著，矩圆形、椭圆形、圆形和长倒卵形、长椭圆形、倒卵形、宽倒卵形之间表现出极显著差异水平。

通过叶片宽长比参数指标可以反映叶形的二维结构变化，从而反映叶形的变异情况，7种不同叶型叶宽长比平均值为0.547，长倒卵形(0.462)、长椭圆形(0.376)、倒卵形(0.526)、椭圆形(0.526)的叶片宽长比小于平均值；多重比较结果为倒卵形、椭圆形和宽倒卵形、矩圆形差异表现不显著。圆形、宽倒卵形和矩圆形、倒卵形和椭圆形、长倒卵形、长椭圆形之间表现为显著差异。

长倒卵形(0.687)、长椭圆形(0.631)叶形状系数差异极显著且小于平均值(0.753)；倒卵形、矩圆形、椭圆形、圆形叶形状系数差异不显著，倒卵形、宽倒卵形、椭圆形、圆形之间叶形状系数差异不显著。倒卵形、矩圆形、椭圆形、圆形、宽倒卵形和长倒卵形及长椭圆形表现为显著差异。

就叶柄长度来说：长椭圆形(3.224cm)、宽倒卵形(3.593cm)、倒卵形(3.840cm)小于平均值(3.855cm)，多重比较结果为圆形、矩圆形和矩圆形、长倒卵、椭圆形、倒卵形和长倒卵、椭圆形、倒卵形、宽倒卵形和宽倒卵形、长椭圆形的叶形状系数差异不显著。

从表3.10中可以看出8个性状间的变异系数在种源内的差异较大，平均变异系数为0.035，最大的是叶周长(0.161)，最小为形状系数(0.008)；变异系数大于0.01的有7个分别是叶面积(0.033)、叶周长(0.161)、叶长(0.011)、叶宽(0.019)、平均叶宽(0.023)、叶宽长比(0.013)、叶柄长(0.015)；由此可见，叶周长的变异系数最大，表明其稳定性最差，形状系数的变异系数最小，其稳定性最好；叶面积、叶长、叶宽、平均叶宽、叶宽长比、形状系数、叶柄长的变异系数均小于平均值，相对比较稳定。而性状间的极差差异程度更为明显，平均极差为28.322，最大的是叶面积(171.95)最小的是形状系数(0.174)。叶面积和叶周长的极差都大于平均值，表明它们在性状内的差异较大；叶长、叶宽、平均叶宽、叶宽长比、形状系数、叶柄长的极差都小于平均值，则它们在各自性状内的差异程度相对较小。

综合以上研究结果表明红花玉兰叶表型性状之间差异较大、总体不稳定、变异较为丰富。

3.4.2 红花玉兰不同叶型性状的相对极差及变异系数

比较不同叶型内部性状差异(表3.11)，结果表明，叶面积变异范围在0.164~0.411，最大的是长椭圆形最小为宽倒卵形；叶周长变异系数最小的表现在宽倒卵形(0.094)，变

异系数最大的是长倒卵形(0.177);不同叶型叶长及叶宽长比之间变异幅度不大，分别在0.075(圆形)~0.137(长椭圆形)和0.048(宽倒卵形)~0.157(长椭圆形);而叶宽的变异范围0.082(宽倒卵形)~0.252(长椭圆形)，平均叶宽的变异系数范围是0.086(宽倒卵形)~0.283(长椭圆形)，可以发现平均叶宽和叶宽的差异类似;叶形状系数在7种不同叶型之间的变异系数最大的是长椭圆形(0.135)，最小的是宽倒卵形(0.068);叶柄长的变异范围在0.126(宽倒卵形)~0.293(圆形)。表明不同叶型之间的相同性状的差异是很大的。

7个不同叶型总的变异系数范围为:0.094~0.220。长椭圆形(0.220)>长倒卵形(0.183)>椭圆形(0.162)>圆形(0.158)>矩圆形(0.154)>倒卵形(0.133)>宽倒卵形(0.094)。说明不同叶型的叶表型性状变异系数总体相差较明显，最为稳定的是宽倒卵形，长椭圆形的叶表型性状间稳定性最差。

由表3.9可知，不同叶型之间的相对极差范围为0.309~0.588，表现为长椭圆形(0.588)>矩圆形(0.581)>圆形(0.576)>椭圆形(0.505)>长倒卵形(0.449)>倒卵形(0.386)>宽倒卵形(0.309)。说明不同的叶型性状内部的差异较大反映出种源内的叶表型性状稳定性差、差异明显。

表3.11 红花玉兰不同叶型的变异系数与相对极差

叶型	叶面积	叶周长	叶长	叶宽	平均叶宽	叶宽长比	形状系数	叶柄长	平均
倒卵形	0.225/0.315	0.136/0.374	0.126/0.557	0.109/0.304	0.124/0.261	0.077/0.234	0.105/0.702	0.160/0.343	0.133/0.386
矩圆形	0.224/0.683	0.142/0.665	0.085/0.536	0.133/0.469	0.157/0.436	0.079/0.327	0.129/0.778	0.281/0.755	0.154/0.581
宽倒卵	0.164/0.252	0.094/0.291	0.088/0.439	0.082/0.225	0.086/0.197	0.048/0.210	0.068/0.516	0.126/0.345	0.094/0.309
椭圆形	0.283/0.476	0.151/0.503	0.110/0.561	0.179/0.471	0.198/0.415	0.103/0.352	0.089/0.747	0.180/0.517	0.162/0.505
圆形	0.235/0.648	0.139/0.495	0.075/0.374	0.133/0.480	0.180/0.600	0.082/0.345	0.125/0.677	0.293/0.989	0.158/0.576
长倒卵	0.344/0.418	0.177/0.457	0.119/0.538	0.204/0.460	0.215/0.345	0.093/0.287	0.089/0.593	0.223/0.496	0.183/0.449
长椭圆	0.411/0.681	0.163/0.492	0.137/0.675	0.252/0.633	0.283/0.561	0.157/0.438	0.135/0.703	0.223/0.524	0.220/0.588

注:“/”前为变异系数，“/”后为相对极差。

3.4.3 红花玉兰不同叶型性状的相关性分析

采用双变量相关性分析对红花玉兰7种不同叶型8个指标进行相关性分析(表3.13~表3.19)，结果表明:所有叶型的叶面积与叶周长、叶长与叶面积、叶宽与叶面积、平均叶宽与叶面积、叶长与叶周长、叶宽与叶周长、平均叶宽与叶周长、叶宽与平均叶宽都呈现为极显著正相关;长倒卵形、圆形、椭圆形、长椭圆形、矩圆形的叶宽长比与叶面积呈正相关，且极显著;宽倒卵形和倒卵形呈负相关，但不显著;从形状系数与叶面积来看椭圆形呈正相关不显著，长椭圆形为正相关极显著，倒卵形、宽倒卵形、长倒卵形、矩圆形、圆形则为负相关不显著；叶柄长与叶面积的相关性为矩圆形呈正相关不显著，圆形为正相关显著，椭圆形呈负相关不显著，倒卵形、宽倒卵形、长倒卵形、长椭圆形为正相关极显著性。

矩圆形、椭圆形、圆形、长倒卵形、长椭圆形的叶宽长比与叶周长呈正相关极显著性，而倒卵形和宽倒卵形呈负相关但不显著；从形状系数与叶周长来看，椭圆形呈正相关但不显著，长椭圆形呈显著正相关，长倒卵形呈显著负相关，圆形、宽倒卵性、矩圆形、倒卵形呈极显著负相关；倒卵形、宽倒卵形、长倒卵形、长椭圆形的叶柄长与叶周长呈极显著正相关，而椭圆形和圆形则呈正相关但不显著，矩圆形呈负相关但不显著。

从叶宽长比和叶长来看，长倒卵形、圆形、椭圆形、长椭圆形呈极显著正相关，倒卵形呈极显著负相关，宽倒卵形呈显著负相关，圆形呈正相关但不显著；从形状系数和叶长来看，长倒卵形、圆形、宽倒卵形、矩圆形呈负相关不显著性，倒卵形呈负相关显著性，长椭圆形呈正相关显著性，椭圆形呈正相关不显著性；倒卵形、宽倒卵形、长倒卵形、长椭圆形的叶柄长与叶长呈正相关极显著性，而矩圆形、椭圆形、圆形的呈正相关不显著性。

椭圆形、矩圆形、圆形、长倒卵形、长椭圆形的叶宽长比与叶宽呈正相关极显著性，倒卵形和长倒卵形的则呈正相关不显著性；从形状系数与叶宽来看，倒卵形、长倒卵形、宽倒卵形、圆形呈负相关不显著性，长椭圆形呈正相关极显著性，椭圆形呈正相关显著性，矩圆形呈正相关不显著性；从叶柄长和叶宽来看，倒卵形，长倒卵形、宽倒卵形、长椭圆形呈正相关极显著性，椭圆形呈负相关不显著性，圆形呈正相关显著性，矩圆形呈正相关不显著性。

从叶宽长比与平均叶宽来看，宽倒卵形呈正相关不显著性，倒卵形呈正相关显著性，长倒卵形、圆形、矩圆形、椭圆形、长椭圆形呈正相关极显著性；倒卵形、长倒卵形、宽倒卵形、圆形、矩圆形的形状系数与平均叶宽呈负相关不显著性，长椭圆形呈正相关极显著性，椭圆形呈正相关显著性；从叶柄长与平均叶宽来看，矩圆形和倒卵形呈正相关不显著性，圆形和宽倒卵形呈正相关显著性，长椭圆形和长倒卵形呈正相关极显著性，椭圆形呈负相关不显著性。

从形状系数和叶宽长比来看，长倒卵形、倒卵形、矩圆形呈正相关不显著性，宽倒卵形、椭圆形呈正相关显著性，长椭圆形呈正相关极显著性，圆形呈负相关不显著性；从叶柄从与叶宽长比来看，矩圆形呈正相关不显著性，圆形和长椭圆形呈正相关显著性，长倒卵形呈正相关极显著性，椭圆形呈负相关不显著性，倒卵形和宽倒卵形呈负相关极显著性；从叶柄长与形状系数来看，长椭圆形和长倒卵形呈正相关不显著性，圆形呈正相关显著性，矩圆形呈正相关极显著性，椭圆形、倒卵形、宽倒卵形呈负相关不显著性。

总的叶表型性状间的相关性分析可以看出(表 3. 12~表 3. 19)，7 种不同叶型的 8 个叶型指标之间存在相关性，其中叶面积与叶周长、叶长、叶宽、平均叶宽、叶宽长比，以及叶柄长均具有正相关极显著性，与叶形状系数差异正相关，但差异不显著。叶周长与叶形状系数呈负相关显著性，而与叶长、叶宽、平均叶宽及叶柄长均呈正相关极显著性。叶长与叶宽长比差异呈正相关，但差异不显著，与叶形状系数呈负相关显著性，与叶宽、平均

表 3.12 红花玉兰叶表型性状间相关性

种内	叶面积	叶周长	叶长	叶宽	平均叶宽	宽长比	叶的形状系数	叶柄长
叶面积	1.000							
叶周长	0.958**							
叶长	0.826**	0.883**						
叶宽	0.957**	0.885**	0.674**					
平均叶宽	0.968**	0.899**	0.678**	0.990**				
宽长比	0.607**	0.469**	0.098	0.795**	0.774**			
叶的形状系数	0.117	−0.139*	−0.168**	0.264**	0.229**	0.513**		
叶柄长	0.404**	0.315**	0.308**	0.455**	0.419**	0.348**	0.290**	1.000

注：** 在 0.01 水平(双侧)上显著相关；* 在 0.05 水平(双侧)上显著相关。下同。

表 3.13 倒卵形叶片表型性状间相关性

倒卵形	叶面积	叶周长	叶长	叶宽	平均叶宽	宽长比	叶的形状系数	叶柄长
叶面积								
叶周长	0.912**							
叶长	0.896**	0.859**						
叶宽	0.954**	0.842**	0.792**					
平均叶宽	0.894**	0.779**	0.616**	0.933**				
宽长比	−0.112	−0.202	−0.504**	0.123	0.309*			
叶的形状系数	−0.250	−0.617**	−0.321*	−0.153	−0.116	0.300		
叶柄长	0.553**	0.502**	0.752**	0.482**	0.260	−0.555**	−0.134	

表 3.14 矩圆形叶片表型性状间相关性

矩圆形	叶面积	叶周长	叶长	叶宽	平均叶宽	宽长比	叶的形状系数	叶柄长
叶面积								
叶周长	0.846**							
叶长	0.894**	0.783**						
叶宽	0.953**	0.761**	0.812**					
平均叶宽	0.981**	0.819**	0.796**	0.962**				
宽长比	0.657**	0.455**	0.326	0.815**	0.768**			
叶的形状系数	−0.070	−0.578**	−0.101	0.038	−0.047	0.164		
叶柄长	0.115	−0.130	0.232	0.192	0.086	0.087	0.486**	

表 3.15 宽倒卵形叶片表型性状间相关性

宽倒卵	叶面积	叶周长	叶长	叶宽	平均叶宽	宽长比	叶的形状系数	叶柄长
叶面积								
叶周长	0.922**							
叶长	0.937**	0.891**						
叶宽	0.940**	0.827**	0.848**					
平均叶宽	0.938**	0.853**	0.768**	0.937**				

（续）

宽倒卵	叶面积	叶周长	叶长	叶宽	平均叶宽	宽长比	叶的形状系数	叶柄长
宽长比	-0.106	-0.211	-0.392*	0.153	0.205			
叶的形状系数	-0.168	-0.534**	-0.218	-0.034	-0.119	0.328*		
叶柄长	0.551**	0.496**	0.720**	0.438**	0.324*	-0.592**	-0.054	

表3.16　椭圆形叶片表型性状间相关性

椭圆形	叶面积	叶周长	叶长	叶宽	平均叶宽	宽长比	叶的形状系数	叶柄长
叶面积								
叶周长	0.964**							
叶长	0.923**	0.906**						
叶宽	0.981**	0.930**	0.875**					
平均叶宽	0.979**	0.935**	0.834**	0.983**				
宽长比	0.792**	0.726**	0.538**	0.877**	0.888**			
叶的形状系数	0.283	0.034	0.236	0.347*	0.319*	0.378*		
叶柄长	-0.008	0.029	0.091	-0.029	-0.086	-0.164	-0.224	

表3.17　圆形叶片表型性状间相关性

圆形	叶面积	叶周长	叶长	叶宽	平均叶宽	宽长比	叶的形状系数	叶柄长
叶面积								
叶周长	0.880**							
叶长	0.894**	0.841**						
叶宽	0.972**	0.858**	0.847**					
平均叶宽	0.982**	0.852**	0.800**	0.970**				
宽长比	0.784**	0.659**	0.494**	0.879**	0.865**			
叶的形状系数	-0.141	-0.590**	-0.234	-0.130	-0.112	-0.025		
叶柄长	0.406*	0.132	0.331	0.418*	0.435*	0.377*	0.423*	

表3.18　长倒卵形叶片表型性状间相关性

长倒卵形	叶面积	叶周长	叶长	叶宽	平均叶宽	宽长比	叶的形状系数	叶柄长
叶面积								
叶周长	0.955**							
叶长	0.954**	0.949**						
叶宽	0.989**	0.936**	0.934**					
平均叶宽	0.992**	0.939**	0.919**	0.989**				
宽长比	0.853**	0.757**	0.699**	0.905**	0.899**			
叶的形状系数	-0.148	-0.417*	-0.226	-0.097	-0.109	0.094		
叶柄长	0.743**	0.662**	0.723**	0.779**	0.736**	0.720**	0.102	

表 3.19 长椭圆形叶片表型性状间相关性

长椭圆形	叶面积	叶周长	叶长	叶宽	平均叶宽	宽长比	叶的形状系数	叶柄长
叶面积								
叶周长	0.959**							
叶长	0.916**	0.969**						
叶宽	0.970**	0.890**	0.854**					
平均叶宽	0.983**	0.908**	0.850**	0.989**				
宽长比	0.777**	0.609**	0.543**	0.895**	0.872**			
叶的形状系数	0.623**	0.419*	0.428*	0.762**	0.727**	0.912**		
叶柄长	0.603**	0.544**	0.511**	0.572**	0.567**	0.420*	0.271	

叶宽及叶柄长呈正相关极显著性。叶宽与叶宽长比、平均叶宽、叶形状系数及叶柄长均为正相关极显著性。平均叶宽与叶宽长比、叶形状系数及叶柄长，叶宽长比与叶形状系数及叶柄长，叶形状系数与叶柄长均呈正相关极显著性，综上所述不同叶型性状之间存在较高的相关性。

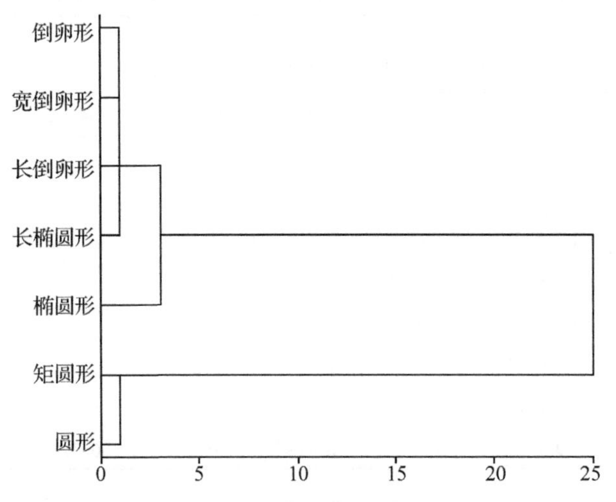

图 3.15 红花玉兰不同叶型的叶表型性状聚类分析

3.4.4 红花玉兰叶表型性状聚类分析

聚类结果(图 3.15)显示，7 种不同叶型红花玉兰可以分为两个大类，第 1 类由矩圆形和圆形红花玉兰组成，余下 5 种叶型(倒卵形、宽倒卵形、长卵形、长椭圆形、椭圆形)构成第 2 类，第 2 类又可分为两个亚类，椭圆形单独为一亚类，倒卵形、宽倒卵形、长卵形、长椭圆形为一亚类。由此可以看出倒卵形、宽倒卵形、长卵形和长椭圆形之间的截取值小于 5，说明它们之间存在明显差异，有一定的遗传距离。矩圆形和圆形之间的截取值为 1，说明它们之间的遗传距离较为接近。矩圆形和圆形叶型的红花玉兰与倒卵形、宽倒卵形、长卵形、长椭圆形、椭圆形叶型的红花玉兰之间的遗传距离最大。

3.4.5 四种玉兰性状对比

前期在对苗圃基地种植红花玉兰的调查过程中发现红花玉兰不仅在幼叶和成熟叶片的颜色形态有所差异，而且与其他玉兰在叶型、叶色、叶质等方面也有很大的差异(图3.16)。

红花玉兰幼叶多以倒卵形、长椭圆形为主，叶先端为急尖、骤尖或具有小芒；叶质为半纸半肉质感；叶缘为全缘和浅波状；叶基部为楔形和截形；叶色包括红紫色、红色、淡红色、一半红色一半绿色、浅绿色5种不同颜色，用RHS英国皇家园林园艺植物比色卡分别对其幼叶正反面比对，结果显示幼叶正面为红色系：186C、177A、77A、59A、60A、NN187A、176A183A，叶背面：137B、NN137D、191A。红花玉兰成熟叶片多以长倒卵形、

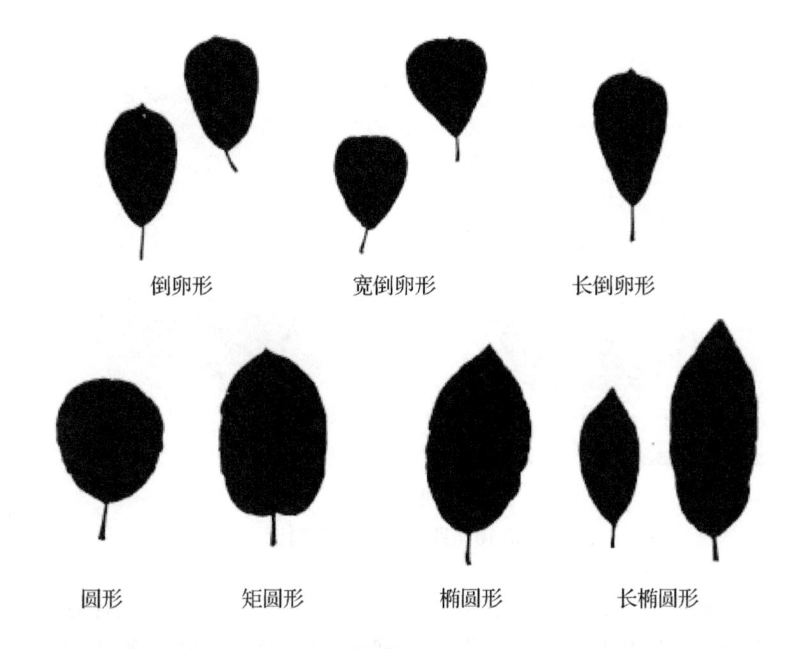

红花玉兰

望春玉兰

广玉兰

白玉兰

图 3.16　四种玉兰叶型对比

宽倒卵形、倒卵状椭圆形、圆形为主；叶先端以微凹、钝尖、骤尖、尾尖为主；叶质为半革质；叶缘为全缘、浅波状和波状；叶基部为楔形和截形；叶脉对数 5~11 对，叶色为深绿色和浅绿色，叶背面为灰绿色。RHS 英国皇家园林园艺植物比色卡测示结果，叶正面为深绿色系：NN137A、NN137B、147A；叶背面：NN137D，137B。

广玉兰叶形多以倒披针形和长椭圆形为主；叶先端钝尖或短钝尖；叶质为厚革质；叶缘为全缘且边缘微反卷；叶基部楔形；叶脉 8~10 对；叶片正面为深绿色且有光泽，叶背面为鲜艳的棕黄色有绒毛。RHS 英国皇家园林园艺植物比色卡测得结果，幼叶正面为浅绿色系：144A~144C，叶背面为浅黄色系 163B；成熟叶片叶正面为绿色系 147A，叶背面为黄色系 165B。

望春玉兰叶片多为椭圆状披针形、卵状披针形、狭倒卵和卵形；叶先端为急尖或者短渐尖；叶质为干膜质；叶缘为全缘和浅波状；叶基部为阔楔形或圆钝。叶脉 15~20 对；叶正面为暗绿色，叶背面为浅绿色，幼叶叶背面有平伏棉毛。用 RHS 英国皇家园林园艺植物比色卡比对结果显示，叶正面为绿色系 137A，叶背面为 147B。

白玉兰叶片多为倒卵形、长椭圆形、披针状椭圆形且叶大，叶面平整；叶先端为长渐尖和尾状渐尖；叶质为薄革质；叶缘为全缘；叶基部为楔形；叶脉7~10对；叶正面为深绿色无毛，叶背面为灰色且疏生微柔毛。用RHS英国皇家园林园艺植物比色卡对白玉兰叶片正反面进行比对，叶正面绿色系为NN137B，叶背面为137B。

3.5 红花玉兰苗木光合特性分析

3.5.1 夏季自然条件下红花玉兰幼苗光合特性的研究

3.5.1.1 红花玉兰幼苗净光合速率日变化规律及其相关生理生态因子

由图3.17可以看出，红花玉兰净光合速率（*Pn*）日变化趋势呈双峰型曲线，并且第一个峰值大于第二个峰值。上午8:00净光合速率达到第一个峰值，为8.59μmol CO_2·m^{-2}·s^{-1}，然后迅速下降，在12:00出现低谷，净光合速率为3.57μmol CO_2·m^{-2}·s^{-1}，比最大值下降了58.41%，出现光合“午休”。尔后净光合速率又开始回升，在15:00出现第二高峰，即次高峰，峰值为6.42μmol CO_2·m^{-2}·s^{-1}。

光合有效辐射（*PAR*）、大气温度（*Ta*）、大气相对湿度（*RH*）和大气CO_2浓度（*Ca*）与植物的光合作用有着密切的关系。由图3.18可以看出，红花玉兰幼苗生长环境中，*PAR*和*Ta*的日变化曲线为单峰型，二者分别在12:00和13:00达到最大值1396μmol·m^{-2}·s^{-1}和37.73℃。由图3.19可看出，*RH*总体上呈现先下降后上升的倒置抛物线型，最低值出现在13:00，为32.49%；*Ca*的日变化趋势大体为“L”型曲线。结合图3.17~图3.19可见，清晨太阳升起后，环境中*PAR*和*Ta*迅速升高，在8:00时大气温湿度适宜，并且环境中的光合反应原料CO_2浓度也比较高，植物体内的水分经过夜晚的积累，也比较充分，外界条件达到较佳组合状态，从而使红花玉兰的净光合速率（*Pn*）达到第一个峰值。尔后随着*PAR*和*Ta*的升高，*RH*下降，高温、高光强、低湿度环境不利于幼苗光合作用的进行，*Pn*持续下降，在12:00降至最低值，出现光合“午休”现象。此外，午间*Pn*的降低也可能和*Ca*的日变化规律有关，*Ca*在12:00比8:00降低了约35μmol·mol^{-1}。午后随着*PAR*和*Ta*的下降，光合环境有所改善，红花玉兰从午休中恢复，光合能力上升，*Pn*在15:00上升至第二峰值。此后随着*PAR*和*Ta*的继续下降，特别是*PAR*在16:00时已降至291μmol·m^{-2}·s^{-1}，光照不足影响光合作用的进行，15:00后*Pn*持续下降。

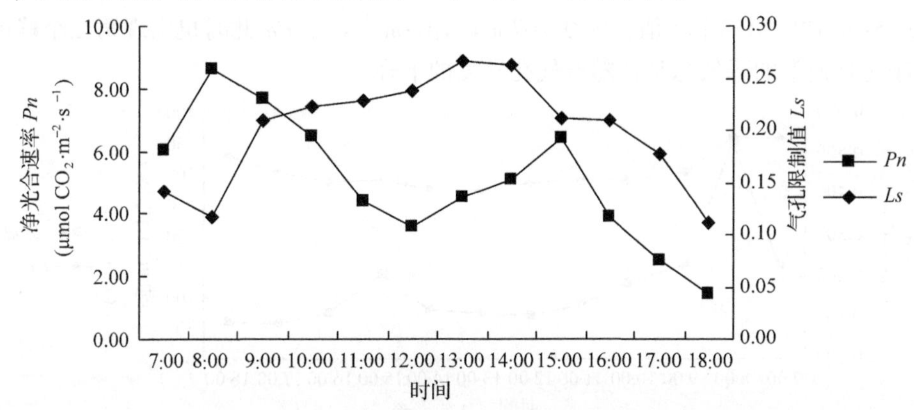

图3.17 净光合速率和气孔限制值的日进程

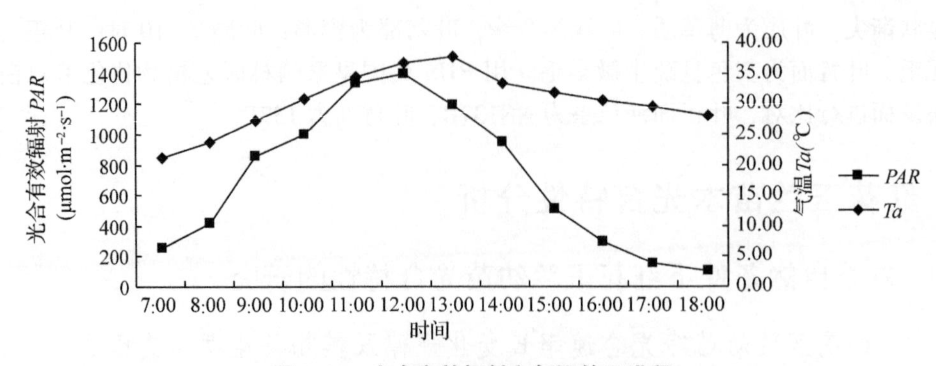

图 3.18 光合有效辐射和气温的日进程

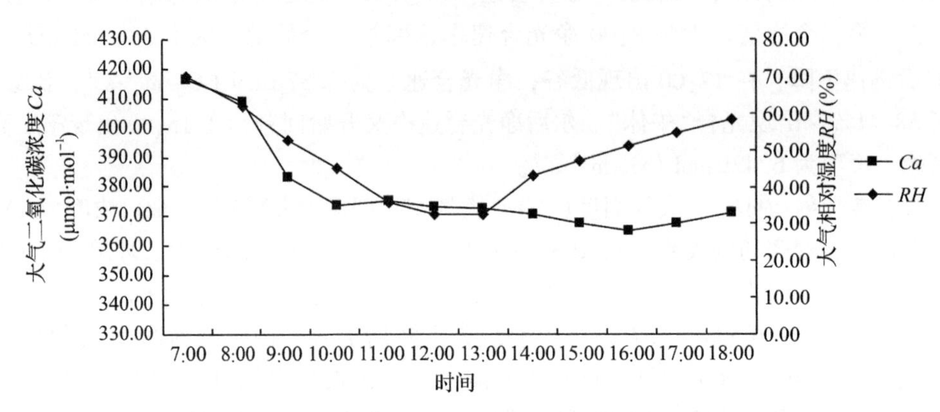

图 3.19 大气相对湿度和大气 CO_2 浓度的日进程

气孔导度(*Cond*)和胞间 CO_2 浓度(*Ci*)是与植物光合作用有关的两个重要生理因子。*Cond* 代表了植物气孔传导 CO_2 和水汽的能力。植物通过改变气孔的开度来控制与外界的 CO_2 和水汽的交换。结合图 3.17 和图 3.20 可以看出，*Cond* 的日变化规律和净光合速率(*Pn*)基本一致，为双峰型曲线。清晨，光强增加和气温升高诱导气孔扩张，*Cond* 迅速增加，8:00 *Cond* 出现第一个峰值，为 0.527mol $H_2O \cdot m^{-2} \cdot s^{-1}$，*Pn* 此时也达到第一个峰值；之后随气温的进一步升高，气孔逐步闭合，*Cond* 逐渐降低，在 12:00~13:00 形成一个低谷，此时 *Pn* 也降至最低值；13:00 的高温峰值过后，温度逐渐降低，叶片气孔重新开放，*Cond* 在 15:00 达到第二个峰值，为 0.207mol $H_2O \cdot m^{-2} \cdot s^{-1}$，*Pn* 此时也出现第二个峰值。总体上，净光合速率的降低总是伴随着气孔导度的下降。

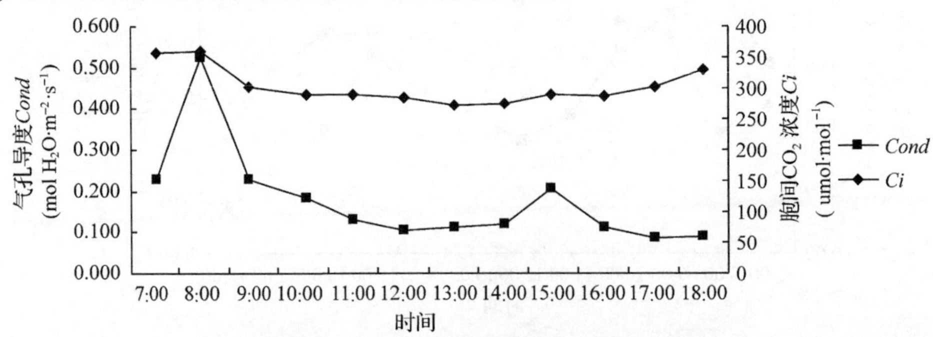

图 3.20 气孔导度和胞间 CO_2 浓度的日进程

但有研究表明：光合速率的降低并不一定是气孔导度降低的结果，光合速率下降的原因可以分为气孔限制和非气孔限制。在研究光合速率的降低是由于气孔因素还是非气孔因素造成时，Farqhar 和 Sharkey(1982)提出了气孔限制值理论，他们认为只有当胞间 CO_2 浓度降低和气孔限制值增大时光合速率的降低主要是由气孔导度降低所致；反之，如果光合速率的降低伴随着胞间 CO_2 浓度的增高和气孔限制值的降低，则说明光合速率的降低是由非气孔因素引起的。本文气孔限制值(*Ls*)的计算采用 Berry 和 Downton(1982)的方法，具体公式为 $Ls=1-Ci/Ca$。公式中，*Ci* 为胞间 CO_2 浓度，*Ca* 为大气 CO_2 浓度。由图 3.17 和图 3.20 可看出，红花玉兰幼苗从早晨光合速率第一峰值到出现光合“午休”时，伴随着细胞间 CO_2 浓度减小和气孔限制值增大，说明该时期其光合“午休”主要是由于气孔因素所致。午间的高温、强光导致叶片气孔闭合，气孔导度降低，气孔限制值增大，从而阻碍外界 CO_2 进入植物体内，导致 *Ci* 值下降，光合原料不足，光合速率下降。

3.5.1.2 红花玉兰幼苗蒸腾速率日变化规律及其相关生理生态因子

由图 3.21 可以看出，红花玉兰蒸腾速率(*Tr*)日变化呈双峰型。结合图 3.18、图 3.19 和图 3.21 可看出，上午随着光合有效辐射(*PAR*)和气温(*Ta*)升高，空气相对湿度(*RH*)降低，饱和水汽压亏(*VpdL*)升高，*Tr* 急剧上升，在 13:00 时出现第一高峰，为 5.05mmol $H_2O\cdot m^{-2}\cdot s^{-1}$。15:00 时，随着气孔导度(Cond)出现第二个峰值(图 2-4)，蒸腾速率达到次高峰，为 4.32mmol $H_2O\cdot m^{-2}\cdot s^{-1}$。相关性分析表明，红花玉兰幼苗的 *Tr* 与 *RH* 呈极显著负相关($R=-0.819$)；与 *VpdL* 呈极显著正相关($R=0.754$)；与 *PAR* 呈极显著正相关($R=0.881$)；与 *Ta* 呈显著正相关($R=0.704$)。

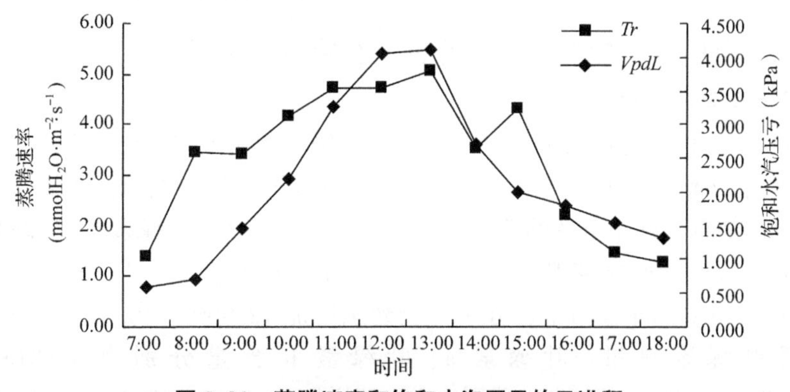

图 3.21　蒸腾速率和饱和水汽压亏的日进程

3.5.1.3 红花玉兰幼苗水分利用效率和光能利用效率日变化规律

从生理学角度分析，水分利用效率(*WUE*)是净光合速率和蒸腾速率的比值(Fischer, 1978)，表示植物对水分的利用能力。光能利用率(*LUE*)反映了植物对光强的利用能力(崔骁勇等，2000)，用公式“光能利用率=净光合速率/光合有效辐射”计算(马成仓等，2004)。

由图 3.22 可以看出，红花玉兰幼苗的 *WUE* 日变化曲线和 *LUE* 日变化曲线均呈早、晚高而中午低的趋势。*WUE* 和 *LUE* 最大值出现在 7:00，分别为 4.32mmol $CO_2\cdot mol^{-1}H_2O$、

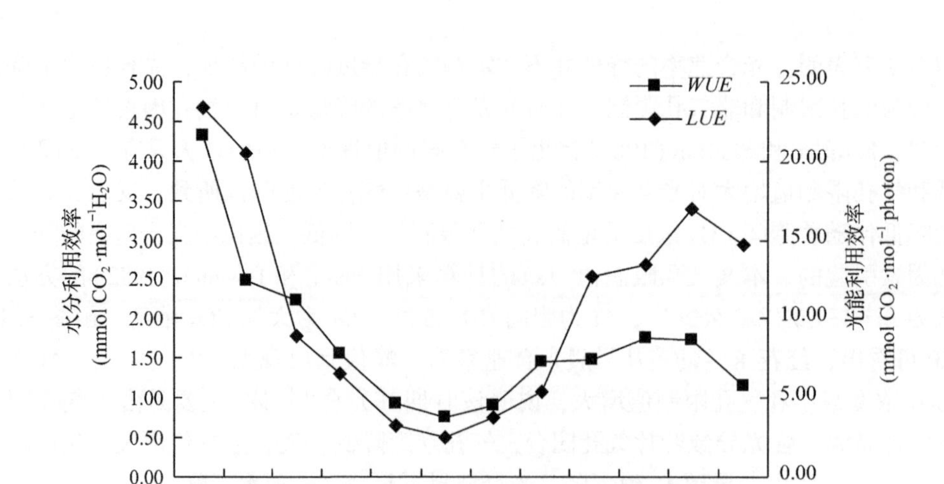

图 3.22 水分利用效率和光能利用效率的日进程

23.33mmol CO_2·mol^{-1}photon；此后急剧下降，午间 12:00 的 *WUE* 和 *LUE* 最低，分别为 0.75mmol CO_2·$mol^{-1}$$H_2O$、2.56mmol CO_2·mol^{-1}photon；16:00~17:00 *WUE* 和 *LUE* 出现第二高峰。从全天来看，红花玉兰的平均水分利用效率为 1.73mmol CO_2·$mol^{-1}$$H_2O$，平均光能利用效率为 11.02mmol CO_2·$mol^{-1}$$H_2O$。12:00 的 *WUE* 和 *LUE* 最低，是因为此时的 *Pn* 下降至最低值，而 *PAR*、*Tr* 却很高。

3.5.2 红花玉兰幼苗光合生长特性对不同光环境的响应

3.5.2.1 不同光照强度对红花玉兰幼苗光合特性的影响

(1)叶绿素含量的变化

叶绿素存在于植物细胞内的叶绿体中，是植物吸收利用太阳光能进行光合作用的重要物质。叶绿素的含量和比例是植物适应和利用环境因子的重要指标。由表 3.20 可看出，随着遮阴程度的加重，红花玉兰幼苗叶片叶绿素总量(a+b)、叶绿素 a、叶绿素 b 含量均增加。25%全光照处理叶绿素总量、叶绿素 a、叶绿素 b 含量分别为 2.477mg·g^{-1}FW、1.868mg·g^{-1}FW、0.609mg·g^{-1}FW，分别比全光照增加 12.90%、10.01%、22.78%。10%全光照处理叶绿素总量、叶绿素 a、叶绿素 b 含量分别为 4.081mg·g^{-1}FW、3.071mg·g^{-1}FW、1.010mg·g^{-1}FW，分别比全光照增加 86.01%、80.86%、103.63%。叶绿

表 3.20 遮阴和全光照下生长的红花玉兰幼苗叶片叶绿素含量的变化

透光率	叶绿素 a (mg·g^{-1}FW)	叶绿素 b (mg·g^{-1}FW)	叶绿 a+b (mg·g^{-1}FW)	叶绿素 a/b
全光照	1.698a	0.496a	2.194a	3.421a
25%全光照	1.868b	0.609b	2.477b	3.066b
10%全光照	3.071c	1.010c	4.081c	3.043b

注：数值后字母表示 Duncan 多重比较结果(p=0.05)；含有相同字母的处理，差异不显著；含有不同字母的处理，差异显著。

素 a/b 值则正好相反，随遮阴程度的加重呈下降趋势，25%全光照处理、10%全光照处理分别比全光照处理下降10.38%、11.05%。

差异显著性分析(表3.20)表明，各处理间叶绿素总量差异显著；叶绿素 a 含量差异显著；叶绿素 b 含量差异显著；25%、10%全光照处理与全光照处理间的叶绿素 a/b 值差异显著，25%、10%全光照处理间差异不显著。

(2)光合参数的变化

图3.23为不同光照强度下生长的红花玉兰幼苗叶片光合光响应曲线，可见低光强下，三种处理的净光合速率相差不大；随着光照强度的增加，全光照处理下的净光合速率开始高于25%和10%全光照处理。光响应曲线模拟计算得出各处理的光合参数，全光照、25%全光照、10%全光照的最大净光合速率分别为16.80μmol $CO_2 \cdot m^{-2} \cdot s^{-1}$、14.00μmol $CO_2 \cdot m^{-2} \cdot s^{-1}$、9.38μmol $CO_2 \cdot m^{-2} \cdot s^{-1}$；表观量子效率分别为0.0666 $CO_2 \cdot photon^{-1}$、0.0611 $CO_2 \cdot photon^{-1}$、0.0599 $CO_2 \cdot photon^{-1}$；暗呼吸速率分别为1.750μmol $CO_2 \cdot m^{-2} \cdot s^{-1}$、0.852μmol $CO_2 \cdot m^{-2} \cdot s^{-1}$、0.410μmol $CO_2 \cdot m^{-2} \cdot s^{-1}$；光补偿点分别为26.20μmol $\cdot m^{-2} \cdot s^{-1}$、13.90μmol $\cdot m^{-2} \cdot s^{-1}$、6.84μmol $\cdot m^{-2} \cdot s^{-1}$。可见，遮阴降低了红花玉兰幼苗的最大净光合速率，25%全光照、10%全光照的最大净光合速率分别比全光照降低16.67%、44.17%。表观量子效率是光合作用中光能转化效率的指标之一，可反映出光合机构机能的变化，遮阴使红花玉兰表观量子效率小幅下降，25%全光照、10%全光照分别比全光照下降低了8.26%、10.06%。暗呼吸速率的高低说明植物在没有光照条件下的呼吸速率不同，遮阴条件下红花玉兰的暗呼吸速率发生下降，25%全光照、10%全光照的暗呼吸速率分别比全光照下降低了51.31%、76.57%。光补偿点是植物利用弱光能力大小的重要指标，该值越小说明植物利用弱光的能力越强，遮阴处理降低了红花玉兰幼苗的光补偿点，25%全光照、10%全光照的光补偿点分别比全光照降低46.95%、73.89%。

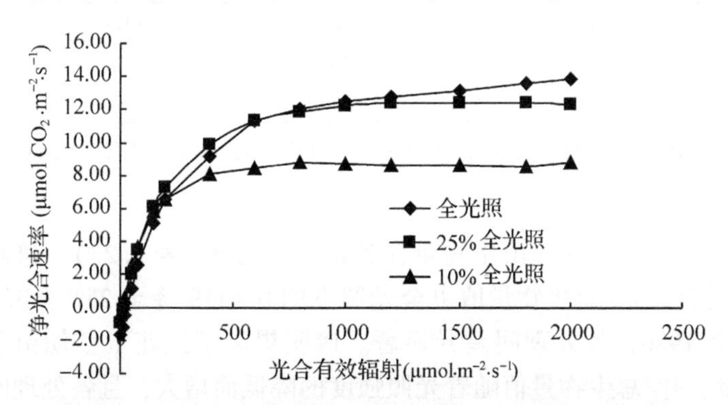

图3.23　遮阴和全光照下生长的红花玉兰幼苗光响应曲线

3.5.2.2　不同光照强度对红花玉兰幼苗生长的影响

遮阴对光合特性的影响最终通过植物的生长状况体现出来。苗高、地径、生物量是反映幼苗生长状况的三个重要指标。

(1)苗高和地径的变化

由表3.21可以看出，不同光照强度影响了红花玉兰幼苗的生长。处理结束后，两种

遮阴条件下，红花玉兰幼苗的苗高和地径均较全光照下小，且各处理间差异显著。25%光照下，苗高为26.63cm，地径为0.658cm，分别为全光照下的86.49%、88.56%。10%光照下，苗高为19.72cm，地径为0.527cm，分别为全光照下的64.05%、70.93%。可见25%和10%的透光率对红花玉兰幼苗而言，遮阴过重，不利于其生长。

表 3.21 遮阴和全光照下生长的红花玉兰幼苗苗高与地径的变化

透光率	苗高(cm)	地径(cm)	苗高相对量(%)	地径相对量(%)
全光照	30.79a	0.743a	100.00	100.00
25%全光照	26.63b	0.658b	86.49	88.56
10%全光照	19.72c	0.527c	64.05	70.93

注：数值后字母表示 Duncan 多重比较结果($p=0.05$)；含有相同字母的处理，差异不显著；含不同字母的处理，差异显著。

(2)生物量的变化

由表3.22可以看出，不同光照强度影响红花玉兰幼苗生物量的积累。

25%全光照下，总生物量为4.8130g，比全光照处理下降38.81%；根、茎、叶各部位生物量分别比全光照下降61.59%、34.53%、13.27%。10%全光照下，总生物量为2.9622g，比全光照处理降低62.34%，比25%全光照处理降低38.45%；根、茎、叶各部位生物量分别比全光照下降81.88%、55.49%、43.04%。可见过重遮阴处理不利于红花玉兰幼苗各部位生物量(根、茎、叶)及总生物量的积累，且随着遮阴程度的加重，下降程度增加，各处理间差异显著。

表 3.22 遮阴和全光照下生长的红花玉兰幼苗生物量的变化

处理	根重(g)	茎重(g)	叶重(g)	总生物量(g)
全光照	3.2403a	2.0855a	2.5403a	7.8661a
25%全光照	1.2445b	1.3653b	2.2032b	4.8130b
10%全光照	0.5870c	0.9282c	1.4469c	2.9622c

注：数值后字母表示 Duncan 多重比较结果($p=0.05$)；含有相同字母的处理，差异不显著；含有不同字母的处理，差异显著。

遮阴同时改变了红花玉兰幼苗生物量在各部位的分配(表3.23)。遮阴降低了红花玉兰幼苗根生物量分配，根/总生物量值由全光照下的0.4119降至25%全光照下的0.2584、10%全光照下的0.1980，各处理间差异显著。遮阴提高了红花玉兰幼苗茎、叶生物量分配，茎/总生物量、叶/总生物量值随着光照强度的降低而增大，且各处理间差异显著。遮

表 3.23 遮阴和全光照下生长的红花玉兰幼苗生物量分配的变化

处理	根重/总生物量	茎重/总生物量	叶重/总生物量	地上/地下部分生物量
全光照	0.4119a	0.2650a	0.3231a	1.4275a
25%全光照	0.2584b	0.2836b	0.4580b	2.8756b
10%全光照	0.1980c	0.3135c	0.4886c	4.0554c

注：数值后字母表示 Duncan 多重比较结果；同列含有相同字母的处理，差异不显著；含有不同字母的处理，差异显著。

阴提高了幼苗地上/地下生物量分配比例。地上/地下生物量值在全光照下为1.4275，25%全光照、10%全光照下分别升高至2.8756、4.0554，即遮阴条件下地下部分根部所占比重下降，地上部分(茎、叶)所占比重增加，各处理间差异显著。

3.5.3 红花玉兰与同属其他三种玉兰的光合日变化对比研究

3.5.3.1 四年生红花玉兰与同属其他三种玉兰光合规律的比较研究

由图3.24可知，4年生红花玉兰光合速率日变化出现双峰现象，分别在上午9:00和下午15:00左右，而黄玉兰在上午7:00有一个小高峰，在下午15:00左右与红花玉兰一样也出现了一个大的高峰。它的光合速率日变化比较缓和，而且没有出现“午休”现象，这是由于选的叶片有的在光线变化后在阴凉处，而且不太受风的影响。望春玉兰在13:00出现严重“午休”，所以光合速率很低。虽然红花玉兰和紫玉兰均出现了“午休”现象，但是都没有望春玉兰在“午休”期的光合速率低，这与望春玉兰生长状况有关，因为研究地的望春玉兰栽植在光线不太好的墙根旁，比其他玉兰的水肥供给情况差，而且在墙的另一边有建筑物，对望春玉兰有遮阴现象。这些都导致了望春玉兰的各项指标比其他种低。

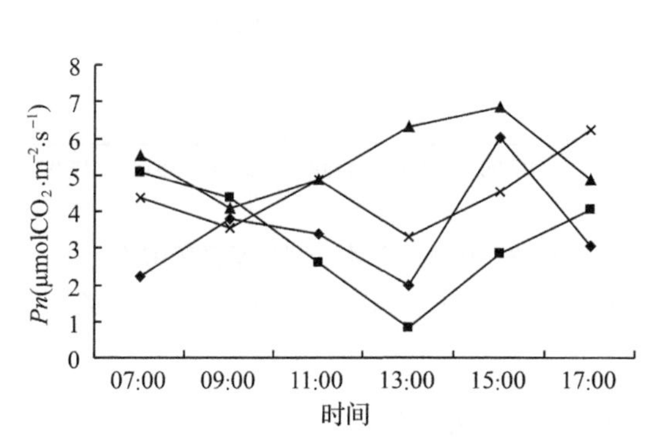

图3.24 四种玉兰光合速率日变化的比较

(—◆— 红花玉兰，—■— 望春玉兰，—▲— 黄玉兰，—×— 紫玉兰)

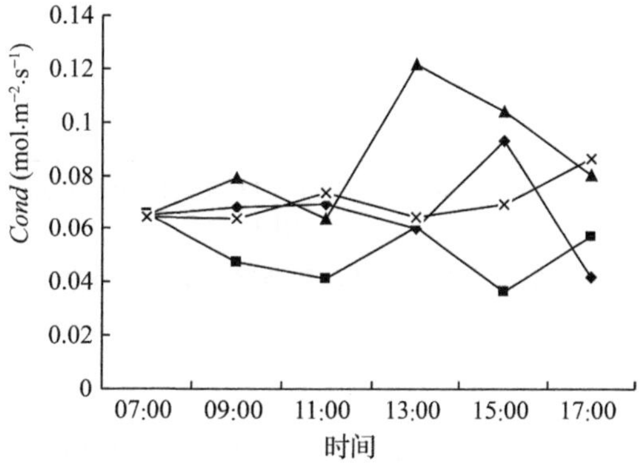

图3.25 四种玉兰气孔导度日变化的比较

(—◆— 红花玉兰，—■— 望春玉兰，—▲— 黄玉兰，—×— 紫玉兰)

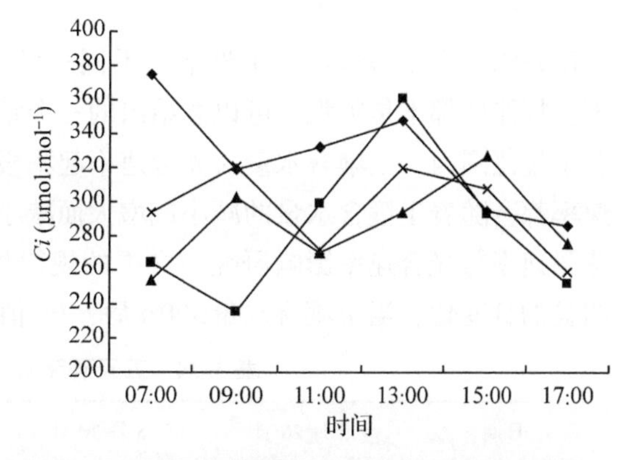

图3.26 四种玉兰胞间 CO_2 浓度日变化的比较

(—◆— 红花玉兰，—■— 望春玉兰，—▲— 黄玉兰，—×— 紫玉兰)

从图3.25可以看出，四种玉兰的气孔导度均在午后出现一个峰值，这与“午休”后的叶片变化有关，光合作用和蒸腾速率加强(图3.27)，气孔开放。由图3.24和图3.25可以看出黄玉兰的光合速率和气孔导度都高于其他三种玉兰，说明黄玉兰的光合效率高于其他三种玉兰。总体来说，这四条曲线所表现的与前人描述的“光合速率在很大程度上取决于气孔导度，它们呈正相关的关系，呈平行变化趋势”规律符合。与许大全等(1988)提出的光合速率对气孔导度具有反馈调节作用的看法也一致：“在有利于叶肉细胞的光合时，气孔导度增大；不利于光合时，气孔导度减小”。四种玉兰上午的气孔导度比较低，也没有明显的高峰，这是因为上午风比较大，为了保持体内外水分平衡，幼苗在风力加大的情况下，自动关闭了气孔，因此，气孔导度在上午没有像光合速率一样出现峰值。

由图 3.26 可知，红花玉兰、望春玉兰和紫玉兰的胞间 CO_2 浓度，均在“午休”后 13:00 左右出现了峰值，这是因为“午休”后光合速率加强，需要大量的 CO_2 来进行光合作用。水分利用率(图 3.28)也符合这样的规律。黄玉兰的胞间 CO_2 浓度的峰值延迟到了 15:00，这与它的光合速率呈正相关，也是符合规律的。由上述论断可以看出光合的“午休”现象对各个光合生理指标的影响是显而易见的。要是能够破除光合的“午休”现象，就可以使光合作用加强，产生更多的光合产物。

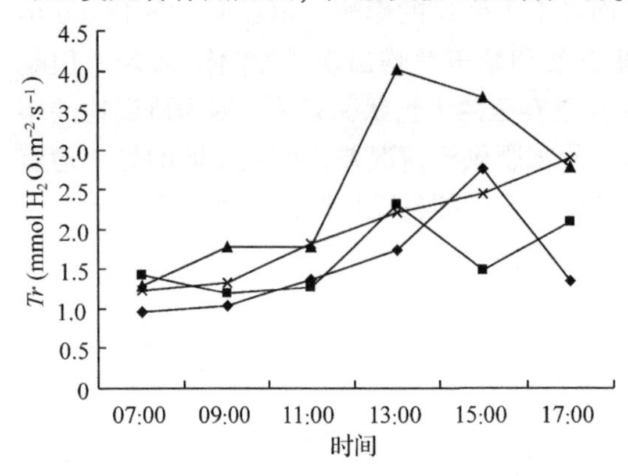

图 3.27 四种玉兰蒸腾速率日变化的比较

(—◆— 红花玉兰，—■— 望春玉兰，—▲— 黄玉兰，—×— 紫玉兰)

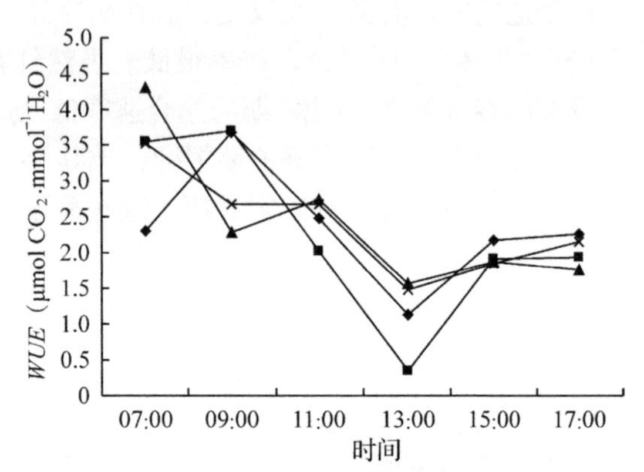

图 3.28 四种玉兰水分利用率日变化的比较

(—◆— 红花玉兰，—■— 望春玉兰，—▲— 黄玉兰，—×— 紫玉兰)

3.5.3.2 不同土壤水分条件下四种玉兰属植物光合机理的变化

(1)不同土壤水分条件下光合速率日变化

从图 3.29~图 3.32 中不同土壤含水量条件下(表 3.24)光合速率的日变化表明：4 种玉兰在同一个土壤含水量条件下，光合速率相差不大，但是在不同的土壤含水量条件下，无论是同一个土壤含水量条件下的不同玉兰，还是同一种玉兰在不同的土壤含水量条件下，规律性都不是很强。可以总结出的一个结论就是：对每一种玉兰来说，在合适的土壤含水量范围内，土壤含水量对光合速率起积极作用，可是当小于或大于这个范围时，光合速率都会随着土壤含水量的减小或增大而减小。这与杨娜等(2006)在土壤含水量对紫穗槐蒸腾速率与光合速率影响研究一文中的规律相似：“当含水量>15%时，*Pn* 值增大且具有明显的日变化，当土壤含水量>20%后，*Pn* 值不再随土壤含水量的增加而升高，因此土壤

表 3.24 五天研究期分别对应的土壤含水量

日期	5月28日	5月30日	6月4日	6月6日	6月8日
土壤含水量(%)	13.6	16.4	19.2	12.9	15.8

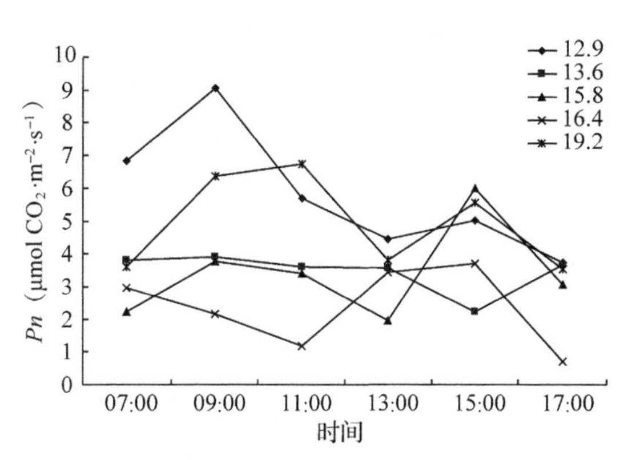

图 3.29　红花玉兰在不同水分条件下光合速率日变化

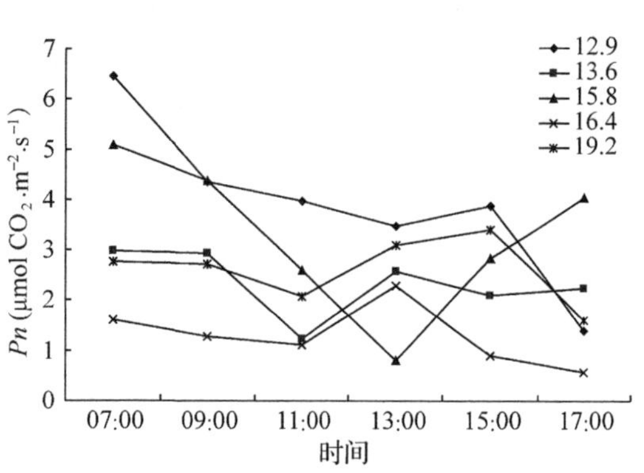

图 3.30　望春玉兰在不同水分条件下光合速率日变化

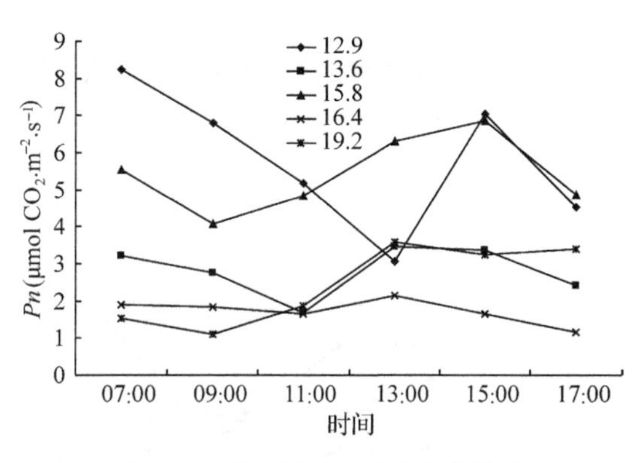

图 3.31　黄玉兰在不同水分条件下光合速率日变化

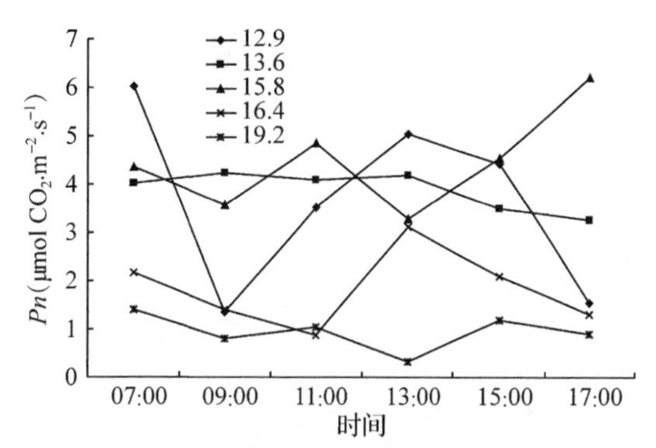

图 3.32　紫玉兰在不同水分条件下光合速率日变化

含水量在 15%～20%条件下最适合紫穗槐光合作用的进行。”纵观这四幅图，土壤含水量在 15. 8%左右时，四种光合速率都比较规律，也比较稳定，15. 8% 应该是在范围之内的。由于所研究的五天时间在光合生理方面有气象因子、环境因子、植物体的内因等很多变化的因素，所以要想探究土壤含水量与光合速率之间的关系，还需要搜集更多的试验数据。

(2) 不同土壤水分条件下水分利用效率的日变化

由图 3. 33～图 3. 36 可以得出，当土壤含水量在适宜的范围内时，四种玉兰的水分利用率高，否则水分利用率低。但是有的曲线也没有表现出这个规律，这是因为限制植物体水分利用效率的因素很多，如气孔、光照、风力等因素，不仅与土壤含水量有关系，而且没有足够的数据说明每种玉兰所对应的土壤含水量的范围。但是纵观各图，可以得出当土壤含水量在 15. 8%时，水分利用率比较稳定，这个值应该是处于土壤含水量适宜范围之内的。由图还可知红花玉兰在不同土壤水分条件下水分利用率变化很小，也很集中，波动小于其他三种玉兰，说明其对水分的利用能力强。

(3) 不同土壤水分条件下气孔导度的日变化

由图 3. 37～图 3. 40 可知，当土壤含水量在 13. 6%～16. 4%范围内时，紫玉兰和黄玉兰的气孔导度比较规律且稳定。高于这个范围的和低于这个范围，气孔导度都会降低。当土壤含水量达到 19.2%时，红花玉兰和望春玉兰气孔导度较高。说明每种玉兰所适合的土壤含水条件是不同的。同时可以看出，红花玉兰与望春玉兰在土壤水分条件好的情况下，都有双峰现象，黄玉兰和紫玉兰则无此规律。

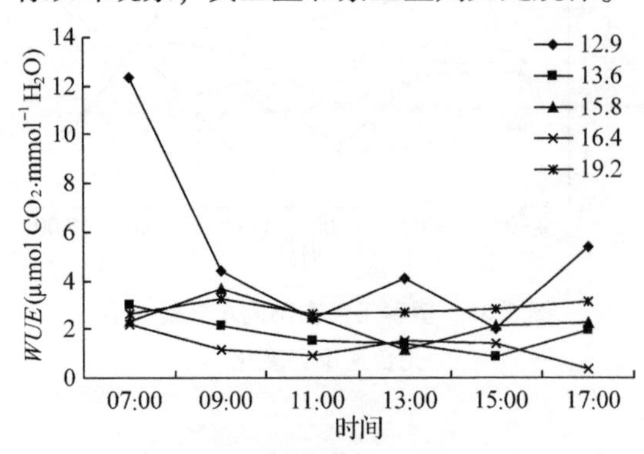

图 3.33　红花玉兰在不同土壤水分条件下水分利用效率日变化

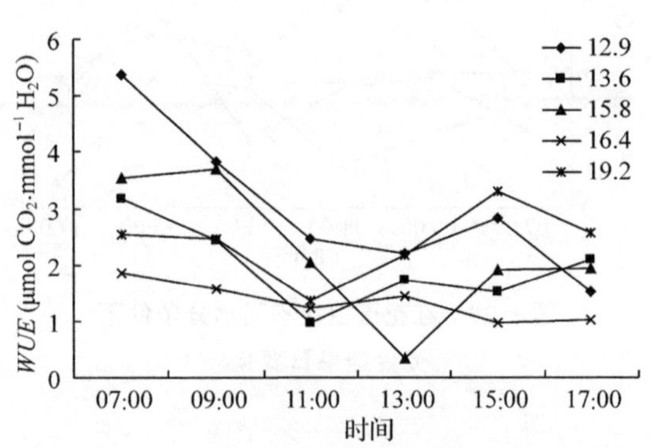

图 3.34　望春玉兰在不同土壤水分条件下水分利用效率日变化

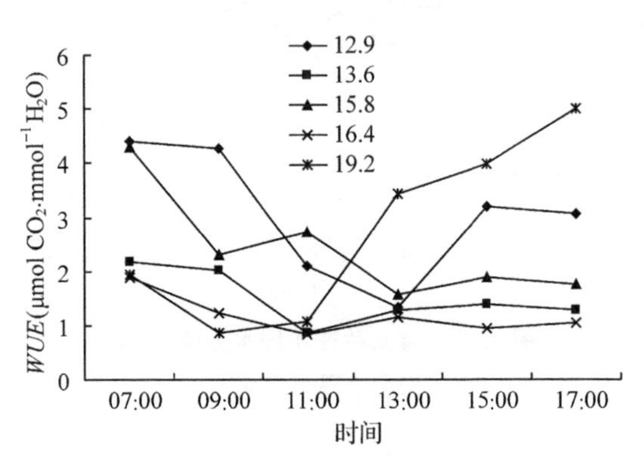

图 3.35　黄玉兰在不同土壤水分条件下水分利用效率日变化

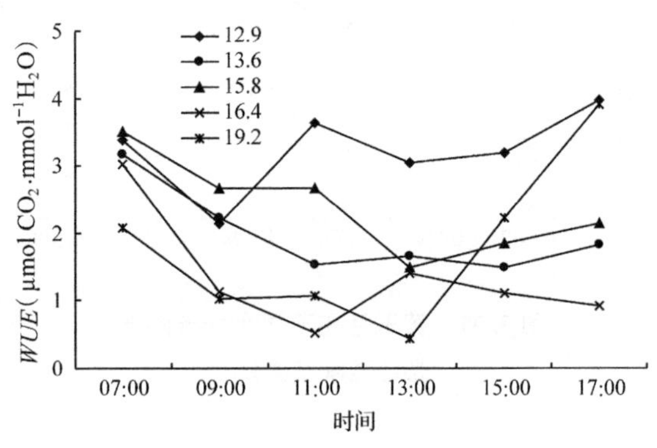

图 3.36　紫玉兰在不同土壤水分条件下水分利用效率日变化

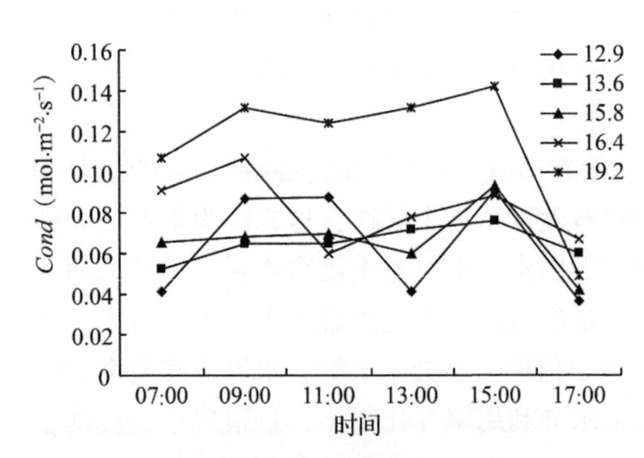

图 3.37　红花玉兰在不同土壤水分条件下气孔导度日变化

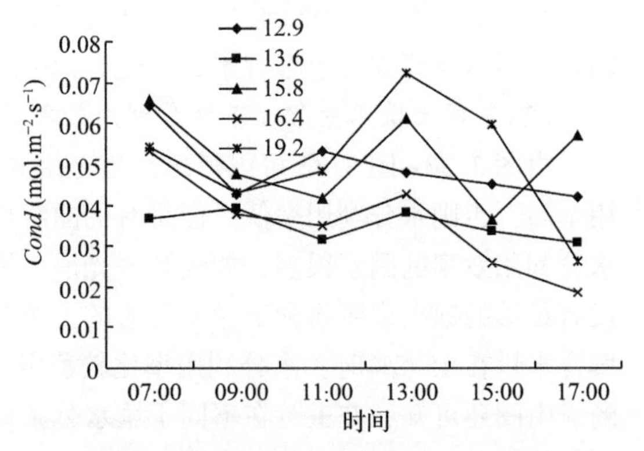

图 3.38　望春玉兰在不同土壤水分条件下气孔导度日变化

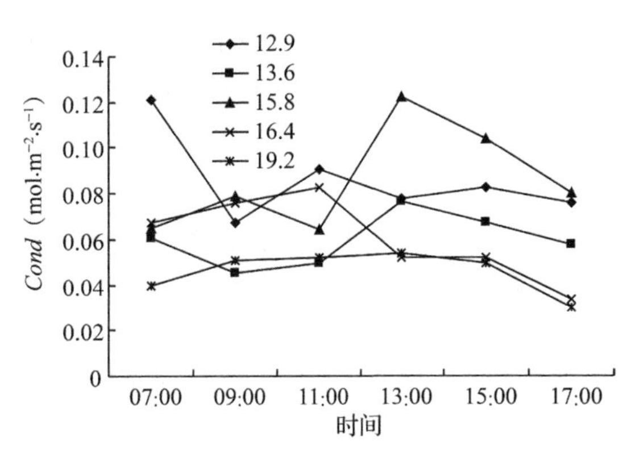

图 3.39 黄玉兰在不同土壤水分条件下气孔导度日变化

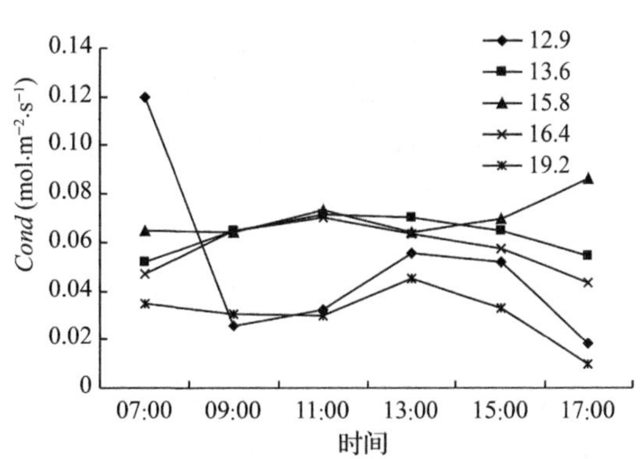

图 3.40 紫玉兰在不同土壤水分条件下气孔导度日变化

3.5.3.3 同属四种玉兰的光合速率与气象因子的相关性

(1)光照与光合速率

由图 3.41~图 3.44 可知，除红花玉兰外，其他三种玉兰的光强与光合速率的日变化都呈双峰和“午休”现象，而且峰期一致，说明每种玉兰的光强与光合速率均呈正相关。但是黄玉兰在上午的光合速率很低，随着时间推移，才逐渐上升，可能与黄玉兰的本身生理条件有关，具体出于何种原因，还有待考察。所得结果表明光强与光合速率呈正相关，这与杨文斌(1996)“光照强度是通过影响蒸腾阻力，进而影响蒸腾速率”的说法是一致的，因为蒸腾速率与光合速率也是正相关关系，说明当光照强度增强的时候，光合速率随之增

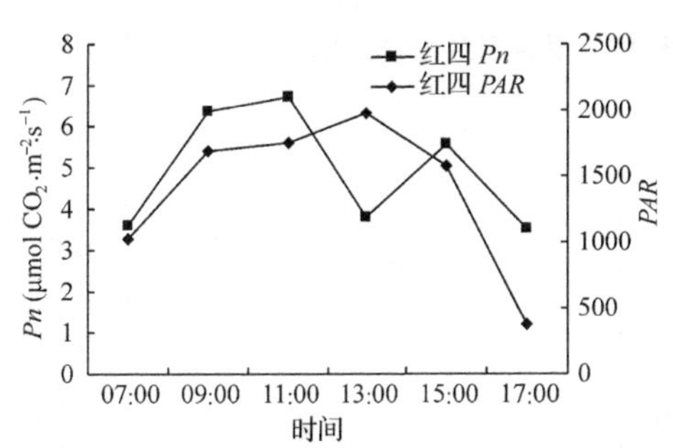

图 3.41 红花玉兰光合速率与光强之间的关系

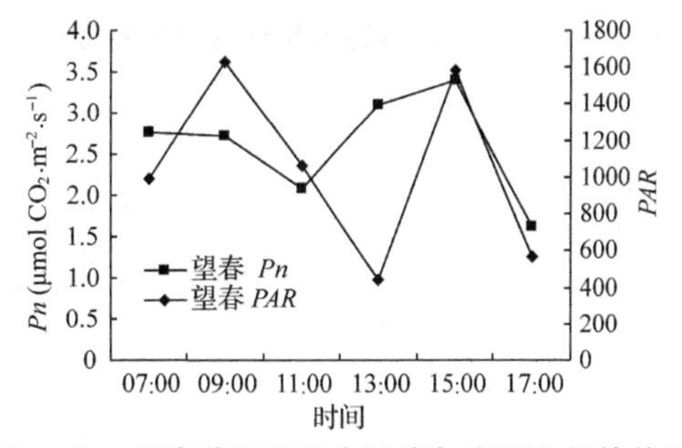

图 3.42 望春花玉兰光合速率与光强之间的关系

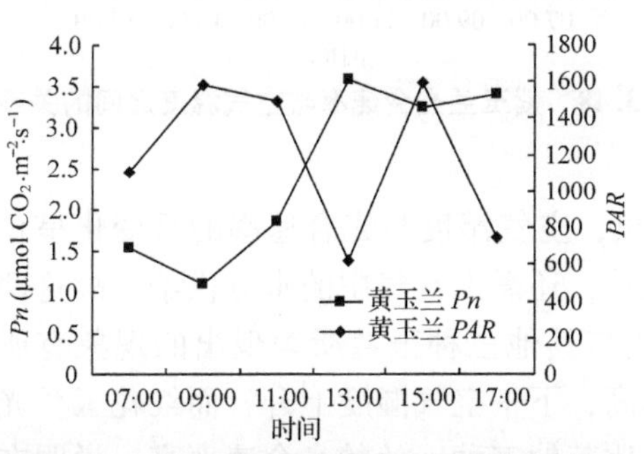

图 3.43 黄玉兰光合速率与光强之间的关系

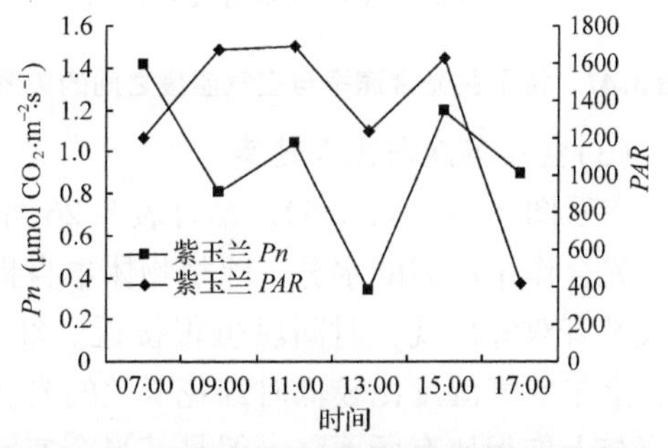

图 3.44 紫玉兰光合速率与光强之间的关系

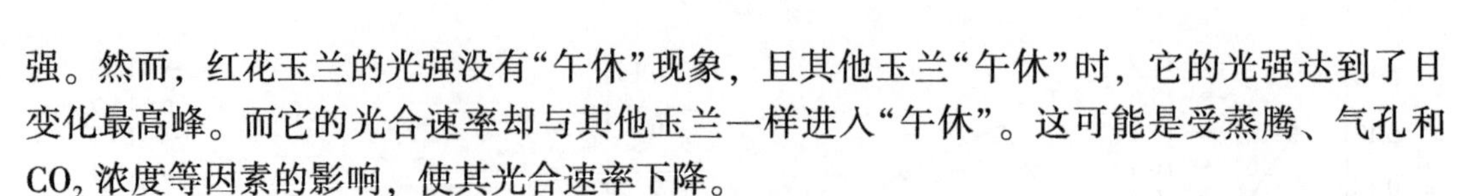

强。然而，红花玉兰的光强没有“午休”现象，且其他玉兰“午休”时，它的光强达到了日变化最高峰。而它的光合速率却与其他玉兰一样进入“午休”。这可能是受蒸腾、气孔和CO_2浓度等因素的影响，使其光合速率下降。

(2)空气温度与光合速率

由图3.45~图3.48可知，4种玉兰的空气温度在11:00左右达到峰值，随后下降，在15:00以后又有所上升，但幅度不大。这是因为日落温度下降，但地表日积温上升，导致空气温度小幅度上升，4种玉兰规律相同。但空气温度与光合速率呈负相关的关系，且对光合速率的影响不是很明显。因为当空气温度上升时，叶片的气孔关闭，光合作用所需的原料水分和二氧化碳得不到及时的供给，必然导致光合速率下降。红花玉兰与相同空气温度下的其他三种玉兰相比光合速率更高，全天光合速率均在3.5μmol $CO_2 \cdot m^{-2} \cdot s^{-1}$以上。而且其光合速率受空气温度的影响最低，说明它的耐性好于其他三种玉兰。其他三种玉兰的光合速率均在3.5μmol $CO_2 \cdot m^{-2} \cdot s^{-1}$以下，其中紫玉兰的光合速率最低，全天均在1.4μmol $CO_2 \cdot m^{-2} \cdot s^{-1}$以下。

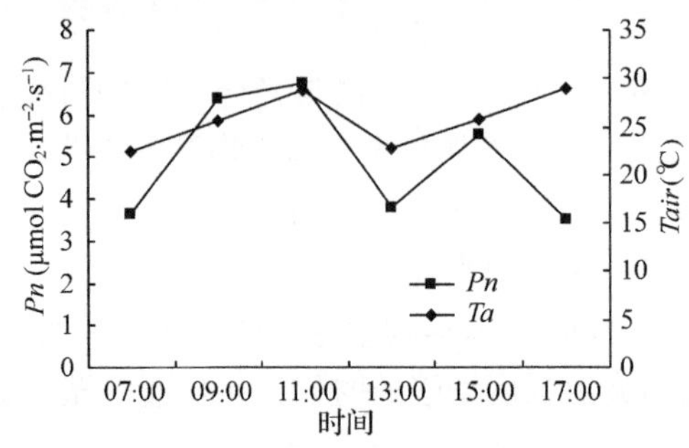

图3.45 红花玉兰光合速率与空气温度之间的关系

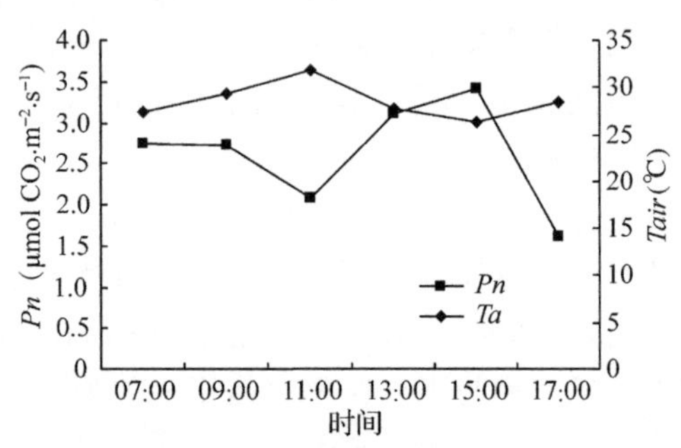

图3.46 望春玉兰光合速率与空气温度之间的关系

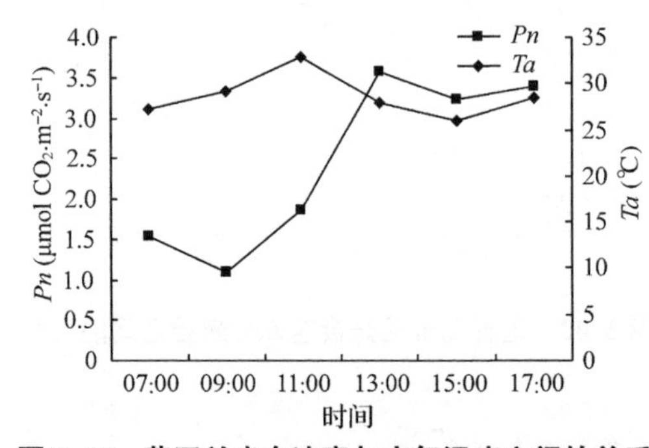

图3.47 黄玉兰光合速率与空气温度之间的关系

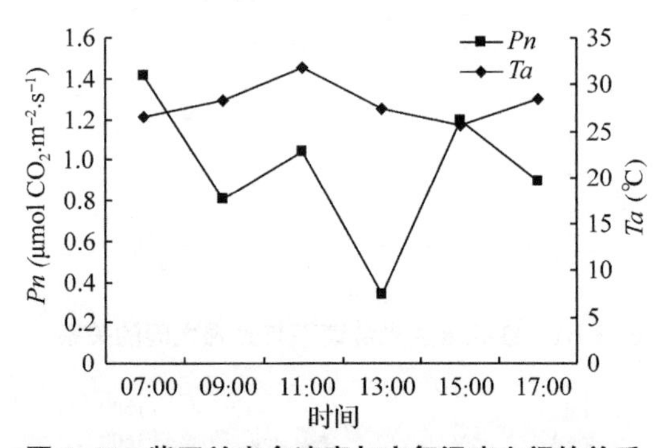

图3.48 紫玉兰光合速率与空气温度之间的关系

(3)空气湿度与光合速率

参看图3.49~图3.52，结合表3.26可以看出，空气湿度与光合速率的日变化呈正相关，光合作用所需的水分，除植物体本身提供之外，还需由空气中的水分供给，故这两条曲线都有双峰出现，时间段也很接近。红花玉兰与其他三种玉兰所表现出的现象有所不同，上午空气湿度比较低时红花玉兰的光合速率高，下午空气湿度上升，而红花玉兰光合速率与上午相比有所下降，但是其光合速率仍然比其他三种玉兰的光合速率高。说明在相同空气湿度条件下红花玉兰的光合作用能力要高于其他三种玉兰。

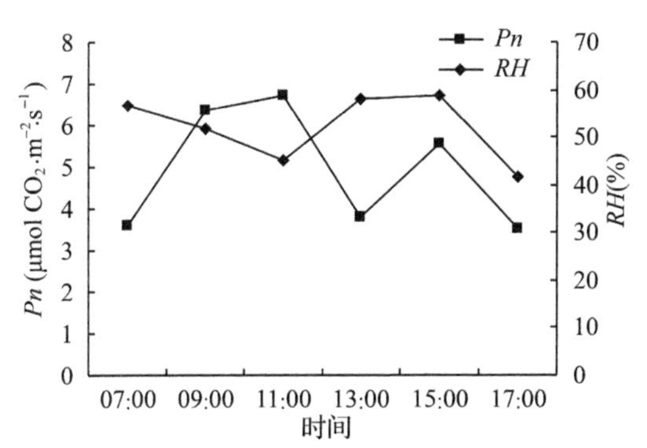

图3.49 红花玉兰光合速率与空气湿度之间的关系

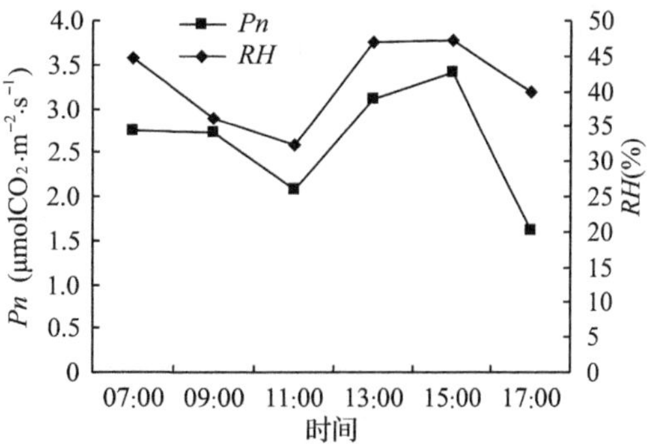

图3.50 望春玉兰光合速率与空气湿度之间的关系

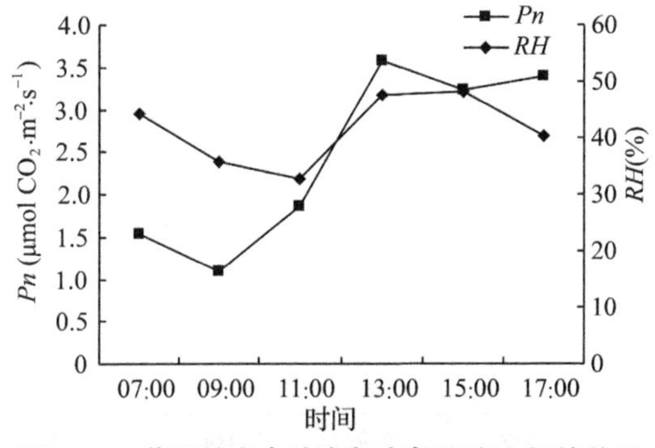

图3.51 黄玉兰光合速率与空气湿度之间的关系

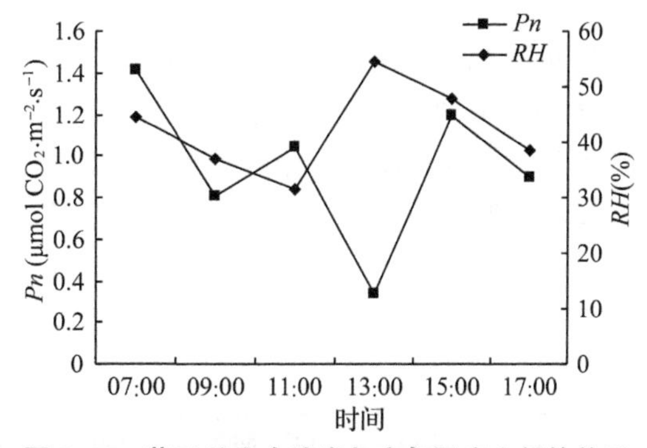

图3.52 紫玉兰光合速率与空气湿度之间的关系

(4)空气中 CO_2 浓度与光合速率

从图3.53~图3.56可以看出，早晨7:00到9:00 CO_2 浓度逐渐上升，早晨9:00开始 CO_2 浓度趋于稳定，全天基本保持在370~400μmol·mol^{-1}。从图3.53~图3.56中无法看出四种玉兰在不同的 CO_2 浓度下的变化规律，但参看表3.26数据，可发现，在上午9:00和下午15:00左右空气中 CO_2 浓度比较低，因为这两个时间段是光合作用的双峰期，需要吸收大量的 CO_2 来进行光合作用，因此空气中的 CO_2 浓度下降。下午光合"午休"开始时，空气中 CO_2 浓度逐渐上升，因为这个时候光合作用很弱，所需的 CO_2 较少。这与孙谷畴(2000)的结论一致，即空气 CO_2 浓度增高会降低气孔的导度。气孔可调节细胞胞间 CO_2 浓

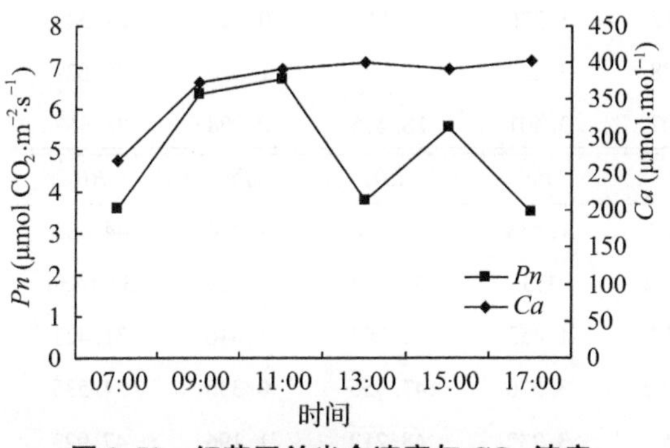

图3.53 红花玉兰光合速率与 CO_2 浓度之间的关系

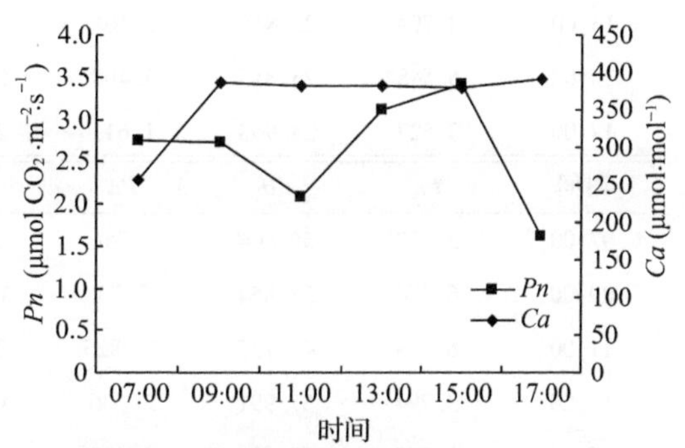

图3.54 望春玉兰光合速率与 CO_2 浓度之间的关系

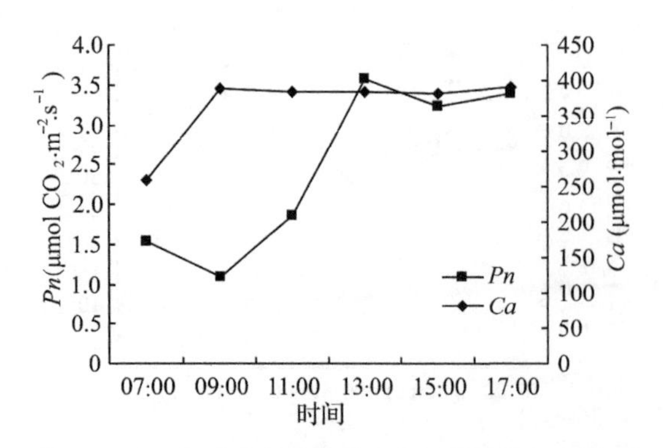

图 3.55 黄玉兰光合速率与 CO_2 浓度之间的关系

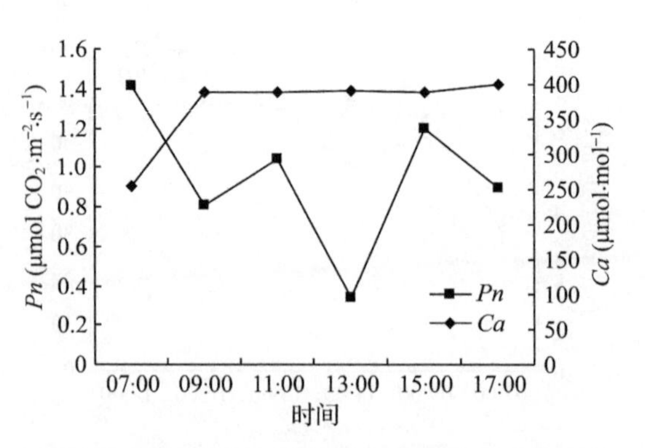

图 3.56 紫玉兰光合速率与 CO_2 浓度之间的关系

度与外界 CO_2 浓度的比率。光强和叶片、空气水蒸气浓度都可能影响气孔的调节作用。当空气 CO_2 浓度增高使细胞胞间浓度增高，促进叶片光合速率增高，同时由于气孔导度降低减少蒸腾失水，提高水分利用效率。同时，从表 3. 25 中可以看出红花玉兰的光合速率一直高于其他几种玉兰，说明红花玉兰对空气中的 CO_2 浓度比其他三种玉兰更敏感。

表 3. 25 四种玉兰光合速率与气象因子相关性

时间	红花玉兰		望春玉兰		黄玉兰		紫玉兰	
	Pn	*PAR*	*Pn*	*PAR*	*Pn*	*PAR*	*Pn*	*PAR*
07:00	3. 617	1025. 889	2. 756	988. 75	1. 538	1105. 994	1. 414	1201. 778
09:00	6. 374	1690. 278	2. 73	1629. 083	1. 1	1585. 167	0. 805	1673. 333
11:00	6. 733	1747. 833	2. 0825	1061. 333	1. 855	1495. 917	1. 046	1693. 278
13:00	3. 794	1978	3. 106	442. 0833	3. 576	624. 357	0. 336	1235. 818
15:00	5. 548	1577. 25	3. 408	1580. 583	3. 232	1593. 75	1. 196	1631. 167
17:00	3. 527	376. 333	1. 611	562. 917	3. 401	743. 833	0. 898	415. 385
时间	*Pn*	*Ta*	*Pn*	*Ta*	*Pn*	*Ta*	*Pn*	*Ta*
07:00	3. 617	22. 51	2. 756	27. 403	1. 538	27. 134	1. 414	26. 561
09:00	6. 374	25. 7	2. 73	29. 426	1. 1	29. 238	0. 805	28. 332
11:00	6. 733	28. 833	2. 0825	31. 83	1. 855	32. 831	1. 046	31. 817
13:00	3. 794	22. 818	3. 106	27. 712	3. 576	27. 861	0. 336	27. 343
15:00	5. 548	25. 815	3. 408	26. 388	3. 232	25. 947	1. 196	25. 629
17:00	3. 527	28. 903	1. 611	28. 507	3. 401	28. 425	0. 898	28. 457
时间	*Pn*	*RH*	*Pn*	*RH*	*Pn*	*RH*	*Pn*	*RH*
07:00	3. 617	56. 604	2. 756	44. 607	1. 538	43. 1. 167	1. 414	44. 433
09:00	6. 374	51. 854	2. 73	36. 0633	1. 1	35. 787	0. 805	37. 0856
11:00	6. 733	45. 127	2. 0825	32. 314	1. 855	32. 783	1. 046	31. 421
13:00	3. 794	57. 991	3. 106	47. 0392	3. 576	47. 556	0. 336	54. 535
15:00	5. 548	58. 888	3. 408	47. 261	3. 232	48. 219	1. 196	47. 923
17:00	3. 527	41. 712	1. 611	39. 954	3. 401	40. 317	0. 898	38. 492

（续）

时间	*Pn*	*Ca*	*Pn*	*Ca*	*Pn*	*Ca*	*Pn*	*Ca*
07:00	3.617	267.63	2.756	256.154	1.538	258.0233	1.414	255.488
09:00	6.374	372.878	2.73	385.792	1.1	387.703	0.805	389.316
11:00	6.733	391.748	2.0825	382.438	1.855	383.1.194	1.046	389.0422
13:00	3.794	401.49	3.106	382.562	3.576	383.866	0.336	391.484
15:00	5.548	391.165	3.408	380.43	3.232	381.329	1.196	388.296
17:00	3.527	402.701	1.611	389.823	3.401	390.688	0.898	399.92

3.5.4 红花玉兰不同叶型的光响应曲线对比

基于 Li-6400 光合仪测量所得数据，用 Li-6400 Simulator 5.3.2 软件导出数据，采用 SPSS 21 拟合光响应曲线，最后再采用 Origin 软件分别对宽倒卵形、椭圆形、圆形及长倒卵形 4 种不同叶型的红花玉兰光响应模型进行分析，结果如图 3.57～图 3.60 所示。由表 3.26～表 3.29 可以看出，在同等光辐射强度下 4 个叶型的净光合速率大小排序为：宽倒卵形>圆形>长倒卵形>椭圆形。说明宽倒卵形的光效最好，椭圆形的光效最差。同时，也可以从图中看出，直角双曲线模型和非直角双曲线模型拟合结果十分接近实际测量值，拟合成功，所以可以利用直角双曲线模型和非直角双曲线模型根据相应的光强来求其对应的光合速率。

由图 3.57 和表 3.26 可以看出，光强低于 100μmol·m^{-2}·s^{-1} 时主要以呼吸作用为主，在光照为 100μmol·m^{-2}·s^{-1} 时开始积累光合产物，光饱和点在 1500μmol·m^{-2}·s^{-1} 左右。宽倒卵叶片的最大净光合速率在 17μmol CO_2·m^{-2}·s^{-1} 左右，且直角双曲线和非直角双曲线模型和实测值符合程度较高。

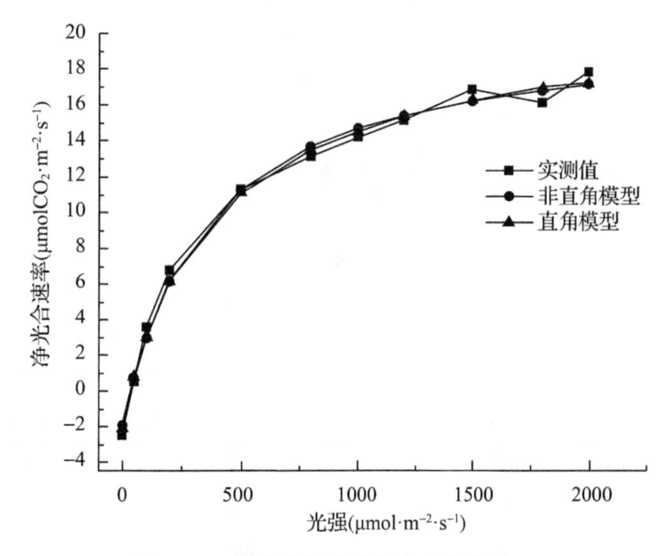

图 3.57 宽倒卵形叶片的光响应曲线

表 3.26 宽倒卵形叶片的光响应曲线实测值与两种模型的对比

PARi	实测值	非直角模型	直角模型
2000	17.8	17.137	17.253
1800	16.1	16.82	16.91
1500	16.866	16.21	16.25
1200	15.2	15.387	15.367
1000	14.236	14.64	14.567
800	13.123	13.633	13.51

（续）

PARi	实测值	非直角模型	直角模型
500	11. 246	11. 247	11. 08
200	6. 72	6. 13	6. 15
100	3. 56	2. 873	3. 023
50	0. 485	0. 687	0. 813
0	−2. 533	−1. 963	−2. 113

由图 3. 58 和表 3. 27 可以看出，椭圆形的叶片的光合速率最低，最大净光合速率在 9μmol CO_2·m^{-2}·s^{-1} 左右。光强低于 50μmol·m^{-2}·s^{-1} 时主要以呼吸作用为主，光饱和点在 1200μmol·m^{-2}·s^{-1} 左右，光照强度大于 1800μmol·m^{-2}· s^{-1} 时光合速率下降。

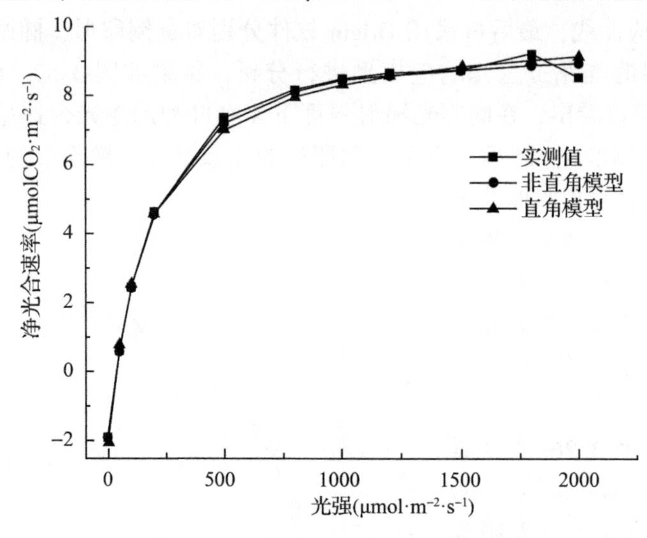

图 3. 58　椭圆形叶片的光响应曲线

表 3. 27　椭圆形叶片的光响应曲线实测值与两种模型的对比

PARi	实测值	非直角模型	直角模型
2000	8. 536	8. 929	9. 126
1800	9. 205	8. 865	9. 031
1500	8. 751	8. 744	8. 847
1200	8. 648	8. 579	8. 582
1000	8. 489	8. 439	8. 33
800	8. 136	8. 099	7. 974
500	7. 339	7. 179	7. 046
200	4. 63	4. 588	4. 605
100	2. 454	2. 428	2. 565
50	0. 618	0. 578	0. 819
0	−1. 92	−1. 892	−2. 045

由图3.59和表3.28可以看出，圆形叶片的最大净光合速率在15μmol $CO_2 \cdot m^{-2} \cdot s^{-1}$左右。光强低于100μmol·$m^{-2} \cdot s^{-1}$时主要以呼吸作用为主，光照为100μmol·$m^{-2} \cdot s^{-1}$左右时开积累光合产物，光饱和点在1500μmol·$m^{-2} \cdot s^{-1}$左右，且直角双曲线和非直角双曲线模型和实测值符合程度较高。

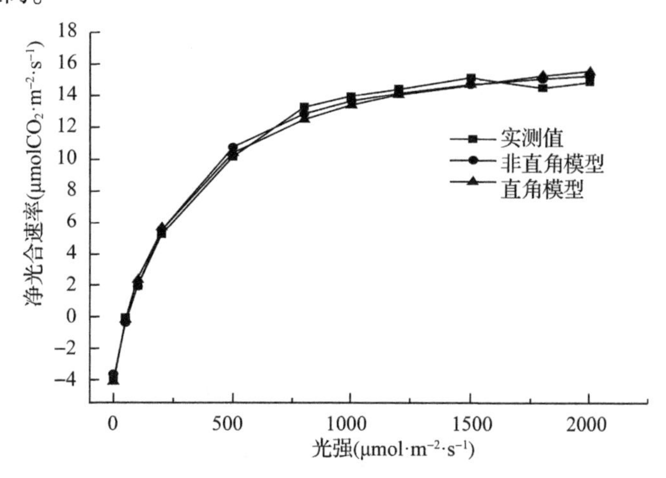

图3.59 圆形叶子的光响应曲线

表3.28 圆形叶片的光响应曲线实测值与两种模型的对比

PARi	实测值	非直角模型	直角模型
2000	14.91	15.228	15.522
1800	14.464	15.042	15.253
1500	15.113	14.671	14.738
1200	14.382	14.123	14.026
1000	13.921	13.586	13.37
800	13.239	12.806	12.482
500	10.156	10.692	10.33
200	5.189	5.365	5.579
100	1.905	1.891	2.296
50	−0.112	−0.43	−0.196
0	−3.854	−3.667	−4.086

由图3.60和表3.29可以看出，长倒卵叶片的最大净光合速率在10μmol $CO_2 \cdot m^{-2} \cdot s^{-1}$左右。光强低于100μmol·$m^{-2} \cdot s^{-1}$时主要以呼吸作用为主，在光照为100μmol·$m^{-2} \cdot s^{-1}$左右时开始积累光合产物，光饱和点在1200μmol·$m^{-2} \cdot s^{-1}$左右，且直角双曲线和非直角双曲线模型和实测值符合程度较高。

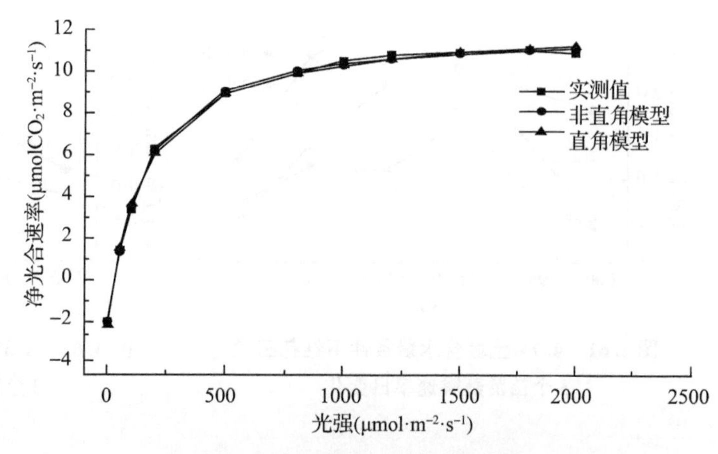

图3.60 长倒卵形叶子的光响应曲线

表 3.29 长倒卵形叶片的光响应曲线实测值与两种模型的对比

PARi	实测值	非直角模型	直角模型
2000	10.871	11.125	11.23
1800	11.097	11.04	11.124
1500	10.944	10.876	10.921
1200	10.834	10.63	10.627
1000	10.521	10.393	10.345
800	9.931	10.047	9.947
500	8.909	9.073	8.898
200	6.323	6.166	6.091
100	3.419	3.56	3.678
50	1.457	1.374	1.552
0	-1.981	-1.962	-2.087

从光合特性可以看出，在同等光辐射强度下 4 个叶型的净光合速率大小排序为：宽倒卵形>圆形>长倒卵形>椭圆形。光效最差的为椭圆形，说明它的平均净光合速率小于其他叶型，叶片生长发育较为缓慢，所以培育此种叶型的红花玉兰时可以将其移栽到光照时间较长的地方，增加光合时间，提高光合产物的积累量，同时改善其土壤的理化环境，提高土壤养分，加大管理力度，以更好地提高光合产物的累积。

3.6 红花玉兰苗木蒸腾特性分析

3.6.1 红花玉兰不同苗龄蒸腾速率的比较

本试验比较了在不同土壤含水量条件下，红花玉兰 1 年生、4 年生和 5 年生共 3 种苗龄的蒸腾速率，结果如图 3.61~图 3.65 所示。

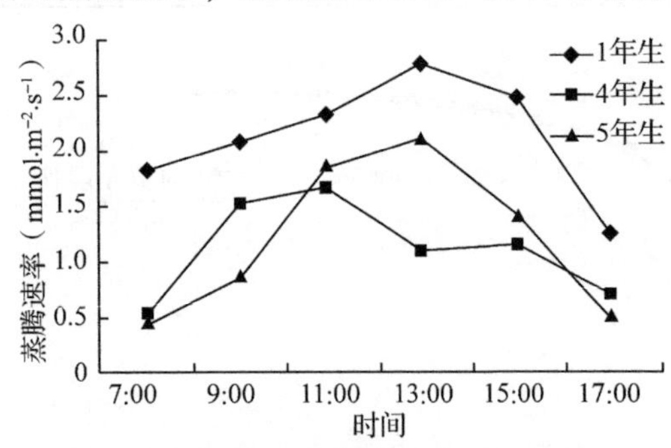

图 3.61 4.7%土壤含水量条件下红花玉兰 3 个苗龄蒸腾速率日变化

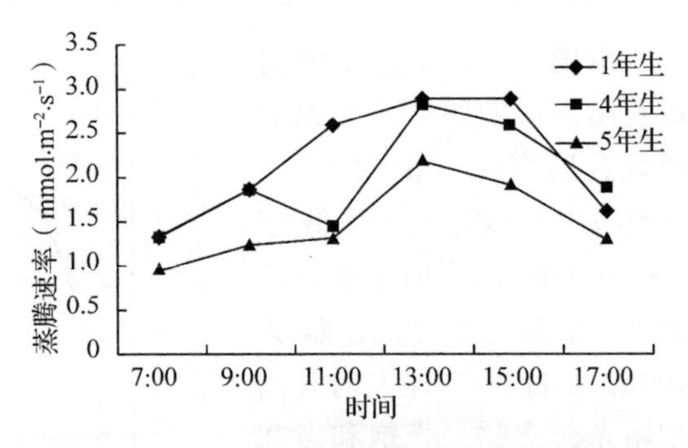

图 3.62 8.3%土壤含水量条件下红花玉兰 3 个苗龄蒸腾速率日变化

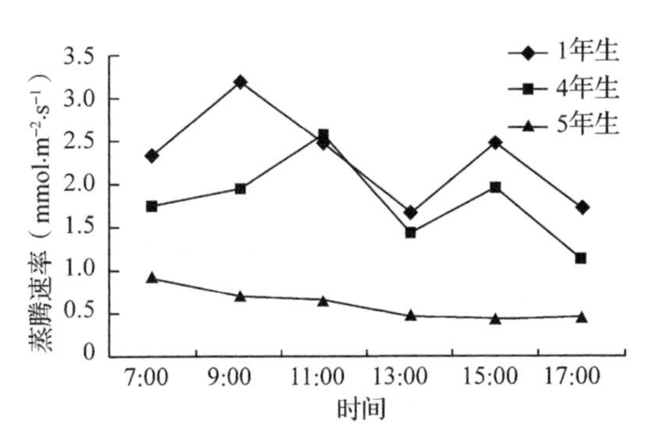

图 3.63　12.9%土壤含水量条件下红花玉兰3个苗龄蒸腾速率日变化

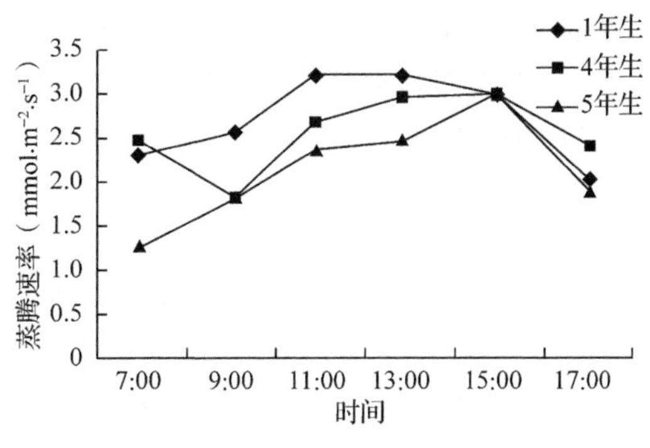

图 3.64　15.8%土壤含水量条件下红花玉兰3个苗龄蒸腾速率日变化

由图3.61~图3.65可见，在不同土壤含水量条件下3个苗龄的红花玉兰蒸腾速率日变化趋势基本相似，多表现为单峰型曲线，仅在土壤含水量为12.9%时1年生和4年生以及土壤含水量4.7%时4年生红花玉兰表现出双峰曲线。随着土壤含水量的增加，3个苗龄的红花玉兰蒸腾速率呈增大趋势。以1年生红花玉兰为例，在土壤含水量为4.7%时，其最大蒸腾速率仅为2.77mmol·m^{-2}·s^{-1}，而当土壤含水量增加到19.2%时，其最大蒸腾速率达到了4.08mmol·m^{-2}·s^{-1}。

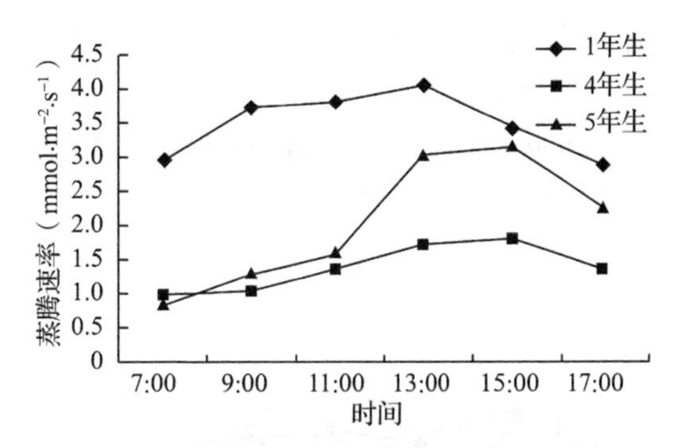

图 3.65　19.2%土壤含水量条件下红花玉兰3个苗龄蒸腾速率日变化

图中还反映出在不同土壤水分条件下1年生红花玉兰的蒸腾速率总是大于4年生和5年生的同种植株。这是由于相对于4年生和5年生植株，1年生红花玉兰较为幼小，生理代谢活跃，生长旺盛，对于矿物质和有机物的吸收以及在体内的运转，均需要大量的水分和流动的动力，因此其蒸腾作用相对较强。此外由于叶片小而嫩，也需要较强的蒸腾散水吸收热能，以便降低叶面温度，保护幼小叶片不受灼伤。

4年生植株与5年生植株相比较，前者蒸腾速率要高于后者，原因同上。仅在土壤含水量为19.2%时5年生植株比4年生植株要高，这可能是因为在接近最大田间持水量时，由于水分供应充足，较为成熟的5年生植株更加高大，对水分的需求更多。

3.6.2　不同土壤水分条件下四种玉兰属植物蒸腾速率的变化比较

3.6.2.1　不同土壤水分条件下蒸腾速率日变化比较

从图3.66~图3.70可以看出，在不同土壤含水量条件下玉兰属4种树种蒸腾速率日变化总体趋势基本一致，呈单峰曲线，仅在12.9%土壤含水量下4年生红花玉兰为明显的双峰曲线。

在接近干旱的土壤含水量(4.7%)条件下(图3.66)，黄玉兰的蒸腾速率明显高于其他3种同属玉兰，其蒸腾速率最低值1.59mmol·m^{-2}·s^{-1}与其他3种玉兰蒸腾速率最高值

$1.67 mmol \cdot m^{-2} \cdot s^{-1}$、$1.78 mmol \cdot m^{-2} \cdot s^{-1}$ 和 $1.61 mmol \cdot m^{-2} \cdot s^{-1}$ 非常接近。红花玉兰、望春玉兰和紫玉兰的蒸腾速率日变化比较接近。红花玉兰、黄玉兰和望春玉兰的蒸腾速率峰值均出现在 11:00，只有紫玉兰峰值出现在 13:00。

当土壤含水量上升到 8.3%时(图 3.67)，随着水分条件的变化，4 种玉兰蒸腾速率日变化规律发生了改变。除黄玉兰蒸腾峰值出现在 11:00 外，另外 3 种玉兰峰值均出现在 13:00。红花玉兰蒸腾速率最高值达到 $2.83 mmol \cdot m^{-2} \cdot s^{-1}$，为 4 种玉兰中最高值，其他依次是紫玉兰 $2.23 mmol \cdot m^{-2} \cdot s^{-1}$，黄玉兰 $1.97 mmol \cdot m^{-2} \cdot s^{-1}$ 和望春玉兰 $1.58 mmol \cdot m^{-2} \cdot s^{-1}$。13:00 以后 4 种玉兰蒸腾速率大小变化比较规律，从大到小依次为红花玉兰、紫玉兰、黄玉兰和望春玉兰。

土壤含水量达到 12.9%时(图 3.68)，红花玉兰蒸腾速率依然最大，但出现了双峰曲线，峰值分别出现在 11:00 和 15:00，最大值为 $2.57 mmol \cdot m^{-2} \cdot s^{-1}$。紫玉兰、黄玉兰和望春玉兰峰值均出现在 11:00，紫玉兰蒸腾速率最低。

当土壤含水量为 15.8%时(图 3.69)，蒸腾速率整体变化趋势为红花玉兰最高，望春玉兰最低。不同玉兰峰值出现时刻也不同，紫玉兰出现在 11:00，黄玉兰和望春玉兰出现在 13:00，而红花玉兰出现在 15:00。

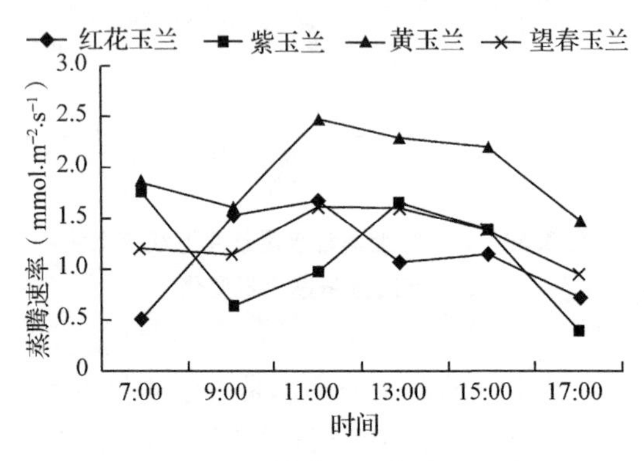

图 3.66 4.7%土壤含水量条件下 4 种玉兰蒸腾速率日变化

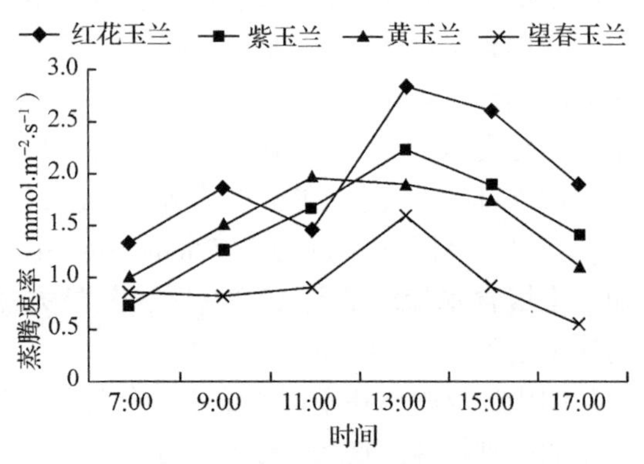

图 3.67 8.3%土壤含水量条件下 4 种玉兰蒸腾速率日变化

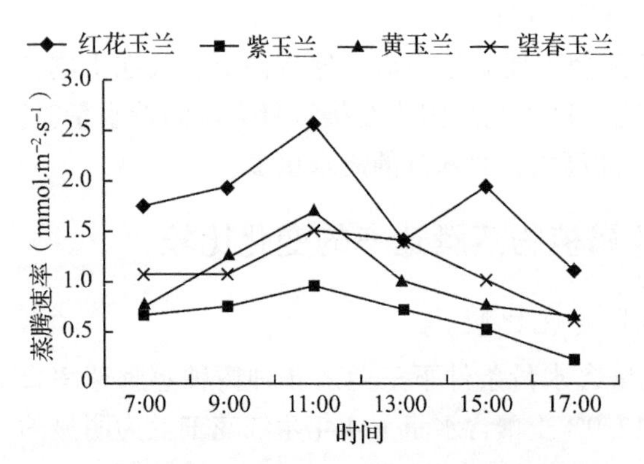

图 3.68 12.9%土壤含水量条件下 4 种玉兰蒸腾速率日变化

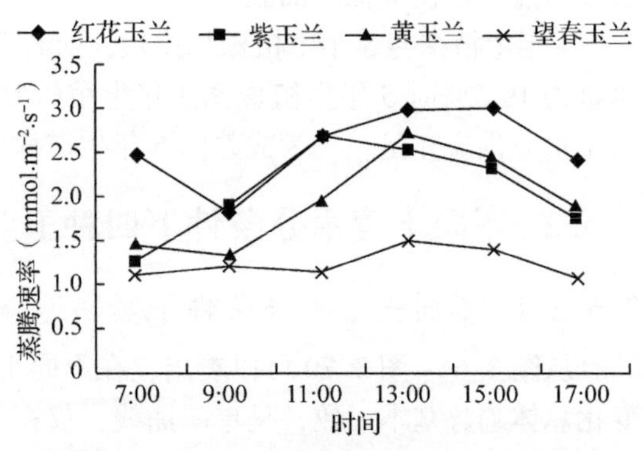

图 3.69 15.8%土壤含水量条件下 4 种玉兰蒸腾速率日变化

随着土壤含水量(19.2%)增大到接近田间最大含水量后，黄玉兰的蒸腾速率明显高于其他3种，其峰值出现在13:00，达到4.01mmol·m^{-2}·s^{-1}(图3.70)。紫玉兰无明显峰值，为上升型曲线，在17:00最大值达到2.90mmol·m^{-2}·s^{-1}。望春玉兰与黄玉兰蒸腾速率日变化规律一致，只是在各点蒸腾速率值均小于黄玉兰。红花玉兰最大值出现在15:00，整体蒸腾速率最小。

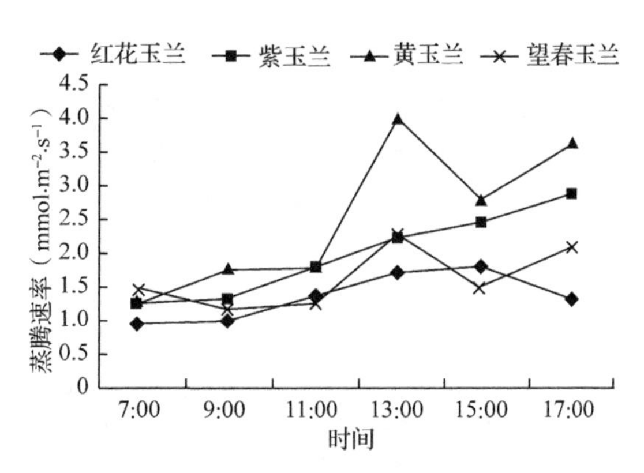

图3.70　19.2%土壤含水量条件下4种玉兰蒸腾速率日变化

玉兰属4种植物蒸腾速率日变化主要呈单峰型曲线。早晨光量子强度比较低，空气温度不高，因此植物蒸腾较弱。中午光量子强度和空气温度达到高峰，植物蒸腾速率相对也达到一天中最高值。午后影响蒸腾的各环境因子下降，自然植物蒸腾速率也随之降低。

3.6.2.2　不同土壤水分条件下水分利用效率的日变化比较

在4.7%土壤含水量条件下(图3.71)，红花玉兰水分利用效率整体要高于其他3种玉兰，在早7:00高达12.17，表现了很高的水分利用效率。9:00以后，4种玉兰的水分利用效率均在6.00以下，水分利用效率不高，这可能与光照加强，土壤水分不足有关。

在8.3%土壤含水量条件下(图3.72)，4种玉兰的水分利用效率变化趋势比较一致，上午7:00为最高点，此后不断下降，至11:00降至低谷，随后有所升高，至13:00 4种玉兰水分利用效率均集中在1.00~1.50之间，水分利用情况不是很高。13:00以后继续下降，至17:00达到最低。

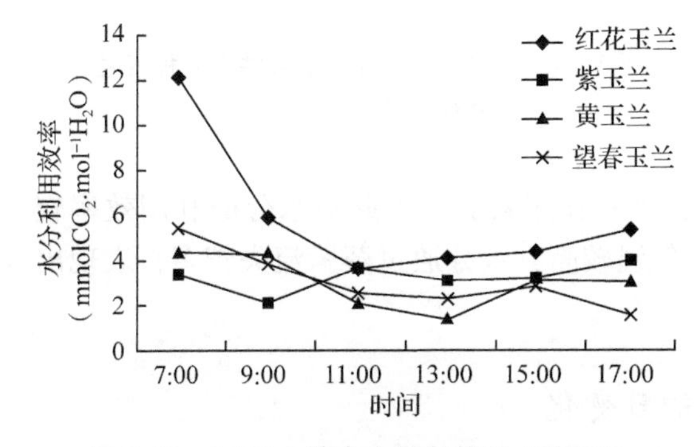

图3.71　4.7%土壤含水量条件下4种玉兰水分利用效率日变化

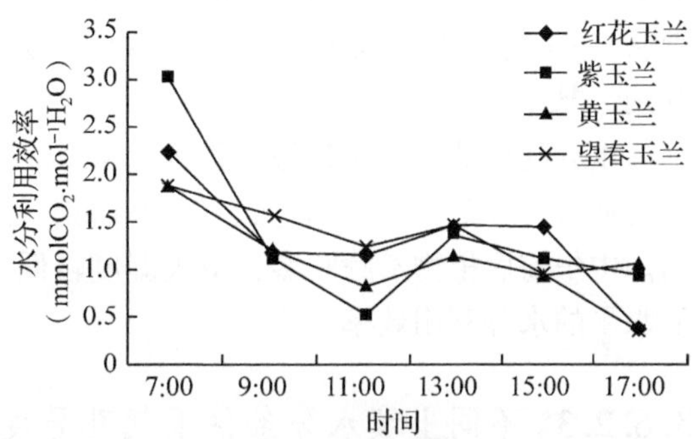

图3.72　8.3%土壤含水量条件下4种玉兰水分利用效率日变化

在12.9%土壤含水量条件下(图3.73)，4种玉兰表现出明显差异。紫玉兰和黄玉兰在午前表现出较低的水分利用效率，均低于2.00，但午后水分利用效率快速上升，其值分别达到3.90和5.00。红花玉兰变化范围不明显，值也比较低，水分利用效率不高。望春玉兰表现出双峰型曲线，9:00和15:00出现两个峰值，分别为2.48和3.31，水分利用效率也不高。

当土壤含水量上升到15.8%时(图3.74)，紫玉兰、黄玉兰和望春玉兰水分利用效率变化趋势十分一致，早上7:00为最高，11:00最低。红花玉兰则为7:00最低，9:00最高达到4.39，11:00后变化规律与其他3种玉兰相似。

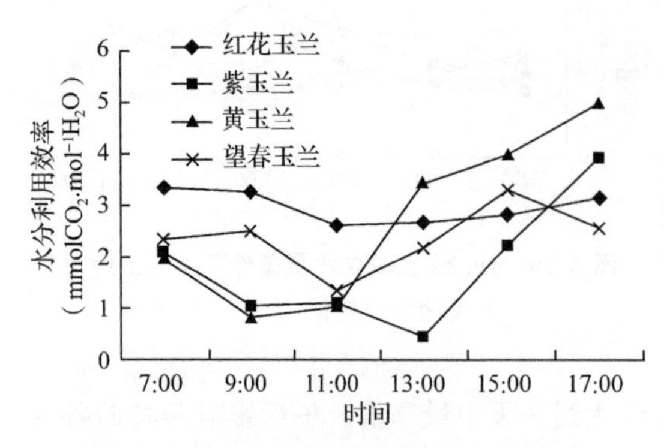

图3.73 12.9%土壤含水量条件下4种玉兰水分利用效率日变化

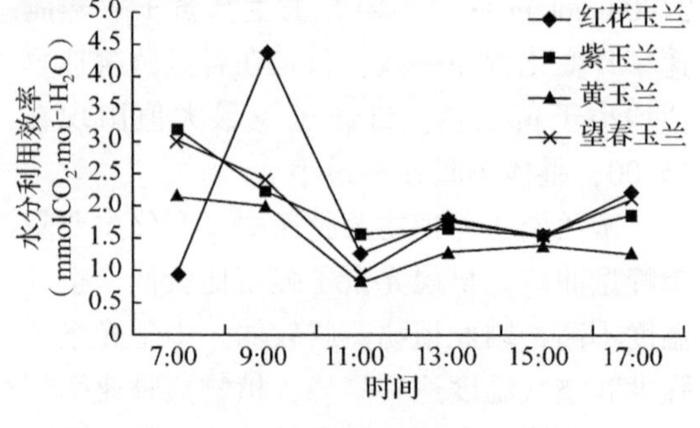

图3.74 15.8%土壤含水量条件下4种玉兰水分利用效率日变化

在19.2%土壤含水量条件下(图3.75)，11:00以前可以分出两组类型，黄玉兰和紫玉兰7:00水分利用效率高，9:00水分利用效率低，红花玉兰和望春玉兰则正好相反，7:00低，9:00高。11:00以后，4种玉兰变化趋势达到一致，13:00为谷底，其中望春玉兰水分利用效率仅为0.37，为4种玉兰中最低，此后上升至17:00，4种玉兰变化范围从1.93到2.25，表现出比较一致的水分利用情况。

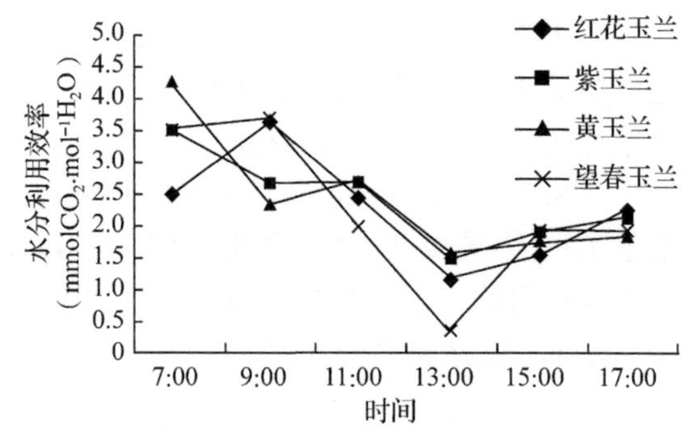

图3.75 19.2%土壤含水量条件下4种玉兰水分利用效率日变化

水分利用效率变化趋势总体为“两头高，中间低”。早晚空气湿度较大、气温较低，植物蒸腾作用较弱，因此对水分的利用效率较高。中午前后植物蒸腾旺盛，空气湿度较低，气温较高，水分通过蒸腾流失较多，表现出低水平的水分利用效率。

3.6.2.3 不同土壤水分条件下气孔导度的日变化

蒸腾实际就是植物体内水分以气体状态向外界散失的过程，而蒸腾的主要形式就是气孔蒸腾。植物可以通过调节气孔开张度来控制蒸腾强度。气孔导度日变化趋势与蒸腾强度基本一致。

在4.7%土壤含水量条件下(图3.76)，黄玉兰和紫玉兰的气孔导度日变化规律比较相似，两者均在7:00为最高，达到0.12mol·m^{-2}·s^{-1}左右，而在9:00明显下降。9:00后升高，至17:00再度降低，但变化幅度不大。红花玉兰11:00以前变化规律与前两种玉兰相反，7:00低，9:00达到最高。望春玉兰整体变化不明显，在0.0420~0.0644mol·m^{-2}·s^{-1}之间变动。

当土壤含水量上升到8.3%时(图3.77)，随着水分条件的变化，4种玉兰气孔导度日变化规律发生了改变。红花玉兰出现明显双峰曲线，峰值分别出现在11:00和13:00，分别达到0.1069mol·m^{-2}·s^{-1}和0.0996mol·m^{-2}·s^{-1}。黄玉兰和紫玉兰峰值出现在11:00，两者变化趋势相似。望春玉兰最高值出现在7:00，仅为0.0531mol·m^{-2}·s^{-1}，并且气孔导度全天变化值为四种玉兰中最低。

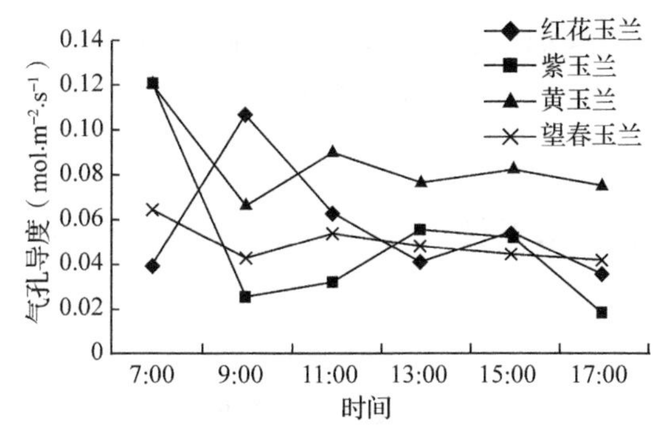

图3.76　4.7%土壤含水量条件下4种玉兰气孔导度日变化

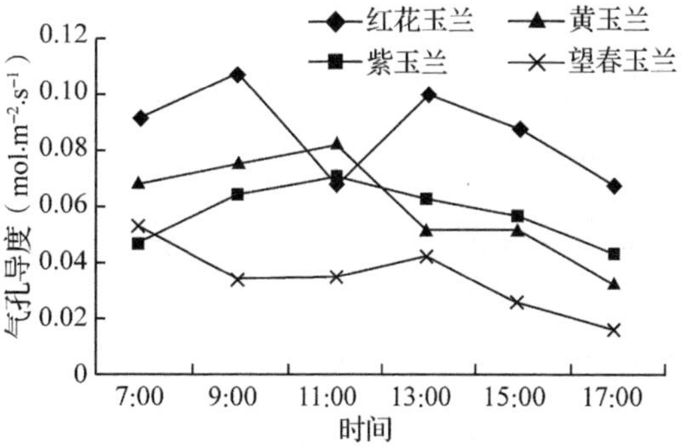

图3.77　8.3%土壤含水量条件下4种玉兰气孔导度日变化

土壤含水量达到12.9%时(图3.78)，4种玉兰变化趋势基本一致，但红花玉兰气孔导度明显比其他3种高，15:00以前保持在一个很高的水平，变化范围在0.12mol·m^{-2}·s^{-1}到0.14mol·m^{-2}·s^{-1}之间，15:00后开始下降，17:00达到最低值0.0487mol·m^{-2}·s^{-1}。紫玉兰、黄玉兰和望春玉兰变化范围十分相似，其中以紫玉兰为最低，最高值仅为0.0470mol·m^{-2}·s^{-1}，最低值达到0.0095mol·m^{-2}·s^{-1}。

当土壤含水量为15.8%时(图3.79)，气孔导度整体变化趋势为红花玉兰最高，望春玉兰最低。不同玉兰峰值出现时刻也不同，紫玉兰出现在11:00，黄玉兰出现在13:00，

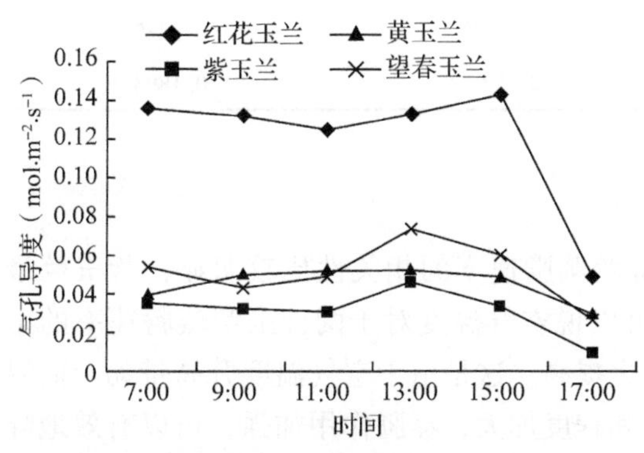

图3.78　12.9%土壤含水量条件下4种玉兰气孔导度日变化

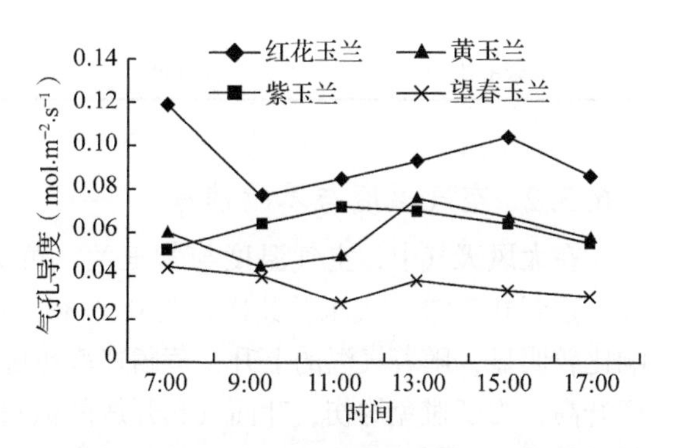

图3.79　15.8%土壤含水量条件下4种玉兰气孔导度日变化

而红花玉兰和望春玉兰出现在7:00。

随着土壤含水量(19.2%)增大到接近田间最大含水量后(图3.80),黄玉兰的气孔导度明显高于其他3种,其峰值出现在13:00,达到0.1216mol·m^{-2}·s^{-1}。紫玉兰无明显峰值,为上升型曲线,在17:00最大值达到0.0864mol·m^{-2}·s^{-1}。望春玉兰与黄玉兰蒸腾速率日变化规律一致,只是在各点蒸腾速率值均小于黄玉兰,整体蒸腾速率最小。红花玉兰变化趋势与紫玉兰相似,只是在15:00后开始降低。

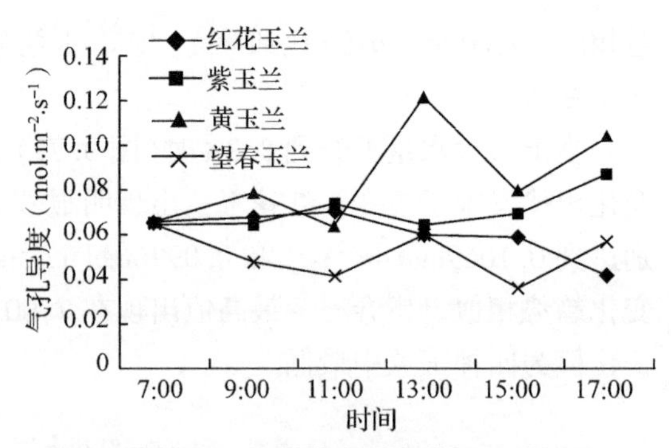

图3.80 19.2%土壤含水量条件下4种玉兰气孔导度日变化

3.6.3 四种玉兰的蒸腾速率与气象因子的相关性

3.6.3.1 光照与蒸腾速率

光照对蒸腾作用的影响首先是引起气孔的开放,减少气孔阻力,从而增强蒸腾作用。其次,光可以提高大气与叶片的温度,增加叶内外蒸汽压差,加快蒸腾速率。对四种玉兰蒸腾速率与光照强度的相关性进行比较,红花玉兰的蒸腾速率与光照的相关性更大,黄玉兰次之,望春玉兰与紫玉兰相关性最小。虽然红花玉兰蒸腾速率与光照强度的相关系数最大为0.3935,但仍然反映出4种玉兰的蒸腾速率与光照强度的相关性很不明显,这与已经达成的一致结论(蒸腾速率与光照强度的相关性呈极显著)相反。造成这种现象的原因在于进行测定的5天有2天出现大风天气,虽然光量子强度比较正常,但因为不时大风,导致植物叶表面气孔关闭以防止过度蒸腾失水,造成蒸腾速率下降。在本试验中,风对于植物蒸腾速率的影响比较明显(表3.30)。

表3.30 四种玉兰蒸腾速率与光照强度的相关系数

种名	相关系数	种名	相关系数
红花玉兰	0.3935	黄玉兰	0.2225
紫玉兰	0.1493	望春玉兰	0.1893

3.6.3.2 空气温度与蒸腾速率

在大风天气中,空气温度与紫玉兰、黄玉兰蒸腾速率的相关性比较明显,紫玉兰最高,达到0.7978,黄玉兰其次,为0.7286,可以说空气温度对于两种玉兰蒸腾速率的影响比较明显,随着气温的上升,蒸腾速率也随之提高。这是由于空气温度升高带动叶面温度升高,为了避免灼伤,叶面气孔开放的数量和程度加大,蒸腾作用加强,可以有效地降低叶面温度,保护叶片。红花玉兰与望春玉兰的蒸腾速率与空气温度的相关性不明显。

当大气温度升高时,叶温比气温高出2~10℃,因而气孔下腔蒸汽压的增加大于空气蒸汽压的增加,使叶内外蒸汽压差增大,蒸腾速率增大;当气温过高时,叶片过度失水,气孔关闭，蒸腾减弱(表3.31)。

表3.31　四种玉兰蒸腾速率与空气温度的相关系数

种名	相关系数	种名	相关系数
红花玉兰	0.4103	黄玉兰	0.7286
紫玉兰	0.7978	望春玉兰	0.5201

3.6.3.3　空气湿度与蒸腾速率

空气湿度与植物蒸腾速率呈明显负相关关系，随着空气中水分含量的提高，叶片气孔内外蒸汽压差减小，蒸腾作用降低。红花玉兰蒸腾速率与空气湿度的负相关性比较明显，紫玉兰次之，而黄玉兰和望春玉兰则对空气湿度的变化不敏感。

在温度相同时，大气的相对湿度越大，其蒸汽压就越大，叶内外蒸汽压差就变小，气孔下腔的水蒸气不易扩散出去，蒸腾减弱；反之，大气的相对湿度较低，则蒸腾速率加快(表3.32)。

表3.32　四种玉兰蒸腾速率与空气湿度的相关系数

种名	相关系数	种名	相关系数
红花玉兰	-0.7231	黄玉兰	-0.2486
紫玉兰	-0.5399	望春玉兰	-0.2031

3.6.3.4　CO_2浓度与蒸腾速率

CO_2浓度与植物蒸腾速率的相关性可以分为两组。红花玉兰与紫玉兰的蒸腾速率与CO_2浓度呈负相关，黄玉兰与望春玉兰的蒸腾速率与CO_2浓度呈正相关。两组玉兰蒸腾速率与CO_2浓度的相关性均不高，尤其是紫玉兰几乎不受CO_2浓度影响。这种现象还是与大风天气有关，由于风大，导致空气流动剧烈，大气中CO_2含量变化明显，不易稳定，造成波动较大(表3.33)。

表3.33　四种玉兰蒸腾速率与CO_2浓度的相关系数

种名	相关系数	种名	相关系数
红花玉兰	-0.3757	黄玉兰	0.3277
紫玉兰	-0.0058	望春玉兰	0.5141

3.7　小结

3.7.1　红花玉兰苗木年生长规律

对红花玉兰的调查显示，红花玉兰苗高、地径的生长规律符合苗木的S型生长曲线，可用logistic曲线拟合，因此将幼苗的生长划分为4个时期，分别为出苗期3月22日至5

月21日、生长初期5月22日至6月29日、生长旺期6月30日至9月1日、生长后期9月2日以后。

3.7.2 红花玉兰北京春季物候特性

从2008年开始到2009年连续两年对红花玉兰、望春玉兰、武当玉兰和紫玉兰进行了春季物候期观测，结合当地的气象数据，经过统计分析，得出以下结论：

(1)北京市昌平区菊花地苗圃种植的四种玉兰的春季物候期先后顺序为：武当玉兰→紫玉兰→红花玉兰→望春玉兰。

(2)在2009年的观测数据中，四种玉兰各个春季物候期的时间间隔大致相同。

(3)从2008年和2009年的玉兰各种春季物候期出现的时间对比来看，2009年春季物候期出现的时间相比较2008年有所推迟，而春季物候期的持续时间从总体上看，两年内基本持平。

(4)红花玉兰和望春玉兰在连续两年的观测中都没有出现芽始膨大期和芽开放期的物候现象，即没有开花。

(5)四种玉兰在树液流动期出现的时间差异比较大，随着时间的推移，四种玉兰其余春季物候期出现的时间差异有逐渐变小的趋势。

(6)从气象要素对红花玉兰春季物候期的影响来看，春季气温是影响春季物候期最主要的因子，两者呈现显著的线性相关性，温度越高，物候期越早。

(7)降水量对红花玉兰春季物候期的影响不大。

3.7.3 红花玉兰苗木叶表型分析

由上面的数据分析发现：

(1)红花玉兰种内和种间都存在着极其丰富的差异性。在7个叶型之中叶面积、叶周长、叶长、叶宽等8个性状差异较为显著，变异系数的变动范围较大，叶周长的变异系数最大，表明其稳定性最差，形状系数的变异系数最小，其稳定性最好；叶面积、叶长、叶宽、平均叶宽、叶宽长比、形状系数、叶柄长的变异系数均小于平均值，说明他们之间的遗传特征相对比较稳定，这与吴远伟(2008)之前研究云杉表型多样性的结论相似。而性状间的极差差异程度更为明显，最大的是叶面积，最小的是形状系数。叶面积和叶周长的极差都大于平均值，表明它们在性状内的差异较大；叶长、叶宽、平均叶宽、叶宽长比、形状系数、叶柄长的极差都小于平均值，说明它们在各自性状内的差异程度相对较小。这表明红花玉兰叶表型性状之间的遗传特征差异较大、离散程度较远、总体上不稳定、变异较为丰富。

(2)7个不同叶型总的变异系数范围较大。长椭圆形的变异系数最大、宽倒卵形最小。而不同叶型之间的相对极差也显示叶型之间差异较大，同时长椭圆形的最大、宽倒卵形最小。说明不同的叶型性状内部的差异较大，表型多样性丰富。同时各叶型的叶表型性状变异系数和相对极差总体相差较明显反映出同种叶型的叶表型性状稳定性差，并且最为稳定的是宽倒卵形，长椭圆形的叶表型性状间稳定性最差，这也与野外的调查发现结果相对应，在野外，大部分红花玉兰叶片均表现为宽倒卵形，长椭圆形的叶片较为少，这也反映了不同红花玉兰在环境中的适应状况。

(3)不同叶型的8个性状之间存在相关性。有24种为正相关极显著性，有叶面积与叶形状系数，叶周长与叶宽长比呈差异不显著的正相关，叶的形状系数与叶周长和叶长都呈负相关显著差异。说明了红花玉兰不同叶型性状之间存在较高的相关性。聚类分析表明矩圆形和圆形红花玉兰之间的遗传距离较为接近；倒卵形、宽倒卵形、长卵形和长椭圆形红花玉兰之间存在一定的遗传距离；矩圆形和圆形叶型的红花玉兰与倒卵形、宽倒卵形、长卵形、长椭圆形、椭圆形叶型的红花玉兰之间的遗传距离最大。

综上所述，本研究可以得出：红花玉兰的叶型丰富多样，叶表型多样性丰富，叶片性状之间的差异明显。宽倒卵形的叶片为最适应环境的叶型，椭圆或长椭圆形对环境的适应性最低，应该加强对椭圆类叶型红花玉兰的保护。

3.7.4 红花玉兰苗木光合特性分析

(1)夏季晴天条件下，红花玉兰生长环境中光合有效辐射和大气温度的日变化呈单峰模式，光合有效辐射在12:00达到最大值，大气温度在13:00出现最大值；大气相对湿度的日变化趋势呈倒置抛物线型，最低点出现在13:00；大气CO_2浓度日变化大体为“L”型曲线。红花玉兰幼苗净光合速率和气孔导度的日变化规律基本一致，呈现双峰型，两个峰值均分别出现在8:00和15:00；光合“午休”主要是由于气孔因素所致。红花玉兰蒸腾速率日变化呈双峰型，13:00时出现第一高峰；15:00时达到次高峰；大气相对湿度、饱和水汽压亏、光合有效辐射、大气温度是影响红花玉兰蒸腾速率的主要因子。红花玉兰幼苗对高温强光敏感，导致中午光能利用率和水分利用效率最低。

(2)遮阴处理(25%和10%透光率)下，红花玉兰幼苗叶片叶绿素a、叶绿素b和叶绿素总量增加；叶绿素a/b值随着光照强度的降低而减小，提高植物对弱光的利用能力。遮阴降低了红花玉兰幼苗的表观量子效率、最大净光合速率、光补偿点和暗呼吸速率。光补偿点的降低有利于提高植物对弱光的利用能力；暗呼吸速率的降低，可减少在低光环境下的碳损耗。尽管红花玉兰幼苗通过提高叶绿素含量，降低叶绿素a/b值、光补偿点和暗呼吸速率来适应遮阴环境，但过度遮阴仍对其有一定的弱光抑制，降低了幼苗的光合能力。这最终导致幼苗苗高、地径、生物量减小。遮阴同时改变生物量在幼苗各部位的分配：根生物量分配比例降低，茎、叶生物量分配比例及地上/地下生物量值提高。

(3)不同苗龄型红花玉兰，随着年龄的增长，各项光合生理指标呈增长趋势，一年生红花玉兰各项指标在上午9:00左右达到最高，随后逐渐下降。四种玉兰的光合速率、蒸腾速率、水分利用率和气孔导度日变化均呈“双峰”曲线，且这四个因素呈正相关。在13:00左右均有“午休”现象。而四种玉兰叶片的胞间CO_2浓度呈“单峰”曲线的，最高峰在正午，与其他因素呈负相关关系。土壤水分含量，对四种玉兰的光合速率、水分利用率和气孔导度也有影响，当土壤含水量在适合的范围内时，这几项光合生理指标明显偏高，当超出这个范围时，各项指标就会随之降低。光照、空气温度、空气湿度和CO_2浓度与光合速率均呈正相关关系。红花玉兰的光合速率全天都在3.5μmol $CO_2 \cdot m^{-2} \cdot s^{-1}$以上，而其他三种玉兰的光合速率全天均在3.5μmol $CO_2 \cdot m^{-2} \cdot s^{-1}$以下，说明红花玉兰光合作用能力强于其他三种玉兰，抗旱性、适应性较强，受环境影响小。

(4)通过本研究的光响应曲线可以看出，光效最差的叶型为椭圆形，说明它的平均净光合速率小于其他叶型，叶片生长发育较为缓慢，所以培育此种叶型的红花玉兰可以将其移栽到光照时间较长的地方，增加光合时间，提高光合产物的积累量，同时改善其土壤的理化环境，提高土壤养分，加大管理力度，更好地提高其光合产物的累积。从光合特性可以看出在同等光辐射强度下 4 种叶型的净光合速率大小排序为：宽倒卵形>圆形>长倒卵形>椭圆形。说明宽倒卵形的光效最好，椭圆形的光效最差，这个结果与叶型之间的变异关系类似。

3.7.5 红花玉兰苗木蒸腾特性分析

(1)通过对红花玉兰不同苗龄蒸腾速率的比较可以发现，对于红花玉兰来说，幼龄植株蒸腾速率要高于大龄植株，这提示我们在栽培红花玉兰幼株时要特别注意及时提供充足的水分供应，以保证其正常的生长活动所需。

(2)在不同土壤含水量条件下，不同种玉兰表现出不同的蒸腾日变化，但均以单峰型曲线为主。在栽培养护过程中，要对土壤含水量状况进行及时了解，以便根据不同种玉兰的耗水规律及时采取不同的灌溉措施。

(3)在土壤干旱条件下，红花玉兰与黄玉兰的蒸腾作用相对比较强，说明紫玉兰和望春玉兰的抗旱性相对较好，较为干旱地区可以考虑选择后两者。

(4)在风速较大的气象条件时，光照很难直接影响植物蒸腾作用，而是通过作用于空气温度间接影响蒸腾。大风时空气温度和空气湿度对于玉兰属 4 种植物蒸腾速率有比较显著的影响。

第4章 红花玉兰播种育苗技术

种子繁殖是最方便经济的植物繁殖方法，目前大多数木兰科植物主要依赖种子进行有性繁殖。在自然状态下，红花玉兰结实率低，种子萌发困难，种子向幼苗转型率低，自然更新困难。因此，加强播种繁育技术的研究，对红花玉兰的种质资源保护和引种推广具有极其重要的意义和价值。本章节从对红花玉兰种子催芽方法的探究出发，到对播种时间和播种距离的选择，再到出苗后水肥控制方面进行了一系列的研究，初步总结出该树种播种育苗技术，以期为栽培、引种驯化和繁殖该树种等工作提供实践基础。

4.1 研究方法

4.1.1 试验材料

2009 年播种材料为前年(2008 年)秋季于五峰县采集的混系种子，2008 年 11 月运至北京林业大学森林培育试验室冰箱内混沙贮藏(温度为 4℃)，贮藏前将河沙清洗并消毒，保证湿沙含水量为 80%～100%，每 20d 翻动一次。试验前对种子进行质量检验，结果表明，该批种子千粒重为 110.563g。试验地点为北京林业大学生物学院的温室苗圃。

4.1.2 试验方法

适宜的播种时间与播种距离能有效提高种子发芽率。木兰科树种在江淮地区可以随采随播，但在北方地区一般在 3 月中旬至 4 月底播种出苗效果较好。红花玉兰大田播种一般采用条播的方式，这样既浪费种子，又不利于幼苗生长与移栽。因此，为了进一步确定红花玉兰在北京的最佳播种时间与播种距离，分别在 3 月 20 日(T1)、4 月 19 日(T2)、5 月 19 日(T3)，按照 2cm× 2cm(M1)、5cm× 5cm(M2)、10cm× 10cm(M3)的距离进行播种，试验共 9 个处理，每处理 3 个重复，每重复 100 粒种子，共 2700 粒种子，苗木全部出齐后，于 6 月 30 日统计出苗率、苗高、地径。

4.2 播种时间和播种间距对播种苗生长的影响

4.2.1 播种时间与播种距离对出苗率的影响

不同播种时间与播种距离对红花玉兰出苗率影响较大，分别为极显著和显著，出苗率最高值出现在 T2(4 月 19 日)的 M2(5cm×5cm) 距离条件下，达到 35.9%(表 4.1、表 4.2)。对播种时间、播种距离进行多重比较(表 4.3、表 4.4)，T2 与 T3(5 月 19 日)、T1(3 月 20 日)，M2 与 M1(2cm×2cm)、M3(10cm×10cm)之间均有极显著差异。T2 分别是 T1、T3 的 5.34 倍、1.23 倍，T3 的出苗率也较 T1 高，因此从出苗率来看，红花玉兰的播种时间适宜选择在 4 月中旬，而适当延后播种时间会比提前播种更有利于红花玉兰种子发芽。播种距离的差异也十分明显，M2 条件下的出苗率分别是 M1、M3 的 1.83、1.19 倍，因此北京地区应选择在 4 月中旬到 5 月中旬在 5cm×5cm 条件下进行播种，会有较高的出苗率。

表 4.1 播种时间与播种距离试验统计结果

播种时间	播种距离	出苗率(%)		苗高(cm)		地径(mm)	
T1 3月20日	M1	10.6	8.4	5.50	5.33	1.40	1.36
		6.4		5.48		1.30	
		8.2		5.01		1.38	
	M2	7.4	5.9	6.17	6.02	2.1	2.03
		4.8		5.90		2.1	
		5.5		5.99		1.89	
	M3	0.4	1.7	6.55	6.47	2.2	2.12
		1.8		6.42		2.1	
		2.9		6.44		2.06	
T2 4月19日	M1	33	28.7	5.40	5.28	1.67	1.59
		28.1		5.12		1.65	
		25		5.32		1.45	
	M2	39.8	35.9	7.05	6.92	2.33	2.47
		32.1		6.88		2.56	
		36.8		6.83		2.52	
	M3	20	20.5	6.8	6.53	2.09	2.25
		23.7		6.32		2.25	
		17.8		6.47		2.41	
T2 5月19日	M1	25.1	22.8	4.9	4.75	1.33	1.48
		20.7		4.55		1.53	
		22.6		4.8		1.59	
	M2	33.1	29.6	6.2	5.97	2.15	2.06
		26		5.78		1.98	
		29.7		5.93		2.05	
	M3	19.5	16.7	6.8	5.66	1.99	1.97
		15.9		4.98		2.12	
		14.7		5.2		1.8	

表 4.2　不同播种时间和播种距离条件下出苗率、苗高、地径方差分析

指标	差异源	平方和	自由度	均方	F	F 值
出苗率	播种时间(T)	872.2689	2	436.1344	39.73488**	
	播种距离(M)	181.0556	2	90.52778	8.24771*	
	误差	43.90444	4	10.97611		
	总计	1097.229	8			
苗高	播种时间(T)	0.936022	2	0.468011	5.953498	
	播种距离(M)	2.617222	2	1.308611	16.64664*	$F_{0.05}(3,\ 3)=6.9$
	误差	0.314444	4	0.078611		
	总计	3.867689	8			$F_{0.01}(3,\ 3)=18$
地径	播种时间(T)	0.142222	2	0.071111	6.409614	
	播种距离(M)	0.914822	2	0.457411	41.22884**	
	误差	0.044378	4	0.011094		
	总计	1.101422	8			

表 4.3　不同播种时间条件下出苗率的多重比较

处理(M)	均值	T1	T3
T2	28.48	23.14**	5.4**
T3	23.03	17.70**	
T1	5.33		

表 4.4　不同播种距离条件下出苗率的多重比较

处理(M)	均值	M3	M1
M2	23.8	10.94**	3.94**
M1	19.97	7**	
M3	12.97		

4.2.2　播种时间与播种距离对苗高生长的影响

从表4.2中可知，播种时间对苗高生长的影响不显著，这与调查时间应该有很大的关系，由于是选择在6月底进行调查，3月播种的生长期较5月播种的生长期长了近2个月，因此苗高生长的差异并不显著，但是3月中旬播种的幼苗与5月中旬播种的幼苗在6月底调查时苗高差异小，这也说明虽然不同播种日期苗木的生长期长短不一样，但就出苗期来看，3月播种虽然生长期长，但地温低，出苗期长，幼苗生长缓慢，且易受低温、干旱等危害。试验结果也证明4月中旬与5月中旬播种效果较优异，这个时期播种，出苗快而且长势好。

表 4.5　不同播种距离条件下苗高的多重比较

处理(M)	均值	M1	M3
M2	6.30	1.18**	0.08
M3	6.22	1.10**	
M1	5.12		

播种距离对苗高生长影响显著，多重比较结果表明(表4.5)，M1与M2、M3之间差异极显著，而M3与M2之间无显著差异，说明距离过小会影响红花玉兰苗高的生长，阻碍幼苗对营养物质的吸收，但并不是距离越大苗高生长越快。M3的苗高略低于M2，说明M2是个较适宜的播种距离。

4.2.3 播种时间与播种距离对地径生长的影响

如表4.2所示，播种时间对幼苗地径生长的影响不显著，但播种距离对地径生长的影响效果非常显著。进行多重比较(表4.6)发现，M3与M2、M1之间差异极显著，而M1与M2之间无显著差异，说明距离较大的处理对地径生长不利，而距离较小的两个处理之间没有明显的差异，这一现象与对苗高的影响不同，可能是由于幼苗生长初期较注重对苗高的生长，因此出苗期M1距离条件下并不影响地径的生长。

表4.6 不同播种距离条件下地径的多重比较

处理(M)	均值	M3	M1
M2	2.19	0.7**	0.07
M1	2.11	0.63**	
M3	1.48		

4.3 红花玉兰苗木繁育技术规程

本研究团队在总结关于红花玉兰种苗繁育研究成果的基础上，制定了《红花玉兰苗木繁育技术规程》(LY/T 2430—2015)由国家林业局以中华人民共和国林业行业标准发布执行。详见附录。

4.4 小结

播种时间和播种距离是影响幼苗生长的重要原因之一，也是常规育苗技术研究中的重要项目。本试验由于种子质量不高，因此种子总体出苗率较低，最高仅为35.9%，一定程度上影响了试验效果。另外由于将调查时间设定在6月底，此时调查的苗高、地径两个指标不能完全代表全年植株的生长情况，仅是出苗期幼苗的生长水平，因此本试验旨在找出较适宜红花玉兰出苗的播种时间与距离。

(1)播种时间对红花玉兰出苗率有较大的影响，从试验结果来看，北京地区3月20日播种的红花玉兰出苗率最低，北京春季多风，空气湿度、温度均较低，易造成表层土壤干燥而导致种子失水影响出苗率。4月20日播种的红花玉兰出苗率相对较高，所以4月中旬是较适合该种播种的时间。

(2)播种距离对红花玉兰出苗率也有较大影响，3个处理的出苗率有较大差距，由于红花玉兰顶土能力差，又是子叶出土型，因此较适宜密植，试验证明5cm×5cm的播种距离出苗率最高，平均为23.8%。

(3)播种时间对出苗后苗高、地径的生长影响不显著，但播种距离对这两项指标的影响均十分显著。距离较小或较大均不利于苗高与地径的生长，其中均以 5cm×5cm 的播种距离生长状态最好。调查结果显示，距离小会抑制幼苗苗高的生长，而较大距离又对地径生长不利。

(4)在本研究结果基础上，重点针对红花玉兰播种育苗、嫁接育苗方法，研究制定了《红花玉兰苗木繁育技术规程》。

第5章 红花玉兰容器育苗技术

容器育苗是用特定容器培育作物或果树、花卉、林木幼苗的育苗方式，具有育苗周期短，播种可控，出苗率高，便于管理和控制苗木的规格和质量，根系保存完整，造林成活率高等特点(谭绍满，1991)。开展红花玉兰容器苗培育研究有利于提高红花玉兰苗木繁育技术，增加红花玉兰的繁育数量，促进扩大红花玉兰种群，缓解红花玉兰的濒危状态。本章节探讨了容器规格、基质配比、生长调节剂三方面对红花玉兰苗木生长的影响，以得出红花玉兰容器苗最佳培育方法。

5.1 研究方法

5.1.1 容器规格对红花玉兰容器苗生长的影响

5.1.1.1 试验材料

试验种子来自湖北省五峰土家族自治县。

2013年10月中旬于湖北五峰县采集红花玉兰混系种子，进行低温沙藏，2014年3月运回北京进行播种。

红花玉兰容器规格试验均采用黑色聚乙烯塑料容器，育苗容器有4种规格，口径(cm)×高(cm)分别为18×14，13×16，16×16，16×14。

5.1.1.2 试验方法

(1)试验设计

红花玉兰容器规格试验采用单因素完全随机区组设计，该试验设计4种容器规格，具体规格见表5.1，同时设计3个区组，每个小区重复24株苗木，试验设计见图5.1。

表5.1 红花玉兰容器规格

处理	口径(mm)	高(mm)	容积(mm^3)
Ⅰ	18	14	3560.76
Ⅱ	13	16	2122.64

(续)

处理	口径(mm)	高(mm)	容积(mm^3)
Ⅲ	16	16	3215.36
Ⅳ	16	14	3560.76

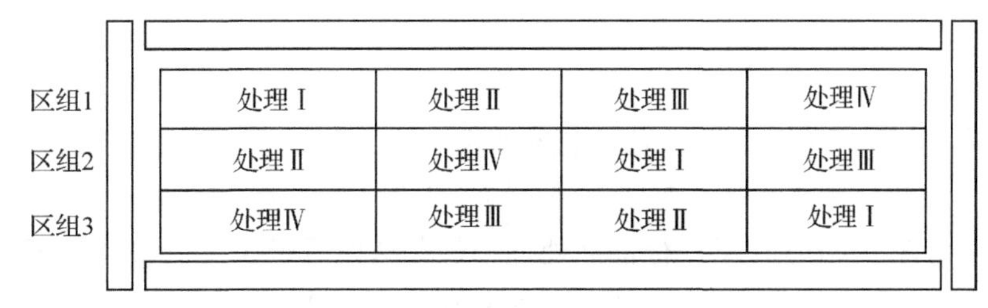

图 5.1　红花玉兰容器规格试验设计

(2)基质物理性质

根据连兆煌(1994)研究测定基质物理性质的方法，将待测基质自然风干后加满环刀，环刀重 W_0，体积为 V_0；放入温度为 80℃的烘箱烘至恒重，称取重量 W_1；然后放入水中浸泡 24h 后，称取重量 W_2；将环刀底盖去掉，倒置于干沙中，12h 后称取重量 W_3，按照以下公式计算容重、孔隙度等指标(吴雅婧，2010；刘现刚，2011)：

$$干容重(g\cdot cm^{-3}) = (W_1-W_0)/V_0 \tag{5-1}$$

$$湿容重(g\cdot cm^{-3}) = (W_3-W_0)/ V_0 \tag{5-2}$$

$$总孔隙度(\%) = (W_2-W_1)/ V_0 \tag{5-3}$$

$$通气孔隙(\%) = (W_2-W_3)/ V_0 \tag{5-4}$$

$$持水空隙(\%) = 总孔隙度-通气空隙度 \tag{5-5}$$

(3)基质化学性质

将基质风干、研磨、过筛后，根据鲍士旦(2000)的《土壤农化分析》，测定基质的 pH 值和有机质含量。用德国 SEAL 的 AA3 连续流动分析仪测定全氮、全磷含量，用碳酸氢钠浸提-钼锑抗比色法测定速效磷含量，用原子吸收仪测定全钾及速效钾的含量。

(4)苗高、地径的测量

考虑到试验的可操作性和数据测量的便利性，红花玉兰基质、容器规格筛选和指数施肥研究，均从 7 月初开始每月从每小区随机抽取 6 株苗木测量苗高、地径，直到 11 月结束。苗高用卷尺测量，精确到 0.01cm，地径用游标卡尺测量，精确到 0.01mm。根据苗高、地径数据计算高径比。

(5)地上地下生物量的测量

11 月进行破坏性试验，每个试验每小区随机抽取 6 株苗木，洗净，从根茎分界处剪开，分别装入信封，放入 105℃烘箱中杀青 30min，然后放入 80℃烘箱中烘至恒重后，取出，分别称量地上和地下部分，精确到 0.001g，计算地上、地下生物量和茎根比。

(6)植物营养元素的测量

每个试验每个小区随机取苗 6 株，洗净，将根茎分开、杀青、烘干、粉碎、过筛。称

取干样品 0.200g，用浓 $H_2SO_4-H_2O_2$ 消煮法消煮至澄清，过滤定容至 100mL。用德国 SEAL 的 AA3 连续流动分析仪测定植物地上和地下部分全氮、全磷，用原子吸收仪测定全钾，然后根据公式分别计算植物地上地下全氮、全磷和全钾含量。

5.1.2 基质配比对红花玉兰容器苗生长的影响

5.1.2.1 试验材料

本试验所用容器苗为红花玉兰 1 年生播种实生苗，种子于 2016 年 8 月下旬取自原产地湖北五峰，采自同一棵母树，取回种子(约 4 万颗)后，将种子置于 4℃ 下沙藏保存。2017 年 3 月上旬将 1000 颗种子进行催芽处理，催芽结束后于 3 月下旬播种至 15cm×17cm 的容器中，放于北京农学院东大地试验田。6 月初，选取 320 盆长势相近的容器苗供本试验使用，每处理设置 20 盆容器苗，每盆内一株红花玉兰幼苗。

本试验采用当地易获得的来源稳定的基质原料：草炭和沙土进行配比试验，均购于北京市海淀区。

5.1.2.2 试验方法

基质配比试验采用草炭和沙土两种材料，设置 4 个处理，草炭与沙土的比例分别是 100% ：0%(CK)，75% ：25%(J1)，50% ：50%(J2)，25% ：75%(J3)。

(1)红花玉兰容器苗生长量测定

在 2017 年 6 月初至 10 月末期间，每 15 日分别测量苗高和地径；11 月初，每处理选取 3 株生长健康状况良好的苗木，整株取根，然后根系在透明塑料盘上用 Epson Twain Pro 扫描获取根系图像；之后用 WinRhizo 根系图像分析系统获取不同处理根系生长参数，包括总根长、总根表面积、平均根直径和总根体积等。

(2)红花玉兰容器苗生物量测定

2017 年 11 月初，每处理选取 3 株生长健康状况良好的苗木，整株取样，将每株样品的根、茎、叶分别放在不同纸袋中，然后在 105℃ 烘箱中杀青 30min，再在 80℃ 烘箱中烘至恒重，称量各处理根、茎、叶干重。

(3)苗木质量指数计算

按式(5-6)计算红花玉兰容器苗苗木质量指数(quality index，*QI*)(沈国舫等，2011)。

$$QI = \frac{\text{苗木总干重 g}}{(\text{苗高 cm/ 地径 mm}) + (\text{茎干重 g/ 根干重 g})} \tag{5-6}$$

(4)红花玉兰容器苗光合生理特征测定

2017 年 9 月，每处理选取 3 株生长健康状况良好的苗木，每株选取一片中上层健康叶片，用 LI-6400 便携式光合测定仪(Li-Cor，USA)对光合作用参数进行测定，每片叶子 3 次重复。测定净光合速率(Pn)、胞间 CO_2 浓度(Ci)、蒸腾速率(Tr)、气孔导度(G_S)等光合参数，同时对相关的环境参数进行记录，包括光合量子通量密度($PPFD$)、大气 CO_2 浓度(Ca)等，并由此计算气孔限制值(Ls)和瞬时光能利用效率(light use efficiency，LUE)。

测定时间为9:30~11:30。

$$Ls = 1 - \frac{Ci}{Ca} \tag{5-7}$$

$$LUE = \frac{Pn}{PPFD} \tag{5-8}$$

2017年9月，每处理选取3株生长健康状况良好的苗木，每株选取一片中上层健康叶片，参照张志良等(2003)的方法测定叶绿素含量。

(5)红花玉兰容器苗抗寒生理特征测定

红花玉兰容器苗的抗寒性用茎相对电导率表示。2017年11月中旬，每处理选取3株生长健康状况良好的苗木的茎测定相对电导率。相对电导率采用电解质法，参照路艳红(2004)的方法测定。

5.1.3 生长调节剂对红花玉兰容器苗生长的影响

5.1.3.1 试验材料

植物材料同5.1.2。

本试验所用生长调节剂为矮壮素50%水剂、烯效唑5%可湿性粉剂和乙烯利40%水剂(四川国光农化股份有限公司)。

5.1.3.2 试验方法

生长调节剂试验采用矮壮素、乙烯利、烯效唑3种，共设置12个处理，根据预试验找到每种生长调节剂不烧苗的最大浓度，从而设置本试验所用的浓度梯度。每种生长调节剂设置4个浓度梯度，经过预试验，得出矮壮素试验浓度设置为500mg·L^{-1}(A1)、1000mg·L^{-1}(A2)、1500mg·L^{-1}(A3)、2000mg·L^{-1}(A4)，烯效唑试验浓度设置为50mg·L^{-1}(X1)、100mg·L^{-1}(X2)、200mg·L^{-1}(X3)、300mg·L^{-1}(X4)，乙烯利试验浓度设置为300mg·L^{-1}(Y1)、500mg·L^{-1}(Y2)、800mg·L^{-1}(Y3)、1000mg·L^{-1}(Y4)，以加水处理作为空白对照，在2017年6月初至10月末期间每月施加两次处理，施加方法采用灌根法，每盆每次施加500mL。

指标测定方法同5.1.2。

5.2 容器规格对红花玉兰容器苗生长的影响

5.2.1 不同容器规格对红花玉兰各苗木指标的影响

5.2.1.1 不同容器规格下红花玉兰苗高差异性比较

通过SPSS软件对于不同容器规格下红花玉兰苗木苗高进行数据分析，并进行LSD比较，结果见表5.2和图5.2。

表 5.2　不同容器规格红花玉兰苗高的动态变化　　cm

处理	7月	8月	9月	10月	11月
Ⅰ(18cm×14cm)	13.89±2.04a	23.20±3.41a	24.72±3.54a	24.91±3.53a	25.03±3.50a
Ⅱ(13cm×16cm)	11.43±1.12c	15.41±1.76d	15.94±2.38c	15.97±2.01c	16.09±2.09c
Ⅲ(16cm×16cm)	12.74±1.36b	21.53±2，60b	22.94±3.03a	23.28±3.23a	23.47±3.00a
Ⅳ(16cm×14cm)	12.14±0.69bc	17.62±2.10c	18.32±2.30b	18.74±2.49b	18.84±2.35b

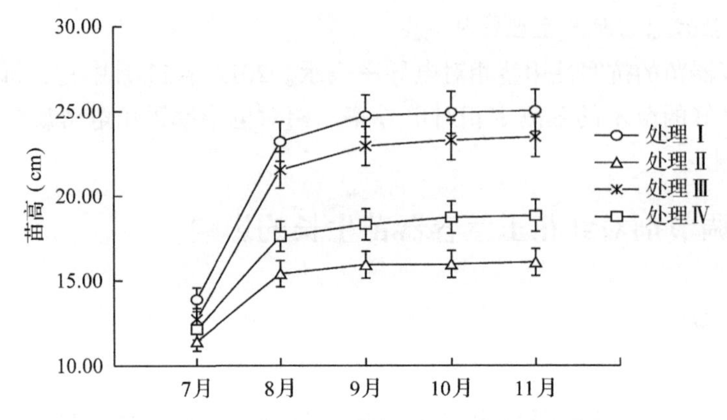

图 5.2　不同容器规格红花玉兰苗高的动态变化

由表 5.2 得出，7 月红花玉兰 4 个容器规格处理下的苗高范围为 11.43～13.89cm，处理Ⅱ和处理Ⅳ差异不显著，但是和处理Ⅰ、处理Ⅲ两两差异显著，而且处理Ⅰ(13.89)>处理Ⅲ(12.74)>处理Ⅳ(12.14)>处理Ⅳ(11.43)。8 月苗高的范围为 15.41～23.20cm，大小排序与 7 月相同，但是 4 个容器规格下的苗高两两差异显著。从 9 月到 11 月，4 个处理的差异性一致，均为处理Ⅰ和处理Ⅲ差异不显著，与处理Ⅱ、处理Ⅳ两两差异显著，且均为处理Ⅰ>处理Ⅲ>处理Ⅳ>处理Ⅱ。由图 5.2 和表 5.2 看出，4 个不同容器规格处理下，红花玉兰苗木苗高均呈现指数型增长，7 月到 8 月的增长量最大，之后增长量逐渐减少。

另外，处理Ⅱ为 4 个处理中口径最小的容器，处理Ⅱ生长的苗木苗高 7 月与处理Ⅳ差异不显著，从 8 月到 11 月均明显小于其他处理；处理Ⅲ与处理Ⅳ口径相同，高不同，7 月两种容器的苗高没有显著差异，8 月到 11 月处理Ⅳ的苗高明显小于处理Ⅲ；7 月和 8 月处理Ⅰ苗高明显高于处理Ⅲ，9 月到 11 月这两个处理苗高差异不显著。

5.2.1.2　不同容器规格下红花玉兰地径差异性比较

通过 SPSS 软件对于不同容器规格下红花玉兰苗木地径进行数据分析，并进行 LSD 比较，结果见表 5.3 和图 5.3。

表 5.3　不同容器规格红花玉兰地径动态变化　　mm

处理	7月	8月	9月	10月	11月
Ⅰ(18cm×14cm)	3.78±0.44a	5.80±0.59a	7.37±0.68a	7.94±0.87a	8.17±0.73a
Ⅱ(13cm×16cm)	2.96±0.25b	4.48±0.50b	5.34±0.64c	5.57±0.71c	5.61±0.68d
Ⅲ(16cm×16cm)	2.98±0，22b	4.81±0.32b	6.09±0.50b	6.57±1.15b	6.84±0.55b
Ⅳ(16cm×14cm)	3.05±0.35b	4.64±0.46b	5.79±0.62b	6.08±0.67b	6.17±0.67c

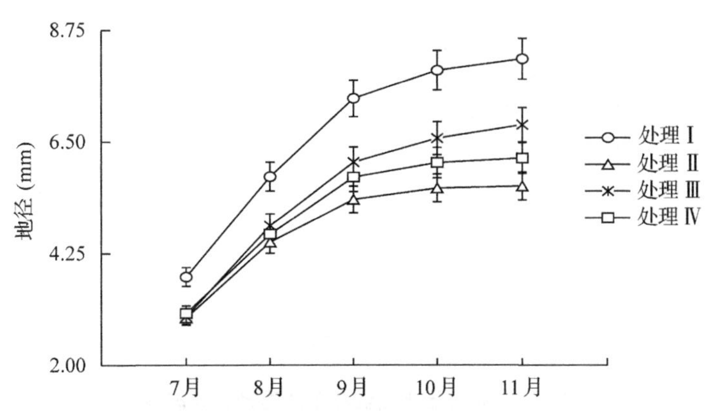

图 5.3 不同容器规格红花玉兰地径动态变化

从表5.3可以看出，7月和8月处理Ⅱ、Ⅲ、Ⅳ下的红花玉兰地径差异不显著，7月这三个处理的地径在2.96~3.05mm范围内，8月在4.48~4.81mm范围内，但是与处理Ⅰ的差异显著，处理Ⅰ在7月和8月地径分别为3.78mm和5.80mm；9月和10月，处理Ⅲ与处理Ⅳ依然没有显著差异，但是与处理Ⅱ、处理Ⅰ两两差异显著；11月，4个不同容器规格的处理均差异显著。另外，由图5.3可发现，从7月到11月，地径呈指数增长，符合苗木一般生长规律，并且每个月4个处理的大小顺序都为处理Ⅰ>处理Ⅲ>处理Ⅳ>处理Ⅱ。从增长量方面看，7月到8月的增长量最大，4个处理的增长量排序为处理Ⅰ(2.08mm)>处理Ⅲ(1.83mm)>处理Ⅳ(1.59mm)>处理Ⅱ(1.52mm)，随后地径增长量逐月减小。

5.2.1.3 不同容器规格对红花玉兰高径比的影响

通过SPSS软件对于不同容器规格红花玉兰苗木高径比进行数据分析，并进行LSD比较，结果见表5.4和图5.4。

表 5.4 不同容器规格红花玉兰高径比动态变化

处理	7月	8月	9月	10月	11月
Ⅰ(18cm×14cm)	3.70±0.55b	4.05±0.84b	3.37±0.48b	3.16±0.51b	3.08±0.51b
Ⅱ(13cm×16cm)	3.89±0.48b	3.47±0.46d	2.99±0.36c	2.89±0.38b	2.89±0.36b
Ⅲ(16cm×16cm)	4.30±0.51a	4.48±0.54a	3.78±0，49a	4.01±1.41a	3.44±0.49a
Ⅳ(16cm×14cm)	4.02±0.45ab	3.81±0.47cd	3.18±0.36bc	3.10±0.41b	3.07±0.34b

注：地径的单位为mm，苗高单位为cm。

从表5.4可看出，7月，处理Ⅰ和处理Ⅱ无显著差异，与处理Ⅲ差异显著，8月和9月，处理Ⅰ、处理Ⅱ和处理Ⅲ两两差异显著，10月和11月，处理Ⅰ、处理Ⅱ、处理Ⅳ差异不显著，与处理Ⅲ呈显著差异。结合图5.4可得出，7月，不同容器规格高径比的大小顺序为处理Ⅲ(4.30)>处理Ⅳ(4.02)>处理Ⅱ(3.89)>处理Ⅰ(3.70)，8月差异性发生变化，变为处理Ⅲ(4.48)>处理Ⅰ(4.05)>处理Ⅳ(3.81)>处理Ⅰ(3.47)，9月、10月和11月稳定为此顺序。

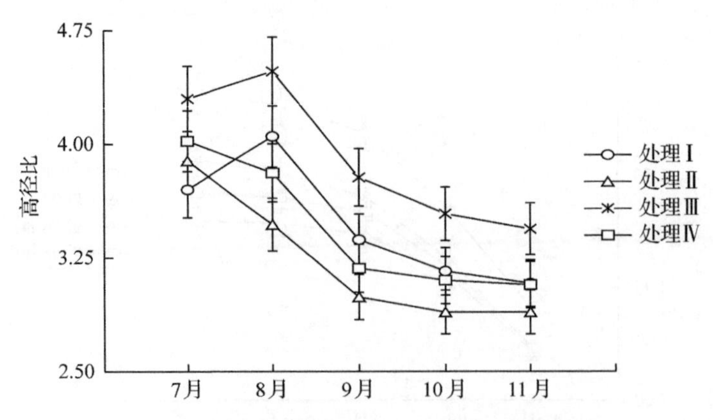

图 5.4 不同容器规格红花玉兰高径比动态变化

综上所述，5个月中，4个容器规格处理下，红花玉兰苗高、地径的大小顺序相同，为处理Ⅰ>处理Ⅲ>处理Ⅳ>处理Ⅱ，高径比的大小顺序随着慢慢生长变化稳定为处理Ⅲ>处理Ⅳ>处理Ⅱ>处理Ⅰ，据此可得出，苗高、地径中值最大的处理Ⅰ高径比最小。

5.2.1.4 不同容器规格对红花玉兰生物量的影响

通过SPSS软件对于不同容器规格下红花玉兰苗木生物量和根冠比进行数据分析，并进行LSD比较，结果见表5.5。

表 5.5 不同容器规格红花玉兰生物量及根冠比动态变化

处理	地上生物量(g)	地下生物量(g)	根冠比
Ⅰ(18cm×14cm)	1.91±0.30a	5.39±0.89a	2.85±0.51b
Ⅱ(13cm×16cm)	0.85±020d	2.66±0.32d	3.28±0.63a
Ⅲ(16cm×16cm)	1.61±0.25b	4.44±0.60b	2.84±0.63b
Ⅳ(16cm×14cm)	1.09±0.49c	3.31±1.23c	3.12±0.61ab

注：地径单位为mm，苗高单位为cm。

通过表5.5可看出，红花玉兰地上生物量在4个容器规格处理下两两呈显著差异，大小顺序为处理Ⅰ(1.91g)>处理Ⅲ(1.61g)>处理Ⅳ(1.09g)>处理Ⅱ(0.85g)；地下生物量在4个容器规格处理下也两两呈显著差异，大小顺序与地上部分相同，为处理Ⅰ(5.39g)>处理Ⅲ(4.44g)>处理Ⅳ(3.31g)>处理Ⅱ(2.22g)；每个容器规格处理下，地下生物量都明显大于地上生物量。根冠比在4个容器规格处理下，处理Ⅰ、处理Ⅲ、处理Ⅳ差异不显著，但与处理Ⅰ呈现显著差异，其大小顺序为处理Ⅱ(3.28)>处理Ⅰ(2.85)>处理Ⅲ(2.84)>处理Ⅳ(3.12)。处理Ⅱ在地上、地下生物量中最小，但是在根冠比中最大。

5.2.1.5 不同容器规格对红花玉兰地上营养元素的影响

通过SPSS软件对于不同容器规格下红花玉兰苗木地上部分全氮、全磷和全钾含量进行数据分析，并进行LSD比较，结果见表5.6。

表5.6 不同容器规格的红花玉兰地上部分生理指标

处理	全氮(%)	全磷(%)	全钾(%)
Ⅰ(18cm×14cm)	0.68±0.09a	1.15±0.18b	0.84±0.06c
Ⅱ(13cm×16cm)	0.70±0.10a	1.43±0.31a	1.08±0.10b
Ⅲ(16cm×16cm)	0.73±0.50a	1.56±0.12a	0.98±0.11ab
Ⅳ(16cm×14cm)	0.74±0.08a	1.50±0.16a	0.99±0.11a

从表5.6得出，不同容器规格处理下，红花玉兰地上部分全氮含量没有显著差异，处理Ⅳ(0.74%)>处理Ⅲ(0.73%)>处理Ⅱ(0.70%)>处理Ⅰ(0.68%)；全磷和全钾含量均为处理Ⅱ、处理Ⅲ、处理Ⅳ没有显著差异，与处理Ⅰ差异显著，全磷含量均值大小为处理Ⅲ(1.56%)>处理Ⅳ(1.50%)>处理Ⅱ(1.43%)>处理Ⅰ(1.15%)，全钾含量均值大小为处理Ⅱ(1.08%)>处理Ⅳ(0.99%)>处理Ⅲ(0.98%)>处理Ⅰ(0.84%)。

5.2.1.6 不同容器规格对红花玉兰地下营养元素的影响

通过SPSS软件对于不同容器规格下红花玉兰苗木地下部分全氮、全磷和全钾含量进行数据分析，并做了LSD比较，结果见表5.7。

表5.7 不同容器规格的红花玉兰地下部分生理指标

处理	全氮(%)	全磷(%)	全钾(%)
Ⅰ(18cm×14cm)	0.79±0.07a	2.52±0.96a	2.41±0.14a
Ⅱ(13cm×16cm)	0.74±0.03a	2.12±0.08a	2.45±0.08a
Ⅲ(16cm×16cm)	0.78±0.10a	2.27±0.37a	2.43±0.09a
Ⅳ(16cm×14cm)	0.75±0.06a	2.54±0.37a	2.47±0.14a

从表5.7得出，不同容器规格处理下，红花玉兰地下部分全氮、全磷和全钾的含量差异均不显著，全氮含量按均值大小顺序排列为处理Ⅰ(0.79%)>处理Ⅲ(0.78%)>处理Ⅳ(0.75%)>处理Ⅱ(0.66%)，全磷含量按均值大小顺序排列为处理Ⅳ(2.54%)>处理Ⅰ(2.52%)>处理Ⅲ(2.27%)>处理Ⅱ(2.12%)，全钾含量按均值大小顺序排列为处理Ⅳ(2.47%)>处理Ⅱ(2.45%)>处理Ⅲ(2.43%)>处理Ⅰ(2.41%)。

综合地上和地下部分全氮、全磷和全钾含量来看，地上部分全氮含量的范围为0.68%~0.78%，地下部分全氮含量范围为0.66%~0.79%，从均值范围来看差别不大；地上部分的全磷含量在1.15%~1.56%之间，而地下部分全磷含量在2.12%~2.54%之间，地下部分全磷含量高于地上部分；地上部分全钾含量范围为0.84%~1.08%，地下部分全钾含量范围为2.41%~2.47%，地下部分全钾含量高于地上部分。

5.2.2 容器规格三要素对苗高的影响

影响容器规格的因素有3个，分别是口径、高和容积，探索这三个因素对苗高的影响需要用SPSS软件进行分析。首先对9月到11月的苗高进行主成分分析，得到的主成分分析见表5.8，主成分1的累积贡献率已经到达84.427%，可以代表84%的数据信息，提取主成分1即可，具体的系数值见表5.9，主成分表达式见式(5-9)($y1$到$y5$分别表示7月

到 11 月苗高)；然后再做回归分析，分析结果表明，主成分 1 与口径、高和容积显著相关，具体见表 5.10，得到的回归系数见表 5.11，回归方程见式(5-10)($x1$ 到 $x3$ 分别为容器口径、容器高和容器容积)，$x1$ 的系数 0.587，大于 $x2$ 的系数 0.468，所以与苗高相关的容器规格因素主要有 2 个，口径和高，均为正相关，且口径对苗高的影响大于容器规格的高。

$$z1 = 0.169\text{std}y1 + 0.217\text{std}y2 + 0.232\text{std}y3 + 0.232\text{std}y4 + 0.232\text{std}y5 \tag{5-9}$$

$$z1 = 0.587x1 + 0.468x2 - 16.268 \tag{5-10}$$

表 5.8　容器规格苗高主成分统计信息

因子	起始特征值			截取平方和载入		
	总计	方差(%)	累计(%)	总计	方差(%)	累计(%)
1	4.221	84.427	84.427	4.221	84.427	84.427
2	0.563	11.260	95.686			
3	0.203	4.065	99.752			
4	0.009	0.176	99.928			
5	0.004	0.072	100.000			

表 5.9　容器规格苗高因子得分系数矩阵

	主成分
	1
苗高 1	0.714
苗高 2	0.914
苗高 3	0.978
苗高 4	0.978
苗高 5	0.980

表 5.10　容器规格苗高回归分析模型摘要

模型	R	R^2	调整后 R^2	标准误	变更统计资料				
					R^2	F 值	df_1	df_2	显著性
1	0.800	0.640	0.629	0.609	0.113	21.687	1	69	0.000

表 5.11　容器规格苗高回归系数

模型		非标准化系数		标准化系数	t	显著性
		B	标准误	Beta		
1	(常数)	−16.268	2.222		−7.322	0.000
	口径	0.587	0.056	1.056	10.428	0.000
	高	0.468	0.101	0.471	4.657	0.000

5.2.3　容器规格三要素对于苗木地径的影响

用 SPSS 软件分析容器口径、高与容积对地径的影响。先用主成分分析提取 9 月到 11 月地径数据的主成分，得到的主成分分析见表 5.12，主成分 1 的累积贡献率已经到达

82.014%，可以代表82%的数据信息，提取主成分1即可，具体的系数值见表5.13，主成分表达式见表达式(5-11)。主成分与口径、高和容积做回归分析，分析结果表明主成分1与口径、高和容积显著相关，具体见表5.14，回归模型拟合效果好，见表5.14(R^2 = 0.826，方差分析 $P = 0.000$)。回归系数见表5.15，回归方程见表达式(5-12)。可看出，影响主成分的因素是口径和容积，口径是主要影响因素。

$$z1 = 0.198\mathrm{std}y1 + 0.222\mathrm{std}y2 + 0.230\mathrm{std}y3 + 0.222\mathrm{std}y4 + 0.231\mathrm{std}y5 \quad (5\text{-}11)$$

$$z1 = -9.101 + 0.895x1 - 0.02x2 \quad (5\text{-}12)$$

其中，$x1$代表口径，$x2$代表容积，$y1 \sim 7$代表地径1~7，$z1$代表主成分1。

表5.12　主成分统计信息

因子	起始特征值			截取平方和载入		
	总计	方差(%)	累计(%)	总计	方差(%)	累计(%)
1	4.101	82.014	82.014	4.101	82.014	82.014
2	0.434	8.685	90.699			
3	0.223	4.462	95.162			
4	0.146	2.919	98.081			
5	0.096	1.919	100.000			

表5.13　因子得分系数矩阵

	主成分
	1
地径1	0.198
地径2	0.222
地径3	0.230
地径4	0.222
地径5	0.231

表5.14　地径回归分析模型摘要

模型	R	R^2	调整后 R^2	标准误	变更统计资料				
					R^2	F值	f_1	f_2	显著性
1	0.826	0.682	0.672	0.57244720	0.143	30.935	1	9	0.000

表5.15　地径回归系数

模型		非标准化系数		标准化系数	t	显著性
		B	标准误	Beta		
1	(常数)	-9.101	0.768		-11.855	0.000
	口径	0.895	0.095	1.610	9.387	0.000
	容积	-0.002	0.000	-0.954	-5.562	0.000

5.2.4 容器规格三要素对于苗木综合指标的影响

研究容器口径、容器高和容器容积对苗木生长的影响，首先用SPSS对苗木所有指标进行因子分析，由分析结果可以得到4类因子，主成分信息概况见表5.16，旋转因子载荷矩阵见表5.17。

表5.16 主成分信息概况

因子	起始特征值			截取平方和载入			循环平方和载入		
	总计	方差	累计	总计	方差	累计	总计	方差	累计
1	4.630	38.584	38.584	4.630	38.584	38.584	3.835	31.955	31.955
2	1.979	16.491	55.075	1.979	16.491	55.075	2.023	16.860	48.815
3	1.717	14.306	69.382	1.717	14.306	69.382	1.847	15.389	64.203
4	1.050	8.751	78.132	1.050	8.751	78.132	1.671	13.929	78.132
5	0.917	7.645	85.777						
6	0.732	6.104	91.881						
7	0.439	3.657	95.538						
8	0.295	2.461	97.999						
9	0.166	1.380	99.379						
10	0.053	0.445	99.824						
11	0.018	0.151	99.975						
12	0.003	0.025	100.000						

从表5.16可以看出，这4个因子的累积贡献率达78.132%，即约78.1%的总方差可以由4个潜在因子解释。

表5.17 容器规格因子分析因子得分系数矩阵

生长指标	因子			
	1	2	3	4
苗高	0.725	0.129	0.649	0.025
地径	0.917	0.288	0.011	-0.008
高径比	0.030	-0.151	0.927	0.032
地上生物量	0.869	-0.031	0.170	-0.098
地下生物量	0.830	0.207	0.446	0.035
根冠比	-0.290	-0.412	-0.560	-0.079
地下含氮量	0.255	0.851	-0.031	-0.031
地下含磷量	0.156	0.581	0.039	0.262
地下含钾量	-0.168	0.789	0.025	-0.142
地上含氮量	0.021	0.043	-0.018	0.926
地上含磷量	-0.454	-0.020	0.145	0.803
地上含钾量	-0.785	0.018	0.025	0.246

从表5.17中可以看出，因子1主要支配苗高、地径和生物量，因子2主要支配地下营养元素，因子3主要支配高径比和根冠比，因子4主要支配地上营养元素。

分别用4个因子对容器口径、高和容积做回归分析，探索4个因子分别与容器规格3因素的联系。分析结果为容器口径和容器容积对因子1有影响，其中口径的影响较大，具体数据见表5.18和表5.19。另外，容器口径、高和容积均对因子3有影响，高和口径的影响较大，具体数据见表5.20和表5.21，即容器口径与容积对苗木形态指标和生物量有影响。因子2、4与口径、高和容积的回归分析模型显著性 P 值分别为0.968、0.304，并且系数显著性 P 值均大于0.05，说明统计无意义。因子2、4与容器3因素的偏向关系性分析，P 值见表5.22，F 值均大于0.05，可以看出，因子2、4与容器口径、高和容积均无相关性，说明容器口径、高与容积对植物营养元素含量无影响。

表5.18　因子1回归分析模型摘要

模型	R	R^2	调整后 R^2	标准误	变更统计资料				
					R^2	F 值	f_1	f_2	显著性
1	0.916	0.839	0.830	0.41286488	0.115	23.690	1	3	0.000

表5.19　系数

模型		非标准化系数		标准化系数	t	显著性
		B	标准误	Beta		
1	（常数）	-9.785	0.783		-12.496	0.000
	口径	0.905	0.097	1.638	9.299	0.000
	容积	-0.001	0.000	-0.857	-4.867	0.000

根据表5.19可写出回归方程：

$$\text{因子1} = -9.785 + 0.905 \times \text{口径} - 0.001 \times \text{容积} \tag{5-13}$$

从方程式可以看出影响因子1的因素为口径和容器，口径的影响较大，容器高对因子1不产生影响。

表5.20　因子3回归分析模型摘要

模型	变更统计资料				
	R^2	F 值	df_1	df_2	显著性
1	0.519	11.498	3	32	0.000

表5.21　因子3回归分析系数

模型		非标准化系数		标准化系数	t	显著性
		B	标准误	Beta		
1	（常数）	-15.672	3.795		-4.130	0.000
	口径	-0.370	0.171	-0.671	-2.167	0.038
	容积	0.876	0.185	0.888	4.743	0.000
	高	0.003	0.001	1.607	4.760	0.000

根据上表可写出回归方程：

$$因子3 = -15.672 - 0.370 \times 口径 + 0.876 \times 高 - 0.003 \times 容积 \quad (5\text{-}14)$$

表 5.22 因子 2、因子 4 与容器规格三要素的相关性

因子	相关性 P 值		
	口径	高	容积
因子 2	0.60	-0.69	0.81
因子 4	0.969	0.758	0.099

5.3 基质配比对红花玉兰容器苗生长的影响

5.3.1 基质配比对红花玉兰容器苗生长特征的影响

5.3.1.1 基质配比对红花玉兰容器苗苗高和地径生长的影响

由图 5.5 可知，经方差分析，红花玉兰容器苗生长指标对不同基质配比的反应情况各异。由图 5.5-A、图 5.5-a 可知，所有基质配比处理下的红花玉兰容器苗的苗高均大于对照。随着配比基质中沙土比例从 25% 提高到 50%，红花玉兰苗高生长量达到最大，即 J2 处理下红花玉兰容器苗苗高生长量最大(21.6cm)，较 CK、J1 和 J3 处理分别提高了 41.84%，27.78% 和 25.48%，且与对照相比差异显著。由图 5.5-B、图 5.5-b 可知，所有基质配比处理下的红花玉兰容器苗的地径均大于对照。随着配比基质中沙土比例从 25% 提高到 50%，红花玉兰地径值达到最大，即 J2 处理下红花玉兰容器苗地径值最大(7.03mm)，较 CK、J1 和 J3 处理分别增粗了 23.02%，7.99% 和 16.67%，且与对照相比差异显著。各配比基质处理间高径比无显著差异(图 5.5-C、图 5.5-c)。这说明适当的基质配比能促进红花玉兰容器苗苗高生长和地径的增粗生长，且 J2 处理对红花玉兰容器苗的促进效果最好，即草炭和沙土的比例为 50%：50% 的情况下红花玉兰容器苗苗高和地径的促进效果最好，之后随着沙土比例的增多效果逐渐减小。

5.3.1.2 基质配比对红花玉兰容器苗根系发育的影响

如表 5.23 所示，基质配比显著影响红花玉兰容器苗根系发育，不同基质配比间红花玉兰容器苗总根长、总根表面积及总根体积与对照相比差异显著，红花玉兰容器苗平均根直径与对照相比差异不显著。在红花玉兰容器苗根系总根长方面，随着基质配比中沙土比例的增大，红花玉兰容器苗的总根长呈现先上升后下降的趋势，且在草炭和沙土的比例为 50%：50% 的情况下总根长值达到最大，为 2870.90cm，相比 CK、J1 和 J3 处理的根长指标值分别高出 37.17%，80.62% 和 95.89%。在红花玉兰容器苗根系总根表面积方面，随着基质配比中沙土比例的增大，红花玉兰容器苗的总根表面积呈现先上升后下降的趋势，且在草炭和沙土的比例为 50%：50% 的情况下总根表面积值达到最大，为 447.61cm^2，相比 CK、J1 和 J3 处理的根表面积指标值分别高出 138.90%，98.09% 和 61.60%。在红花玉兰容器苗根系总体积方面，随着基质配比中沙土比例的增大，红花玉兰容器苗的总根体积呈现先上升后下降的趋势，且在草炭和沙土的比例为 50%：50% 的情况下总根体积值达到

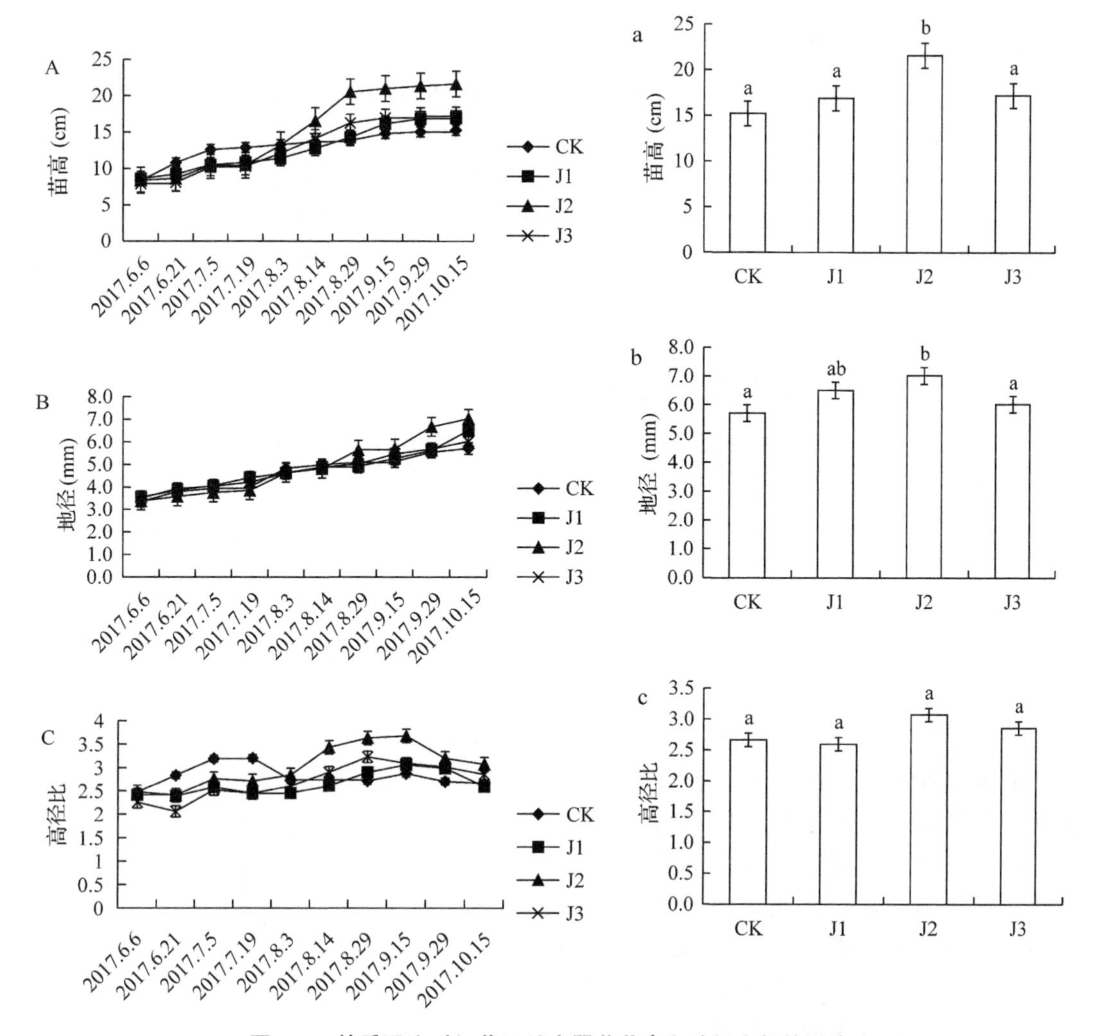

图 5.5 基质配比对红花玉兰容器苗苗高和地径生长的影响

注：小写字母不相同表示在 0.05 水平上差异显著，字母相同则差异不显著；下同。

最大，为 5.61cm^3，相比 CK、J1 和 J3 处理的根体积指标值分别高出 48.66%，116.17%和 33.03%。该结果表明，红花玉兰容器苗根系对基质中草炭和沙土的比例变化反应比较敏感，适当比例的基质配比会促进红花玉兰容器苗根系生长发育，使根长、根表面积和根体积显著增大。红花玉兰容器苗根系发育表现优秀的配比基质为 J2 处理，即草炭和沙土的比例为 50%：50%的情况下对红花玉兰容器苗根系发育的促进效果最好。

表 5.23 基质配比对红花玉兰容器苗根系发育的影响

不同处理	总根长(cm)	总根表面积(cm^2)	平均根直径(mm)	总根体积(cm^3)
CK	2092.97±412.66b	187.36±55.65a	0.50±0.05ab	3.77±0.93b
J1	1589.46±443.30bc	225.96±25.09ab	0.46±0.04a	2.59±0.28a
J2	2870.90±58.27a	447.61±4.78c	0.54±0.07ab	5.61±0.03c
J3	1465.57±14.59c	276.99±5.38b	0.58±0.05b	4.21±0.13b

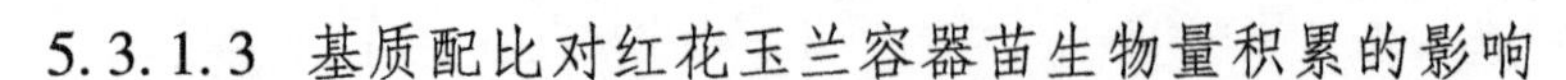

5.3.1.3 基质配比对红花玉兰容器苗生物量积累的影响

由表5.24可知，红花玉兰容器苗生物量积累对不同基质配比的反应情况各异。红花玉兰容器苗单株根、茎、叶和地上总干重随着基质配比中沙土比例的提高而增加。基质配比中，J2、J3处理的红花玉兰容器苗单株根、茎、叶和地上总干重均显著大于其他配比的基质，其中J2处理的红花玉兰容器苗单株根生物量为3.793g、较CK处理增加了50.94%，单株茎生物量为1.347g、较CK处理增加了101.95%，单株叶生物量为1.707g、较CK处理增加了85.54%，单株地上总干重为3.053g、较CK处理增加了92.38%。红花玉兰容器苗生物量测定结果再次表明，J2处理较适合其生长，即基质配比中草炭和沙土的比例为50%：50%的情况下适合红花玉兰容器苗生长。

表5.24 基质配比对红花玉兰容器苗生物量积累的影响

基质配比	根(g)	茎(g)	叶(g)	地上总干重(g)
CK	1.743±0.450a	0.607±0.189a	0.940±0.528a	1.547±0.695a
J1	2.513±0.4004ab	0.667±0.090ab	0.920±0.230a	1.587±0.306a
J2	3.793±1.380b	1.347±0.592b	1.707±0.447a	3.053±0.975b
J3	2.979±1.176b	1.103±0.339ab	1.280±0.417a	2.383±0.750ab

5.3.1.4 基质配比对红花玉兰容器苗苗木质量指数的影响

由图5.6可知，红花玉兰容器苗苗木质量指数对不同基质配比的反应情况各异。红花玉兰容器苗苗木质量指数随着基质配比中沙土比例的提高而增加。基质配比中，J2、J3处理的红花玉兰容器苗苗木质量指数显著大于其他配比的基质，其中J2处理的红花玉兰容器苗苗木质量指数为2.402，较CK增加了106.17%，较J1处理增加了71.20%；J3处理的红花玉兰容器苗苗木质量指数为2.631，较CK增加了147.84%，较J1处理增加了87.51%。红花玉兰容器苗苗木质量指数结果表明，J2、J3处理在苗木质量指数方面的表现优于对照和J1处理。

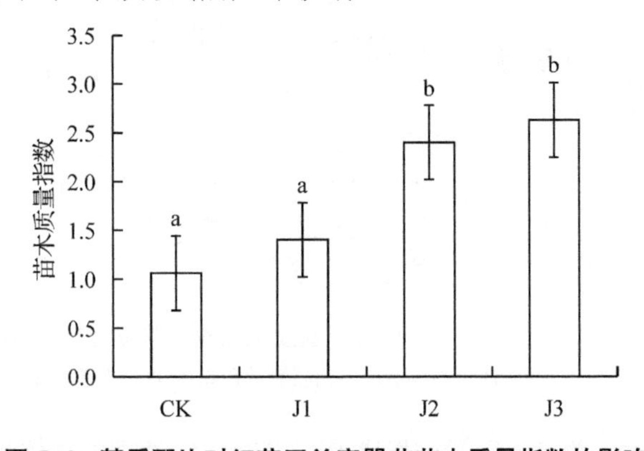

图5.6 基质配比对红花玉兰容器苗苗木质量指数的影响

5.3.2 基质配比对红花玉兰容器苗光合生理特征的影响

5.3.2.1 基质配比对红花玉兰容器苗叶片气体交换参数和瞬时光能利用率的影响

不同基质配比处理下红花玉兰容器苗叶片的气体交换参数和瞬时光能利用率与对照相比呈现出不同的反应(图5.7)。随着基质配比中沙土比例的增高，红花玉兰容器苗叶片的净光合速率值(图5.7-A)、气孔限制值(图5.7-B)和光能利用率(图5.7-D)呈现上升趋势，

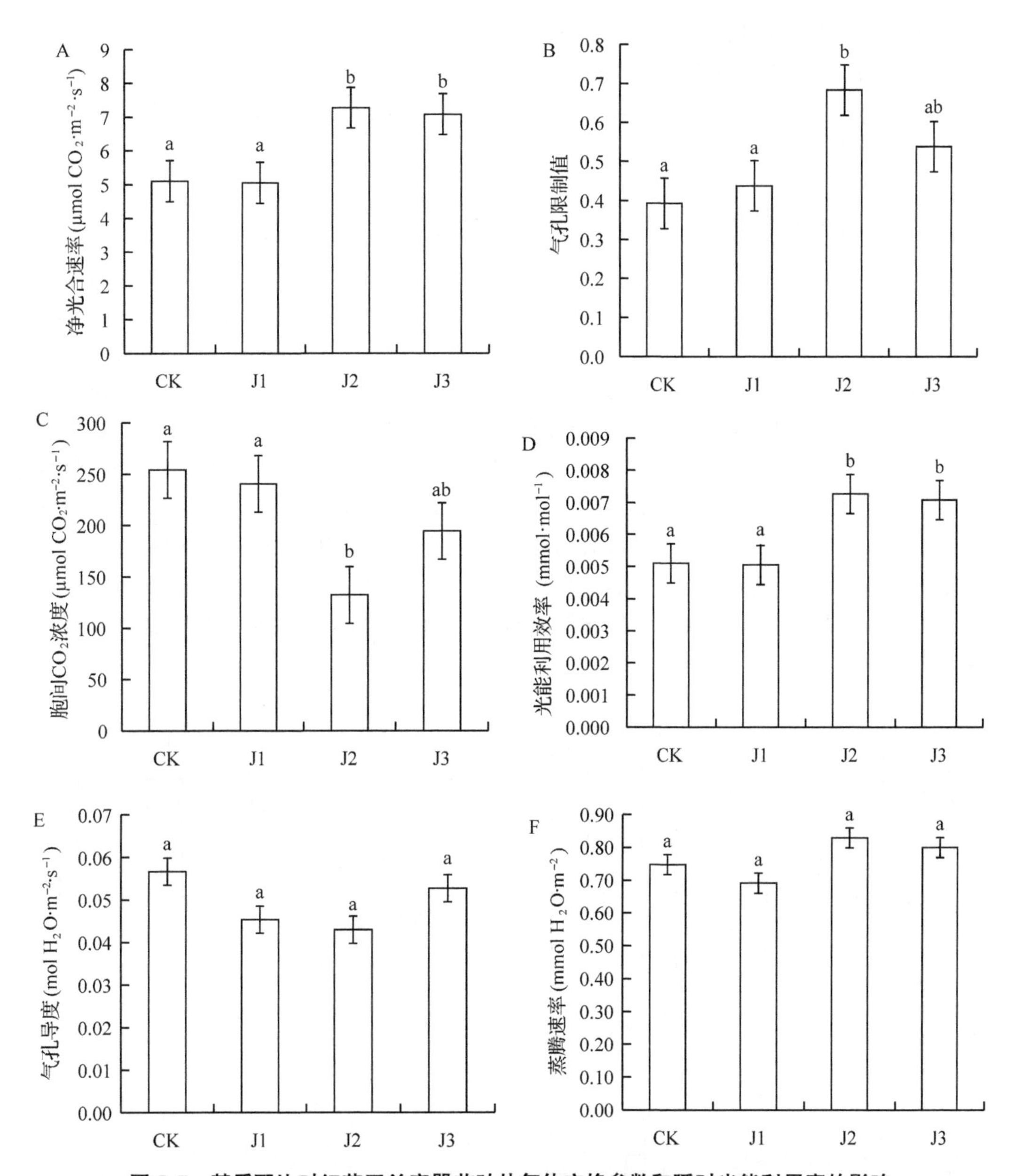

图 5.7 基质配比对红花玉兰容器苗叶片气体交换参数和瞬时光能利用率的影响

而胞间 CO_2 浓度值(图 5.7-C)则呈现下降趋势，且 J2、J3 处理与对照相比差异显著，净光合速率值的变化方向与胞间 CO_2 浓度值的变化方向不同，而与气孔限制值的变化方向相同，可认为净光合速率值的变化主要由叶肉细胞光合活性的变化引起。各处理的气孔导度(图 5.7-E)和蒸腾速率值(图 5.7-F)与对照相比差异不显著。在红花玉兰容器苗净光合速率方面，J2、J3 处理表现出较高的净光合速率值，其中 J2 处理的净光合速率值为 7.267μmol $CO_2 \cdot m^{-2} \cdot s^{-1}$，比 CK 和 J1 处理分别高出 42.49% 和 43.91%；J3 处理的净光合速率值为 7.075μmol $CO_2 \cdot m^{-2} \cdot s^{-1}$，比 CK 和 J1 处理分别高出 38.72% 和 40.11%。在红花玉兰容器苗光能利用率方面，J2、J3 处理表现出较高的光能利用率，其中 J2 处理的净光合速

率值为0.0073，比CK和J1处理分别高出42.46%和43.91%；J3处理的光能利用率为0.0071，比CK和J1处理分别高出38.74%和40.17%。统计分析表明，不同的基质环境可改变红花玉兰容器苗的光合能力，在J2、J3处理中表现出较高的净光合速率和光能利用率，且差异显著。

5.3.2.2 基质配比对红花玉兰容器苗叶片叶绿素含量的影响

叶绿素的含量是植物适应和利用环境因子的重要指标。如图5.8所示，基质配比对红花玉兰容器苗叶片的叶绿素a(图5.8-A)、叶绿素b(图5.8-B)和叶绿素总含量(图5.8-C)均有明显的影响。随着基质配比中沙土比例的增加，红花玉兰容器苗叶片的叶绿素a、叶绿素b和叶绿素总含量均呈现先增高再降低的趋势。J1、J2、J3处理在叶绿素a和叶绿素总含量方面与对照相比差异显著，J2处理在叶绿素b含量方面与对照相比差异显著。其中，J2处理的叶绿素a含量为1.228mg·g^{-1}，与CK和J1处理相比分别增加了41.54%和18.42%；叶绿素b含量为0.642mg·g^{-1}，与CK、J1和J3处理相比分别增加了80.30%、18.96%和34.15%；叶绿素总含量为1.870mg·g^{-1}，与对照相比增加了52.82%。这表明适当的基质配比可以提高红花玉兰容器苗叶片中叶绿素a、叶绿素b和叶绿素总含量，且J2处理，即在基质配比中草炭和沙土的比例为50%：50%的情况下红花玉兰容器苗的叶绿素含量最大。

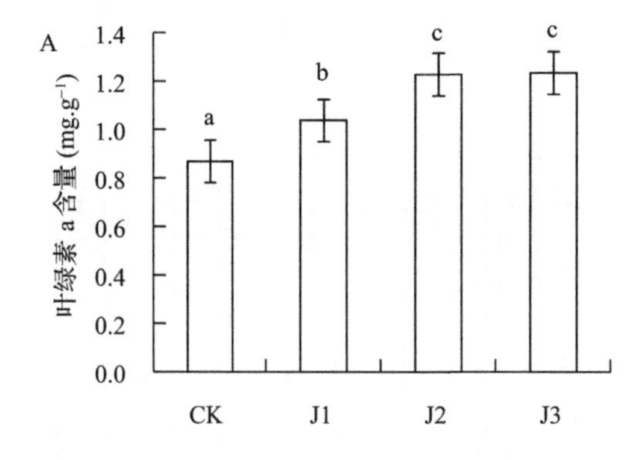

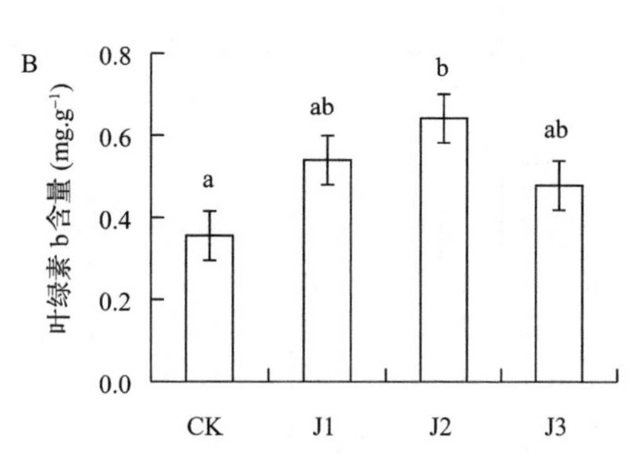

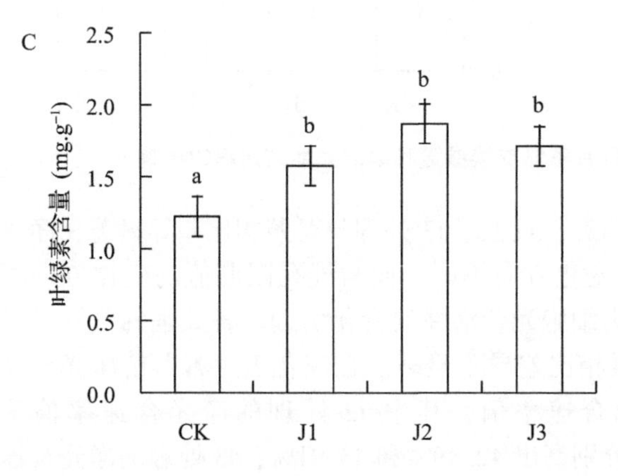

图5.8 基质配比对红花玉兰容器苗叶片叶绿素含量的影响

5.3.2.3 基质配比对红花玉兰容器苗茎相对电导率的影响

如图5.9所示，不同基质配比处理下的红花玉兰容器苗茎相对电导率差异显著。在不同基质配比的条件下，红花玉兰容器苗茎相对电导率均小于对照，且差异显著，其中J1处理中红花玉兰容器苗茎相对电导率最小，为29.66%，与对照相比小19.41%；J2处理中红花玉兰容器苗茎相对电导率为32.50%，与对照相比小11.69%；J3处理中红花玉兰容器苗茎相对电导率为29.91%，与对照相比小18.73%。这表明适当的基质配比可以显著降低红花玉兰容器苗相对电导率，即具有降低红花玉兰容器苗细胞的受害程度，增强红花玉兰容器苗抗寒性的作用。

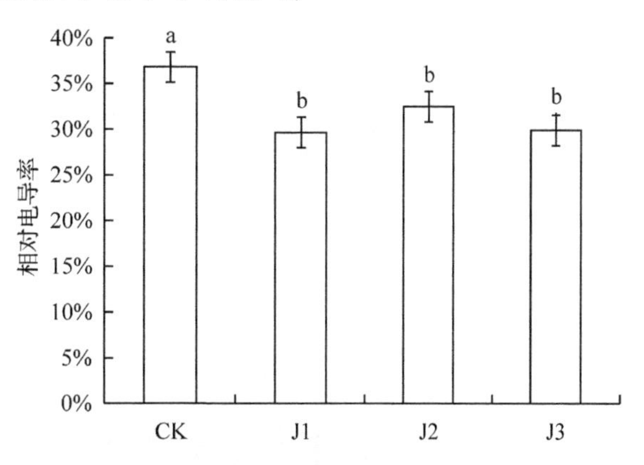

图5.9 基质配比对红花玉兰容器苗茎相对电导率的影响

5.4 生长调节剂对红花玉兰容器苗生长的影响

5.4.1 矮壮素对红花玉兰容器苗生长的影响

5.4.1.1 矮壮素对红花玉兰容器苗生长特征的影响

(1)矮壮素对红花玉兰容器苗苗高和地径生长的影响

由图5.10可知，红花玉兰容器苗生长指标对不同矮壮素浓度的反应情况各异。由图5.10-A、图5.10-a可知，随着矮壮素浓度的增加，红花玉兰容器苗苗高呈现先增加后降低的趋势，A2、A3、A4处理下的红花玉兰容器苗的苗高大于对照。当矮壮素浓度从1000mg·L^{-1}增加到1500mg·L^{-1}时红花玉兰容器苗的苗高最大，为23.4cm，较CK、A1、A2和A4处理分别提高了55.65%、67.24%、47.58%和24.00%，且与对照相比差异显著。由图5.10-B、图5.10-b可知，随着矮壮素浓度的增加，红花玉兰容器苗地径呈现先增加后降低的趋势，当矮壮素浓度从1000mg·L^{-1}增加到1500mg·L^{-1}时，红花玉兰容器苗地径达到最大，即A3处理下红花玉兰容器苗地径最大，为6.94mm，较CK、A1和A2处理地径增粗了21.55%、31.10%和30.50%，且与对照相比差异显著；A3与A4处理无显著差异，但能观察到红花玉兰容器苗地径有下降趋势。与其他配比基质相比，A3处理下红花玉兰容器苗高径比有所增高(图5.10-C、图5.10-c)，与对照相比高出28.05%。由此可见，适当浓度的矮壮素能促进红花玉兰容器苗地径的增粗生长，A3处理下对红花玉兰容器苗地径促进效果最大，但对苗高的矮化效应不太明显。

(2)矮壮素对红花玉兰容器苗根系发育的影响

如表5.25所示，不同浓度矮壮素处理红花玉兰容器苗根系发育影响各异。在红花玉兰容器苗根系总根长方面，随着矮壮素浓度的增大，红花玉兰容器苗的总根长呈现先上升后下降的趋势，且A3处理(矮壮素浓度为1500mg·L^{-1})的情况下总根长值达到最大，为

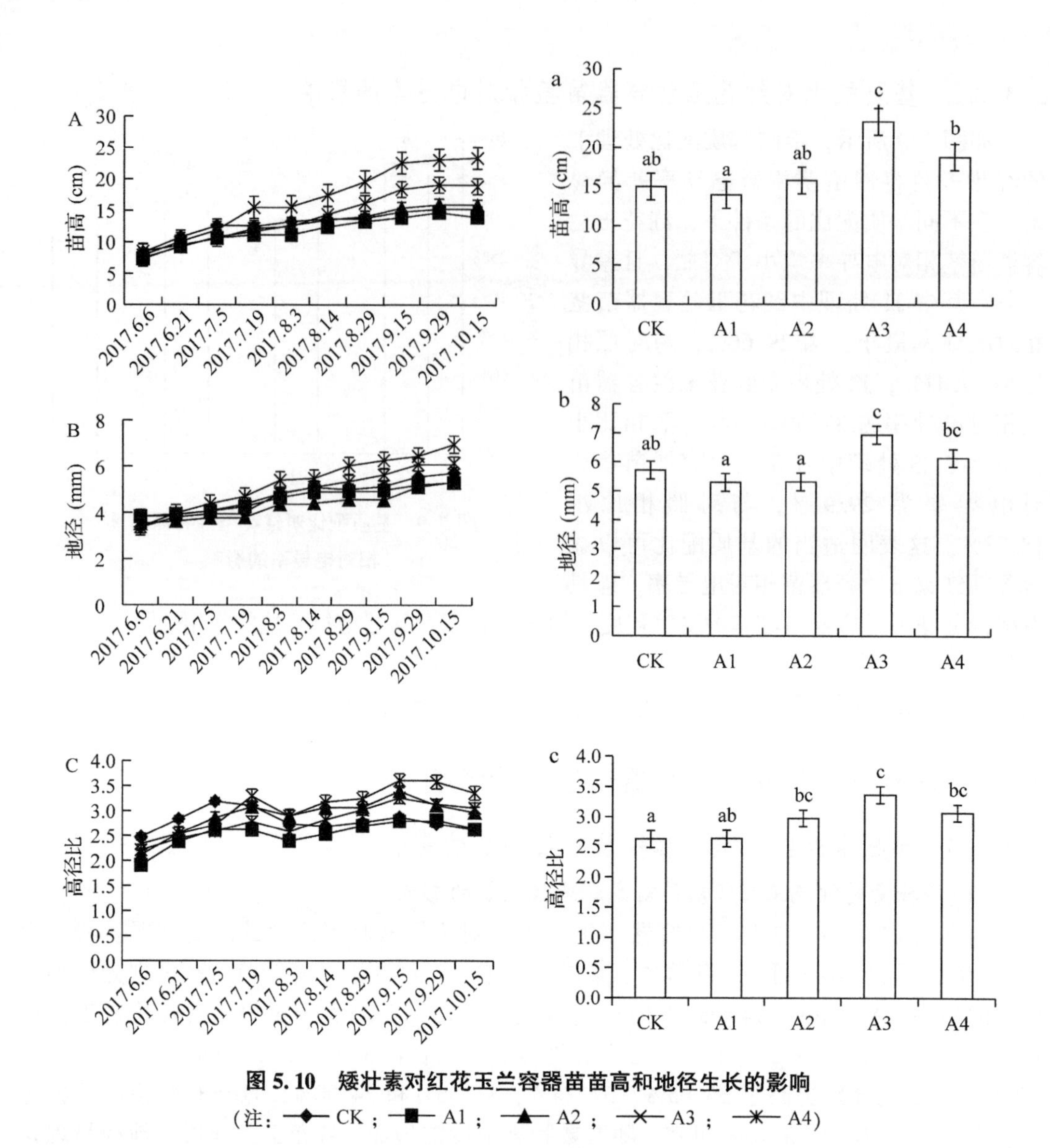

图 5.10 矮壮素对红花玉兰容器苗苗高和地径生长的影响

(注：—◆— CK；—■— A1；—▲— A2；—×— A3；—✳— A4)

3263.00cm，相比 CK、A1、A2 和 A4 处理的根长指标值分别高出 55.90%、163.47%、104.92%和98.95%，且与对照相比差异显著。在红花玉兰容器苗根系总根表面积方面，随着矮壮素浓度的增大，红花玉兰容器苗的总根表面积呈现先上升后下降的趋势，且 A3 处理的情况下总根表面积值达到最大，为 520.57cm，相比 CK、A1、A2 和 A4 处理的根表面积指标值分别高出 177.83%、191.80%、210.65%和 121.56%，且与对照相比差异显著。在红花玉兰容器苗根系总体积方面，随着矮壮素浓度的增大，红花玉兰容器苗的总根体积呈现先上升后下降的趋势，且 A3 处理的情况下总根体积值达到最大，为 6.40cm^3，CK、A1、A2 和 A4 处理的根体积指标值分别高出 69.79%，207.53%、303.29%和 134.00%，且与对照相比差异显著。该结果表明，适当浓度的矮壮素处理会促进红花玉兰容器苗根系生长发育，使根长、根表面积和根体积显著增大。

表5.25　矮壮素对红花玉兰容器苗根系发育的影响

不同处理	总根长(cm)	总根表面积(cm^2)	平均根直径(mm)	总根体积(cm^3)
CK	2092.97±412.66b	187.36±55.65a	0.50±0.05b	3.77±0.93b
A1	1238.47±234.36a	178.40±50.10a	0.46±0.06ab	2.08±0.77ab
A2	1592.36±250.22ab	167.57±56.75a	0.35±0.13a	1.59±1.07a
A3	3263.00±520.84c	520.57±69.64b	0.51±0.03b	6.40±0.38c
A4	1640.13±571.35ab	234.95±85.23a	0.46±0.05ab	2.74±1.14ab

(3)矮壮素对红花玉兰容器苗生物量积累的影响

由表5.26可知，红花玉兰容器苗生物量积累对不同浓度矮壮素的反应情况各异。红花玉兰容器苗单株根、茎、叶和地上总干重随着矮壮素浓度的增加呈现先增加后降低的趋势。不同浓度矮壮素处理中，A3处理的红花玉兰容器苗单株根、茎、叶和地上总干重显著大于其他矮壮素浓度，其中根生物量为3.783g，较CK、A1、A2和A4处理分别提高了117.04%、148.39%、104.82%和158.58%；茎生物量为1.313g，较CK、A1、A2和A4处理分别提高了116.31%、151.05%、89.47%和134.46%；叶生物量为2.013g，较CK、A1和A2处理分别提高了114.15%、176.89%和120.48%；地上总干重生物量为3.327g，较CK、A1和A2处理分别提高了115.06%、166.16%和107.03%。该结果表明，适当的矮壮素浓度对红花玉兰容器苗生物量的积累有促进作用，其中A3处理即矮壮素浓度为1500mg·L^{-1}时对红花玉兰容器苗生物量的积累促进效果最好。

表5.26　矮壮素对红花玉兰容器苗生物量积累的影响

不同处理	根(g)	茎(g)	叶(g)	地上总干重(g)
CK	1.743±0.450a	0.607±0.189a	0.940±0.528a	1.547±0.695a
A1	1.523±0.132a	0.523±0.136a	0.727±0.176a	1.250±0.210a
A2	1.847±0.361a	0.693±0.202a	0.913±0.176a	1.607±0.353a
A3	3.783±1.500b	1.313±0.361b	2.013±0.706b	3.327±0.988b
A4	1.463±0.085a	0.560±0.156a	1.210±0.517ab	1.770±0.666a

(4)矮壮素对红花玉兰容器苗苗木质量指数的影响

由图5.11可知，红花玉兰容器苗苗木质量指数对不同浓度矮壮素的反应情况各异。红花玉兰容器苗苗木质量指数随着矮壮素浓度的增加呈现先增加后降低的趋势。不同浓度矮壮素处理中，A3处理下红花玉兰容器苗苗木质量指数显著大于其他矮壮素浓度，其苗木质量指数为1.910，较CK、A1、A2和A4处理分别提高了78.21%、105.22%、85.26%和104.28%。该结果表明，适当浓度的矮壮素能显著提高红花玉兰容器苗苗木质量指数，A3处理即矮壮素浓度为1500mg·L^{-1}时红花玉兰容

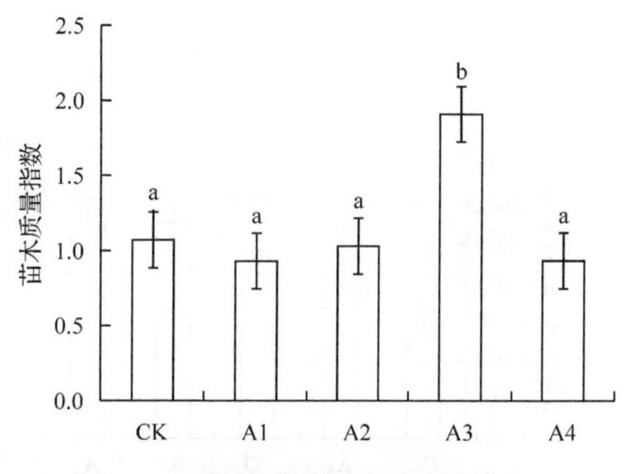

图5.11　矮壮素对红花玉兰容器苗苗木质量指数的影响

器苗苗木质量指数最高。

5.4.1.2 矮壮素对红花玉兰容器苗光合生理特征的影响

(1)矮壮素对红花玉兰容器苗叶片气体交换参数和瞬时光能利用率的影响

不同浓度矮壮素处理下红花玉兰容器苗叶片的气体交换参数和瞬时光能利用率与对照相比呈现出不同的反应(图5.12)。随着矮壮素浓度的增高，红花玉兰容器苗叶片的净光合速率值(图5.12-A)、胞间CO_2浓度值(图5.12-B)、气孔导度值(图5.12-D)、光能利用率值(图5.12-E)和蒸腾速率值(图5.12-F)呈现上升趋势，而气孔限制值(图5.12-C)则呈现下降趋势，净光合速率的变化方向与气孔限制值的变化方向相反而与胞间CO_2浓度的变化方向相同，说明净光合速率的变化主要由气孔导度的变化引起。在净光合速率方面，A3和A4处理表现出较高的净光合速率值，A3处理的净光合速率值为11.082μmol $CO_2 \cdot m^{-2} \cdot s^{-1}$，较CK、A1、A2处理分别高出117.29%、23.90%和27.46%；A4处理的净

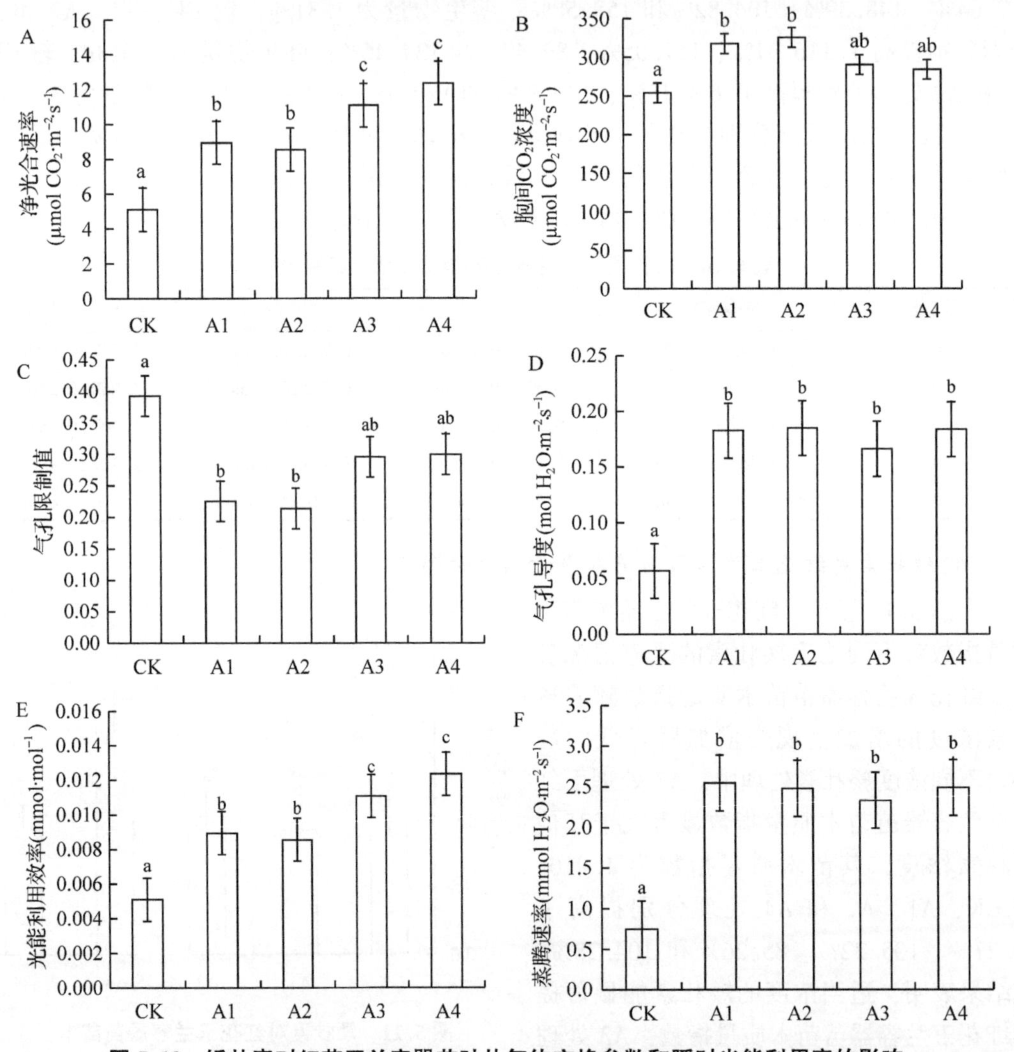

图5.12 矮壮素对红花玉兰容器苗叶片气体交换参数和瞬时光能利用率的影响

光合速率为12.358μmol $CO_2 \cdot m^{-2} \cdot s^{-1}$，较CK、A1、A2处理分别高出142.23%、38.17%和42.14%。在光能利用率方面，A3和A4处理表现出较高的光能利用率，A3处理的光能利用率为0.011，较CK、A1、A2处理分别高出117.26%、23.87%和29.53%；A4处理的光能利用率为0.012，较CK、A1、A2处理分别高出142.45%、38.23%和44.56%。分析表明，施加适当浓度的矮壮素可提高红花玉兰容器苗的净光合速率和光能利用率，其中A3和A4处理下红花玉兰容器苗净光合速率和光能利用率最大。

(2)矮壮素对红花玉兰容器苗叶片叶绿素含量的影响

叶绿素的含量是植物适应和利用环境因子的重要指标。如图5.13所示，不同浓度的矮壮素对红花玉兰容器苗叶片的叶绿素a(图5.13-A)、叶绿素b(图5.13-B)和叶绿素总含量(图5.13-C)均有明显的影响。随着矮壮素浓度的增加，红花玉兰容器苗叶片的叶绿素a和叶绿素总含量均呈现增高趋势，且与对照相比差异显著，在叶绿素b含量方面与对照相比差异不显著。其中在叶绿素a含量方面，A1处理的叶绿素a含量为1.140$mg \cdot g^{-1}$，与对照相比增加了31.44%；A2处理的叶绿素a含量为1.133$mg \cdot g^{-1}$，与对照相比增加了30.61%；A3处理的叶绿素a含量为1.200$mg \cdot g^{-1}$，与对照相比增加了38.36%；A4处理的叶绿素a含量为1.155$mg \cdot g^{-1}$，与对照相比增加了33.11%。在叶绿素总含量方面，A1处理的叶绿素总含量为1.636$mg \cdot g^{-1}$，与对照相比增加了33.69%；A2处理的叶绿素总含量为1.567$mg \cdot g^{-1}$，与对照相比增加了28.09%；A3处理的叶绿素总含量为1.659$mg \cdot g^{-1}$，与对照相比增加了35.61%；A4处理的叶绿素总含量为1.590$mg \cdot g^{-1}$，与对照相比增加了29.91%。这表明，施加矮壮素可以提高红花玉兰容器苗叶片中叶绿素a和叶绿素总含量。

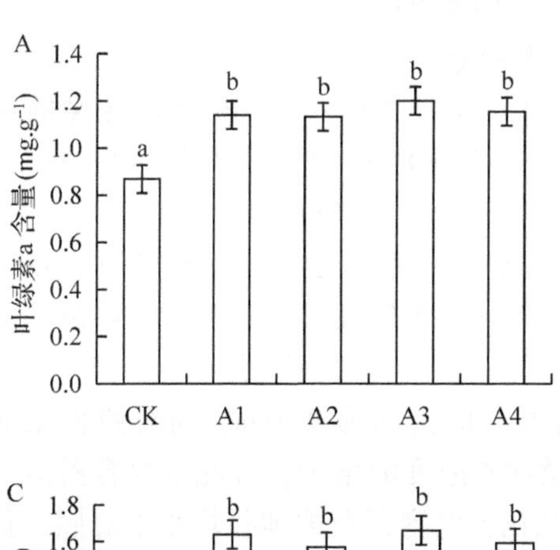

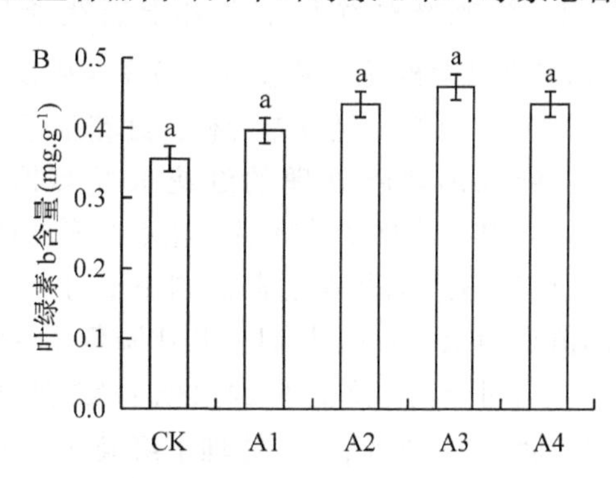

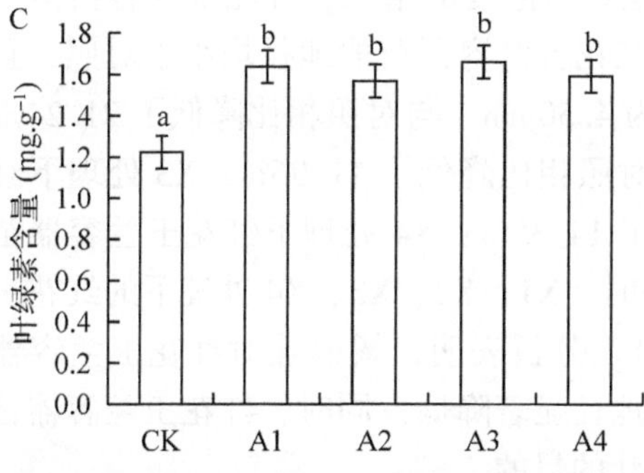

图5.13
矮壮素对红花玉兰容器苗叶片叶绿素含量的影响

(3)矮壮素对红花玉兰容器苗茎相对电导率的影响

如图 5.14 所示，不同浓度矮壮素处理下的红花玉兰容器苗茎相对电导率与对照相比存在明显差异。随着矮壮素浓度的增加，红花玉兰容器苗茎相对电导率均小于对照并呈现先降低后升高的趋势，且与对照相比差异显著。A1、A2 处理中红花玉兰容器苗茎相对电导率最小，其中 A1 处理下红花玉兰容器苗茎相对电导率为 28.46%，与对照相比小 22.69%；A2 处理下红花玉兰容器苗茎相对电导率为 28.76%，与对照相比小 21.85%。分析表明，在矮壮素浓度为 $500mg \cdot L^{-1}$、$1000mg \cdot L^{-1}$ 情况下对相对电导率的减小作用更为明显，之后随着矮壮素浓度的增加，降低效果逐渐减弱。这表明适当浓度的矮壮素可以显著降低红花玉兰容器苗相对电导率，即具有降低红花玉兰容器苗细胞的受害程度，增强红花玉兰容器苗抗寒性的作用。

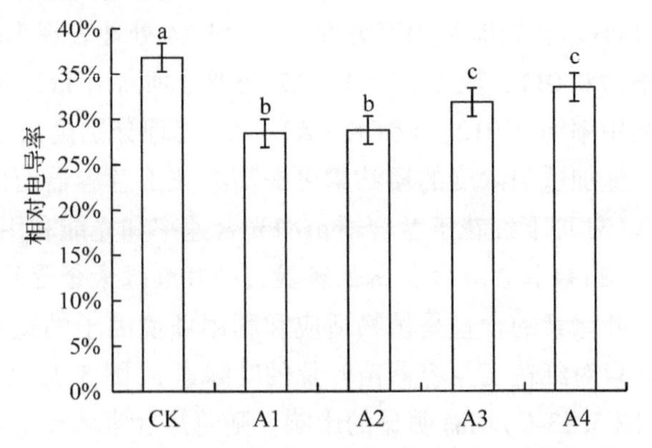

图 5.14 矮壮素对红花玉兰容器苗茎相对电导率的影响

5.4.2 烯效唑对红花玉兰容器苗生长的影响

5.4.2.1 烯效唑对红花玉兰容器苗生长特征的影响

(1)烯效唑对红花玉兰容器苗苗高和地径生长的影响

由图 5.15 可知，经方差分析，红花玉兰容器苗生长指标对不同烯效唑浓度的反应差异显著，施加烯效唑处理的红花玉兰容器苗的苗高地径均小于对照。由图 5.15-A、图 5.15-a 可知，施加烯效唑对红花玉兰容器苗苗高有明显的矮化作用，X1、X2、X3、X4 处理下的红花玉兰容器苗的苗高均小于对照，且差异显著。其中，X1 处理下红花玉兰容器苗的苗高为 10.1cm，与对照相比降低了 32.92%；X2 处理下红花玉兰容器苗的苗高为 11.4cm，与对照相比降低了 24.23%；X3 处理下红花玉兰容器苗的苗高为 10.8cm，与对照相比降低了 27.86%；X4 处理下红花玉兰容器苗的苗高为 9.3cm，与对照相比降低了 38.05%。由图 5.15-B、图 5.15-b 可知，随着矮壮素浓度的增加，红花玉兰容器苗的地径呈现出降低趋势，X1、X2、X3、X4 处理下的红花玉兰容器苗的地径均小于对照，且差异显著。其中 X1 处理下红花玉兰容器苗的地径为 4.50mm，与对照相比降低了 21.24%；X2 处理下红花玉兰容器苗的地径为 5.03mm，与对照相比降低了 11.96%；X3 处理下红花玉兰容器苗的地径为 4.89mm，与对照相比降低了 14.35%；X4 处理下红花玉兰容器苗的地径为 4.74mm，与对照相比降低了 17.06%。同时，X1、X2、X3、X4 处理下的红花玉兰容器苗高径比均有所降低(图 5.15-C、图 5.15-c)。分析表明，烯效唑对红花玉兰容器苗有明显的矮化作用，使红花玉兰容器苗的苗高和地径显著降低，同时，红花玉兰容器苗的高径比显著降低，达到使红花玉兰容器苗矮化粗壮的目的。

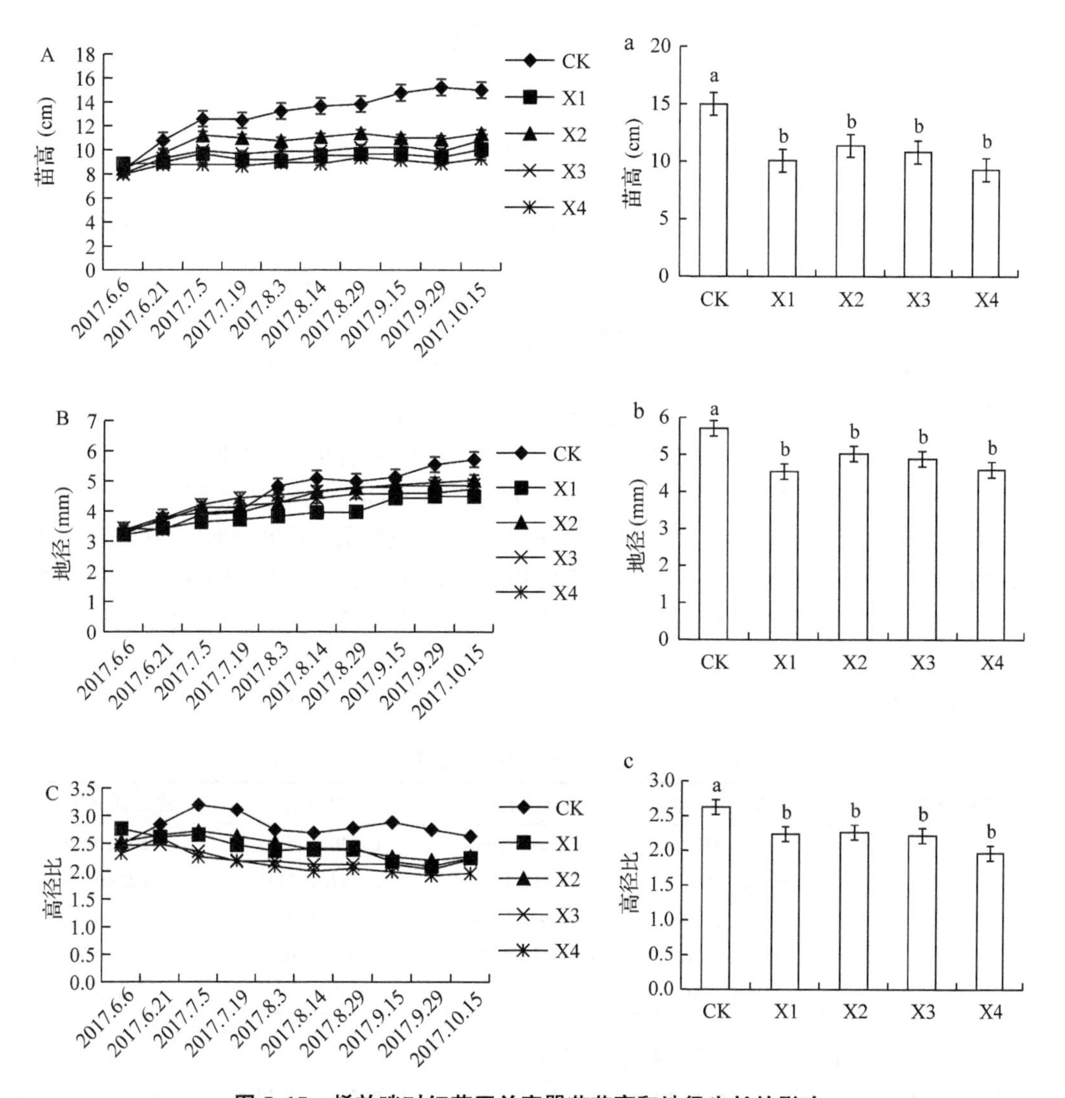

图 5.15　烯效唑对红花玉兰容器苗苗高和地径生长的影响

(2)烯效唑对红花玉兰容器苗根系发育的影响

如表 5.27 所示，不同浓度烯效唑处理红花玉兰容器苗根系发育影响各异。不同浓度烯效唑处理下红花玉兰容器苗总根表面积、平均根直径及总根体积与对照相比差异不显著，在红花玉兰容器苗根系总根长方面，X1、X2、X3 和 X4 处理下的红花玉兰容器苗总根长均小于对照，且与对照相比差异显著。其中 X1 处理下红花玉兰容器苗总根长为 1202. 03cm，与对照相比降低了 42. 56%；X2 处理下红花玉兰容器苗总根长为 1281. 04cm，与对照相比降低了 38. 79%；X3 处理下红花玉兰容器苗总根长为 850. 79cm，与对照相比降低了 59. 35%；X4 处理下红花玉兰容器苗总根长为 1083. 85cm，与对照相比降低了 48. 21%。该结果表明，不同浓度烯效唑处理对红花玉兰容器苗根系总根表面积、平均根直径及总根体积指标值没有显著影响，但会限制其根长的大小，致使根长显著减小。

表 5.27 烯效唑对红花玉兰容器苗根系发育的影响

不同处理	总根长(cm)	总根表面积(cm^2)	平均根直径(mm)	总根体积(cm^3)
CK	2092.97±412.66a	187.36±55.65a	0.50±0.05a	3.77±0.93a
X1	1202.23±747.94b	175.58±113.22a	0.50±0.14a	2.21±1.72a
X2	1281.04±349.23b	197.27±49.52a	0.50±0.05a	2.47±0.60a
X3	850.79±202.31b	162.86±57.71a	0.59±0.14a	2.56±1.25a
X4	1083.85±302.99b	195.31±39.25a	0.62±0.02a	2.96±0.45a

(3)烯效唑对红花玉兰容器苗生物量积累的影响

由表5.28可知，红花玉兰容器苗生物量积累对施加不同浓度烯效唑的反应情况各异。在红花玉兰容器苗根生物量方面，X2、X3、X4处理下红花玉兰根生物量均大于对照，且与对照相比差异显著。其中X2处理下红花玉兰容器苗根生物量为2.920g，与对照相比增加了67.53%；X3处理下红花玉兰容器苗根生物量为3.003g，与对照相比增加了72.29%；X4处理下红花玉兰容器苗根生物量为3.477g，与对照相比增加了99.48%。在红花玉兰茎生物量方面，X3处理下红花玉兰容器苗茎生物量为0.900g，较对照相比提高了48.27%，且差异显著。X1、X2、X3、X4处理下叶生物量和地上总干重均小于对照处理，且差异显著。该数据分析表明，烯效唑处理对红花玉兰根生物量和茎生物量的积累有促进作用，但同时施加烯效唑有一定加速红花玉兰容器苗叶片脱落的作用，导致地上总干重降低。

表 5.28 烯效唑对红花玉兰容器苗生物量积累的影响

不同处理	根(g)	茎(g)	叶(g)	地上总干重(g)
CK	1.743±0.450a	0.607±0.189ab	0.940±0.528a	1.547±0.695a
X1	2.350±0.439ab	0.367±0.011a	0.257±0.211b	0.623±0.206b
X2	2.920±0.851b	0.847±0.225bc	0.037±0.063b	0.883±0.176b
X3	3.003±0.761b	0.900±0.072c	0.000±0.000b	0.900±0.072b
X4	3.477±0.155b	0.593±0.101ab	0.137±0.427b	0.730±0.211b

(4)烯效唑对红花玉兰容器苗苗木质量指数的影响

经单因素方差分析，由图5.16可知，红花玉兰容器苗苗木质量指数对不同浓度矮壮素的反应情况各异。红花玉兰容器苗苗木质量指数随着矮壮素浓度的增加而增加。其中，X4处理的红花玉兰容器苗苗木质量指数显著大于其他配比的基质，其苗木质量指数为1.920，较对照处理增加了79.16%。红花玉兰容器苗苗木质量指数结果表明，施加烯效唑可提高红花玉兰容器苗的苗木质量指数，X4处理较其他处理的苗木质量指数更高。

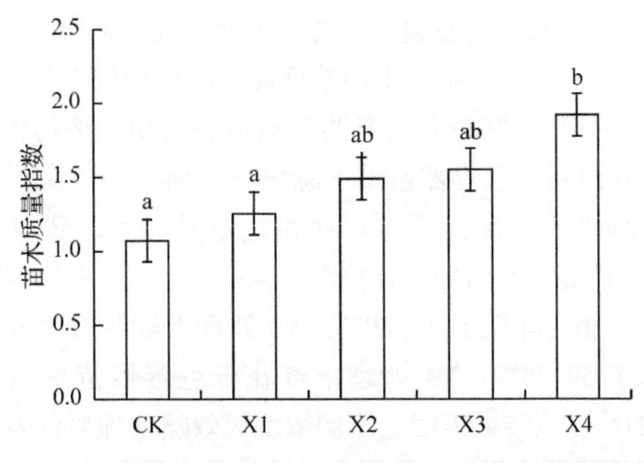

图 5.16 烯效唑对红花玉兰容器苗苗木质量指数的影响

5.4.2.2 烯效唑对红花玉兰容器苗光合生理特征的影响

(1)烯效唑对红花玉兰容器苗叶片气体交换参数和瞬时光能利用率的影响

不同浓度烯效唑处理下红花玉兰容器苗叶片的气体交换参数和瞬时光能利用率与对照相比呈现出不同的反应(图5.17)。随着烯效唑浓度的增高，红花玉兰容器苗叶片的净光合速率值(图5.17-A)、胞间CO_2浓度值(图5.17-B)、气孔导度值(图5.17-D)、光能利用率(图5.17-E)和蒸腾速率值(图5.17-F)呈现上升趋势，而气孔限制值(图5.17-C)则呈现下降趋势，净光合速率的变化方向与气孔限制值的变化方向相反而与胞间CO_2浓度的变化方向相同，表示净光合速率的变化主要是由气孔导度的变化引起的。在净光合速率方面，X2处理相比其他浓度处理表现出较高的净光合速率值，为6.786μmol $CO_2 \cdot m^{-2} \cdot s^{-1}$，与对照相比高出33.05%，且与对照相比差异显著。在光能利用率方面，X2处理表现出较高的光能利用率，为0.007，与对照相比高出33.04%，且与对照相比差异显著。分析表明，施加烯效唑可提高红花玉兰容器苗的净光合速率和光能利用率，在X2处理下，红花玉兰容器苗净光合速率和光能利用率最大，且与对照相比差异显著。

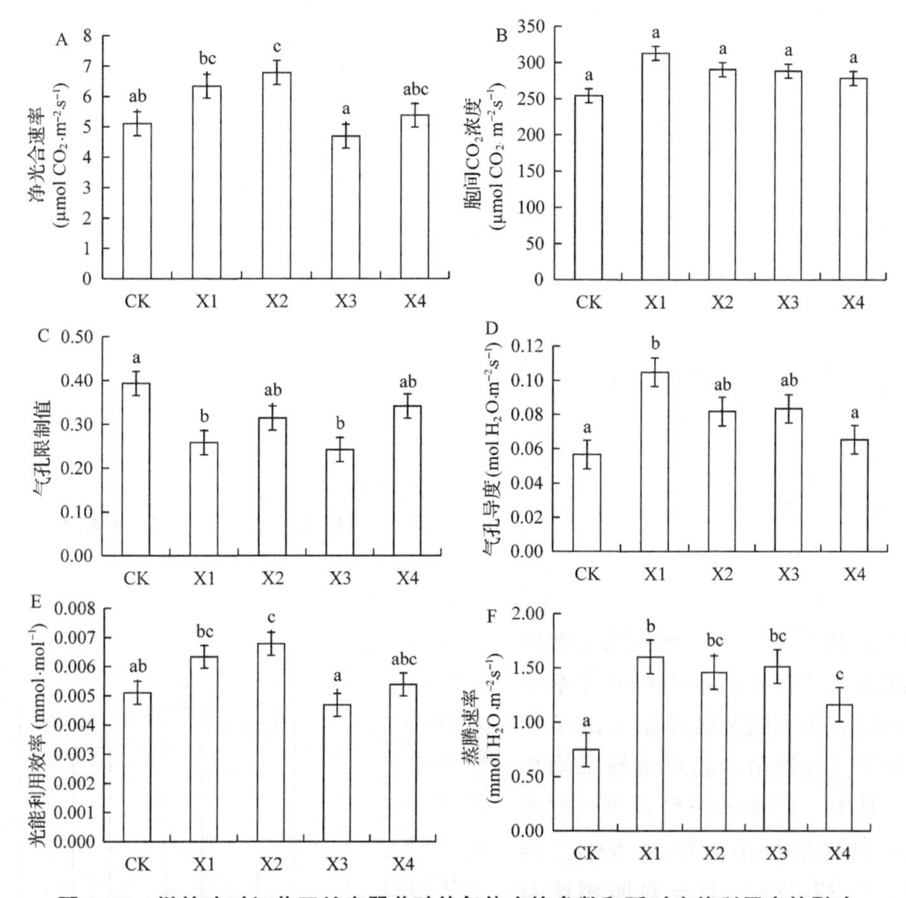

图5.17 烯效唑对红花玉兰容器苗叶片气体交换参数和瞬时光能利用率的影响

(2)烯效唑对红花玉兰容器苗叶片叶绿素含量的影响

如图5.18所示，不同浓度的烯效唑对红花玉兰容器苗叶片的叶绿素a(图5.18-A)、叶绿素b(图5.18-B)和叶绿素总含量(图5.18-C)均有明显的影响。随着烯效唑浓度的增加，红花玉兰容器苗叶片的叶绿素 a、叶绿素 b 和叶绿素总含量均呈现先增高再降低的趋势。X2 处理下红花玉兰容器苗叶片的叶绿素 a 含量较其他处理最高，且与对照处理、X1 处理和 X4 处理相比差异显著，为 1.319mg·g^{-1}，比 CK、X1 和 X4 处理分别增加了 51.98%、84.38%和 61.25%；X2 处理下红花玉兰容器苗叶片的叶绿素 b 含量较其他处理最高，且与其他处理相比差异显著，为 0.560mg·g^{-1}，比 CK、X1、X3 和 X4 处理分别增加了 57.22%、111.04%、61.42%和 91.57%；X2 处理下红花玉兰容器苗叶片的叶绿素总含量较其他处理最高，且与其他处理相比差异显著，为 1.878mg·g^{-1}，比 CK、X1、X3 和 X4 处理分别增加了 7.48%、91.59%、42.82%和 69.44%。这表明适当浓度的烯效唑处理可以提高红花玉兰容器苗叶片中叶绿素 a、叶绿素 b 和叶绿素总含量，且 X2 处理，即烯效唑浓度为 10mg·L^{-1} 情况下红花玉兰容器苗的叶绿素 a、叶绿素 b 和叶绿素总含量最大。

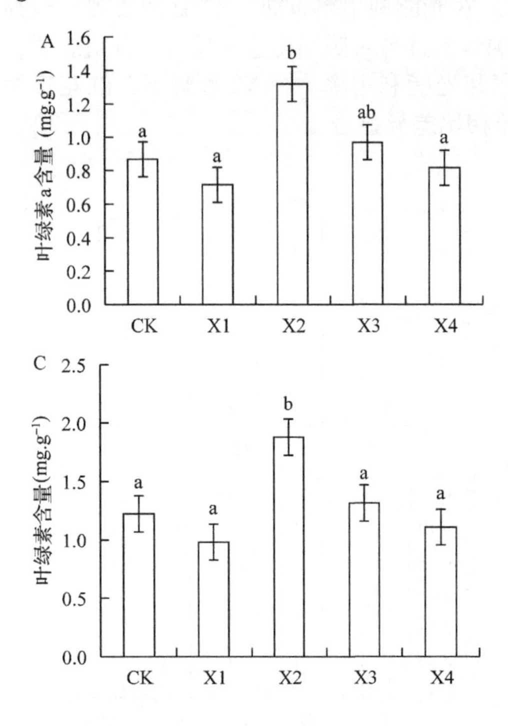

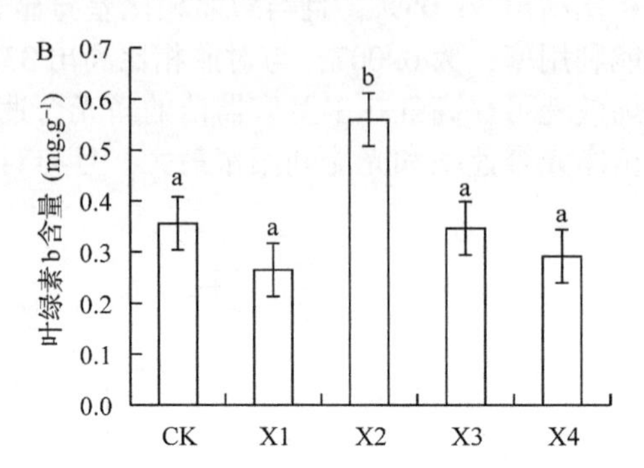

图 5.18

烯效唑对红花玉兰容器苗叶片叶绿素含量的影响

(3)烯效唑对红花玉兰容器苗茎相对电导率的影响

如图 5.19 所示，不同浓度烯效唑处理下的红花玉兰容器苗茎相对电导率差异各有不同。在不同烯效唑浓度的条件下，红花玉兰容器苗茎相对电导率均小于对照，其中，X3 处理下红花玉兰容器苗茎相对电导率最小，为 26.69%，与对照相比小 37.48%，且与对照相比差异显著。这表明适当浓度的烯效唑处理可以降低红花玉兰容器苗相对电导率，即有降低红花玉兰容器苗细胞的受害程

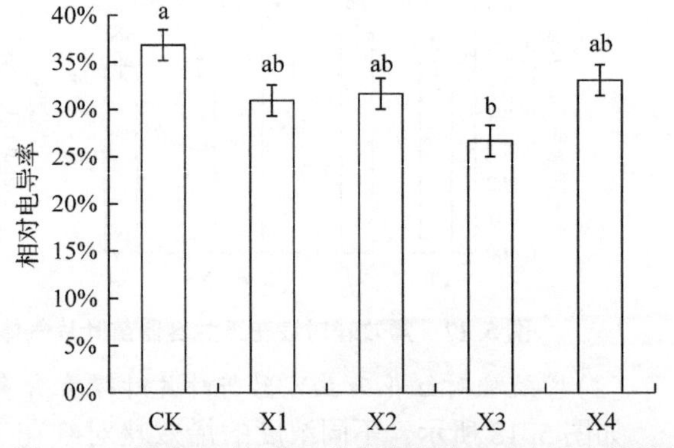

图 5.19 烯效唑对红花玉兰容器苗茎相对电导率的影响

度，增强红花玉兰容器苗抗寒性的作用。

5.4.3 乙烯利对红花玉兰容器苗生长的影响

5.4.3.1 乙烯利对红花玉兰容器苗生长特征的影响

(1)乙烯利对红花玉兰容器苗苗高和地径生长的影响

由图5.20可知，红花玉兰容器苗生长指标对不同乙烯利浓度的反应差异显著，施加乙烯利处理的红花玉兰容器苗的苗高地径均小于对照。由图5.20-A、图5.20-a可知，随着乙烯利浓度的增加，红花玉兰容器苗苗高呈现先降低后增加的趋势，Y1、Y2、Y3、Y4处理下的红花玉兰容器苗的苗高均显著小于对照。当乙烯利浓度为500mg·L^{-1}(Y2)时乙烯利对红花玉兰容器苗的矮化作用最明显，为8.7cm，较对照处理降低了42.35%。由图5.20-B、图5.20-b可知，乙烯利浓度的增加有降低红花玉兰容器苗地径的作用，Y1、Y2、Y3、Y4处理下，红花玉兰容器苗地径均小于对照，且与对照相比差异显著。其中，Y1处理下红花玉兰容器苗地径为4.11mm，较对照处理降低了28.01%；Y2处理下红花玉兰容器苗地径为3.65mm，较对照处理降低了36.02%；Y3处理下红花玉兰容器苗地径为

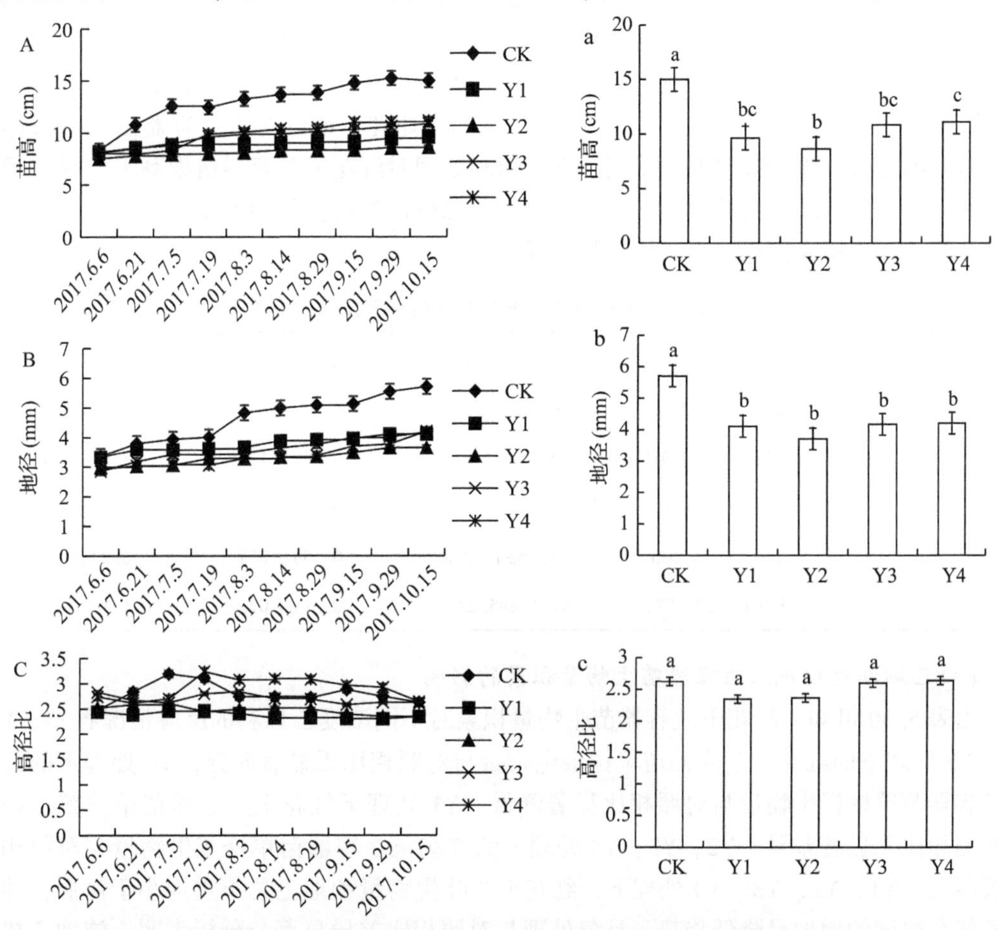

图5.20 乙烯利对红花玉兰容器苗苗高和地径生长的影响

4.18mm，较对照处理降低了26.89%；Y4处理下红花玉兰容器苗地径为4.21mm，较对照处理降低了26.26%。同时，Y1、Y2、Y3、Y4处理下的红花玉兰容器苗高径比与对照相比无显著差异(图5.20-C、图5.20-c)。该分析表明，施加乙烯利在不影响红花玉兰容器苗高径比的前提下对红花玉兰容器苗有明显的矮化作用，以500mg·L^{-1}乙烯利处理对红花玉兰容器苗的矮化作用更为明显。

(2)乙烯利对红花玉兰容器苗根系发育的影响

如表5.29所示，不同浓度乙烯利处理红花玉兰容器苗根系发育影响各异，不同浓度乙烯利处理下红花玉兰容器苗平均根直径与对照相比差异不显著。在红花玉兰容器苗根系总根长方面，Y1、Y2、Y3和Y4处理下的红花玉兰容器苗总根长与对照相比差异显著，且均小于对照，随着乙烯利浓度的增大，Y1、Y2、Y3和Y4处理下的红花玉兰容器苗的总根长呈现下降趋势，且Y1处理即乙烯利浓度为300mg·L^{-1}的情况下总根长值最大，为1240.66cm，相比对照处理的根长指标值降低了40.72%。在红花玉兰容器苗根系总根表面积方面，Y1、Y2、Y3和Y4处理下的红花玉兰容器苗总根表面积与对照相比差异显著，且均小于对照，随着乙烯利浓度的增大，Y1、Y2、Y3和Y4处理下的红花玉兰容器苗的总根表面积呈现下降趋势，且Y1处理即乙烯利浓度为300mg·L^{-1}的情况下总根表面积值较大，为155.51cm^2，且与对照相比差异不显著。在红花玉兰容器苗根系总根体积方面，Y1、Y2、Y3和Y4处理下的红花玉兰容器苗总根表面积与对照相比差异显著，且均小于对照，随着乙烯利浓度的增大，Y1、Y2、Y3和Y4处理下的红花玉兰容器苗的总根体积之间差异不显著。该结果表明，不同浓度乙烯利处理对红花玉兰容器苗根系平均根直径没有显著影响，但会限制其总根长、总根表面积及总根体积指标值的大小，致使红花玉兰容器苗总根长、总根表面积及总根体积显著减小。

表5.29 乙烯利对红花玉兰容器苗根系发育的影响

不同处理	总根长(cm)	总根表面积(cm^2)	平均根直径(mm)	总根体积(cm^3)
CK	2092.97±412.66c	187.36±55.65c	0.50±0.05a	3.77±0.93a
Y1	1240.66±463.91b	155.51±74.81bc	0.43±0.12a	1.63±1.00b
Y2	318.89±184.02a	61.54±42.89ab	0.58±0.12a	0.96±0.80b
Y3	114.93±77.02a	19.76±12.81a	0.55±0.05a	0.27±0.17b
Y4	560.60±299.87a	87.35±45.22ab	0.51±0.04a	1.10±0.56b

(3)乙烯利对红花玉兰容器苗生物量积累的影响

由表5.30可知，红花玉兰容器苗生物量积累对不同浓度乙烯利的反应情况各异。Y1、Y2、Y3处理下的红花玉兰容器苗单株根生物量与对照相比无显著差异，Y4处理下的红花玉兰容器苗单株根生物量与对照相比显著降低。Y1处理下红花玉兰容器苗单株茎生物量与对照相比无显著差异，Y2、Y3、Y4处理下的红花玉兰容器苗单株茎生物量与对照相比显著降低，Y1、Y2、Y3、Y4处理下，红花玉兰叶生物量和地上总干重均小于对照，并随着乙烯利浓度的增加呈降低趋势，且各处理与对照相比差异显著。分析表明，施加乙烯利对红花玉兰容器苗生物量的积累有明显的降低作用。

表5.30 乙烯利对红花玉兰容器苗生物量积累的影响

不同处理	根(g)	茎(g)	叶(g)	地上总干重(g)
CK	1.743±0.450a	0.607±0.189a	0.940±0.528a	1.547±0.695a
Y1	1.197±0.282a	0.437±0.155ab	0.190±0.096b	0..627±0.196b
Y2	1.190±0.229a	0.203±0.005b	0.037±0.021b	0.240±0.017b
Y3	1.417±0.549a	0.267±0.029b	0.000±0.000b	0.267±0.029b
Y4	0.493±0.114b	0.270±0.139b	0.080±0.098b	0.350±0.098b

(4)乙烯利对红花玉兰容器苗苗木质量指数的影响

由图5.21可知，不同浓度乙烯利对红花玉兰容器苗苗木质量指数的影响呈显著差异。不同浓度乙烯利处理的红花玉兰容器苗苗木质量指数均小于对照，且差异显著。分析表明，施加乙烯利后苗木质量下降的原因可能是由于对处于容器苗期的红花玉兰施加乙烯利后，部分容器苗叶片由于乙烯利的作用开始变黄，导致部分苗木叶片过早脱落引起的，具体原因有待进一步研究。

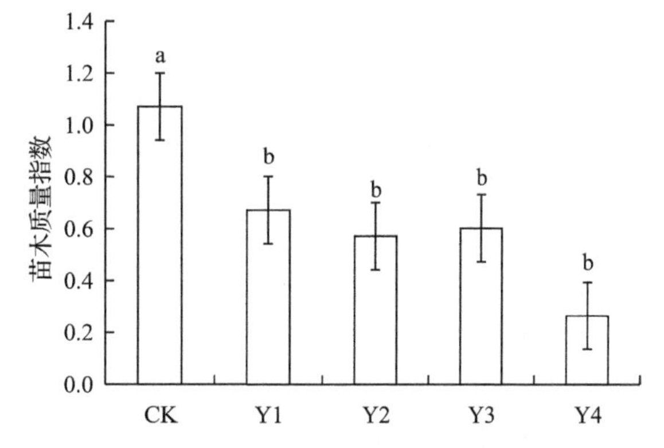

图5.21 乙烯利对红花玉兰容器苗苗木质量指数的影响

5.4.3.2 乙烯利对红花玉兰容器苗光合生理特征的影响

(1)乙烯利对红花玉兰容器苗叶片气体交换参数和瞬时光能利用率的影响

不同浓度乙烯利处理下红花玉兰容器苗叶片的气体交换参数和瞬时光能利用率与对照相比差异不显著(图5.22)。Y1、Y2、Y3处理随着乙烯利浓度的增高，红花玉兰容器苗叶片的净光合速率值(图5.22-A)、气孔限制值(图5.22-C)、气孔导度值(图5.22-D)和光能利用率(图5.22-E)随乙烯利浓度的升高而降低，胞间CO_2浓度值(图5.22-B)和蒸腾速率值(图5.22-F)随乙烯利浓度的升高呈现上升趋势。净光合速率的变化方向与气孔限制值的变化方向相同，而与胞间CO_2浓度的变化方向相反，说明净光合速率的变化是由叶肉细胞的光合活性引起的。分析表明，施加乙烯利对红花玉兰容器苗的光合作用能力没有显著影响，高浓度的乙烯利对红花玉兰容器苗的净光合速率和光能利用率有降低作用。

(2)乙烯利对红花玉兰容器苗叶片叶绿素含量的影响

如图5.23所示，不同浓度的乙烯利对红花玉兰容器苗叶片的叶绿素a(图5.23-A)、叶绿素b(图5.23-B)和叶绿素总含量(图5.23-C)均有明显的影响。随着乙烯利浓度的增加，红花玉兰容器苗叶片的叶绿素a、叶绿素b和叶绿素总含量均随乙烯利浓度的增高而降低，其中，Y1处理下红花玉兰容器苗叶片的叶绿素a、叶绿素b和叶绿素总含量与对照相比无显著差异，Y2、Y3、Y4处理下红花玉兰容器苗叶片的叶绿素a和叶绿素总含量与对照相比有所降低，且与对照相比差异显著。分析表明，乙烯利处理下红花玉兰容器苗叶片的叶绿素a、叶绿素b和叶绿素总含量降低可能是由于施加乙烯利后部分红花玉兰容器苗叶片开始变黄引起的，乙烯利具有明显降低红花玉兰容器苗叶绿素含量的作用。

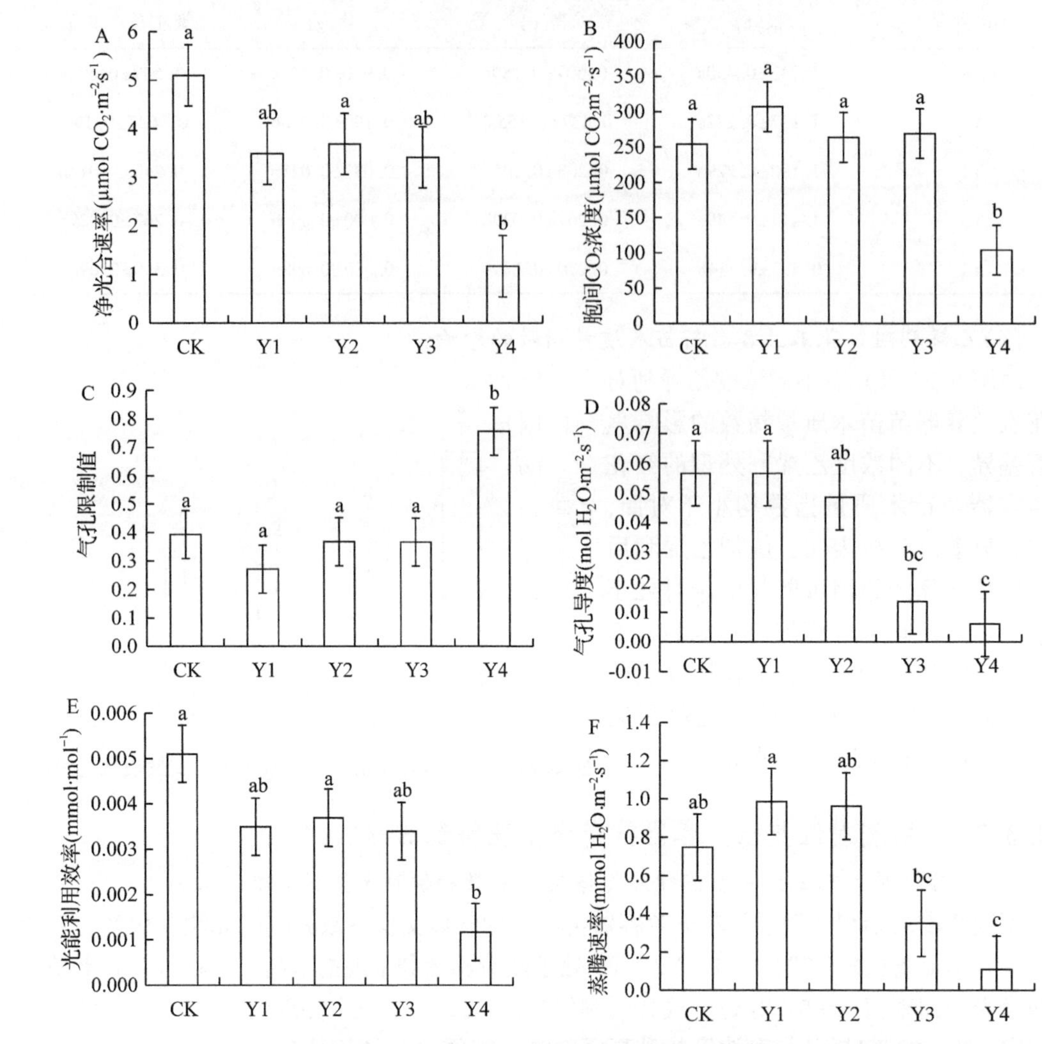

图 5.22　乙烯利对红花玉兰容器苗叶片气体交换参数和瞬时光能利用率的影响

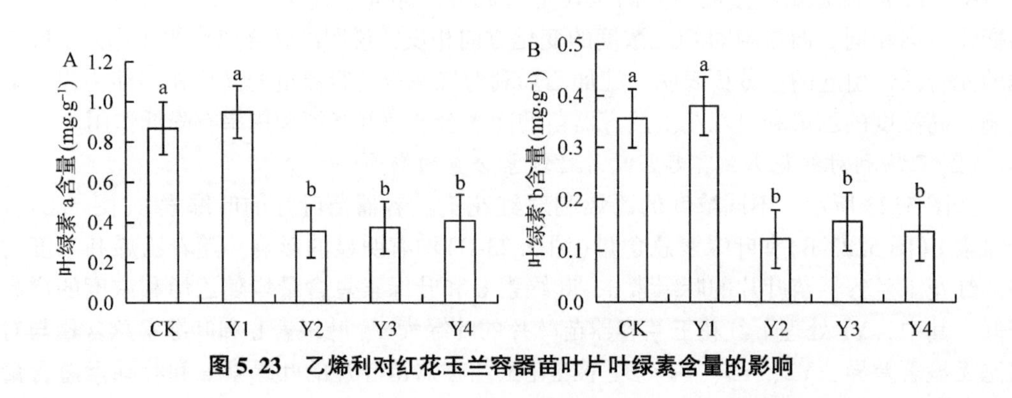

图 5.23　乙烯利对红花玉兰容器苗叶片叶绿素含量的影响

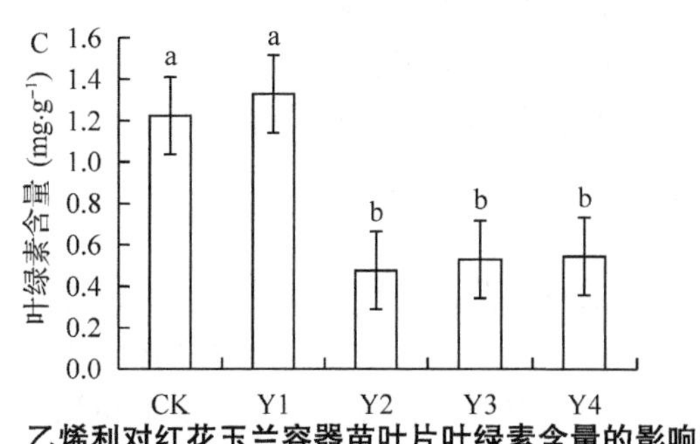

图 5.23 乙烯利对红花玉兰容器苗叶片叶绿素含量的影响(续)

(3) 乙烯利对红花玉兰容器苗茎相对电导率的影响

如图 5.24 所示，不同浓度乙烯利处理下的红花玉兰容器苗茎相对电导率差异显著。在不同浓度乙烯利处理的条件下，红花玉兰容器苗茎相对电导率均小于对照，Y2 处理下红花玉兰容器苗茎相对电导率最小，为 27.49%，与对照相比小 25.32%，且差异显著。这表明适当浓度的乙烯利处理可以降低红花玉兰容器苗相对电导率，即具有降低红花玉兰容器苗细胞的受害程度，增强红花玉兰容器苗抗寒性的作用。

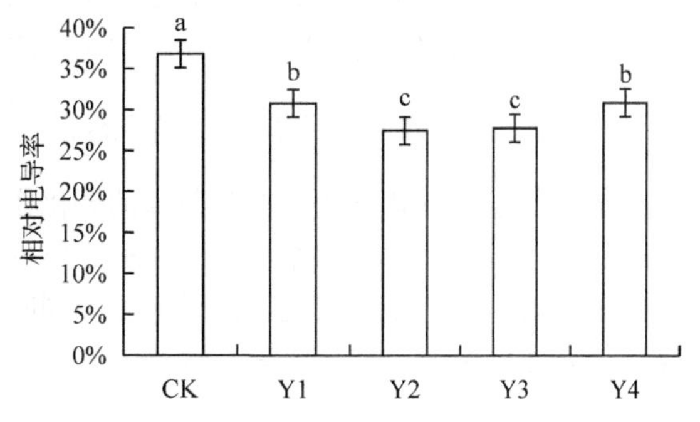

图 5.24 乙烯利对红花玉兰容器苗茎相对电导率的影响

5.5 小结

5.5.1 容器规格对红花玉兰容器苗生长的影响

从本研究可看出，随着苗木的生长，4 个不同容器规格处理下的苗木苗高、地径、地上和地下生物量均差异显著，说明容器规格对于苗木的生长有显著影响，与刘现刚(2011)对栓皮栎容器规格的研究结果一致。

利用主成分分析和回归分析来描述容器的因素(口径、高和容积)对于苗高的影响，通过回归方程可以看出，口径、高与苗高存在线性回归关系，均呈正相关，并且口径的影响高于容器高。

根据统计分析结果，可推断在口径的影响高于容器高的前提下，口径的影响随着苗木的增长减弱，苗高的影响随着苗木的增长增强，以上推断还需通过多因素多元统计回归进行分析验证。

不同容器规格下的苗木地径受容器口径和容积的影响，口径是影响地径的主要因素，容器高基本对于地径没有影响。口径影响苗木整个生长过程，容积对苗木后期生长有影响；口径越大，差异出现越早。

苗高、地径和生物量受容器口径和容积的影响，且为正相关关系，其中口径为主要影

响因素，苗高、地径和生物量不受容器高影响。容器高、口径、容积三因素均影响高径比和根冠，容器高为主要影响因子，且为正相关，口径和容积为负相关。苗木地上、地下营养含量与容器口径、容器高和容器容积均无相关性。

5.5.2　基质配比对红花玉兰容器苗生长的影响

基质配比能促进红花玉兰容器苗苗高和地径的增长。在各配比基质中，J2 处理下即草炭和沙土的比例为 50%：50% 时，红花玉兰容器苗苗高和地径生长量最大，根系生长发育和生物量积累促进效果最好，且表现出较高的净光合速率和光能利用率。同时，适当基质配比对红花玉兰容器苗叶片中叶绿素 a、叶绿素 b 和叶绿素总含量也有显著提高。基质配比可以显著降低红花玉兰容器苗相对电导率。在今后的红花玉兰容器苗培育过程中，推荐选用草炭和沙土的比例为 50%：50% 的配比基质。

5.5.3　生长调节剂对红花玉兰容器苗生长的影响

施加矮壮素对红花玉兰容器苗苗高的矮化作用不太明显，但对地径的生长起到显著的促进作用。A3 处理(矮壮素浓度 1500mg·L^{-1})红花玉兰容器苗的苗高和地径生长量最大，根系生长发育和生物量积累促进效果最好，同时提高红花玉兰容器苗净光合速率和光能利用率及叶片中叶绿素 a 和叶绿素总含量。施加矮壮素可以显著降低红花玉兰容器苗相对电导率。

施加烯效唑处理的红花玉兰容器苗的苗高、地径均小于对照，表明烯效唑对红花玉兰容器苗有明显的矮化作用，但矮化的同时红花玉兰容器苗的地径及高径比也有所降低。X4 处理(烯效唑浓度 300mg·L^{-1})对红花玉兰容器苗苗高的矮化作用更为显著。不同浓度烯效唑处理对红花玉兰容器苗根系总根表面积、平均根直径及总根体积指标值没有显著影响，但会限制其根长的大小。烯效唑处理对红花玉兰根生物量和茎生物量的积累有促进作用，提高红花玉兰容器苗的净光合速率和光能利用率及叶片中叶绿素 a、叶绿素 b 和叶绿素总含量。适当浓度的烯效唑处理可以降低红花玉兰容器苗相对电导率。

施加乙烯利处理的红花玉兰容器苗的苗高均显著小于对照。Y2 处理(乙烯利浓度 500mg·L^{-1})下乙烯利对红花玉兰容器苗的矮化作用最明显，且高径比与对照相比无显著差异。不同浓度乙烯利处理对红花玉兰容器苗根系平均根直径没有显著影响，但会限制其总根长、总根表面积及总根体积指标值的大小，红花玉兰容器苗生物量的积累明显降低。施加乙烯利对红花玉兰容器苗的光合作用能力没有显著影响，但乙烯利处理下红花玉兰容器苗叶片的叶绿素 a、叶绿素 b 和叶绿素总含量有所降低。乙烯利处理可以降低红花玉兰容器苗相对电导率。

在本试验研究期间发现，施加乙烯利可能会对红花玉兰容器苗造成一定伤害，以红花玉兰容器苗叶片表现出的伤害症状最为明显，伤害越严重叶片越容易脱落，这可能与乙烯利施加的时间及红花玉兰容器苗生长状态有关。我们研究的时间仅有一年，在红花玉兰容器苗对乙烯利伤害敏感性方面有待进一步探究。

第6章 红花玉兰苗木施肥技术

苗木施肥是在植物营养平衡的基础上，以促进苗木生长的基础技术措施之一。其目的是通过一些科学措施提高土壤肥力，并且在保证苗木正常生长的基础上，稳步提高苗木产量和质量(周林，2008；左海军，2010)。建立科学、规范、合理的施肥制度对优质苗木培育体系的形成具有指导意义。本章节探究了施肥量、氮磷钾配比和施肥次数对红花玉兰苗木生长和生理的影响，为红花玉兰的苗期施肥提供科学依据和实践指导。

6.1 研究方法

6.1.1 红花玉兰指数施肥研究

6.1.1.1 试验材料

红花玉兰指数施肥研究采用的是播种育苗，种子来自湖北省五峰土家族自治县。

2013 年 10 月中旬于湖北五峰县采集红花玉兰混系种子，进行低温沙藏，2014 年 3 月运回北京进行播种。

所用的肥料为普罗丹大量元素水溶性复合肥料(N：P：K=20：20：20)，该肥料由加拿大 Plant Products 公司生产，水溶性高，比例精确，可完全被植物吸收，全年均可施用。其中可溶性总氮含量、可利用的磷和可溶性钾的含量均为 20%。

6.1.1.2 试验设计

利用指数施肥方法筛选出红花玉兰最佳施氮量，试验采用单因素完全随机区组设计，共设计 5 种施氮量，具体的总施氮量为 50、100、200、300、400，单位为 mg。同时设计 3 个区组，每个小区设计 24 株苗木，具体的试验设计图见图 6.1。

区组1	处理Ⅰ	处理Ⅱ	处理Ⅲ	处理Ⅳ	处理Ⅴ	CK
区组2	处理Ⅱ	处理Ⅳ	处理Ⅴ	处理Ⅰ	CK	处理Ⅲ
区组3	CK	处理Ⅳ	处理Ⅲ	处理Ⅱ	处理Ⅰ	处理Ⅴ

图 6.1 红花玉兰指数施肥试验设计

具体施氮量是根据指数施肥公式来计算，其方程式为：

$$N_T = N_S(e^{rT} - 1) \tag{6-1}$$

式中，N_T 为总施氮量，N_S 为施肥前苗木体内含氮量，T 为施肥总次数，r 为营养物相对添加率 。

$$N_t = N_S(e^{rT} - 1) - N_{t-1} \tag{6-2}$$

式中，N_t 为第 t 次施氮量，t 为施肥次数，N_{t-1} 为第 $t-1$ 次施氮量，N_S 与 r 同式(6-1)(杨腾，2014；王冉；2011)。

施肥前取红花玉兰 5 株，清洗干净，杀青烘干，粉碎过筛，消煮后测定苗木体内含氮量，确定 N_S。本试验设置施氮总次数 T 为 7 次，施肥间隔期为 14d，根据指数施肥公式计算出每次施氮量 N_t。同时，根据普罗丹大量元素水溶性肥料(N∶P∶K=20∶20∶20)中氮素含量，计算每次施肥量(杨腾，2014；王冉，2011)。红花玉兰的具体施肥方案见表 6. 1。

表 6. 1 红花玉兰指数施肥方案

处理	施肥次数						
	1	2	3	4	5	6	7
CK(0)	0	0	0	0	0	0	0
Ⅰ(50mg)	10. 76	14. 97	20. 83	28. 98	40. 32	56. 09	78. 03
Ⅱ(100mg)	14. 44	22. 02	33. 58	51. 21	78. 09	119. 07	181. 57
Ⅲ(200mg)	18. 64	31. 26	52. 43	87. 93	147. 48	247. 36	414. 89
Ⅳ(300mg)	21. 33	37. 85	67. 19	119. 26	211. 68	375. 74	666. 93
Ⅴ(400mg)	23. 34	43. 14	79. 74	147. 38	272. 39	503. 46	930. 53

注：施肥量单位为 mg·株$^{-1}$。

6. 1. 1. 3 测定指标

(1)苗高、地径的测量

考虑到试验的可操作性和数据测量的便利性，红花玉兰基质、容器规格筛选和指数施肥研究，均从 7 月初开始每月从每小区随机抽取 6 株苗木测量苗高、地径，直到 11 月结束。苗高用卷尺测量，精确到 0. 01cm，地径用游标卡尺测量，精确到 0. 01mm。根据苗高、地径数据计算高径比。

(2)地上地下生物量的测量

11 月进行破坏性试验，每个试验每小区随机抽取 6 株苗木，洗净，从根茎分界处剪开，分别装入信封，放入 105℃烘箱中杀青半小时，然后放入 80℃烘箱中烘至恒重后，取出，地上和地下部分分别称重，精确到 0. 001g，计算地上地下生物量和茎根比。

(3)叶绿素的测量

11 月，植物落叶前，红花玉兰指数施肥试验中，每小区随机抽取 3 株苗木，每株分上中下三层剪下叶子，并混合均匀。将混合的叶子擦拭干净，并剪成 2mm 见方碎叶。称取碎叶 0. 200g 至 50mL 容量瓶中，加入丙酮乙醇混合液(体积比为 1∶1)定容至刻线，盖上瓶塞摇匀，避光静置到叶片完全变白。取浸提液于波长 663nm、645nm 和 470nm 下用分光光度计测量吸光值，并根据以下公式计算叶绿素a含量、叶绿素b含量和叶绿素总含量(张宪政，1986；杨腾，2014)。

$$叶绿素a含量\ C_a(mg\cdot g^{-1}) = (12.72A_{663} - 2.59A_{645}) \times V/(1000 \times W) \quad (6\text{-}3)$$

$$叶绿素b含量\ C_b(mg\cdot g^{-1}) = (22.88A_{645} - 4.67A_{663}) \times V/(1000 \times W) \quad (6\text{-}4)$$

$$叶绿素总含量\ C_T(mg\cdot g^{-1}) = C_a + C_b \quad (6\text{-}5)$$

式中，A_{663}、A_{645}、A_{470} 分别为相应波长下的吸收度，V 为浸提液的体积，W 为叶片鲜重。

(4)植物营养元素的测量

每个试验每个小区随机取苗6株，洗净，将根茎分开，杀青，烘干，粉碎，过筛。称取干样品0.200g，用浓 $H_2SO_4-H_2O_2$ 消煮法消煮至澄清，过滤定容至100mL。用德国SEAL的AA3连续流动分析仪测定植物地上和地下部分全氮、全磷，用原子吸收仪测定全钾，然后根据公式分别计算植物地上地下全氮、全磷和全钾含量。

6.1.2 不同氮磷钾配比和施肥次数对红花玉兰生长的影响

6.1.2.1 试验材料

供试苗木为2015年5月播种的当年生红花玉兰幼苗，苗木规格基本一致，平均苗高7.6cm，平均地径2.64mm，由湖北五峰博翎红花玉兰科技发展有限公司提供。试验所用基质为林场所在地褐土，pH值为7.86，供氮能力中等($0.37g\cdot kg^{-1}$)，磷的有效形态低($0.47g\cdot kg^{-1}$)，钾的含量比较丰富($4.08g\cdot kg^{-1}$)。试验所用容器为中央内径21cm、高度24cm的塑料花盆。

试验于北京市鹫峰北京林业大学森林培育试验站温室进行。试验站地理坐标为40°03′54″N，116°05′45″E，该地区属于温带湿润季风气候区，冬季寒冷干燥，夏季高温多雨。年均气温12.5℃，年积温为4200℃左右，年日照数2662h。年平均降水量628.9mm，6~8月的降水量为465.1mm，占全年降水的70%；12月至翌年2月降水量仅占全年降水量的1%。温室内设备齐全，能够提供充足的光照，灌溉浇水设施便捷。

6.1.2.2 试验设计

(1)不同氮磷钾配比对红花玉兰幼苗生长的影响

针对红花玉兰幼苗生长期间对所需营养的实际需求，并考虑土壤养分供给量，研究不同肥料组合对红花玉兰幼苗的影响。采取盆栽试验和物理、化学分析的方法，通过对苗高、地径、生物量、氮磷钾含量、叶绿素含量等的分析，结合土壤理化性质的改变情况，找出最佳肥料配比，确定最佳施肥量，得到红花玉兰专用肥。

试验采用3因素、3水平L9(34)正交试验设计。氮肥设3个水平：$160mg\cdot 株^{-1}$(A1)、$320mg\cdot 株^{-1}$(A2)、$480mg\cdot 株^{-1}$(A3)；磷肥设3个水平：$80mg\cdot 株^{-1}$(B1)、$160mg\cdot 株^{-1}$(B2)、$320mg\cdot 株^{-1}$(B3)；钾肥设3个水平：$80mg\cdot 株^{-1}$(C1)、$160mg\cdot 株^{-1}$(C2)、$320mg\cdot 株^{-1}$(C3)。以不施肥作为对照CK，共10个处理。每个处理15盆。施用的药剂为：$CO(NH_4)_2$、$NH_4H_2PO_4$、KH_2PO_4、KCl，施肥时将配好的肥料溶解于水中，用50mL注射器直接注入花盆中。最终的施肥方案详见表6.2。

表 6.2 施肥方案

处理	N($mg\cdot株^{-1}$)	P($mg\cdot株^{-1}$)	K($mg\cdot株^{-1}$)
A1B1C1	160	80	80
A1B2C2	160	160	160
A1B3C3	160	320	320
A2B1C2	320	80	160
A2B2C3	320	160	320
A2B3C1	320	320	80
A3B1C3	480	80	320
A3B2C1	480	160	80
A3B3C2	480	320	160
CK	0	0	0

(2)不同施肥次数对红花玉兰幼苗生长的影响

在施肥总量不变的情况下，不同的施肥次数可能会影响肥料的吸收利用效率。试验中，以氮磷钾不同配比的试验设计为基准，9个不同的施肥处理下又分别设计3个不同的施肥次数(4次、6次、8次)，即加上对照总共形成27个施肥处理，每个处理15株，共420株苗木。每次施肥时按照总量除以次数所得平均施入，施入时间为6月初至9月底，4次施肥每隔30天施一次，6次施肥每隔20天施一次，8次施肥每隔15天施一次。最后对苗木生长结果(苗高、地径、生物量、氮磷钾含量、叶绿素含量等)和土壤性质进行比对，分析得到使苗木生长效果最佳的施肥次数。

6.1.2.3 测定指标

(1)幼苗苗高、地径的测定

由于幼苗于当年5月种植，考虑到苗木生长周期，苗高(H)、地径(D)的测量于6月、7月、8月、9月、10月这5个月的6日进行测量，以保证测量周期的一致。苗高采用钢卷尺进行测量，精确到0.01cm；地径采用电子游标卡尺进行测量，精确到0.01mm。

(2)叶绿素含量的测定

6月、7月、8月、9月每月6日每个处理采集2~3片新鲜叶片冷藏保鲜带回试验室。将新鲜的叶片剪成2mm见方小块并混合均匀，准确称取0.200g至25mL具塞刻度试管中，加入80%丙酮定容至刻度，盖上瓶盖，上下颠倒摇动数次，将粘附在试管边缘的叶片一并洗入丙酮溶液中，常温下静置，用锡箔纸包覆保证不透光，待叶片全部变白后，将浸提液过滤，分别在波长663mm、645mm和470mm处测定吸光值，并计算叶绿素a、叶绿素b、叶绿素总量。

$$叶绿素\ a：C_a(mg\cdot g^{-1}) = (12.72A_{663} - 2.59A_{645}) \times V/(1000 \times W) \tag{6-6}$$

$$叶绿素\ b：C_b(mg\cdot g^{-1}) = (22.88A_{645} - 4.67A_{663}) \times V/(1000 \times W) \tag{6-7}$$

$$叶绿素总量：C_T(mg\cdot g^{-1}) = C_a + C_b \tag{6-8}$$

(3)生物量的测定

11月中旬，每个处理分别取5株植株，将获取的植株洗净，将根、茎、叶不同部位的样品在105℃下杀青30min，80℃烘干至恒重后用天平测其干重(精确到0.001g)。

(4)植株氮、磷、钾的测定

将烘干植株不同部位的样品粉碎，过60目筛(<0.25mm)备用。准确称取干样品0.200g，用浓硫酸-过氧化氢消煮法进行消煮后，用AA3连续流动分析仪测定全氮、全磷，用火焰光度计法测定全钾。各处理样品均重复测量3次后取平均值。

(5)土壤氮、磷、钾的测定

每个处理取部分土壤，晾干，过60目筛(<0.25mm)备用。准确称取干样品0.200g，用浓硫酸-过氧化氢消煮法进行消煮后，用AA3连续流动分析仪测定全氮、全磷，用火焰光度计法测定全钾。各处理样品均重复测量3次后取平均值。

(6)土壤pH的测定

采用电位法测定土壤pH，每个处理取过2mm孔径筛的3份土样，用酸度计进行测定(精确到0.01pH单位)。

(7)养分参数的计算

$$\text{转运效率} = \frac{\text{施肥后养分积累量} - \text{施肥前养分积累量}}{\text{施肥前养分积累量}} \times 100\% \tag{6-9}$$

$$\text{养分利用率} = \frac{\text{施肥处理植株养分吸收量} - \text{对照植株养分吸收量}}{\text{对照植株养分吸收量}} \times 100\% \tag{6-10}$$

6.2 红花玉兰指数施肥研究

6.2.1 指数施肥不同施氮水平下红花玉兰苗木指标的差异性分析

6.2.1.1 指数施肥不同施氮水平下红花玉兰苗高的差异性分析

通过SPSS软件对于指数施肥不同施氮量下红花玉兰苗木苗高进行数据分析，并做了LSD比较，结果见表6.3。

表6.3 不同施氮水平红花玉兰苗高的动态变化

处理	7月	8月	9月	10月	11月
CK	12.14±0.69b	17.62±2.10ab	18.32±2.30b	18.64±2.49b	19.56±2.35b
Ⅰ	13.08±1.19a	18.05±2.61b	19.31±2.94b	20.27±3.53b	20.66±3.05b
Ⅱ	11.75±0.98b	17.55±2.23b	19.74±3.12b	20.41±4.93b	21.22±3.41b
Ⅲ	13.11±0.88a	18.19±2.55b	19.36±3.17b	20.61±3.46b	21.27±3.60b
Ⅳ	13.51±1.11a	20.24±1.84a	22.69±2.66a	24.49±3.19a	24.55±2.95a
Ⅴ	12.94±1.10a	19.01±2.37ab	22.11±2.96a	24.41±3.71a	24.43±3.51a

注：苗高单位为cm。

通过表6.3不同施氮水平红花玉兰苗高的动态变化得出，7月处理Ⅰ(13.08cm)、处理Ⅲ(13.11cm)、处理Ⅳ(13.51cm)、处理Ⅴ(12.94cm)之间的苗木苗高没有显著的差异，处理CK(17.62cm)、处理Ⅱ(17.55cm)苗木苗高差异不显著，但是两组之间差异显著。8月处理Ⅰ(19.31cm)、处理Ⅱ(19.74cm)、处理Ⅲ(19.36)苗高差异不显著，与处理Ⅳ(20.24cm)差异显著。9月为CK(18.32cm)、处理Ⅰ(19.31cm)、处理Ⅱ(19.74cm)、处理Ⅲ(19.36cm)差异不显著，处理Ⅳ(22.69cm)、处理Ⅴ(22.11cm)差异不显著，两组之间差异显著。10月和11月延续9月各处理间的差异，并且大小顺序均为处理Ⅳ>处理Ⅴ>处理Ⅲ>处理Ⅱ>处理Ⅰ>CK。

结合图6.2不同施氮量下红花玉兰苗木苗高动态变化，6个施氮处理下苗木苗高基本成指数型增长，符合苗木生长的一般规律，其中7月到8月的增长最大，随后月增长量随着月份的增加，月增长量成逐渐减小的趋势。另外还可以看到，从7月到11月，处理Ⅳ的苗高均高于其他处理，处理Ⅴ与其最接近，处理Ⅰ、处理Ⅱ和处理Ⅲ苗木高度较为接近，CK较其他处理苗木高度最低。

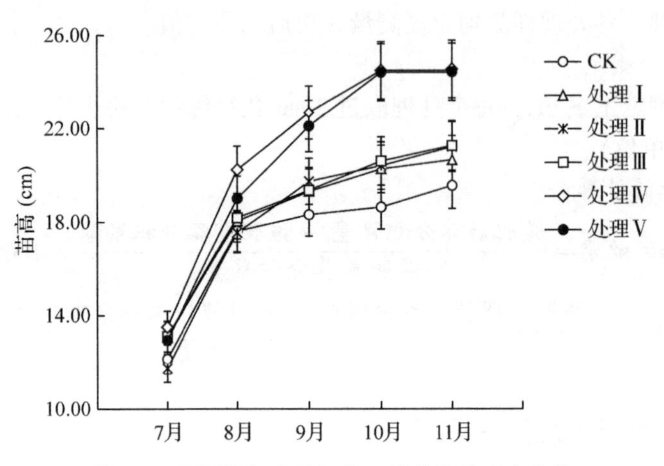

图6.2 不同施氮水平红花玉兰苗高的动态变化

6.2.1.2 指数施肥不同施氮水平下红花玉兰地径的差异性分析

通过SPSS软件对于指数施肥不同施氮量下红花玉兰苗木地径进行数据分析，并做了LSD比较，结果见表6.4。

表6.4 不同施氮量下红花玉兰地径动态变化

处理	7月	8月	9月	10月	11月
CK	3.05±0.35b	4.64±0.46b	5.79±0.62d	6.08±0.66e	6.09±0.67d
Ⅰ	3.26±0.31ab	4.82±0.29ab	6.31±0.38cd	6.83±0.64d	6.91±0.69c
Ⅱ	3.11±0.42b	4.86±0.62ab	6.04±0.52c	6.90±0.70cd	7.10±0.79bc
Ⅲ	3.45±0.35a	4.88±0.38ab	6.42±0.52bc	7.33±0.62c	7.50±0.78b
Ⅳ	3.42±0.48a	5.09±0.35a	6.74±0.56ab	7.96±0.60b	8.26±0.75a
Ⅴ	3.28±0.37ab	5.15±0.50a	6.91±0.67a	8.44±0.83a	8.69±0.81a

注：地径单位为mm。

通过表6.4不同施氮量下红花玉兰地径动态变化可以看出，7月，根据差异性，将处理分为两组，组内差异不显著，组内差异显著，一组为处理Ⅲ（3.45mm）、处理Ⅳ（3.42mm），另一组为CK、处理Ⅱ，其大小顺序为处理 Ⅲ（3.45mm）>处理Ⅳ（3.42mm）>处理Ⅴ（3.28mm）>处理Ⅰ（3.26mm）>处理Ⅱ（3.11mm）>CK（3.05mm）。8月，根据差异性还可将处理分为两组，组内差异不显著，组间差异显著，一组为处理Ⅳ（5.09mm）、处理Ⅴ（5.15mm），另一组为CK（5.79mm），其大小顺序为处理Ⅴ（5.15mm）>处理Ⅳ

(5.09mm)>处理Ⅲ(4.88mm)>处理Ⅱ(4.86mm)>处理Ⅰ(4.82mm)>CK(4.64mm)。9月，CK(5.79mm)、处理Ⅱ(6.04mm)和处理Ⅴ(6.91mm)两两差异显著。10月，CK、处理Ⅰ、处理Ⅲ、处理Ⅳ和处理Ⅴ之间两两差异均显著。11月，处理Ⅴ与处理Ⅳ之间差异不显著，处理Ⅲ、Ⅳ差异不显著，与其他两个处理差异显著。9月、10月和11月的处理水平下地径的排序与8月相同，即随着指数施肥次数的增加，各水平之间相差越来越显著。结合不同施氮水平下地径动态变化得出，不同施氮处理下，苗木地径呈指数型增长，7月到9月增长量较大，9月到11月地径增长趋于缓慢(图6.3)。

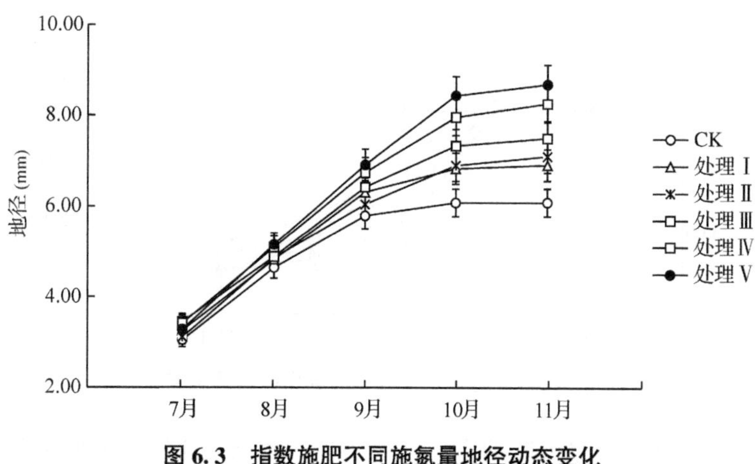

图6.3 指数施肥不同施氮量地径动态变化

6.2.1.3 指数施肥不同施氮水平下红花玉兰高径比的差异性分析

通过SPSS软件对于指数施肥不同施氮水平下红花玉兰苗木高径比进行数据分析，并进行LSD比较，结果见表6.5。

表6.5 不同施氮水平红花玉兰高径比动态变化

处理	7月	8月	9月	10月	11月
CK	4.02±0.45a	3.81±0.47a	3.18±0.36b	3.09±0.41a	3.23±0.35a
Ⅰ	4.04±0.49a	3.76±0.60a	3.06±0.44ab	2.98±0.50a	2.99±0.33ab
Ⅱ	3.84±0.50a	3.67±0.66a	3.28±0.55ab	2.94±0.58a	2.10±0.44ab
Ⅲ	3.84±0.51a	3.75±0.61a	3.03±0.55ab	2.83±0.54a	2.87±0.61b
Ⅳ	4.02±0.58a	4.00±0.41a	3.39±0.47ab	3.09±0.42a	3.00±0.42ab
Ⅴ	3.74±0.48a	3.72±0.55a	3.73±0.53a	2.91±0.46a	2.83±0.44b

通过表6.5不同施氮水平红花玉兰高径比动态变化可知，7、8、10月，不同施氮水平下高径比差异不明显。7月高径比范围为3.74~4.04，处理Ⅰ(4.04)>CK=处理Ⅳ(4.02)>处理Ⅱ(3.84)>处理Ⅲ(3.84)>处理Ⅴ(3.74)；8月高径比范围为3.67~4.00，处理Ⅳ(4.00)>CK(3.81)>处理Ⅰ(3.76)>处理Ⅲ(3.75)>处理Ⅴ(3.72)>处理Ⅱ(3.67)；9月，CK(3.18)和处理Ⅴ(3.73)差异显著，处理Ⅴ(3.73)>处理Ⅳ(3.39)>处理Ⅱ(3.28)>CK(3.18)>处理Ⅰ(3.06)>处理Ⅲ(3.03)；10月高径比的范围为2.91~3.09，处理Ⅳ(3.09)=CK(3.09)>处理Ⅰ(2.98)>处理Ⅱ(2.94)>处理Ⅴ(2.91)>处理Ⅲ(2.83)；11月处理Ⅲ与处理

Ⅴ高径比差异不显著，与CK差异显著，范围为2.10~3.22，CK(3.22)>处理Ⅱ(3.00)处理Ⅳ(2.99)>处理Ⅲ(2.87)>处理Ⅴ(2.83)>处理Ⅰ(2.10)。

结合图6.4不同施氮量红花玉兰苗木高径比可知，从9月到11月，不同施氮水平下的红花玉兰苗木高径比均呈递减趋势，其中CK到处理Ⅲ的高径比在7月到9月有较大的递减，处理Ⅳ的高径比在7到8月减幅相对CK到处理Ⅲ较小，8月到9月急剧减小，处理Ⅴ的高径比在7月到9月这两个月里变化均不大，而9月到10月高径比减少量较大。

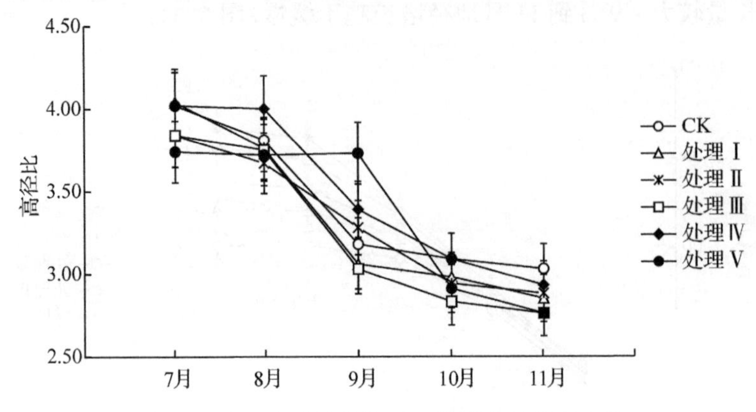

图6.4 不同施氮水平红花玉兰高径比动态变化

综合来看，苗高迅速增高的时期为7月到8月，地径迅速增长的时期为7月到9月，另外，处理Ⅴ在9月到10月的苗高地径均仍有较大的增长，可知合适的施肥量可延长苗木速生期。

6.2.1.4 指数施肥不同施氮水平下红花玉兰生物量的差异性分析

通过SPSS软件对于指数施肥不同施氮水平下红花玉兰苗木地上部分生物量和根冠比进行数据分析，并进行LSD比较，结果见表6.6。

表6.6 不同施氮处理红花玉兰生物量及根冠比

处理	地上生物量(g)	地下生物量(g)	根冠比
CK	1.09±0.29d	3.31±0.63e	3.12±0.62a
Ⅰ	1.43±0.26c	4.22±0.96d	3.01±0.78a
Ⅱ	1.61±0.37c	5.05±0.82c	3.15±0.65a
Ⅲ	2.02±0.35b	5.76±1.24bc	2.89±0.68ab
Ⅳ	2.32±0.63b	5.27±1.20ab	2.39±0.70b
Ⅴ	2.72±0.68a	6.31±0.83a	2.46±0.69b

通过表6.6不同施氮处理红花玉兰生物量及根冠比可知，根据不同施氮素处理下苗木地上生物量的差异可将处理分为4组，组间差异显著，按照由高到低的顺序排列，第一组为处理Ⅴ(2.72g)，第二组为处理Ⅳ(2.32g)和处理Ⅲ(2.02g)，第三组为处理Ⅱ(1.61g)，第4、第5组分别为处理Ⅰ(1.43g)和CK(1.09g)。处理Ⅴ、处理Ⅲ、处理Ⅱ、处理Ⅰ、CK在地下生物量上两两差异显著，顺序为处理Ⅴ (6.31g)>处理Ⅲ(5.76g)>处理Ⅱ(5.05g)>处理Ⅰ(4.22g)>CK(3.31g)。就根冠比来说，根冠比均大于1，即不同施氮处理

下地下生物量均大于地上。根据根冠比数据的差异性，可将根冠比分为2组，第一组处理Ⅴ（2.46）、处理Ⅳ(2.39)差异不大，第二组处理Ⅱ(3.15)、处理Ⅰ(3.01)、CK(3.12)差异不显著，但是第一组的根冠比明显小于第二组。

6.2.1.5 指数施肥不同施氮水平下红花玉兰营养元素的差异性分析

通过SPSS软件对于指数施肥不同施氮处理下红花玉兰苗木地上部分全氮、全磷和全钾含量进行数据分析，并进行LSD比较，结果见表6.7。

表6.7 不同施氮水平红花玉兰地上部分生理指标

处理	全氮(%)	全磷(%)	全钾(%)
CK	0.74±0.08d	1.50±0.16b	0.87±0.30a
Ⅰ	1.08±0.04c	1.96±0.34a	0.85±0.04a
Ⅱ	1.29±0.08b	2.13±0.26a	0.83±0.07a
Ⅲ	1.49±0.21a	2.12±0.46a	0.78±0.13ab
Ⅳ	1.61±0.21a	2.04±0.19a	0.78±0.18ab
Ⅴ	1.60±0.28a	2.20±0.19a	0.62±0.22b

从表6.7不同施氮水平的红花玉兰地上部分生理指标可知，处理Ⅴ（1.60%)、处理Ⅳ(1.61%)、处理Ⅲ(1.49%)的地上部分全氮含量差异不明显，但是明显高于处理Ⅱ(1.29%)，处理Ⅱ明显高于处理Ⅰ（1.08%)，处理Ⅰ明显高于CK(0.74%)；就地上部分全磷含量来说处理Ⅰ到处理Ⅴ差异不显著，范围为1.96%~2.99%，但是显著高于CK(1.50%)。CK到处理Ⅱ的全钾含量差异不显著，范围为0.83%~0.87%，显著高于处理Ⅴ（0.62%)。

通过SPSS软件对于指数施肥不同施氮量下红花玉兰苗木地下部分全氮、全磷和全钾含量进行数据分析，并进行LSD比较，结果见表6.8。

表6.8 不同施氮水平红花玉兰地下部分生理指标

处理	全氮(%)	全磷(%)	全钾(%)
CK	0.75±0.06e	1.49±0.16d	2.47±0.14a
Ⅰ	1.06±0.11d	2.55±0.57ab	2.35±0.08a
Ⅱ	1.38±0.10c	2.60±0.43ab	2.33±0.09ab
Ⅲ	1.86±0.13b	2.23±0.55bc	2.19±0.20bc
Ⅳ	1.97±0.45b	1.74±0.36cd	2.15±0.14c
Ⅴ	2.87±0.43a	2.98±0.94a	1.94±0.27d

从表6.8不同施氮水平红花玉兰地下部分生理指标可知，处理Ⅰ到处理Ⅴ地下部分全氮含量呈递增趋势，并且根据差异可将处理分为5组，第一组(处理Ⅴ)>第二组(处理Ⅳ、处理Ⅲ)>第三组(处理Ⅱ)>第四组(处理Ⅰ)>第五组(CK)。地下部分全磷含量，处理Ⅴ、处理Ⅲ与CK具有两两显著差异。CK、处理Ⅲ、处理Ⅳ与处理Ⅴ在地下部分全钾含量上差异显著，全钾含量大小的顺序与全氮完全相反，从CK到处理Ⅵ呈递增趋势。

综合地上和地下部分全氮、全磷和全钾的含量来看，地上与地下部分在全氮和全钾的含量均值差异较大，且均为地下部分大于地上部分。但是在全磷的含量方面，地上和地下

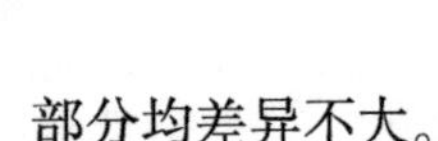

部分均差异不大。

6.2.1.6 指数施肥不同施氮水平下红花玉兰叶绿素的差异性分析

用SPSS对指数施肥不同施氮量下红花玉兰叶绿素数据进行分析，并做LSD比较，分析结果见表6.9。

表6.9 不同施氮量红花玉兰叶绿素含量

处理	叶绿素a($mg \cdot g^{-1}$)	叶绿素b($mg \cdot g^{-1}$)	总叶绿素($mg \cdot g^{-1}$)
CK	0.33±0.08e	0.12±0.09e	0.45±0.16e
Ⅰ	1.16±0.11d	0.27±0.08d	1.43±0.16d
Ⅱ	1.82±0.13c	0.52±0.05c	2.34±0.17c
Ⅲ	2.37±0.37b	0.70±0.12b	3.07±0.48b
Ⅳ	2.84±0.27a	0.85±0.14a	3.69±0.39a
Ⅴ	2.66±0.12a	0.78±0.07ab	3.44±0.18a

从表6.9可见，处理Ⅳ($2.84mg \cdot g^{-1}$)和处理Ⅴ($2.66mg \cdot g^{-1}$)的叶绿素a和叶绿素总量含量在6个处理中均为最高，与其他处理差异显著。从平均值来看，处理Ⅳ高于处理Ⅴ。处理Ⅰ、Ⅱ、Ⅲ与CK的叶绿素a含量和叶绿素总含量的大小顺序为处理Ⅲ($2.37mg \cdot g^{-1}$)>处理Ⅱ($1.82mg \cdot g^{-1}$)>处理Ⅰ($1.16mg \cdot g^{-1}$)>CK($0.33mg \cdot g^{-1}$)，并且相互之间差异显著。处理Ⅳ与处理Ⅲ、Ⅴ的叶绿素b含量均没有显著差异，处理Ⅰ、Ⅱ、Ⅲ、Ⅳ之间差异显著，大小顺序为处理Ⅳ($0.85mg \cdot g^{-1}$)>处理Ⅴ($0.78mg \cdot g^{-1}$)>处理Ⅲ($0.70mg \cdot g^{-1}$)>处理Ⅱ($0.52mg \cdot g^{-1}$)>处理Ⅰ($0.27mg \cdot g^{-1}$)>CK($0.12mg \cdot g^{-1}$)。

6.2.2 筛选红花玉兰指数施肥最佳施氮量

通过SPSS对以上指标进行因子分析，得到4个因子，累积方差贡献率达78.86%，见表6.10，因子得分系数矩阵见表6.11。根据因子的方差贡献率和各因子得分，计算各处理的4因子得分的加权和，计算公式见式(6-11)。各处理因子得分平均值见表6.12。由表6.12可见CK到处理Ⅴ的F值逐渐增大，所以综合所有指标来看，处理Ⅴ($400mg \cdot 株^{-1}$)为此试验红花玉兰指数施肥最佳施氮量。

表6.10 不同施氮处理因子分析解释原有变量总方差情况

因子	起始特征值			截取平方和载入			循环平方和载入		
	总计	方差	累计	总计	方差	累计	总计	方差	累计
1	7.54	50.27	50.27	7.54	50.27	50.27	7.11	47.41	47.41
2	1.65	11.00	61.27	1.65	11.00	61.27	1.65	10.99	58.41
3	1.48	9.87	71.14	1.48	9.87	71.14	1.57	10.47	68.88
4	1.16	7.72	78.86	1.16	7.72	78.86	1.50	9.99	78.86
5	0.98	6.51	85.37						
6	0.69	4.58	89.95						
7	0.52	3.50	93.45						
8	0.42	2.78	96.22						
9	0.29	1.91	98.13						

（续）

因子	起始特征值			截取平方和载入			循环平方和载入		
	总计	方差	累计	总计	方差	累计	总计	方差	累计
10	0.14	0.92	99.05						
11	0.09	0.58	99.63						
12	0.03	0.21	99.83						
13	0.02	0.12	99.96						
14	0.01	0.04	100.00						
15	0.00	0.00	100.00						

表 6.11　指数施肥不同施氮处理因子分析因子得分系数矩阵

指标	因子			
	1	2	3	4
苗高	0.062	0.505	0.076	−0.058
地径	0.077	−0.002	0.105	−0.145
高径比	−0.021	0.529	−0.005	0.067
地上生物量	0.070	−0.126	0.122	−0.178
地下生物量	0.030	−0.119	0.232	0.239
根冠比	−0.050	0.021	0.036	0.512
地上含氮量	0.175	0.014	−0.179	0.086
地上含磷量	0.152	−0.025	−0.250	0.405
地上含钾量	0.118	−0.030	−0.609	0.127
地下含氮量	0.099	−0.025	0.098	0.004
地下含磷量	−0.068	0.041	0.465	0.317
地下含钾量	−0.065	0.143	−0.072	0.054
叶绿素 a	0.153	0.070	−0.072	0.013
叶绿素 b	0.167	0.107	−0.128	0.006
叶绿素总含量	0.157	0.079	−0.086	0.011

$$F=(47.41\%\times F1+10.99\%\times F2+10.47\%\times F3+9.99\%\times F4)/78.86\% \tag{6-11}$$

表 6.12　指数施肥不同施氮处理因子得分

处理	*F*1	*F*2	*F*3	*F*4	*F*
CK	−1.56	0.21	−0.38	−0.63	−1.04
Ⅰ	−0.74	−0.29	0.01	0.28	−0.45
Ⅱ	−0.17	0.17	−0.12	0.96	0.03
Ⅲ	0.49	−0.20	−0.17	0.19	0.27
Ⅳ	1.01	0.24	−0.55	−0.94	0.45
Ⅴ	0.96	−0.13	1.22	0.14	0.74

6.2.3　结论

通过因子评分可以看出处理Ⅴ的 *F* 值最大，进而得出本研究中 400mg·株$^{-1}$ 为最佳施肥量。但是从 CK 到处理Ⅳ，苗高、地径、生物量、叶绿素 a、叶绿素 b 和叶绿素总含量

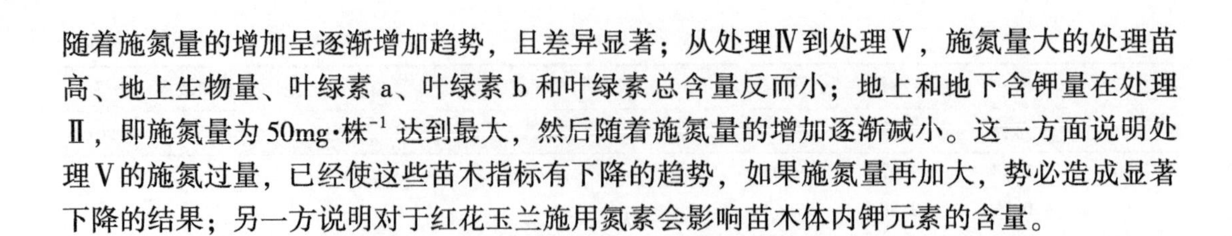

随着施氮量的增加呈逐渐增加趋势，且差异显著；从处理Ⅳ到处理Ⅴ，施氮量大的处理苗高、地上生物量、叶绿素 a、叶绿素 b 和叶绿素总含量反而小；地上和地下含钾量在处理Ⅱ，即施氮量为 50mg·株$^{-1}$ 达到最大，然后随着施氮量的增加逐渐减小。这一方面说明处理Ⅴ的施氮过量，已经使这些苗木指标有下降的趋势，如果施氮量再加大，势必造成显著下降的结果；另一方说明对于红花玉兰施用氮素会影响苗木体内钾元素的含量。

6.3 不同氮磷钾配比和施肥次数对红花玉兰生长的影响

6.3.1 不同氮磷钾配比和施肥次数对幼苗高径生长的影响

6.3.1.1 对幼苗高生长的影响

表 6.13 反映了不同氮磷钾配比和施肥次数对红花玉兰幼苗高生长的影响，这里的苗高为最后 1 次施肥结束后测量的苗高。从结果可知，4 次施肥时，9 种施肥处理下苗高均显著高于 CK，比 CK 提高了 20.8%～99.8%，其中 A2B1C2 处理的苗高达到最高，为 68.42cm，比 CK 提高 34.18cm。6 次施肥时，9 种施肥处理均显著高于 CK，比 CK 提高 45.2%～102.5%，其中 A3B3C2 处理的苗高最高，达到 69.34cm，比 CK 提高 35.10cm。8 次施肥时，除 A1B3C3 处理与 CK 无显著差异外，其他 8 种处理苗高均显著高于 CK，比 CK 提高 42.9%～95.5%，其中 A3B1C3 处理的苗高达到最大，为 66.94cm，比 CK 提高 32.70cm。4 次、6 次、8 次施肥处理下，苗高的总体平均值分别为 54.92cm、60.14cm、56.44cm，再结合苗高相对 CK 提高的比例，6 次施肥下，苗高的表现相对较好。6 次施肥下，苗高最高的处理为 A3B3C2（69.34cm），其次为 A2B1C2（67.60cm）、A3B2C1（63.10cm）。

表 6.13 不同氮磷钾配比和施肥次数对幼苗苗高的影响

处理	4 次	6 次	8 次
A1B1C1	48.10±1.7985c	61.22±1.4316cd	58.52±3.0447cd
A1B2C2	41.36±1.4511b	52.12±0.9281b	52.82±3.5309bc
A1B3C3	50.34±2.7899c	49.70±3.6003b	37.26±1.6238a
A2B1C2	68.42±1.4302d	67.60±2.5977de	66.84±3.0336d
A2B2C3	47.98±2.6299c	61.40±1.0569cd	52.44±2.9115bc
A2B3C1	54.74±1.7299c	55.52±2.2739bc	62.60±3.6212d
A3B1C3	62.50±1.1983d	61.30±2.5108cd	66.94±2.4281d
A3B2C1	54.70±2.0594c	63.10±1.1261de	61.62±2.7838d
A3B3C2	66.18±3.4773d	69.34±2.4817e	48.94±1.3692b
CK	34.24±2.4667a	34.24±2.4667a	34.24±2.4667a

注：同列数值后不同字母表示差异达 5% 显著水平，$p<0.05$。

如图 6.5 所示，我们可以清楚地看到 3 种施肥次数下苗高增长量的动态变化。4 次施肥下，除了 CK 的苗高增长量一直下降和 A1B1C1 处理先下降再上升外，其他处理的苗高增长量均呈现先上升再下降的趋势。6～7 月生长初期，苗高的增长量范围为 9.11～

19.66cm；7~8月达到生长高峰，土壤中养分积累到一定程度，植株开始大量吸取营养，苗高增长量范围为10.94~22.57cm，其中A2B1C2处理的增长量最高为22.57cm；8~9月植株生长放缓，增长量范围为7.55~15.36cm。6次施肥下，除CK一直下降外，其他处理基本遵循先上升再下降的趋势。6~7月生长初期的苗高生长量范围为13.96~17.27cm；7~8月生长高峰增长量达到峰值，范围为15.46~24.38cm，A3B2C1处理的苗高增长量最高，达到24.38cm；8~9月增长量降低，范围为4.34~18.55cm。8次施肥下，A2B1C2处理的增长量处于上升趋势，CK、A1B3C3的增长量处于下降趋势，其他处理的增长量均是先上升再下降。6~7月幼苗生长初期的苗高增长量为10.4~17.31cm，同样在7~8月达到峰值，范围为12.34~26.95cm，其中A2B2C3处理的增长量最高，为26.95cm。CK的苗高增长量一直处于下降趋势，这是因为对照组并没有进行施肥处理，土壤中的养分元素供应不够，在植株生长高峰，不能及时进行养分补充，这直观反映了施肥的重要性。而有的处理在苗高增长量上并没有遵循先上升再下降的一般规律，这可能和地径生长有关。

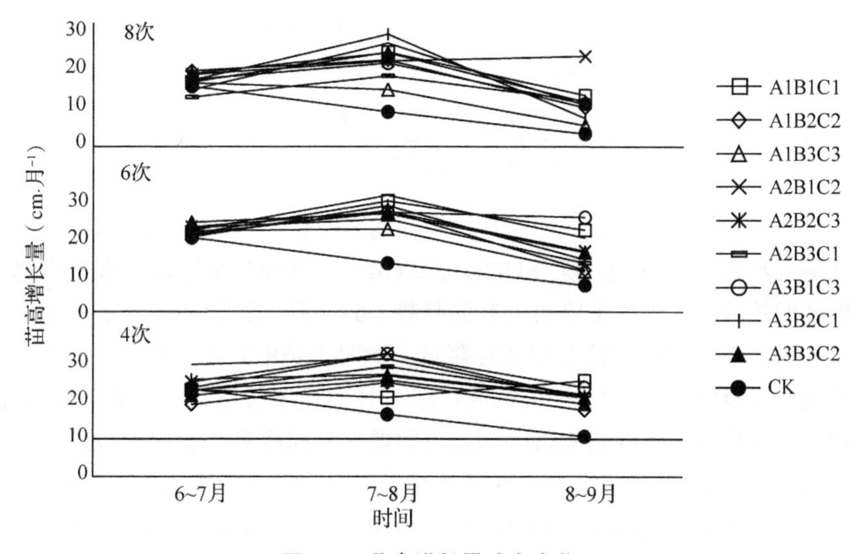

图6.5 苗高增长量动态变化

6.3.1.2 对幼苗地径生长的影响

表6.14反映了不同氮磷钾配比和施肥次数对红花玉兰幼苗地径生长的影响，这里的地径同苗高一样为最后1次施肥结束后测量所得值。由表6.14可知，4次施肥时，除了A1B2C2处理与CK没有显著差异外，其余8种施肥处理的地径均显著高于CK，比CK提高了16.7%~40.6%，其中A3B1C3处理的地径达到最高，为10.786mm，比CK提高3.112mm。6次施肥时，9种施肥处理均显著高于CK，比CK提高23.0%~52.1%，其中A3B2C1处理的地径最高，达到11.672mm，比CK提高3.998mm。8次施肥时，除A1B3C3处理与CK无显著差异外，其他8种处理地径均显著高于CK，比CK提高17.3%~56.5%，其中A2B2C3处理的地径达到最大，为12.012mm，比CK提高4.938mm。4次、6次、8次施肥处理下，地径的总体平均值分别为9.922mm、10.257mm、10.177mm，再结合各处理地径相对CK提高的比例，6次施肥下，地径的表现相对较好。

6次施肥下，地径最大的处理为A3B2C1(11.672mm)，其次为A3B3C2(11.138mm)、A2B3C1(11.126mm)。

表6.14 不同氮磷钾配比和施肥次数对幼苗地径的影响

处理	4次	6次	8次
A1B1C1	9.750±0.3677b	9.440±0.4802b	10.008±0.5918bc
A1B2C2	8.952±0.6038ab	10.614±0.2990bc	11.190±0.6157cd
A1B3C3	10.632±0.7294b	9.754±0.7879b	9.000±0.5486ab
A2B1C2	10.096±0.6715b	10.784±0.4578bc	9.640±0.4816bc
A2B2C3	9.914±0.5593b	9.996±0.3668bc	12.012±0.8459d
A2B3C1	10.152±0.7193b	11.126±0.5824bc	11.048±0.6771cd
A3B1C3	10.786±0.4820b	10.374±0.6372bc	9.454±0.2535abc
A3B2C1	10.744±0.7254b	11.672±0.3132c	10.980±0.7005cd
A3B3C2	10.518±0.6523b	11.138±0.5604bc	10.768±0.5180bcd
CK	7.674±0.5501a	7.674±0.5501a	7.674±0.5501a

注：同列数值后不同字母表示差异达5%显著水平，$p<0.05$。

由图6.6可见3种施肥次数下地径增长量的动态变化。4次施肥下，CK对照组的地径增长量先下降后基本维持不变，除A1B3C3、A1B2C2、A3B1C3处理呈现上升趋势外，其他处理的地径增长量均呈现先下降再上升的趋势。6~7月生长初期，地径的增长量范围为1.423~2.875mm；7~8月地径增长量明显降低，此时土壤中的养分供应主要为支持苗高生长，地径的增长量范围为1.428~2.320mm；8~9月地径增长量显著上升，且高于6~7月苗木生长初期，这可能与落叶植物落叶前根部需要养分积累有关，此阶段的地径增长量范围为1.481~2.995mm，其中A3B2C1处理的增长量最大为2.995mm。6次施肥下，CK对照组的地径增长量先降低后维持，A1B1C1、A2B1C2、A3B1C3、A3B2C1处理的地径增长

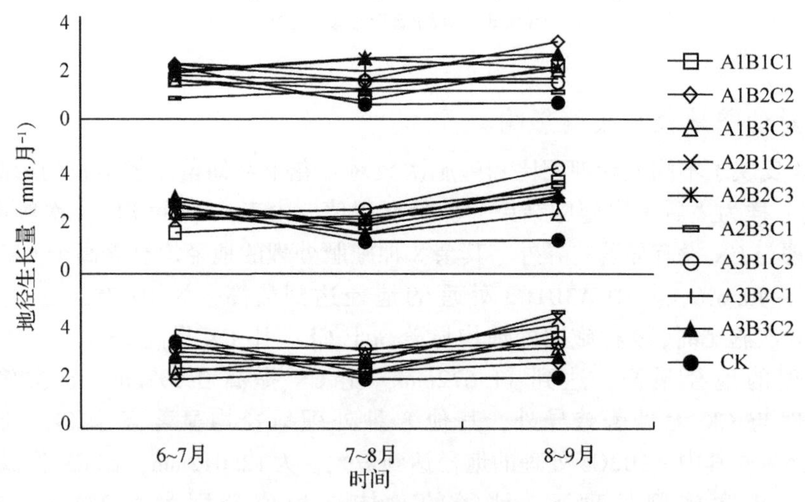

图6.6 地径增长量动态变化

量处于一直上升的趋势，其他处理基本遵循先下降再上升的趋势。6~7月生长初期的地径增长量范围为1.695~2.730mm；7~8月地径增长量显著下降，范围为1.428~2.378mm；8~9月增长量上升，且比生长初期增长量的值大，范围为1.481~3.586mm，A3B1C3处理的增长量最大，为3.586mm。8次施肥下，地径增长量的动态变化规律不如4次、6次清晰。CK的增长量先降低再维持，A1B1C1、A1B3C3、A1B2C2、A2B2C3处理的增长量先降低再上升，A2B3C1、A3B2C1、A2B1C2、A3B3C2的地径增长量先上升再下降，A3B1C3处理则一直处于下降趋势。基本来说，地径增长量的动态变化趋势为先下降再上升，这与苗高增长量的变化趋势正好相反，但是与植株的一般生长规律基本吻合。

6.3.2 不同氮磷钾配比和施肥次数对幼苗叶片叶绿素含量的影响

叶绿素是植物进行光合作用的重要物质，光合作用是植物正常生长发育的前提，因此叶绿素的含量可以反映植物当时的生长状况。由图6.7可知不同氮磷钾配比和施肥次数对幼苗叶片叶绿素含量动态变化的影响。

4次施肥下，CK的叶绿素含量先下降后维持，A2B3C1、A3B1C3、A3B2C1、A3B3C2处理的叶绿素含量的变化趋势一致，为“上升—缓慢下降—快速下降”，A1B1C1、A1B3C3、A2B2C3处理的叶绿素含量的变化呈下降趋势，A1B2C2、A2B1C2处理叶绿素均是“下降—上升—下降”。叶绿素含量的变化趋势并不是很一致，这说明不同的氮磷钾配比对红花玉兰幼苗叶片的叶绿素含量是有显著影响的。7月生长初期，只有A1B2C2（$17.94mg\cdot g^{-1}$）处理的叶绿素含量显著高于CK（$11.27mg\cdot g^{-1}$），其他处理与CK之间差异不显著。8月各处理间差异显著（$p<0.05$），9种处理均显著高于CK（$8.33mg\cdot g^{-1}$），其中A3B2C1（$19.53mg\cdot g^{-1}$）、A2B3C1（$18.65mg\cdot g^{-1}$）、A1B2C2（$16.62mg\cdot g^{-1}$）这3个处理的叶绿素含量是最高的。9月各处理间差异显著（$p<0.05$），均显著高于CK（$3.36mg\cdot g^{-1}$），其中A1B2C2（$19.18mg\cdot g^{-1}$）、A3B2C1（$18.86mg\cdot g^{-1}$）、A2B3C1（$17.91mg\cdot g^{-1}$）处理的叶绿素含量最高。10月除了A2B2C3（$3.83mg\cdot g^{-1}$）、A3B2C1（$4.77mg\cdot g^{-1}$）这2个处理与CK（$3.83mg\cdot g^{-1}$）无显著差异外，其余处理均显著高于CK，其中叶绿素含量较高的为A2B3C1（$14.51mg\cdot g^{-1}$）、A1B2C2（$10.88mg\cdot g^{-1}$）这两个处理。考虑到生长季植株本身生长的需要和叶绿素参与光合作用的重要作用，A1B2C2处理的表现最优。

6次施肥下，各个处理间的叶绿素动态变化规律与4次施肥规律相同。7月生长初期，只有A3B2C1（$16.38mg\cdot g^{-1}$）处理显著高于CK，其他处理与CK（$11.27mg\cdot g^{-1}$）差异不显著。8月，除A1B3C3（$6.87mg\cdot g^{-1}$）处理外，其他处理均显著高于CK（$8.33mg\cdot g^{-1}$），其中A1B1C1（$18.67mg\cdot g^{-1}$）、A3B1C3（$18.56mg\cdot g^{-1}$）、A2B2C3（$17.44mg\cdot g^{-1}$）处理的叶绿素含量最高。9月各个处理的叶绿素含量均显著高于CK（$3.36mg\cdot g^{-1}$），且处理间差异显著（$p<0.05$），其中A3B3C2（$20.33mg\cdot g^{-1}$）、A1B2C2（$16.50mg\cdot g^{-1}$）、A2B2C3（$13.82mg\cdot g^{-1}$）这三个处理的叶绿素含量最高。10月，A1B2C2（$4.70mg\cdot g^{-1}$）、A1B3C3（$4.82mg\cdot g^{-1}$）、A2B3C1（$5.05mg\cdot g^{-1}$）与CK（$3.84mg\cdot g^{-1}$）间差异不显著，其余处理均显著高于CK，其中叶绿素含量最高的处理为A3B2C1（$22.33mg\cdot g^{-1}$）、A2B2C3（$13.13mg\cdot g^{-1}$）、A1B1C1（$9.89mg\cdot g^{-1}$）。A2B2C3处理在6次施肥下表现最优。

8 次施肥下，CK 的叶绿素含量先下降后维持基本不变，A1B1C1、A1B2C2、A1B3C3 处理叶绿素含量的变化呈现下降趋势，A2B1C2、A2B2C3、A2B3C1、A3B1C3、A3B2C1、A3B3C2 处理的叶绿素含量均是先上升再下降。7 月生长初期，A1B1C1（16. 25mg·g^{-1}）、A3B3C2（14. 94mg·g^{-1}）处理的叶绿素含量显著高于 CK（11. 27mg·g^{-1}）。8 月，各处理叶绿素含量均显著高于 CK（8. 33mg·g^{-1}），且处理间差异显著（$p<0.05$），其中 A3B3C2（19. 27mg·g^{-1}）、A2B3C1（19. 09mg·g^{-1}）处理的叶绿素含量最高。9 月，除 A2B1C2（5. 34mg·g^{-1}）、A1B2C2（6. 13mg·g^{-1}）与 CK（3. 36mg·g^{-1}）无显著差异外，其他处理均显著高于 CK，其中 A2B3C1（16. 19mg·g^{-1}）、A3B1C3（15. 65mg·g^{-1}）、A2B2C3（14. 85mg·g^{-1}）处理的叶绿素含量较高。10 月，除 A1B3C3（3. 73mg·g^{-1}）、A1B2C2（4. 84mg·g^{-1}）处理与 CK（3. 84mg·g^{-1}）无显著差异外，其余处理的叶绿素含量均显著高于 CK，其中 A3B2C1（12. 37mg·g^{-1}）、A3B3C2（11. 97mg·g^{-1}）、A2B3C1（8. 16mg·g^{-1}）处理的含量较高。综上所述，A3B3C2、A2B3C1 处理在 8 次施肥下表现较优。

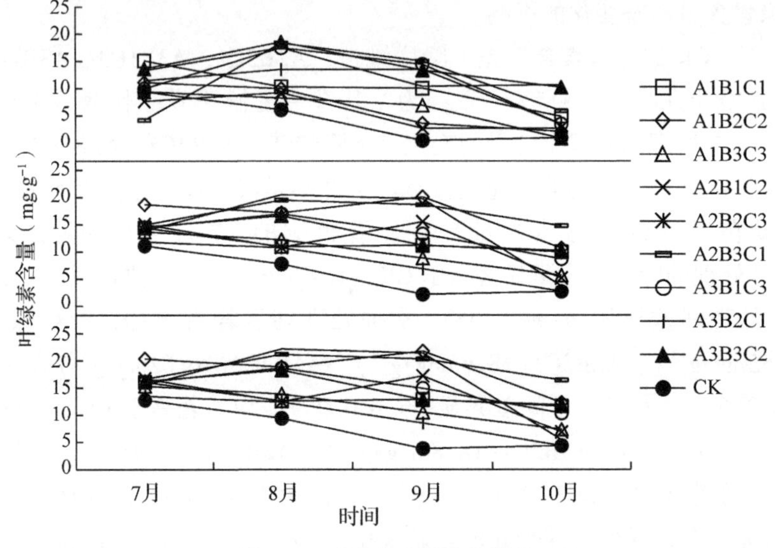

图 6.7 叶绿素含量动态变化

6. 3. 3 不同氮磷钾配比和施肥次数对幼苗生物量积累的影响

6. 3. 3. 1 对幼苗根生物量的影响

表 6. 15 反映的是不同氮磷钾配比和施肥次数对幼苗根生物量的影响。4 次施肥下，A1B1C1、A1B2C2、A1B3C3、A2B1C2、A2B2C3 处理与 CK 对照之间无显著差异，A2B3C1、A3B1C3、A3B2C1、A3B3C2 显著高于 CK（6. 77g·株$^{-1}$），9 种处理根生物量占全株的比例为 44. 4%～52. 3%，其中 A3B2C1（15. 69g·株$^{-1}$）处理根生物量最高，比 CK 提高了 131. 8%，同时 A3B2C1 处理在 9 种施肥处理中根生物量占全株的比例也是最高的，达到了 52. 3%，但是 CK 的比例为 54. 2%。6 次施肥下，A1B1C1、A1B3C3、A2B1C2、A2B2C3 与 CK 对照无显著差异，其他处理均显著高于 CK（6. 77g·株$^{-1}$），9 种施肥处理根生物量占全株的比例为 41. 7%～48. 4%，其中 A3B3C2（16. 33g·株$^{-1}$）处理的根生物量最高，

比 CK 提高了 141.2%，但是从占全株比例的角度来说，A1B2C2 处理的比例最高，达到 48.4%，低于 CK 的 54.2%。8 次施肥下，除了 A1B1C1、A1B2C2、A2B1C2 处理外，其余处理的根生物量均显著高于 CK(6.77g·株$^{-1}$)，9 种施肥处理根生物量占全株的比例为 42.5%~57.3%，其中 A3B1C3 处理的根生物量最高，为 17.04g·株$^{-1}$，比 CK 提高了 151.7%，全株比例为 52.3%，但是比例最高的处理为 A1B3C3(57.3%)。综上所述，并不是根生物量越高所占全株的比例就越高，从施肥次数来看，施肥总量不变的前提下，次数会影响根生物量和占全株的比例，其中 6 次施肥下根生物量所占全株的比例要低于 4 次、8 次。

表 6.15 不同氮磷钾配比和施肥次数对幼苗根生物量的影响

处理	4 次		6 次		8 次	
	根生物量(g·株$^{-1}$)	占全株比例	根生物量(g·株$^{-1}$)	占全株比例	根生物量(g·株$^{-1}$)	占全株比例
A1B1C1	9.79±1.06abc	50.2%	8.26±0.66ab	44.0%	7.95±0.68ab	42.5%
A1B2C2	8.71±0.30ab	47.3%	11.38±1.44bc	48.4%	10.37±1.16abc	49.9%
A1B3C3	9.12±0.94ab	44.4%	9.68±1.27abc	47.5%	11.57±1.59bc	57.3%
A2B1C2	10.24±0.81abcd	44.8%	10.07±1.73abc	41.7%	10.15±0.58abc	43.0%
A2B2C3	10.40±2.03abcd	48.8%	10.09±1.03abc	45.9%	13.30±1.01cd	48.3%
A2B3C1	12.46±1.78bcde	47.0%	12.23±1.64bc	44.1%	13.89±1.48cd	47.3%
A3B1C3	14.02±1.53de	48.6%	11.64±1.51bc	47.8%	17.04±1.49d	52.3%
A3B2C1	15.69±1.07e	52.3%	13.05±1.38cd	45.8%	14.10±1.48cd	49.9%
A3B3C2	13.48±1.03cde	45.3%	16.33±1.28d	48.0%	12.35±1.82c	55.0%
CK	6.77±0.79a	54.2%	6.77±0.79a	54.2%	6.77±0.79a	54.2%

注：同列数值后不同字母表示差异达 5% 显著水平，$p<0.05$。

6.3.3.2 对幼苗茎生物量的影响

由表 6.16 可知不同氮磷钾配比和施肥次数对幼苗茎生物量的影响。4 次施肥下，9 种施肥处理均显著高于 CK(3.09g·株$^{-1}$)，9 种处理茎生物量占全株的比例为 29.5%~36.7%，均要高于 CK(24.7%)的全株比例，其中 A3B3C2(9.47g·株$^{-1}$)处理茎生物量最高，比 CK 提高了 206.5%，但是 A2B1C2 处理在 9 种施肥处理中茎生物量占全株的比例是最高的，达到了 36.7%。6 次施肥下，9 种施肥处理的茎生物量均显著高于 CK(3.09g·株$^{-1}$)，9 种施肥处理茎生物量占全株的比例为 30.4%~40.0%，其中 A3B3C2(10.64g·株$^{-1}$)处理的茎生物量最高，比 CK 提高了 244.3%，但是 A2B1C2 处理的全株比例最高，达到 40.0%。8 次施肥下，9 种处理的茎生物量均显著高于 CK(3.09g·株$^{-1}$)，9 种施肥处理茎生物量占全株的比例为 24.8%~34.8%，其中 A2B3C1 处理的茎生物量最高，为 9.50g·株$^{-1}$，比 CK 提高了 207.4%，全株比例为 32.4%，但是比例最高的处理为 A2B1C2(37.2%)。从结果可知，施肥可以显著提高植株的茎生物量，但是并不是生物量越高所占全株的比例就越高，

表 6.16 不同氮磷钾配比和施肥次数对幼苗茎生物量的影响

处理	4次		6次		8次	
	茎生物量 ($g·株^{-1}$)	占全株比例	茎生物量 ($g·株^{-1}$)	占全株比例	茎生物量 ($g·株^{-1}$)	占全株比例
A1B1C1	5. 82±0. 60b	29. 9%	6. 36±0. 25b	33. 9%	6. 50±0. 37bc	34. 8%
A1B2C2	5. 42±0. 34b	29. 5%	7. 79±1. 39bc	33. 1%	6. 76±0. 51c	32. 5%
A1B3C3	6. 62±0. 67b	32. 2%	6. 21±0. 88b	30. 5%	5. 00±0. 31b	24. 8%
A2B1C2	8. 38±0. 49c	36. 7%	9. 66±0. 65cd	40. 0%	8. 78±0. 72d	37. 2%
A2B2C3	6. 70±0. 56b	31. 5%	7. 38±0. 24bc	33. 6%	8. 40±0. 52d	30. 5%
A2B3C1	8. 58±0. 53c	32. 3%	8. 98±1. 28cd	32. 4%	9. 50±0. 44d	32. 4%
A3B1C3	8. 56±0. 50c	29. 6%	7. 42±0. 80bc	30. 4%	9. 24±0. 59d	28. 4%
A3B2C1	9. 24±0. 59c	30. 8%	9. 88±0. 41cd	34. 7%	9. 24±0. 77d	32. 7%
A3B3C2	9. 47±0. 64c	31. 8%	10. 64±0. 71d	31. 3%	6. 04±0. 61bc	26. 9%
CK	3. 09±0. 33a	24. 7%	3. 09±0. 33a	24. 7%	3. 09±0. 33a	24. 7%

注：同列数值后不同字母表示差异达 5% 显著水平，$p<0.05$。

而且施肥次数对茎生物量和占全株比例的影响也很明显，6 次施肥下茎生物量所占全株比例相对较高。

6.3.3.3 对幼苗叶生物量的影响

从表 6.17 可见不同氮磷钾配比和施肥次数对幼苗叶生物量的影响。4 次施肥下，A1B1C1、A1B2C2、A1B3C3、A2B1C2、A2B2C3、A3B2C1 处理与 CK 间无显著差异，A2B3C1、A3B1C3、A3B3C2 施肥处理显著高于 CK($2.63g·株^{-1}$)，9 种处理叶生物量占全株的比例为 16.9%～23.4%，其中 A3B3C2($6.81g·株^{-1}$)处理叶生物量最高，比 CK 提高了 158.9%，但是 A1B3C3 处理在 9 种施肥处理中叶生物量占全株的比例是最高的，达到了 23.4%。6 次施肥下，A1B1C1、A1B2C2、A1B3C3、A2B1C2 处理与 CK 间无显著差异 A2B3C1、A3B1C3、A3B2C1、A3B3C2 处理的叶生物量均显著高于 CK($2.63g·株^{-1}$)，9 种施肥处理叶生物量占全株的比例为 18.2%～23.6%，其中 A3B3C2($7.06g·株^{-1}$)处理的叶生物量最高，比 CK 提高了 168.4%，但是 A2B3C1 处理的全株比例最高，达到 23.6%。8 次施肥下，A1B1C1、A1B2C2、A1B3C3、A3B3C2 处理与 CK 间无显著差异，其余处理的叶生物量均显著高于 CK($2.63g·株^{-1}$)，9 种施肥处理叶生物量占全株的比例为 17.4%～22.7%，其中 A3B1C3 处理的叶生物量最高，为 $6.32g·株^{-1}$，比 CK 提高了 140.3%，但是比例最高的处理为 A1B1C1(22.7%)。综上所述，施肥可以显著提高植株的叶生物量，但是同样的，并不是生物量越高所占全株的比例就越高，施肥次数对叶生物量和占全株比例的影响也很明显，6 次施肥下叶生物量所占全株比例相对较高。

表6.17　不同氮磷钾配比和施肥次数对幼苗叶生物量的影响

处理	4次		6次		8次	
	叶生物量（g·株$^{-1}$）	占全株比例	叶生物量（g·株$^{-1}$）	占全株比例	叶生物量（g·株$^{-1}$）	占全株比例
A1B1C1	3.87±0.42ab	19.9%	4.16±0.49ab	22.2%	4.24±0.42abc	22.7%
A1B2C2	4.27±0.41ab	23.2%	4.35±0.59ab	18.5%	3.67±0.56ab	17.6%
A1B3C3	4.82±0.32abc	23.4%	4.51±0.77abc	22.1%	3.61±0.37ab	17.9%
A2B1C2	4.22±0.93ab	18.5%	4.39±0.91ab	18.2%	4.69±0.63bcd	19.8%
A2B2C3	4.19±0.38ab	19.7%	4.49±0.61abc	20.5%	5.83±0.43cd	21.2%
A2B3C1	5.49±0.41bc	20.7%	6.54±0.45cd	23.6%	5.95±0.58cd	20.3%
A3B1C3	6.29±1.15bc	21.8%	5.31±0.65bcd	21.8%	6.32±0.82d	19.4%
A3B2C1	5.08±0.51abc	16.9%	5.55±0.79bcd	19.5%	4.93±0.93bcd	17.4%
A3B3C2	6.81±1.48c	22.9%	7.06±0.50d	20.8%	4.07±0.47abc	18.1%
CK	2.63±0.60a	21.1%	2.63±0.60a	21.1%	2.63±0.60a	21.1%

注：同列数值后不同字母表示差异达5%显著水平，$p<0.05$。

6.3.3.4 对幼苗整株生物量的影响

由表6.18可知不同氮磷钾配比和施肥次数对幼苗整株生物量的影响。4次施肥时，9种处理的生物量均显著高于CK（12.50g·株$^{-1}$），比CK提高47.2%～141.6%，其中A3B2C1处理的整株生物量最大，达到30.02g·株$^{-1}$。6次施肥时，除A1B1C1处理外其余施肥处理均显著高于CK（12.50g·株$^{-1}$），比CK提高50.2%～172.2%，其中A3B3C2处理的整株生物量最大，为34.03g·株$^{-1}$。8次施肥时，9种施肥处理的整株生物量均显著高于CK（12.50g·株$^{-1}$），比CK提高49.6%～160.8%，其中A3B1C3处理的整株生物量最高，为32.60g·株$^{-1}$。结合表6.15至表6.18，综合分析根生物量、茎生物量、叶生物量，大致的规律为根生物量>茎生物量>叶生物量，但是施肥后，根生物量占全株的比例有所下降，茎生物量占全株的比例有所上升，叶生物量占全株比例与CK相差较小，可知，施肥措施主要影响了根、茎的生长，能够促进茎部的生长发育。

表6.18　不同氮磷钾配比和施肥次数对幼苗整株生物量的影响

处理	4次	6次	8次
A1B1C1	19.48±1.90b	18.78±0.68ab	18.70±1.35b
A1B2C2	18.40±0.63b	23.53±2.30bc	20.80±1.73b
A1B3C3	20.56±1.62bc	20.40±2.46b	20.18±1.85b
A2B1C2	22.85±1.71bcd	24.12±3.08bc	23.63±1.31bcd
A2B2C3	21.30±1.92bc	21.96±1.44bc	27.53±1.74cde
A2B3C1	26.52±2.59cde	27.74±2.63cd	29.34±1.98de
A3B1C3	28.87±2.83de	24.37±2.65bc	32.60±2.79e
A3B2C1	30.02±2.00e	28.49±2.08cd	28.27±2.89cde
A3B3C2	29.77±2.54e	34.03±2.31d	22.46±2.85bc
CK	12.50±1.49a	12.50±1.49a	12.50±1.49a

注：同列数值后不同字母表示差异达5%显著水平，$p<0.05$。

6.3.4 不同氮磷钾配比和施肥次数对幼苗各器官养分积累的影响

6.3.4.1 氮、磷、钾在植株各器官中的分配

(1)氮在植株各器官中的分配

氮素的积累可影响植物的生长和品质，在植物的生命活动中占有首要位置，因此研究氮素在植物各器官中的分配十分必要。由图6.8可知不同氮磷钾配比和施肥次数对幼苗各器官氮含量的影响。整体来看，施肥有助于幼苗氮养分含量的积累。4次施肥下，除A1B3C3处理与CK无显著差异外，其他处理均显著高于CK(16.789g·kg^{-1})，比CK提高6.1%~18.2%，其中A2B3C1、A2B2C3、A3B2C1处理的含氮量较高，分别达到19.839g·kg^{-1}、19.493g·kg^{-1}、18.391g·kg^{-1}。6次施肥下，除A1B2C2、A1B3C3这2个处理与CK间无显著差异外，其他处理均显著高于CK(16.789g·kg^{-1})，比CK提高0.6%~20.4%，其中A3B1C3、A2B3C1、A3B2C1处理的含氮量较高，分别为19.834g·kg^{-1}、19.782g·kg^{-1}、19.678g·kg^{-1}。8次施肥下，除A1B3C3、A2B3C1、A3B1C3处理与CK无显著差异外，其余处理均显著高于CK(g·kg^{-1})，比CK提高0.9%~28.3%，其中A2B1C2、A3B3C2、A3B2C1处理的含氮量较高，分别为21.539g·kg^{-1}、20.312g·kg^{-1}、19.710g·kg^{-1}。

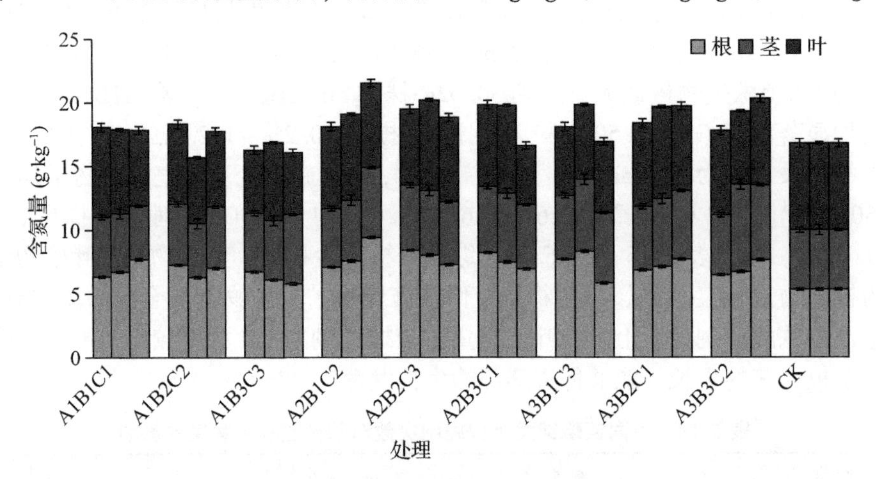

图6.8 氮在各营养器官中的分配

(注：3个相连条柱，左侧为4次施肥结果，中间为6次施肥结果，右侧为8次施肥结果。)

从图6.8还可看出，根部的含氮量整体较高，在单株植株中所占比重最高，其次是叶中的氮含量，含量最低的是茎部。这可能是因为苗木生长初期，根部需要进行大量的养分积累以供应整体的生长，且氮素为植物的光合作用提供重要支撑，因此叶片的氮素积累要大于茎部。4次施肥时，9种施肥处理的根部氮素积累范围为35.1%~43.2%，均高于CK(31.7%)；茎部的氮素积累范围为25.3%~28.2%，只有A1B3C3(28.2%)处理高于CK(27.9%)，其余处理均低于CK，说明在此试验条件下，茎部的氮素积累是有所下降的；叶部的氮素积累范围为29.9%~38.9%，均低于CK(40.4%)。6次施肥时，9种施肥处理的根部氮素积累范围为34.9%~42.1%，均高于CK(31.7%)；茎部的氮素积累范围为25.1%~35.3%，除A3B3C2(35.3%)、A3B1C3(28.3%)外均低于CK(27.9%)；叶部的氮素积累范围为29.8%~36.9%，均低于CK(40.4%)。8次施肥时，根部的氮素积累范围为34.4%~43.8%，均显著高于CK(31.7%)；茎部的氮素积累范围为23.6%~33.8%，除A1B3C3(33.8%)、A3B1C3(32.6%)、A2B3C1(30.3%)、A3B3C2(28.8%)处理高于CK(27.9%)外，其他处理均低于CK；叶部的氮素积累范围为27.9%~35.1%，均低于CK(40.4%)。综上所述，3种施肥次数设计下，根部的氮素积累均显著提高，茎部的氮素积累随着次数的减少所占比例也有所减少，叶部的氮素积累均显著下降，因此施肥措施主要提高了根部的氮素养分含量。

(2)磷在植株各器官中的分配

磷在植物的生长过程中参与到多种生物化学反应中，会影响植物的生长发育和新陈代谢。由图6.9可知不同氮磷钾配比和施肥次数对幼苗各器官磷含量的影响。整体来看，并不是所有施肥处理都能促进植物的磷吸收，有些处理甚至会导致植株体内磷素的降低。4次施肥下，只有A1B3C3处理显著高于CK(3.059g·kg^{-1})，其他处理均与CK间无显著差异，且不同程度低于CK，是CK的87.5%~102.0%。6次施肥下，除A3B3C2、A2B2C3、A3B2C1这3个处理低于CK(3.059g·kg^{-1})外，其他处理均显著高于CK，比CK提高2.4%~20.6%，其中A1B3C3、A1B2C2处理的含磷量较高，分别为3.69g·kg^{-1}、3.40g·kg^{-1}。8次施肥下，除A2B1C2(3.31g·kg^{-1})、A1B2C2(3.35g·kg^{-1})、A1B3C3(3.92g·kg^{-1})处理显著高于CK(3.059g·kg^{-1})外，其余处理均低于CK，是CK的87.8%~95.5%。

从图6.9还可看出，根部的含磷量整体较高，在单株植株中所占比重最高，其次是茎中的磷含量，含量最低的是叶部。这样的整体规律与植物生长初期植物的磷素需求有关，磷可以影响植株的高矮和分枝，除根部积累外主要作用于茎部的生长。4次施肥时，9种施肥处理的根部磷素积累范围为41.9%~55.7%，除了A1B3C3(51.7%)、A2B2C3(55.7%)高于CK(50.3%)外，其余处理均低于CK；茎部的磷素积累范围为27.8%~41.3%，A1B2C2、A2B2C3、A2B1C2、A1B3C3处理低于CK(31.6%)，其余处理均高于CK，其中A3B3C2(41.3%)含量最高；叶部的磷素积累范围为13.8%~22.2%，A3B3C2(13.8%)、A2B2C3(15.8%)、A3B1C3(17.8%)处理低于CK(18.1%)，其余处理均高于CK。6次施肥时，9种施肥处理的根部磷素积累范围为40.6%~54.2%，A1B3C3(54.2%)、A2B1C2(50.4%)处理高于CK(50.3%)，其他处理均低于CK；茎部的磷素积累范围为26.4%~38.6%，除A1B3C3(26.4%)、A1B2C2(26.9%)、A2B1C2(28.4%)、A1B1C1(29.2%)外均高于CK(31.6%)，其中最高的为A3B3C2(38.6%)；叶部的磷素积累范围为15.7%~31.4%，除处理A3B1C3(15.7%)、A3B3C2(17.5%)外均高于CK(18.1%)。8次施肥时，根部的磷素积累范围为40.5%~51.1%，除A2B3C1(51.2%)、A2B1C2(51.1%)、A1B3C3(51.0%)处理外均低于CK(50.3%)；茎部的磷素积累范围为29.6%~42.9%，除A1B1C1(29.6%)、A1B2C2(30.0%)、A2B2C3(30.5%)处理低于CK(31.6%)外，其他处理均高于CK；叶部的磷素积累范围为16.3%~23.8%，除A1B1C1(23.8%)、A1B2C2(21.5%)、A2B2C3(20.1%)这3个处理高于CK(18.1%)外，其余处理均低于CK。综上所述，3次施肥设计下，根部的磷素积累均最高，但是相较CK显著下降，茎部的磷素积累所占比例有所增加，叶部的磷素积累最少且均显著下降，因此施肥措施主要影响了茎部的磷素养分含量。

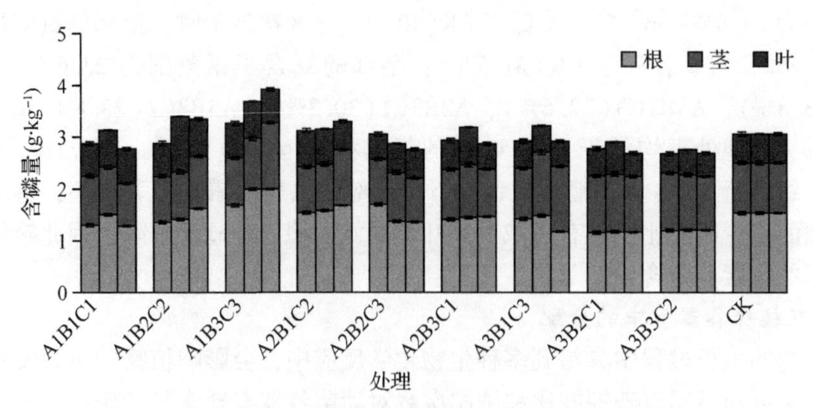

图 6.9 磷在各营养器官中的分配

（注：3 个相连条柱，左侧为 4 次施肥结果，中间为 6 次施肥结果，右侧为 8 次施肥结果。）

(3)钾在植株各器官中的分配

钾元素在植物的生长过程中，主要作用是活化呼吸作用和光合作用的酶活性，多集中于生命活动活跃的部位。由图 6.10 可知不同氮磷钾配比和施肥次数对幼苗各器官钾含量的影响。整体来看，施肥措施能够促进植株体内的钾吸收，不同施肥次数下，9 种施肥处理植株体内的钾含量均高于 CK。4 次施肥下，A3B1C3(26.606g·kg^{-1})、A2B2C3(26.711g·kg^{-1})、A1B2C2(28.091g·kg^{-1})处理与 CK(25.073g·kg^{-1})没有显著差异，其他处理均显著高于 CK，比 CK 提高 6.1%~44.4%。6 次施肥下，9 种施肥处理均显著高于 CK(25.073g·kg^{-1})外，比 CK 提高 15.3%~52.0%，其中 A3B2C1、A2B3C1、A3B3C2 处理的含钾量较高，分别为 38.102g·kg^{-1}、34.142g·kg^{-1}、33.365g·kg^{-1}。8 次施肥下，除 A1B2C2(24.263g·kg^{-1})处理与 CK(25.073g·kg^{-1})无显著差异且低于 CK 外，其余处理均显著高于 CK，比 CK 提高 16.4%~37.0%。

从图 6.10 还可看出，根部与叶部的含磷量整体较高，在单株植株中所占比重最大，含量最低的是茎部。4 次施肥时，9 种施肥处理的根部钾素积累范围为 37.7%~51.9%，除了 A2B2C3(51.9%)处理高于 CK(51.0%)外，其余处理均低于 CK；茎部的钾素积累范围为 9.5%~13.7%，9 种处理茎部的钾含量均低于 CK(16.1%)；叶部的钾素积累范围为 38.6%~50.4%，9 种处理叶部的钾含量均高于 CK(32.9%)，其中 A1B1C1(50.4%)处理的叶部钾含量最高；6 次施肥时，根部的钾积累范围为 38.6%~48.0%，9 种施肥处理均低于 CK(51.0%)；茎部的钾素积累范围为 10.8%~14.9%，9 种施肥处理均低于 CK(16.1%),；叶部的钾素积累范围为 38.2%~49.3%，9 种施肥处理均高于 CK(32.9%)，其中 A2B3C1(49.3%)处理的叶部钾含量最高。8 次施肥时，根部的钾素积累范围为 38.8%~56.6%，除 A3B3C2(56.6%)、A1B2C2(56.2%)、A3B2C1(53.1%)处理外均低于 CK(51.0%)；茎部的钾素积累范围为 9.5%~14.9%，9 种施肥处理低于 CK(16.1%)；叶部的钾素积累范围为 28.9%~51.0%，除 A1B2C2(28.9%)处理外其余处理均高于 CK(32.9%)，其中 A1B3C3(51.0%)、A2B3C1(50.7%)、A2B2C3(49.7%)这 3 个处理的叶部钾含量较高。综上所述，3 次施肥设计下，根部和叶部的钾素积累较高，且所占比例相近，但是根部的钾含量相较 CK 显著下降，叶部的钾素积累所占比例显著增加，茎部的钾

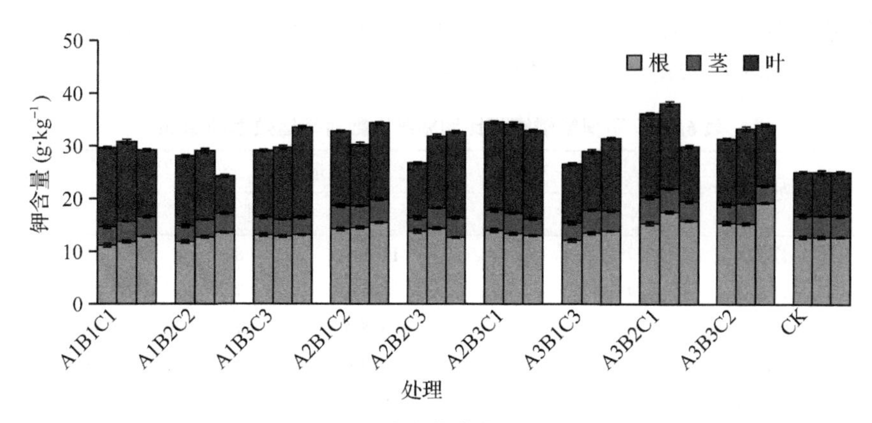

图6.10 钾在各营养器官中的分配

(注:3个相连条柱,左侧为4次施肥结果,中间为6次施肥结果,右侧为8次施肥结果。)

素积累最少且显著下降,因此施肥措施主要影响了叶部的钾养分含量。

6.3.4.2 养分转运效率

养分转运效率反映了植物体对土壤中的养分吸收情况,因此可以通过其判断施肥效果。由表6.19可知不同氮磷钾配比和施肥次数对养分转运效率的影响,4次施肥下,氮的转运效率范围为5.1%~28.0%,A1B3C3(5.1%)处理的转运效率低于CK(8.4%),其中A2B3C1处理的装运效率最高为28%,比CK提高19.4%。磷的转运效率范围为3.7%~26.6%,只有A1B3C3(26.6%)、A2B1C2(20.8%)、A2B2C3(18.4%)这3个处理的磷转运效率要高于或等于CK(18.4%),其余处理的转运效率都低于CK。钾的转运效率范围为4.1%~50.4%,9种施肥处理的钾转运效率相较CK(4.1%)都显著提高,其中A3B2C1处理的钾转运效率最高,达到50.4%,比CK提高50.3%。6次施肥下,氮的转运效率范围为1.3%~30.4%,A1B2C2处理的转运效率极低为1.3%,比CK(8.4%)还要低7.1%,其他处理均高于CK,其中A2B2C3(30.4%)、A3B1C3(28.0%)、A2B3C1(27.7%)3个处理的氮转运效率较高,分别比CK提高了22.0%、19.6%、19.3%。磷的转运效率范围为6.8%~42.8%,相较于4次施肥,磷的转运效率均有所提高。除了A3B3C2(6.8%)、A2B2C3(11.1%)、A3B2C1(12.5%)外,其余处理均高于CK(18.4%),其中A1B2C2(42.8%)处理的转运效率最高,比CK提高了24.4%。钾的转运效率除了CK(4.1%)外范围为20.1%~58.3%,9种施肥处理均显著高于CK,其中A3B2C1(58.3%)处理的钾转运效率最高,比CK提高了54.2%。8次施肥下,氮的转运效率范围为3.7%~39.0%,除了A1B3C3(3.7%)、A2B3C1(7.3%)处理的转运效率低于CK(8.4%)外,其余处理均高于CK,其中A2B1C2(39.0%)的氮转运效率最高,比CK提高了30.6%。磷的转运效率范围为6.9%~51.8%,只有A1B3C3(51.8%)、A1B2C2(29.8%)、A2B1C2(27.9%)这3个处理的转运效率高于CK(18.4%),其余处理均低于CK。钾的转运效率范围为0.8%~42.7%,除A1B2C2(0.8%)处理外其他处理均高于CK(4.1%),其中A2B1C2(42.7%)处理的钾转运效率最高,比CK提高了38.6%。总体来看,3种施肥次数设计下,当磷的转运效率较高时,氮和钾的转运效率均较低,尤其是氮和磷之间这种规律尤其明显。只有在适当的氮磷钾配比下才能提高转运效率，否则可能会抑制营养运输。从施肥次数来看，6次施肥下，各种养分的转运效率提高幅度和稳定性都较强。

表 6.19 不同氮磷钾配比和施肥次数对转运效率的影响

施肥次数	处理	转运效率					
		N	排名	P	排名	K	排名
4 次施肥	A1B1C1	16.7%	7	11.1%	8	23.2%	5
	A1B2C2	18.4%	4	11.4%	7	16.7%	7
	A1B3C3	5.1%	10	26.6%	1	20.9%	6
	A2B1C2	17.0%	5	20.8%	2	36.2%	3
	A2B2C3	25.8%	2	18.4%	3	11.0%	8
	A2B3C1	28.0%	1	13.7%	5	43.7%	2
	A3B1C3	16.9%	6	13.1%	6	10.5%	9
	A3B2C1	18.7%	3	7.5%	9	50.4%	1
	A3B3C2	15.0%	8	3.7%	10	30.2%	4
	CK	8.4%	9	18.4%	3	4.1%	10
6 次施肥	A1B1C1	15.7%	7	21.3%	6	27.9%	5
	A1B2C2	1.3%	10	31.7%	2	20.6%	8
	A1B3C3	9.0%	8	42.8%	1	23.2%	7
	A2B1C2	23.3%	6	21.9%	5	25.7%	6
	A2B2C3	30.4%	1	11.1%	9	32.1%	4
	A2B3C1	27.7%	3	23.5%	4	41.8%	2
	A3B1C3	28.0%	2	24.6%	3	20.1%	9
	A3B2C1	27.0%	4	12.5%	8	58.3%	1
	A3B3C2	24.8%	5	6.8%	10	38.6%	3
	CK	8.4%	9	18.4%	7	4.1%	10
8 次施肥	A1B1C1	15.3%	5	7.2%	7	21.2%	8
	A1B2C2	14.6%	6	29.8%	2	0.8%	10
	A1B3C3	3.7%	10	51.8%	1	39.4%	3
	A2B1C2	39.0%	1	27.9%	3	42.7%	1
	A2B2C3	21.6%	4	6.9%	8	35.7%	5
	A2B3C1	7.3%	9	11.1%	6	36.7%	4
	A3B1C3	9.3%	7	13.0%	5	30.4%	6
	A3B2C1	27.2%	3	4.1%	9	24.3%	7
	A3B3C2	31.1%	2	4.0%	10	41.7%	2
	CK	8.4%	8	18.4%	4	4.1%	9

6.3.4.3 氮、磷、钾利用效率

从表 6.20 可看出不同氮磷钾配比和施肥次数对养分利用率的影响。4 次施肥下，氮的养分利用率较高的处理为 A2B3C1(83.7%)、A1B2C2(73.9%)、A2B2C3(72.9%)，最低的处理为 A1B3C3(-54.4%)。磷的养分利用率只有 A1B3C3(26.5%)、A2B1C2(3.8%)这 2 个处理为正，其余处理均低于 0。钾的养分利用率较高的处理为 A2B3C1(59.5%)、

A1B1C1(57.3%)、A1B3C3(50.3%)，最低的处理为A3B1C3(4.8%)。6次施肥下，A2B2C3(95.4%)、A2B3C1(82.0%)处理的氮的养分利用率相较其他处理较高，A1B2C2(-91.9%)处理则最低。A1B3C3(78.9%)、A1B2C2(42.8%)处理的磷养分利用率较高，A2B2C3(-11.8%)则最低。钾的养分利用率最高的为A1B1C1(71.5%)，显著高于其他处理。8次施肥下，A2B1C2(136.9%)处理的氮养分利用率要显著高于其他处理。只有A1B3C3(49.2%)、A1B2C2(36.7%)、A2B1C2(15.4%)处理的磷养分利用率为正。A2B1C2(58.0%)处理的钾养分利用率要显著高于其他处理。

3种施肥次数设计下，6次施肥的氮、磷的养分利用率要高于其他两次，氮、磷、钾养分利用率的最高值均出现在8次施肥时，且当磷的养分利用率最高时，氮的养分利用率一定较低。

表6.20 不同氮磷钾配比和施肥次数对养分利用率的影响

施肥次数	处理	养分利用率					
		N	排名	P	排名	K	排名
4次施肥	A1B1C1	57.9%	4	-23.6%	9	57.3%	2
	A1B2C2	73.9%	2	-22.6%	8	37.7%	5
	A1B3C3	-54.4%	9	26.5%	1	50.3%	3
	A2B1C2	30.2%	5	3.8%	2	48.2%	4
	A2B2C3	72.9%	3	-0.1%	3	10.2%	8
	A2B3C1	83.7%	1	-7.6%	5	59.5%	1
	A3B1C3	19.8%	7	-4.3%	4	4.8%	9
	A3B2C1	25.7%	6	-8.8%	6	34.8%	6
	A3B3C2	13.8%	8	-11.9%	7	19.6%	7
6次施肥	A1B1C1	47.6%	6	9.3%	3	71.5%	1
	A1B2C2	-91.9%	9	42.8%	2	49.6%	4
	A1B3C3	-17.3%	8	78.9%	1	57.5%	2
	A2B1C2	60.6%	3	5.7%	5	32.4%	7
	A2B2C3	95.4%	1	-11.8%	9	42.0%	5
	A2B3C1	82.0%	2	8.2%	4	56.7%	3
	A3B1C3	55.7%	4	5.0%	6	12.0%	9
	A3B2C1	52.5%	5	-4.8%	7	40.7%	6
	A3B3C2	45.2%	7	-9.4%	8	25.9%	8
8次施肥	A1B1C1	44.6%	3	-36.0%	9	51.4%	3
	A1B2C2	37.1%	6	36.7%	2	-10.1%	9
	A1B3C3	-68.2%	9	49.2%	1	55.0%	2
	A2B1C2	136.9%	1	15.4%	3	58.0%	1
	A2B2C3	52.7%	4	-18.6%	8	47.5%	5
	A2B3C1	-16.8%	7	-11.9%	7	49.0%	4
	A3B1C3	-4.6%	8	-4.3%	4	19.7%	7
	A3B2C1	53.1%	5	-11.6%	5	15.1%	8
	A3B3C2	65.7%	2	-11.6%	5	28.2%	6

6.3.5 不同氮磷钾配比和施肥次数对土壤 pH 的影响

土壤的酸碱度能够影响植物的生长，合理施肥能够改良土壤的酸碱度，使之适应植物的生长。从表 6.21 可知不同施肥处理对土壤 pH 的影响。4 次施肥下，pH 的变化范围为 7.77~7.91，CK(pH=7.86)处理的 pH 值并不是最低的，最低的为处理 A3B3C2(pH=7.77)，最高的处理为 A3B2C1(pH=7.91)。6 次施肥下，pH 的变化范围为 7.78~7.91，pH 值最低的处理为 A2B2C3(pH=7.78)，最高的处理为 A2B3C1(pH=7.91)。8 次施肥下，pH 的变化范围为 7.79~7.92，pH 值最低的处理为 A2B2C3(pH=7.79)，最高的处理为 A1B3C3(pH=7.92)。整体来看，本试验条件下，土壤的酸碱度变化并不大，各施肥次数下处理间的差异并不明显，且施肥次数对 pH 值的影响也很小。

表 6.21　不同氮磷钾配比和施肥次数对土壤 pH 的影响

处理	4 次	6 次	8 次
A1B1C1	7.88±0.05b	7.82±0.02a	7.83±0.04a
A1B2C2	7.81±0.01ab	7.79±0.03a	7.83±0.03a
A1B3C3	7.86±0.04b	7.82±0.05a	7.92±0.02b
A2B1C2	7.83±0.03ab	7.84±0.02ab	7.86±0.03ab
A2B2C3	7.90±0.02b	7.78±0.03a	7.79±0.01a
A2B3C1	7.78±0.02a	7.91±0.02b	7.85±0.02a
A3B1C3	7.82±0.05ab	7.84±0.03ab	7.84±0.05a
A3B2C1	7.91±0.03b	7.88±0.04ab	7.86±0.03ab
A3B3C2	7.77±0.04a	7.81±0.02a	7.82±0.03a
CK	7.86±0.02b	7.86±0.02ab	7.86±0.02ab

注：同列数值后不同字母表示差异达 5%显著水平，$p<0.05$。

6.3.6 不同氮磷钾配比和施肥次数对土壤养分含量的影响

由表 6.22 可知不同氮磷钾配比和施肥次数对土壤养分含量的影响。4 次施肥下，CK 的氮含量最低，为 2.620$g·kg^{-1}$，除了 A3B2C1 处理显著高于 CK 外，其余处理均与 CK 无显著差异，A3B2C1 处理的氮含量为 2.961$g·kg^{-1}$，比 CK 提高了 13.0%。磷的含量，CK(0.891$g·kg^{-1}$)并不是最低的，A2B3C1 处理的磷含量最低，为 0.660$g·kg^{-1}$，含量最高的处理为 A1B3C3(1.594$g·kg^{-1}$)，比 CK 提高了 78.9%。钾的含量，除了 A3B2C1(6.218$g·kg^{-1}$)、A1B1C1(5.064$g·kg^{-1}$)、A1B2C2(5.011$g·kg^{-1}$)3 个处理高于 CK(4.952$g·kg^{-1}$)外，其余处理均低于 CK，其中 A3B2C1 处理含量最高，比 CK 提高了 25.6%。6 次施肥下，只有 A1B2C2(4.283$g·kg^{-1}$)处理的氮含量显著高于 CK(2.620$g·kg^{-1}$)，其余处理与 CK 间无显著差异，A1B2C2 处理比 CK 提高 63.5%。CK(0.891$g·kg^{-1}$)的磷含量并不是最低的，A2B3C1 处理的磷含量最低，为 0.733$g·kg^{-1}$，A2B2C3(1.612)处理的磷含量最高，比 CK 提高 80.9%。除了 A1B1C1(5.137$g·kg^{-1}$)、A1B3C3(5.073$g·kg^{-1}$)处理的钾含量高于 CK(4.952$g·kg^{-1}$)外，其他处理的钾含量均低于 CK，含量最高的 A1B1C1 处理，比 CK 提高了 3.7%。8 次施肥下，同样的只有 A1B2C2(4.531$g·kg^{-1}$)处理的氮含量显著高于 CK

(2.620g·kg^{-1})，其他处理均与 CK 无显著差异，A1B2C2 处理的氮含量比 CK 提高了 72.9%。各个处理间磷的含量差异显著，A2B3C1(0.717g·kg^{-1})处理的磷含量显著低于 CK (0.891g·kg^{-1})，而 A2B1C2(1.610g·kg^{-1})处理的磷含量最高，比 CK 提高了 80.7%。各处理间钾的含量差异不显著，A1B2C2 处理的含量最高，为 5.029g·kg^{-1}，比 CK 提高了 1.6%。

表 6.22　不同氮磷钾配比和施肥次数对土壤养分含量的影响

施肥次数	处理	土壤养分含量		
		N	P	K
4 次施肥	A1B1C1	2.756±0.257ab	1.445±0.019b	5.064±0.101ab
	A1B2C2	2.562±0.015ab	1.495±0.015b	5.011±0.299ab
	A1B3C3	2.930±0.188ab	1.594±0.034b	4.827±0.133ab
	A2B1C2	2.556±0.107ab	1.585±0.009b	4.492±0.278ab
	A2B2C3	2.642±0.053ab	1.355±0.266b	4.721±0.328ab
	A2B3C1	2.515±0.097a	0.660±0.011a	4.301±0.089a
	A3B1C3	2.652±0.008ab	0.826±0.019a	4.304±0.123a
	A3B2C1	2.961±0.163b	0.839±0.017a	6.218±0.160b
	A3B3C2	2.683±0.057ab	0.921±0.018a	4.072±0.176a
	CK	2.620±0.051ab	0.891±0.074a	4.952±0.112ab
6 次施肥	A1B1C1	2.338±0.027a	1.000±0.192b	5.137±0.112c
	A1B2C2	4.283±0.577b	1.486±0.009c	4.660±0.276bc
	A1B3C3	2.842±0.048a	1.477±0.018c	5.073±0.005c
	A2B1C2	2.520±0.055a	1.576±0.007c	4.721±0.116bc
	A2B2C3	2.711±0.054a	1.612±0.027c	4.218±0.067ab
	A2B3C1	2.504±0.148a	0.733±0.025a	3.980±0.175a
	A3B1C3	2.816±0.036a	0.769±0.028a	4.404±0.177ab
	A3B2C1	2.630±0.086a	0.856±0.014ab	4.066±0.269a
	A3B3C2	2.891±0.082a	0.871±0.010ab	4.701±0.056bc
	CK	2.620±0.051a	0.891±0.074ab	4.952±0.112c
8 次施肥	A1B1C1	2.601±0.082a	1.489±0.042d	4.699±0.154a
	A1B2C2	4.531±0.157b	1.488±0.002d	5.029±0.063a
	A1B3C3	2.366±0.022a	1.568±0.045de	4.873±0.220a
	A2B1C2	2.737±0.050a	1.610±0.025e	4.958±0.198a
	A2B2C3	2.772±0.145a	0.748±0.025ab	4.661±0.116a
	A2B3C1	2.621±0.081a	0.717±0.024a	4.245±0.283a
	A3B1C3	2.820±0.100a	0.817±0.012abc	4.958±0.707a
	A3B2C1	2.560±0.043a	0.843±0.020bc	4.397±0.178a
	A3B3C2	2.835±0.119a	0.921±0.043c	4.696±0.143a
	CK	2.620±0.051a	0.891±0.074c	4.952±0.112a

注：同列数值后不同字母表示差异达 5% 显著水平，$p<0.05$。

6.3.7 综合分析

苗木质量指数是通过苗高、地径、干重对苗木进行评价的一个数量标准，能够直观反映苗木的生长状况，一般指数值越高，苗木质量越好。表6.23说明了本试验条件下各处理苗木质量指数的情况。4次施肥下，QI排名前3的处理为A3B1C3、A3B3C2、A3B2C1；6次施肥下，QI排名前3的处理为A2B3C1、A3B3C2、A3B2C1；8次施肥下，QI排名前3的处理为A2B2C3、A2B3C1、A3B2C1。随着施肥次数的增加，苗木质量指数越高，施氮量越少，施磷量和施钾量的规律不甚明显。3种施肥次数下，QI排名前3的处理均有A3B2C1，说明这个氮磷钾配比下的苗木生长比较稳定。

由于试验过程中所测指标较多，而每个指标下氮磷钾配比和施肥次数的规律存在一定的差异，因此采用主成分分析的方法对所测指标进行了综合分析。主成分分析法是把原来多个变量划为少数几个综合指标的一种统计分析方法，利用原变量之间的相关关系，用较少的新变量代替原来较多的变量，并使这些少数变量尽可能保留原来较多的变量所反映的信息，以此来简化由于变量较多而导致的复杂性。

表6.23 苗木质量指数

处理	4		6		8	
	QI	排名	QI	排名	QI	排名
A1B1C1	2.1205	8	1.8401	9	2.1203	8
A1B2C2	2.3515	7	2.4055	5	2.1532	7
A1B3C3	2.6880	5	2.3736	6	2.2261	6
A2B1C2	1.9259	9	2.1371	7	2.0397	9
A2B2C3	2.3543	6	2.1059	8	3.4280	1
A2B3C1	2.7796	4	3.4213	1	2.7969	2
A3B1C3	3.0093	1	2.4479	4	2.5144	4
A3B2C1	2.7880	3	2.9193	3	2.5981	3
A3B3C2	2.8432	2	3.1915	2	2.3671	5
CK	1.5907	10	1.5907	10	1.5907	10

将本试验的所有处理进行编号和数据整合，得到共27个施肥处理。根据主成分分析的结果，KMO检验值为0.362，Bartlett球形检验结果sig. <0.01，因此能够进一步进行特征值分析。结果保留了特征值大于1的6个主成分，这6个主成分集中了原始变量的85.977%，能够根据这6个主成分的得分情况来反映最终结果，表6.24为各个主成分最终的得分公式。根据表6.25的主成分的最终得分和排名情况可以看到，编号18、25、17，即6次施肥下A3B3C2处理、8次施肥下A3B1C3处理、6次施肥下A3B2C1处理，这3个处理的综合得分是较高的。其中6次施肥下A3B3C2处理为最高，即生长季施肥6次、施氮量480mg·株$^{-1}$、施磷量320mg·株$^{-1}$、施钾量160mg·株$^{-1}$、氮磷钾配比为3：2：1时，利用主成分分析法得到的苗木综合得分最高。与前面进行的分次数测算苗木质量指数的结果较吻合，6次施肥时QI排名最高的3个组合为A2B3C1、A3B3C2、A3B2C1，综合得分的结果也同时落在这个范围内。

表 6.24 得分公式

主成分	得分公式
1	$Y=0.229X1+0.226X2+0.273X3+0.311X4+0.300X5+0.320X6+0.183X7-0.264X8+0.175X9+0.183X10-0.264X11+0.175X12+0.104X13-0.231X14-0.150X15-0.060X16-0.097X17-0.145X18-0.019X19+0.282X20+0.252X21$
2	$Y=-0.017X1+0.086X2+0.233X3+0.134X4+0.196X5+0.215X6-0.326X7+0.256X8+0.147X9-0.325X10+0.256X11+0.146X12-0.432X13-0.329X14-0.174X15-0.153X16+0.144X17-0.033X18+0.056X19+0.166X20+0.221X21$
3	$Y=0.039X1-0.086X2-0.138X3+0.019X4-0.073X5-0.084X6+0.301X7+0.153X8+0.386X9+0.301X10+0.153X11+0.386X12-0.240X13+0.099X14-0.350X15-0.382X16+0.262X17-0.067X18+0.133X19-0.027X20-0.077X21$
4	$Y=-0.276X1-0.109X2+0.158X3-0.105X4-0.105X5+0.026X6-0.036X7-0.093X8+0.309X9-0.036X10-0.093X11+0.310X12-0.004X13-0.028X14+0.226X15+0.353X16-0.474X17+0.375X18+0.330X19+0.038X20+0.036X21$
5	$Y=-0.137X1+0.192X2+0.097X3+0.018X4-0.042X5+0.049X6+0.263X7+0.292X8-0.195X9+0.264X10+0.293X11-0.195X12+0.148X13+0.264X14-0.352X15+0.113X16-0.019X17+0.049X18+0.500X19+0.217X20+0.130X21$
6	$Y=-0.530X1-0.189X2+0.150X3+0.315X4-0.083X5+0.171X6-0.031X7+0.047X8+0.017X9-0.031X10+0.047X11+0.017X12-0.027X13+0.027X14-0.178X15+0.029X16+0.130X17+0.499X18+0.132X19-0.135X20-0.428X21$

表 6.25 主成分分析得分

次数	处理	编号	F1	排名	F2	排名	F3	排名	F4	排名	F5	排名	F6	排名	F	排名
	A1B1C1	1	35.1	25	9.3	24	15.7	15	-0.2	7	3.9	13	31.4	25	95.2	25
	A1B2C2	2	32.7	26	8.6	27	15.1	21	1.0	4	5.1	3	27.2	26	89.8	27
	A1B3C3	3	36.1	23	11.3	15	14.6	23	-1.5	11	3.8	14	32.3	22	96.5	23
	A2B1C2	4	42.8	14	11.2	16	17.4	6	-5.3	26	1.2	27	43.2	4	110.6	13
4次	A2B2C3	5	36.4	21	9.4	23	14.7	22	-1.3	10	5.8	1	31.5	24	96.5	24
	A2B3C1	6	43.7	10	13.1	10	17.7	3	-0.2	5	4.1	11	36.0	17	114.3	9
	A3B1C3	7	45.0	8	13.5	9	13.3	26	-4.9	25	4.5	7	40.6	10	112.0	11
	A3B2C1	8	45.2	7	15.2	4	16.7	9	1.4	2	3.8	15	38.5	13	120.8	4
	A3B3C2	9	47.2	4	14.4	5	15.2	20	-4.7	24	2.6	21	42.9	5	117.7	6
	A1B1C1	10	37.5	19	9.1	25	17.2	8	-3.5	15	1.6	26	38.4	14	100.3	19
	A1B2C2	11	37.8	18	12.8	11	13.8	25	-2.1	13	3.7	16	34.6	19	100.5	18
	A1B3C3	12	35.4	24	11.1	17	15.3	18	-0.9	8	4.1	12	32.3	21	97.4	20
	A2B1C2	13	43.2	12	10.9	19	16.5	10	-6.1	27	2.4	23	43.2	3	110.2	14
6次	A2B2C3	14	40.9	16	9.7	21	17.5	4	-3.9	19	2.8	19	38.7	12	105.7	17
	A2B3C1	15	44.7	9	13.8	7	17.3	7	-1.0	9	4.5	6	36.0	16	115.5	7
	A3B1C3	16	42.4	15	11.3	14	15.7	16	-4.1	21	4.4	9	38.8	11	108.5	15
	A3B2C1	17	47.4	3	14.3	6	18.8	2	-1.8	12	2.5	22	41.0	7	122.3	3
	A3B3C2	18	51.1	1	15.9	2	15.9	13	-4.4	22	2.9	17	46.2	1	127.6	1
	A1B1C1	19	37.1	20	8.7	26	16.1	12	-3.8	18	2.3	24	36.4	15	96.7	22
	A1B2C2	20	36.2	22	9.6	22	12.9	27	-4.1	20	5.4	2	34.2	20	94.2	26
	A1B3C3	21	32.6	27	12.8	13	16.2	11	4.6	1	4.8	4	25.8	27	96.7	21
	A2B1C2	22	43.6	11	10.2	20	19.3	1	-4.4	23	2.2	25	42.8	6	113.7	10
8次	A2B2C3	23	43.1	13	13.5	8	15.9	14	-0.2	6	4.5	8	34.8	18	111.7	12
	A2B3C1	24	46.3	5	15.3	3	15.5	17	-2.8	14	2.7	20	41.0	8	118.1	5
	A3B1C3	25	48.5	2	16.1	1	14.4	24	-3.6	17	2.9	18	45.0	2	123.3	2
	A3B2C1	26	45.3	6	12.8	12	15.3	19	-3.6	16	4.2	10	40.6	9	114.6	8
	A3B3C2	27	39.5	17	11.1	18	17.5	5	1.4	3	4.8	5	31.9	23	106.1	16

6.4 小结

(1)不同氮磷钾配比和施肥次数可显著影响红花玉兰幼苗的高生长，且6次施肥时A3B3C2(69.34cm)处理促进幼苗的高生长效果最好。幼苗高生长在生长季的基本规律为“上升—下降”，与对照表现出显著差异($p<0.05$)。

(2)不同氮磷钾配比和施肥次数可显著影响红花玉兰幼苗的地径生长，且6次施肥时植株整体地径生长状况较好，A3B2C1(11.672mm)处理下地径达到最大。幼苗地径生长在生长季呈现的基本规律为“下降—上升”，与对照表现出显著差异。

(3)不同氮磷钾配比和施肥次数可显著影响红花玉兰幼苗叶绿素含量的积累和动态变化，且6次施肥下，A3B3C2(20.33mg·g^{-1})处理在生长季的叶绿素含量是最高的，最有利于光合生长。叶绿素在生长季的整体变化规律大致为“上升—平稳—下降”，符合根据季节变化的生长规律。

(4)不同氮磷钾配比和施肥次数可显著影响红花玉兰幼苗生物量的积累，幼苗的生物量积累规律大致为“根>茎>叶”。施肥处理下，根生物量占全株比例有所下降，8次施肥下所占比例较高为42.5%~57.3%，且8次施肥时A3B1C3(17.04g·株$^{-1}$，52.3%)处理的根生物量最高且占全株比例也较高。施肥处理能够显著提高幼苗的茎生物量和占全株比例，6次施肥下，A3B3C2(10.64g·株$^{-1}$)处理的茎生物量最高，比CK(3.09g·株$^{-1}$)提高了244.3%，且占全株31.3%，也显著高于CK(24.7%)。施肥处理对叶生物量的影响不是十分显著，其中6次施肥下，A3B3C2(7.06g·株$^{-1}$)处理的叶生物量最高，比CK(2.63g·株$^{-1}$)提高了168.4%。施肥处理能够显著提高植株的整株生物量，其中6次施肥下，A3B3C2(g·株$^{-1}$)处理的整株生物量最高，比CK(12.50g·株$^{-1}$)提高了172.2%。

(5)不同氮磷钾配比和施肥次数可显著影响红花玉兰幼苗的养分积累情况，幼苗的养分积累情况大致为“氮>磷>钾”，氮的积累规律为“根>叶>茎”，磷的积累规律为“根>茎>叶”，钾的积累规律为“根>茎>叶”。其中氮的积累中，8次施肥下，A2B1C2(21.539g·kg^{-1})处理的含氮量最高；在磷的积累中，8次施肥下，A1B3C3(3.92g·kg^{-1})处理的含磷量最高；在钾的积累中，6次施肥下，A3B2C1(38.102g·kg^{-1})处理的含钾量最高。

(6)不同氮磷钾配比和施肥次数可显著影响养分转运效率和养分利用率。钾的转运效率要高于氮和磷，且6次施肥下，氮磷钾的转运效率相较4次、8次整体较高。但是氮的最高转运效率为8次施肥下的A2B1C2(39.0%)处理，磷的最高转运效率为8次施肥下的A1B3C3(51.8%)处理，钾的最高转运效率为6次施肥下的A3B2C1(58.3%)处理。氮的养分利用率要高于钾，而钾的养分利用率要高于磷，且整体来看6次施肥下，养分利用效率要高于4次、8次。但是与转运效率一样，氮的最高养分利用率为8次施肥下的A2B1C2(136.9%)处理，磷的最高养分利用率为8次施肥下的A1B3C3(49.2%)处理，钾的最高养分利用率为6次施肥下的A1B3C3(71.5%)处理。

(7)不同氮磷钾配比和施肥次数一定程度上也对土壤性质产生了影响。本试验条件下，施肥处理下的土壤pH与CK的差异并不显著，基本维持在7.78~7.92的范围内。土壤养分含量的规律与植物养分含量的规律刚好相反，8次施肥下，A1B2C2(4.531g·kg^{-1})处理的氮含量最高；8次施肥下，A2B1C2（1.610g·kg^{-1}）处理的磷含量最高；6次施肥下，A1B1C1（5.137g·kg^{-1}）处理的钾含量最高。

（8）利用苗木质量指数和主成分分析的方法对施肥效果进行综合分析。从苗木质量指数来看，8次施肥下A2B2C3（3.4280）处理、6次施肥下A2B3C1（3.4213）处理、6次施肥下A3B3C2（3.1915）处理这3个处理的QI值最高。利用主成分分析的方法，得到各个处理的综合得分，其中6次施肥下A3B3C2（127.6）处理、8次施肥下A3B1C3（123.3）处理、6次施肥下A3B2C1（122.3）处理的综合得分最高。

综上所述，施肥有利于促进红花玉兰幼苗的生长，能够促进各项生长指标，也能够提高植株体内的养分积累。根据本研究，确定了适合于1年生红花玉兰的最佳施肥量、施肥配比、施肥次数，最终形成了一套施肥技术措施，制定了生长季施肥6次、施氮量480mg·株$^{-1}$、施磷量320mg·株$^{-1}$、施钾量160mg·株$^{-1}$、氮磷钾配比为3∶2∶1的施肥制度。同时也初步确定了1年生红花玉兰幼苗专用肥的氮磷钾配制比例，盆栽种植可根据本试验直接配制，大田施用还要考虑土壤流失程度，从而计算出配制用量。

第7章 红花玉兰移栽缓苗技术

移栽胁迫，即从起苗到移植后的一段时间内，多种因子对植株生长发育所产生的消极作用(毕会涛，2008)。红花玉兰作为湖北省五峰土家族自治县特有种，对生境条件要求极高，移栽过程中发现其普遍存在缓苗时间长、移栽成活率低等问题，一定程度上阻碍了其引种推广。为促进其移栽后恢复生长、最大程度发挥观赏价值，本章节通过对红花玉兰移栽苗进行不同的土壤生化和夏季修剪处理，探究不同处理方式对红花玉兰移栽苗生理指标的影响，以期对红花玉兰的移栽管理提供技术支撑。

7.1 研究方法

7.1.1 土壤生化处理和夏季修剪对红花玉兰移栽苗生长及生理的影响

7.1.1.1 试验材料

红花玉兰来自北京市鹫峰林场(39°54′N，116°28′E)，树龄3年。试验材料于2016年3月29日，从鹫峰移栽至亭子庄科技创新园(40°12′N，116°08′E)，移栽后保证红花玉兰在相同的水肥管理条件下自然生长。

7.1.1.2 试验设计

将鹫峰林场密植的120株红花玉兰苗木带土移栽到亭子庄科技创新园，土坨半径为20cm，移植穴为0.5m×0.5m×0.5m，株行距为2m×2m，移栽后红花玉兰各处理大田分布见表7.1。

根据双因素随机区组试验设计，设置四种土壤生化处理物质和三种夏季修剪程度，共12个处理，每个处理10株。通过表7.1可以看出，四种土壤生化处理物质为：清水、微生物菌剂、ABT生根粉，以及微生物菌剂与ABT生根粉的混合，浓度分别为：ABT生根粉500mg·L^{-1}、微生物菌剂5000mg·L^{-1}，以及ABT生根粉和微生物菌剂1∶1混合，每棵苗木施加2L溶液，每个处理10株，重复3次；三种夏季修剪程度分别为：0、1/2和1/3，每个处理10株，重复4次。

表 7.1 红花玉兰移栽苗大田试验分布表

T_1H_1	T_2H_1	T_3H_1	T_4H_1
T_1H_2	T_2H_2	T_3H_2	T_4H_2
T_1H_3	T_2H_3	T_3H_3	T_4H_3

注：H1、H2、H3 代表三种夏季修剪程度，分别为 H1=0，H2=1/2，H3=1/3；T1、T2、T3、T4 代表四种土壤处理物质，分别为：T1=清水，T2=微生物菌剂，T3=ABT 生根粉，T4=混合。

3 月 29 日红花玉兰定植后，以树体为中心，修一个半径为 30cm 的畦。定植当天和第 3 天分别浇一次透水，从第 5 天开始每周施加一次处理，连续三周，施加 ABT 生根粉和微生物菌剂，均匀灌在所修畦内。之后，从 5 月开始，每月施加一次处理，持续至 11 月，大田灌溉情况见表 7.2。

夏季修剪时间为 6 月 25 日，并对红花玉兰主干和枝条都进行同等程度的修剪。此外，记录每次浇水的时间和浇水次数。

表 7.2 红花玉兰移栽后灌溉记录表

灌溉次数	灌溉时间
1	2016 年 3 月 29 日
2	2016 年 4 月 1 日
3	2016 年 5 月 3 日
4	2016 年 6 月 10 日
5	2016 年 7 月 15 日
6	2016 年 9 月 20 日
7	2016 年 11 月 10 日

注：第 5 次以后，由管理员根据天气和植物需要实施，第 7 次是冻水。

7.1.1.3 测定指标

(1) 生长指标测定

每个月的 10 号，用钢卷尺和游标卡尺分别测定所有红花玉兰的苗高、地径，记录在已经做好的表格中。为减少人为误差，提高测量精度，在红花玉兰树干的测量方位做上标记，保证每次的测量位置相同。6~7 月，各处理选取 5 棵苗木，每株选取 3 根上层健康枝条，且选定的枝条均位于同一层次的不同方位，挂上标签，测定枝长并记录。

(2) 土壤指标测定

在 10 月 15 号，各个处理在靠近定植穴处随机选取 5 个样点，利用环刀选取表层土，保存于冰盒带回试验室，测定土壤中 N、P、K、有机质和微生物多样性等指标，其中 N、P、K 和有机质依据《土壤农机化学分析》，采用流动分析仪法、火焰光度法和重铬酸钾法测定，微生物多样性则使用高通量测序法测定。

(3) 叶片生理生化指标测定

自夏季修剪完后，从 7 月开始至 10 月结束，每月 10 号从每棵红花玉兰移栽苗摘取 5 片上层健康的叶片，用冰盒保存带回试验室，测定叶片中 N、P、K、可溶性糖和蛋白等无机和有机化合物含量，以及与光合作用密切相关的叶绿素含量，其测量方法分别是 N、P

流动分析仪法、火焰光度法、考马斯亮蓝法、蒽酮比色法和分光光度法。

(4)根系指标测定

10月下旬，各处理随机选取3株红花玉兰苗木，使用直径为10cm的根钻挖取红花玉兰根系，带回试验室挑选清洗，所有根系保存在0℃的冰箱中，利用扫根仪和相关软件对根系进行扫描并分析。取根方法为：以红花玉兰树干为起点，水平方向以正东为准，每隔25cm取一个点，共取2个点；竖直方向，以水平方向的点为起点，竖直向下以10cm为界，取至地下40cm处，每株红花玉兰总计取8个点。

(5)移栽成活率测定

通过观测法对红花玉兰移栽后成活情况进行统计，统计时间分别为修剪前的6月10号，以及生长季末10月15号。

7.1.2 ABT-1生根粉和EM菌剂对移栽后‘娇红2号’苗木生长的影响

7.1.2.1 研究方法

试验地点位于北京市海淀区西山国家森林公园，该地区位于北京西北部，为温带湿润季风气候区，春季风大干旱，夏季高温多雨，冬季寒冷干燥。本试验在温室内进行，降温、保温、遮阴、补光、增湿、灌溉等设施配备完善，可充分满足苗木的生长。

试验苗木为1年生‘娇红2号’嫁接苗，砧木为2年生望春玉兰。2019年3月3日，由湖北五峰运至北京西山国家森林公园开展试验。运输前将苗木根系用水浸润并用塑料薄膜包裹根部，以防根系失水。2019年3月4日将长势基本一致的裸根苗木栽在底部有孔的花盆(盆高32cm、直径36cm，底部带有托盘)中。供试土壤：草炭土(丹麦进口草炭土Pindstrup Sphagnum，pH=5.5)和沙土(土壤密度1.8477g·cm^{-3}；体积比1∶1)。试验试剂：ABT-1号生根粉；农富康EM菌剂(生物复合菌液，主要成分：地衣芽孢杆菌、乳酸菌、枯草芽孢杆菌、酵母菌、粪肠球菌等)。

7.1.2.2 试验设计

2019年3月4日正式进行移栽试验(表7.3)。将‘娇红2号’按照完全随机区组分成：对照(CK)，ABT-1生根粉：50μg·g^{-1}(A1)、100μg·g^{-1}(A2)、150μg·g^{-1}(A3)、300μg·g^{-1}(A4)，EM菌剂：2μg·g^{-1}(B1)、3μg·g^{-1}(B2)、5μg·g^{-1}(B3)、10μg·g^{-1}(B4)共9个处理，每个处理10株苗木，3次重复。移栽前，对照和EM菌剂处理用清水浸根、ABT-1生根粉用配置好不同浓度的溶液浸根。移栽后第一次浇透水，对照和ABT-1生根粉的处理用清水浇透，EM菌剂的处理用配置好不同浓度的溶液浇透，在生长期对相关指标进行测定。

表7.3 试验设计

处理	浓度(μg·g^{-1})	试剂种类
CK	—	清水
A1	50	ABT-1
A2	100	ABT-1
A3	150	ABT-1
A4	300	ABT-1

（续）

处理	浓度（μg·g^{-1}）	试剂种类
B1	2	EM 菌剂
B2	3	EM 菌剂
B3	5	EM 菌剂
B4	10	EM 菌剂

7.1.2.3 测定指标

（1）成活率的测定

2019 年 11 月初对各处理植株的成活株数进行统计，计算成活率。计算公式为：

$$C = C_1/C_2 \times 100\% \quad (7\text{-}1)$$

式中，C 为成活率，C_1 为各处理成活株数，C_2 为各处理苗木总株数。

（2）苗高、地径的测定

2019 年 3~11 月，每月测量统计所有苗木的苗高、地径。用钢卷尺测量苗高（cm）；用电子游标卡尺测量地径（mm）。

（3）根系形态结构的测定

5 月、7 月、9 月，每个处理破坏性选取 3 株苗木。取样时为保证根系的完整性，剪开塑料花盆，将整个带土根系浸没在水中轻抖去土，并用去离子水冲净，放在装有冰块的透明托盘上，按照 Pregitzer（2002）根序分级法，用镊子取下不同根序的根，查数每一级细根数量。用扫描仪（EPSON PERFECTION V750 PRO）分别扫描分级后的根样，用 WinRHIZO Pro 2004a 软件对图片进行分析，计算并分析根系长度、表面积、体积等指标。扫描后的根系用信封包好，105℃杀青 30min，80℃烘干至恒重，称量获得干重。

（4）含水量、生物量和苗木质量指数的测定

5 月、7 月、9 月，每个处理选取 3 整株植株。分离苗木的根、茎、叶，迅速测定各部分鲜重，随即 105℃杀青 30min，80℃烘干至恒重，用万分之一天平称量获得干重，并计算含水量和苗木质量指数。

$$D = (D_1 - D_2)/D_1 \times 100\% \quad (7\text{-}2)$$

$$E = E_1/(E_2/E_3 + E_4) \quad (7\text{-}3)$$

式中：D 为含水量，D_1 为样品鲜重，D_2 为样品干重，E 为苗木质量指数，E_1 为苗木总干质量，E_2 为地上干质量，E_3 为地下干质量，E_4 为根冠比。

（5）光合色素含量测定

5 月、7 月、9 月，每个处理采集新鲜叶片，立即进行光合色素测定。将新鲜叶片剪碎混匀，称取 0.2g 用 95% 的乙醇浸提后定容至 25mL 深色容量瓶。收集纯净的浸提液，测定 665mm、649mm 波长处的吸光值，计算叶绿素 a 含量、叶绿素 b 含量和叶绿素总量。

$$C_a = 13.95A_{665} - 6.88A_{649} \quad (7\text{-}4)$$

$$C_b = 24.96A_{649} - 7.32A_{665} \quad (7\text{-}5)$$

$$C = C_a + C_b \quad (7\text{-}6)$$

$$C_n = (C \cdot V \cdot N)/(m \cdot 1000) \quad (7\text{-}7)$$

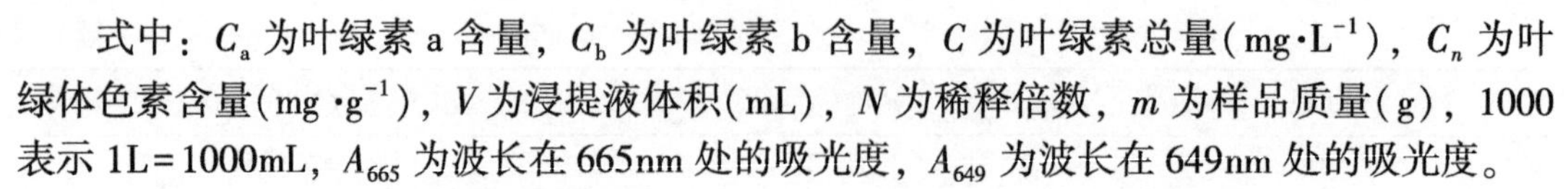

式中：C_a 为叶绿素 a 含量，C_b 为叶绿素 b 含量，C 为叶绿素总量($mg \cdot L^{-1}$)，C_n 为叶绿体色素含量($mg \cdot g^{-1}$)，V 为浸提液体积(mL)，N 为稀释倍数，m 为样品质量(g)，1000 表示 1L=1000mL，A_{665} 为波长在 665nm 处的吸光度，A_{649} 为波长在 649nm 处的吸光度。

(6)光合气体交换参数的测定

5 月、7 月、9 月分别选取一个晴朗日间上午的 9:00—11:00，每处理选 3 株标准株上层成熟健康的叶片。利用 Li-6400XT 便携式光合仪(美国 Li-cor 公司)，设定强度为 $1000\mu mol \cdot m^{-2} \cdot s^{-1}$ 的红蓝光源叶室，温度 25±1℃，CO_2 浓度为大气 CO_2 浓度($\mu mol \cdot m^{-2} \cdot s^{-1}$)，测定植株的净光合速率($Pn$)、蒸腾速率($Tr$)、胞间 CO_2 浓度(Ci)、气孔导度(Gs)等气体参数。

(7)叶绿素荧光参数的测定

7 月选取一个晴朗日间上午的 9:00—11:00。每处理选择 3 株标准株上层成熟健康的叶片，标记后用锡箔纸包裹叶片暗适应 30min。利用 Li-6400XT 便携式光合仪(美国 Li-cor 公司)测定初始荧光值(F_o)、最大荧光值(F_m)，计算出可变荧光 F_v($F_v = F_m - F_o$)；然后将所有叶片放于自然光下活化 30min，测定该叶片光适应下初始荧光(F'_o)、最大荧光(F'_m)和稳态荧光产量(F_s)，并计算：

$$F_1 = F_v / F_m \tag{7-8}$$

$$F_2 = F'_v / F'_m \tag{7-9}$$

$$\Phi PS\text{Ⅱ} = (F'_m - F_s) / F'_m \tag{7-10}$$

$$qP = (F'_m - F_s) / (F'_m - F'_o) \tag{7-11}$$

$$ETR = \Phi PS\text{Ⅱ} \times \text{absorbed PFD} \times 0.5 \tag{7-12}$$

式中：F_1 为暗适应下 PSⅡ最大光化学效率，F_2 为光适应下 PSⅡ最大光化学效率，ΦPSⅡ为 PSⅡ光化学效率，qP 为光化学猝灭系数，ETR 为 PSⅡ电子传递效率。

(8)超氧化物歧化酶(SOD)活性测定

5 月、7 月、9 月，每处理选择 3 株标准株上层成熟健康的叶片，充分过液氮后装入内置干冰的保温箱中，立即带回试验室存储于-80℃超低温冰箱。

称取 0.5g 样品于 10mL 离心管，5mL 磷酸缓冲液($0.05mol \cdot L^{-1}$，pH=7.8)，冰浴 30min 后，6000rpm、4℃离心 10min，保留上清液，用于超氧化物歧化酶活性、过氧化物酶活性、丙二醛含量的测定。

氮蓝四唑(NBT)还原法(赵世杰等，1997)。反应体系：0.1mL 上清液，1.5mL 磷酸缓冲液($0.05mol \cdot L^{-1}$，pH=7.8)，$20\mu mol \cdot L^{-1}$ 核黄素溶液、$100\mu mol \cdot L^{-1}$EDTA-Na_2 溶液、$130mmol \cdot L^{-1}$ 甲硫氨酸溶液、$750\mu mol \cdot L^{-1}$ 氮蓝四唑溶液和蒸馏水各 0.3mL。以磷酸缓冲液代替上清液作为对照。测定时，3 支反应管、3 支光下对照管、1 支暗中对照管。暗中对照管用锡纸遮光，其余离心管在 4klx 光照下反应 20min 后黑暗处理终止反应。以暗中对照管为空白，测定 560nm 处吸光度值。计算公式如下：

$$G = [(A_o - A_s) \times V] / (0.5 \times A_o \times W \times V_1) \tag{7-13}$$

式中：G 为超氧化物歧化酶活性($U \cdot mg^{-1}$)，A_o 为对照管吸光度值，A_s 为反应管吸光度值，V 为提取液总体积(mL)，V_1 为测定所用样品体积(mL)，W 为样品鲜重(g)。

(9)过氧化物酶(POD)活性测定

愈创木酚显色法(张志良和瞿伟菁，2003)。反应液：100mL 磷酸缓冲液($0.05mol \cdot L^{-1}$， pH=7.8)、100mL 蒸馏水、100μL 愈创木酚、100μL 30%过氧化氢溶液。取3mL反应液于离心管中，加入0.1mL上清液混匀后立即计时，每30秒测定一次470nm下吸光度值，持续测定至3min。以未加上清液的反应液为空白。计算公式如下：

$$H=(\Delta A_{470}\times V)/(0.0001W\times V_1\times t) \tag{7-14}$$

式中：H为过氧化物酶活性($U\cdot g^{-1}\cdot min^{-1}$)，$W$为样品鲜重(g)，$\Delta A_{470}$为反应时间内470nm处吸光度的平均变化值，$V$为上清液总体积(mL)，$V_1$为测定时所用上清液体积(mL)，$t$为反应时间(min)。

(10)丙二醛(MDA)含量测定

硫代巴比妥酸法(高俊凤，2006)。反应体系：1mL 上清液、3mL 10% 三氯乙酸(TCA)、1mL 0.6% TBA 混匀，95℃水浴30min，迅速冰浴冷却。4000rpm 离心10min，留取上清液。测定600nm、532nm、450nm 波长下的吸光度值，以0.6% TBA 为空白。计算公式如下：

$$J=[6.45\times(A_{532}-A_{600})-0.56\times A_{450}]\times V/(1000\times W) \tag{7-15}$$

式中：J为丙二醛含量($\mu mol\cdot g^{-1}$)，V为酶液提取的体积(mL)，W为样品的鲜重(g)。

(11)可溶性蛋白含量测定

考马斯亮蓝 G-250 染色法(李合生，2000)。称取0.1g样品放入10mL离心管中，5mL磷酸缓冲溶液($0.05mol\cdot L^{-1}$，pH=7.8)浸泡35min，4000rpm 离心10min，留取上清液。反应体系：0.1mL提取液(对照管加0.1mL蒸馏水)、0.9mL蒸馏水、5mL考马斯亮蓝 G-250，混匀、放置2min，测定595nm波长下吸光度值。计算公式如下：

$$K=(C\times V)/(V_1\times W\times 10^3) \tag{7-16}$$

式中：K为可溶性蛋白含量($mg\cdot g^{-1}$)，C为标准曲线上对应值(μg)，V为提取液的总体积(mL)，W为样品鲜重(g)，V_1为测定时加样体积(mL)。

(12)可溶性糖含量测定

蒽酮比色法(李合生，2000)。称取0.2g样品放入加入10mL蒸馏水的试管中，沸水浴20min后冷却，4000rpm 离心10min，留取上清液。取1mL提取液定容至50mL容量瓶中稀释。反应体系：2mL稀释液、0.5mL蒽酮乙酸乙酯、5mL浓硫酸混匀，沸水浴1min，自然冷却至室温，以空白为参比。测定625nm波长下吸光度值。计算公式如下：

$$L=C\times V\times N/(V_1\times W\times 10^6) \tag{7-17}$$

式中：L为可溶性糖含量($\mu g\cdot g^{-1}$)，C为标准曲线上对应值(μg)，V为提取液的总体积(mL)，N为稀释倍数，W为样品鲜重(g)，V_1为显色时取样体积(mL)。

7.2 土壤生化处理和夏季修剪对红花玉兰移栽苗生长的影响

7.2.1 土壤生化处理对土壤的影响

植物地上组织和器官生长发育所需的N、P、K等物质，主要通过植物的根系从土壤中吸收。通过对红花玉兰根系施加微生物菌剂和ABT生根粉，分析对比土壤中的N、P、K和有机质含量，从表7.4可以看出施加微生物菌剂和ABT生根粉能够减少土壤中N、P、

K的含量，提高土壤中有机质的含量，说明施加处理促进了植物根系对土壤中这些物质的吸收，有利于土壤肥力的形成。

表7.4 土壤生化处理对土壤的影响

土壤指标	T1	T2	T3	T4
全N($g\cdot kg^{-1}$)	1.75a	1.57b	1.63b	1.59b
全P($g\cdot kg^{-1}$)	5.36a	5.26b	5.35a	5.32a
速效K($mg\cdot kg^{-1}$)	75.38a	74.16b	74.63b	74.40b
有机质(%)	12.80b	12.95a	12.85b	12.93a

7.2.1.1 土壤生化处理对土壤中N含量的影响

从图7.1可以看出，土壤中N的含量：T1>T3>T4>T2，在生长季末的红花玉兰表层土壤中，T2处理的N含量最小，为1.57$g\cdot kg^{-1}$；T4=1.59$g\cdot kg^{-1}$；T3=1.63$g\cdot kg^{-1}$；T1最大，为1.75$g\cdot kg^{-1}$。T2施加微生物菌剂的土壤中N含量比T1施加清水的少10.29%，T3施加生根粉的土壤中N含量比对照T1少6.85%，T4二者混合处理的土壤中N含量比对照T1少9.14%。施加处理能够显著减少土壤中N的含量，以单施微生物菌剂效果最好，说明施加生化处理提高了红花玉兰对N的吸收，然而各处理之间差异不显著。

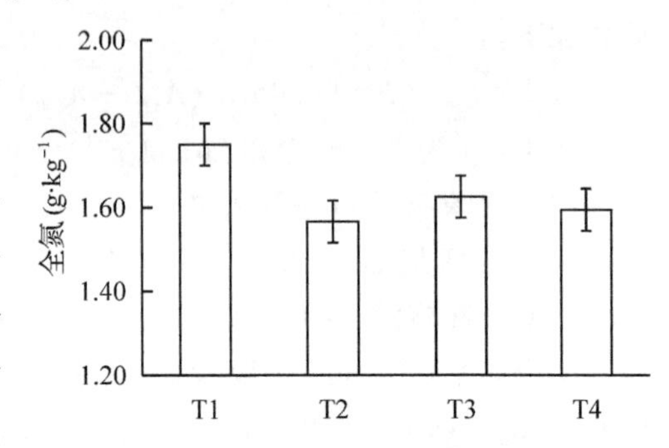

图7.1 土壤生化处理对土壤全氮的影响

7.2.1.2 土壤生化处理对土壤中P含量的影响

从图7.2可以看出，土壤中P的含量：T1>T3>T4>T2，在生长季末的红花玉兰表层土壤中，T2处理的P含量最小，为5.26$g\cdot kg^{-1}$；T4=5.32$g\cdot kg^{-1}$；T3=5.35$g\cdot kg^{-1}$；T1最大，为5.36$g\cdot kg^{-1}$。只施加微生物菌剂的T2土壤中P含量明显小于T1、T3和T4中的含量，T2的土壤中P含量低于对照1.87%，但是T3和T4之间差异不显著。通过分析说明单施微生物菌剂可促进红花玉兰根系对土壤中P的吸收，ABT生根粉能够提高根系对P的吸收，单施微生物菌剂效果最好。

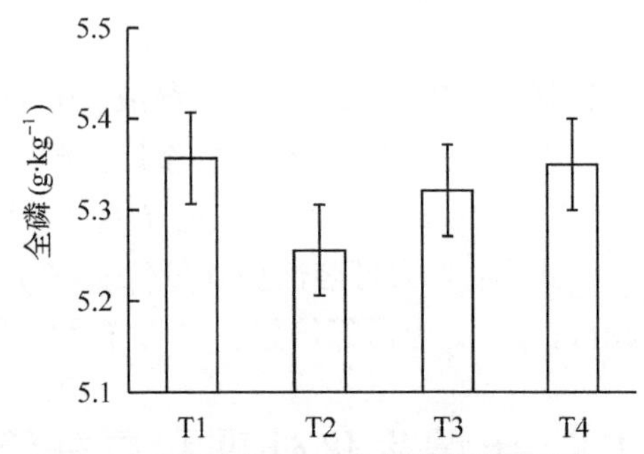

图7.2 土壤生化处理对土壤全磷的影响

7.2.1.3 土壤生化处理对土壤中速效K含量的影响

从图7.3可以看出，土壤中速效K的含量：T1>T3>T4>T2，在生长季末的红花玉兰表层土壤中，T2速效K含量最小，为74.16$mg\cdot g^{-1}$；T4=74.4$mg\cdot g^{-1}$；T3=74.63$mg\cdot g^{-1}$；T1

最大，为 75.38mg·g^{-1}。T2 施加微生物菌剂的土壤中 K 含量比对照 T1 少 1.62%，T3 施加生根粉的土壤中 K 含量比对照 T1 少 0.99%，T4 二者混合处理的土壤中 K 含量比对照 T1 少 1.31%，施加处理能够显著减少土壤中 K 的含量，以单施微生物菌剂效果最好，但是处理间差异不显著。通过分析说明微生物菌剂和 ABT 生根粉可促进红花玉兰根系对土壤中速效 K 的吸收。

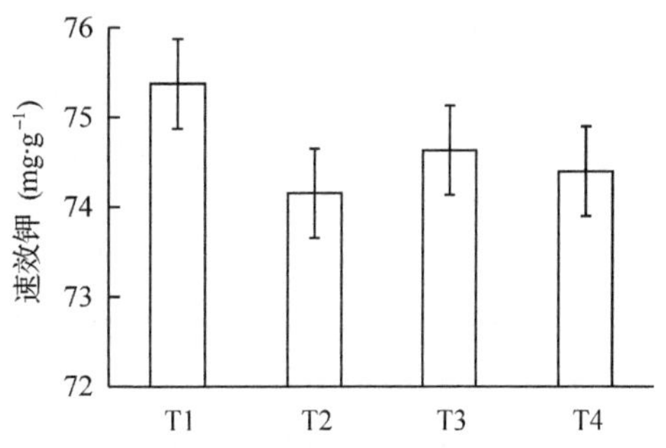

图 7.3　土壤生化处理对土壤速效钾的影响

7.2.1.4　土壤生化处理对土壤中有机质含量的影响

土壤有机质对土壤肥力具有重要的意义。通过图 7.4 可以看出，在生长季末的红花玉兰表层土壤中，有机质含量 T2>T4>T3>T1，T2 有机质含量最高，为 12.95%，对照 T1 最低为 12.8%，T2 施加微生物菌剂的土壤有机质含量比对照 T1 高 1.17%，T4 施加生根粉的土壤有机质含量比对照 T1 高 1.15%。施加微生物菌剂能够显著增加红花玉兰土壤中有机质的数量，增加土壤肥力，尤以单施微生物菌剂效果最佳，施加 ABT 生根粉能提高土壤有机质的含量，但是差异不显著。

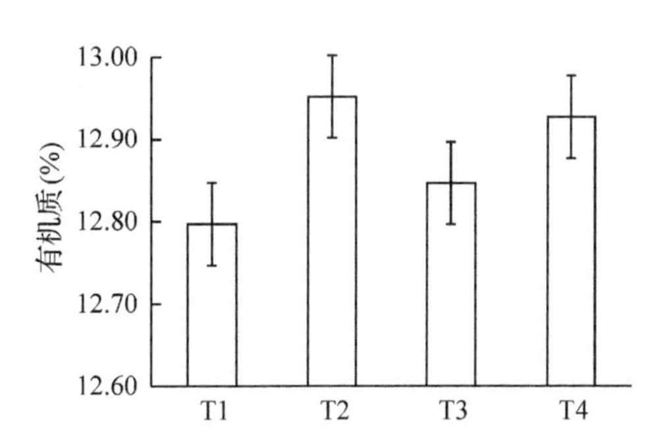

图 7.4　土壤生化处理对土壤有机质的影响

7.2.1.5　土壤生化处理对土壤中微生物的影响

图 7.5 是筛选了土壤中丰富度前十的微生物，通过对不同生化处理下红花玉兰土壤中微生物的对比分析，可以发现对照组中变形菌门的含量最多，单施 ABT 生根粉的土壤中变形菌门含量最少，单施和混施生根粉和微生物菌剂的红花玉兰土壤中变形菌门含量低于对照；施加处理后红花玉兰土壤中的放线菌门的数量要高于自然条件下土壤中的数量，其

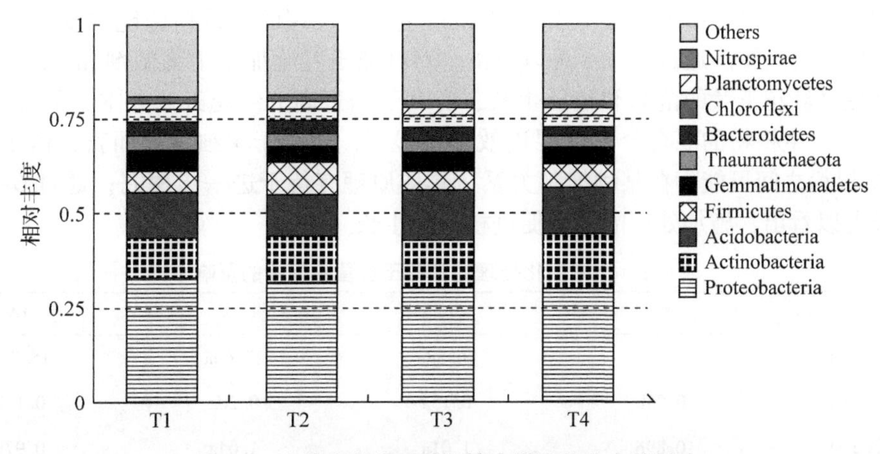

图 7.5　土壤生化处理对土壤中微生物分布的影响

中以 T4 处理的含量最多；T3 单施生根粉的处理中，酸杆菌的数量要明显高于其他处理，T2 单施微生物菌剂的土壤中含量最少；T2 单施微生物菌剂处理的土壤中，厚壁菌门的含量要显著高于其他处理；之后这些细菌含量差别不大。总体看来，施加生化处理能够改变土壤中微生物的分布情况，从而影响植物生长，但是具体哪一类微生物对促进红花玉兰的生长和抗性最为有利，还有待于进一步的研究。为了进一步研究土壤微生物在属水平的进化关系，通过对高通量测序所得的数据进行对比分析，各处理间对微生物属水平的影响是不一样的，这对我们进一步研究土壤微生物对红花玉兰的影响提供了参考。

从图 7.6 可以看出，T4 的微生物丰富度是最高的，T2 是最低的，说明单施微生物菌剂对于土壤中微生物的多样性有一定的抑制作用，而混施微生物菌剂和 ABT 生根粉，能够提高土壤中微生物的多样性，二者之间可能存在一定的相互促进作用。

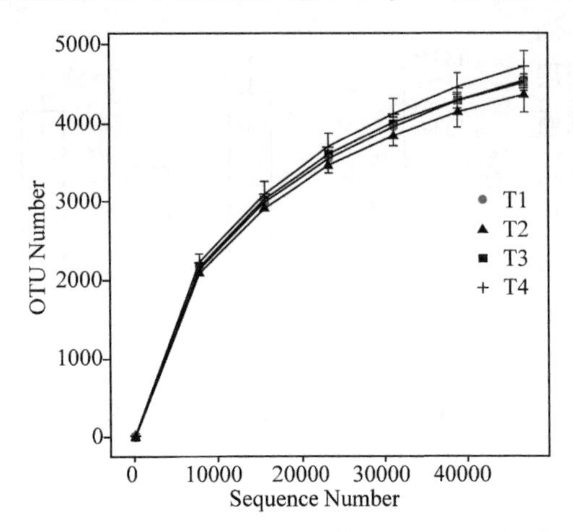

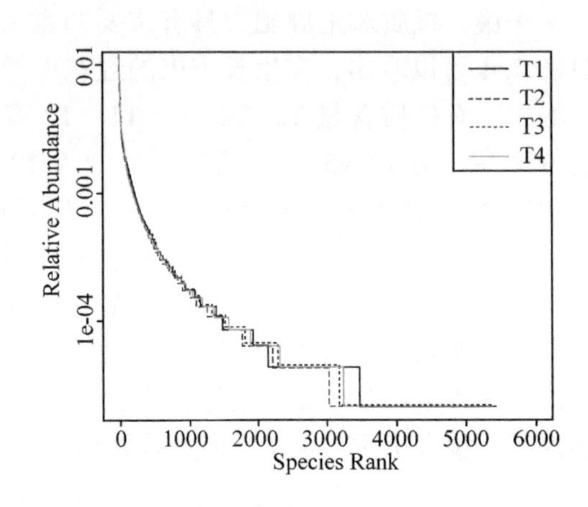

图 7.6　土壤生化处理对土壤微生物多样性的影响

7.2.2 土壤生化处理对红花玉兰生长的影响

7.2.2.1 土壤生化处理对红花玉兰营养生长的影响

植物的生长状况直接反映在其高生长和粗生长，合理的调控措施能够加快植物的生长，提高植物的品质。通过表 7.5 可以看出，对红花玉兰施加微生物菌剂和 ABT 生根粉，能够显著提高红花玉兰的苗高和地径生长，有利于培育高大红花玉兰乔木，但是 T4 微生物菌剂和 ABT 生根粉的混合处理的促进效果不显著，相比于单独施加而言，微生物菌剂和 ABT 生根粉之间可能存在某种抑制关系，具体原理有待于进一步探究；通过 6~7 月枝长的生长可以看出，施加处理能显著促进枝条的生长。

表 7.5　土壤生化处理对红花玉兰营养指标的影响

指标	T1	T2	T3	T4
苗高(cm)	12.57b	16.57a	17.60a	15.50b
地径(cm)	0.08b	0.15a	0.20a	0.12b
枝长(cm)	0.89b	1.01a	1.04a	0.97b

(1)土壤生化处理对红花玉兰苗高生长的影响

从图7.7中可以看出，T3施加ABT生根粉的红花玉兰苗高长了17.6cm，高于对照40.1%，T2施加微生物菌剂的红花玉兰苗高生长了16.57cm，高于对照31.82%，单施微生物菌剂和ABT生根粉都能显著促进花玉兰苗高生长，但T4施加ABT生根粉和微生物菌剂混合的红花玉兰苗高长了15.50cm，与对照相比差异性不显著，说明微生物菌剂和ABT生根粉之间可能存在一定程度的抑制，其促进效果T3>T2>T4>T1。

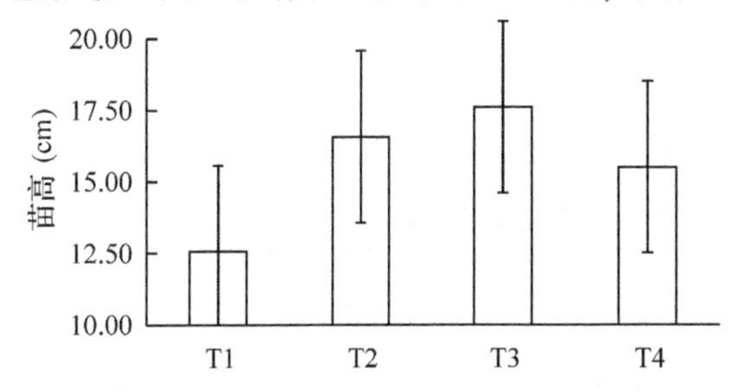

图7.7 土壤生化处理对红花玉兰苗高的影响

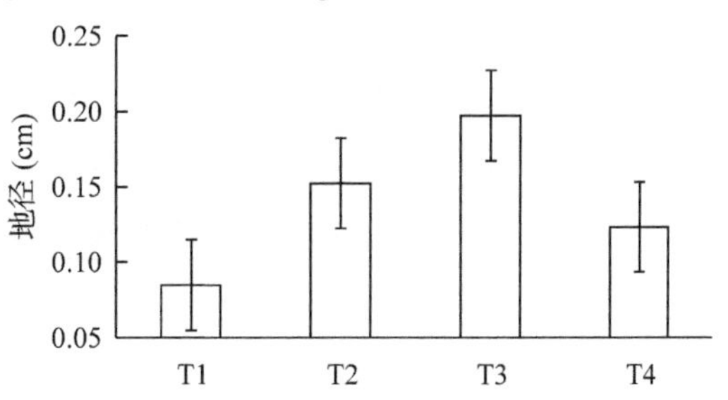

图7.8 土壤生化处理对红花玉兰地径的影响

(2)土壤生化处理对红花玉兰地径生长的影响

从图7.8可以看出，T3施加ABT生根粉的红花玉兰地径增长了0.2cm，是对照组生长的1.5倍，T2施加微生物菌剂的红花玉兰地径增长了0.15cm，高于对照87.5%，单施微生物菌剂和ABT生根粉都能显著促进红花玉兰地径生长，但T4施加ABT生根粉和微生物菌剂混合的红花玉兰地径增长了0.12cm，与对照相比差异性并不显著，说明微生物菌剂和ABT生根粉之间可能存在一定程度的抑制，这有待于深入探究，其促进效果T3>T2>T4>T1。

(3)土壤生化处理对红花玉兰生长季枝条生长的影响

从图7.9中可以看出，在6~7月红花玉兰生长旺季，T3施加ABT生根粉的红花玉兰枝条增长了1.04cm，高于对照16.85%，T2施加微生物菌剂的红花玉兰枝条增长了1.01cm，高于对照13.48%，单施微生物菌剂和ABT生根粉都能显著促进红花玉兰枝条生长，但T4混合施用ABT生根粉和微生物菌剂的红花玉兰枝条增长了0.97cm，T4的促进效果不明显，表明微生物菌剂和ABT生根粉可能存在一定程度的抑制，这有待于深入探究，其促进效果T3>T2>T4>T1。

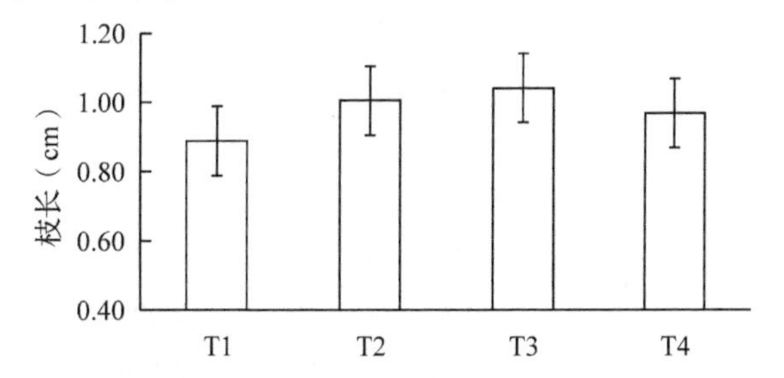

图7.9 土壤生化处理对红花玉兰生长季枝长的影响

7.2.2.2 土壤生化处理对红花玉兰叶片生理生化的影响

N、P、K是红花玉兰生长发育所必需的无机营养成分，叶绿素是红花玉兰进行光合作用的重要基础，可溶性糖和可溶性蛋白是提高植物抗性的重要指标。通过对红花玉兰根系施加微生物菌剂和ABT生根粉，可以增加红花玉兰叶片中N、P、K、叶绿素、可溶性糖、可溶性蛋白等的含量，对提高红花玉兰抗性和适应性具有非常重要的作用。

从表7.6中可以看出，叶片中N、P、K含量，T2施加微生物菌剂和T3施加ABT生根粉后红花玉兰叶片中的含量显著高于对照T1和T4，说明单施微生物菌剂或ABT生根粉能够提高叶片中N、P、K的含量；7~8月时，T2施加微生物菌剂和T3施加ABT生根粉后，红花玉兰叶片中叶绿素含量一直显著高于T1和T4，9~10月时，施加处理的红花玉兰叶片中叶绿素含量要显著高于对照，说明对红花玉兰施加ABT和微生物菌剂能够提高叶片中叶绿素含量，提高红花玉兰的光合能力；施加ABT生根粉能够显著提高叶片中可溶性糖的含量，施加微生物菌剂的叶片中可溶性糖含量有所增加，但是差异性不显著；单施或者混合施用微生物菌剂和ABT生根粉，红花玉兰叶片中可溶性蛋白的含量都显著高于T1，但是T2、T3与T4之间差异不显著，而叶片中这些指标的变化并未因为施加调控物质的不同而有所改变，只是在一定程度上加剧或者延缓其变化，这有待于进一步研究。

表7.6 土壤生化处理对叶片生理生化指标的影响

时间	指标	T1	T2	T3	T4
7月	全N($g \cdot kg^{-1}$)	24.12b	25.14a	25.06a	24.54b
	全P($g \cdot kg^{-1}$)	2.90b	3.05a	3.22a	2.98b
	全K($g \cdot kg^{-1}$)	6.90b	7.42a	8.09a	7.22b
	叶绿素($mg \cdot g^{-1}$)	2.59b	2.65a	2.67a	2.65b
	可溶性糖(%)	0.05b	0.06b	0.07a	0.06b
	可溶性蛋白($mg \cdot g^{-1}$)	0.74b	0.83a	0.90a	0.80a
8月	全N($g \cdot kg^{-1}$)	23.18b	23.68a	24.08a	23.20b
	全P($g \cdot kg^{-1}$)	2.81b	2.84a	2.89a	2.83b
	全K($g \cdot kg^{-1}$)	6.53b	6.78a	6.85a	6.63b
	叶绿素($mg \cdot g^{-1}$)	2.98b	3.06a	3.38a	2.98b
	可溶性糖(%)	0.05b	0.05b	0.06a	0.05b
	可溶性蛋白($mg \cdot g^{-1}$)	1.28b	1.50a	1.76a	1.47a
9月	全N($g \cdot kg^{-1}$)	22.22b	22.33a	22.89a	22.22b
	全P($g \cdot kg^{-1}$)	2.61b	2.76a	2.78a	2.73a
	全K($g \cdot kg^{-1}$)	6.04b	6.41a	6.43a	6.27b
	叶绿素($mg \cdot g^{-1}$)	2.60b	2.88a	2.88a	2.85a
	可溶性糖(%)	0.08b	0.08b	0.10a	0.08b
	可溶性蛋白($mg \cdot g^{-1}$)	0.80b	0.87b	1.32a	0.89b
10月	全N($g \cdot kg^{-1}$)	20.59b	22.15a	22.21a	20.93b
	全P($g \cdot kg^{-1}$)	2.39b	2.57a	2.58a	2.56a
	全K($g \cdot kg^{-1}$)	5.60b	6.00a	6.00a	5.90a
	叶绿素($mg \cdot g^{-1}$)	1.83b	2.22a	2.29a	2.14a
	可溶性糖(%)	0.05b	0.06b	0.07a	0.06b
	可溶性蛋白($mg \cdot g^{-1}$)	1.32b	1.55a	1.79a	1.51a

(1)土壤生化处理对红花玉兰叶片中N含量的影响

通过图7.10可以发现，T3施加ABT生根粉的叶片中N含量最高，T2单施微生物菌剂次之，T4混合使用微生物菌剂和ABT生根粉的叶片中N含量也高于T1。总体来看，在红花玉兰叶片中，N的含量自7月开始至10月，一直表现为持续的下降趋势，通过施加微生物菌剂和ABT生根粉，只是提高了叶片中N的含量，并未改变叶片中N含量的下降趋势。9~10月，T2施加微生物菌剂和T3施加ABT生根粉的红花玉兰叶片中N的含量下降趋势明显小于对照T1。

(2)土壤生化处理对红花玉兰叶片中P含量的影响

从图7.11中可以看出，叶片中P含量：T3>T2>T4>T1。总体看来，叶片中P的含量变化和N的是一致的，都是从7月开始，一直在下降。7~8月，施加微生物菌剂和ABT生根粉处理的红花玉兰叶片中P的含量下降比对照快，之后，下降速度要比对照慢，说明施加微生物菌剂和ABT生根粉能够提高叶片中P的含量，延缓叶片中P含量的下降，但是不能改变叶片中P的下降趋势。

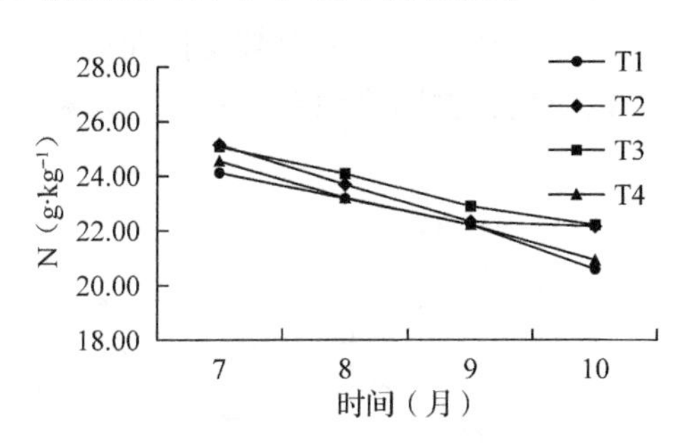

图7.10 红花玉兰叶片中N含量随时间变化规律

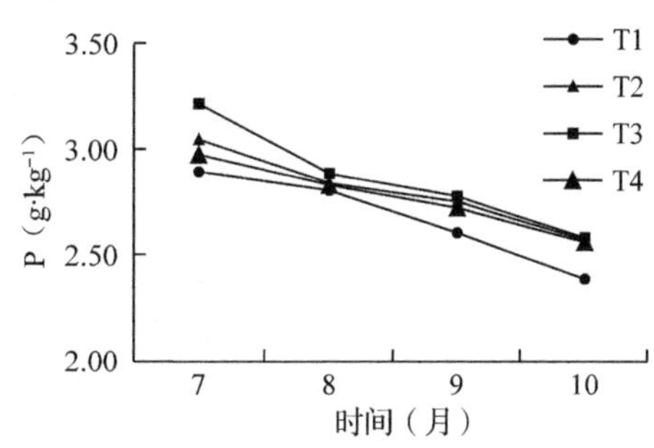

图7.11 红花玉兰叶片中P含量随时间变化规律

(3)土壤生化处理对红花玉兰叶片中K含量的影响

从图7.12中可以看出，叶片中K含量：T3>T2>T4>T1。总体看来，叶片中K的含量变化与N、P的变化是一致的，都是从7月开始，一直在下降。7~8月，施加微生物菌剂和ABT生根粉处理的红花玉兰叶片中K的含量下降比对照快，之后，下降速度要比对照慢，说明施加微生物菌剂和ABT生根粉能够提高叶片中K的含量，延缓叶片中K含量下降，但是不能改变叶片中K的下降趋势。

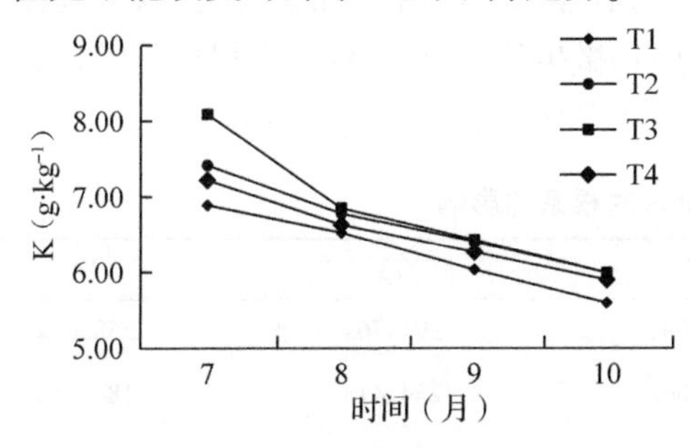

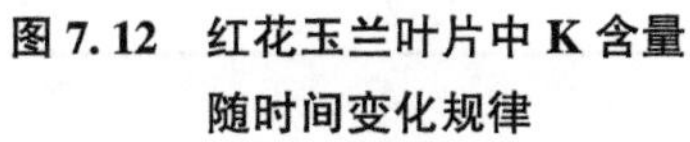

图7.12 红花玉兰叶片中K含量随时间变化规律

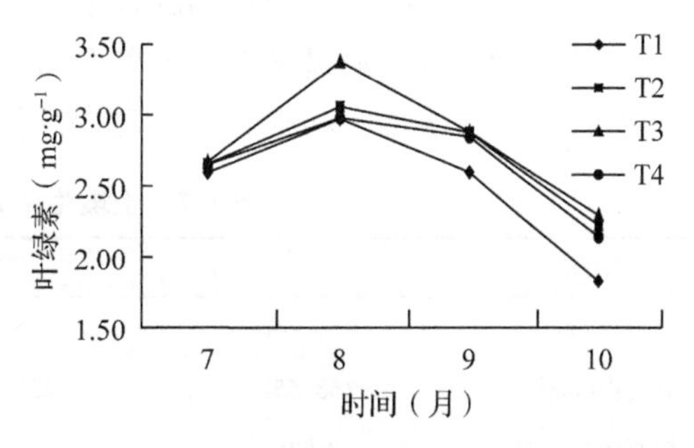

图7.13 红花玉兰叶片中叶绿素含量随时间变化规律

(4)土壤生化处理对红花玉兰叶片中叶绿素含量的影响

通过观察图7.13，得出T3单施生根粉的红花玉兰叶片中叶绿素一直处于最高的水平，即T3>T2>T4>T1。总体来说，红花玉兰叶片中叶绿素含量先上升，8月达到最大，然后一直下降。说明单施或者混合施加微生物菌剂和ABT生根粉可以增加红花玉兰叶片中叶绿

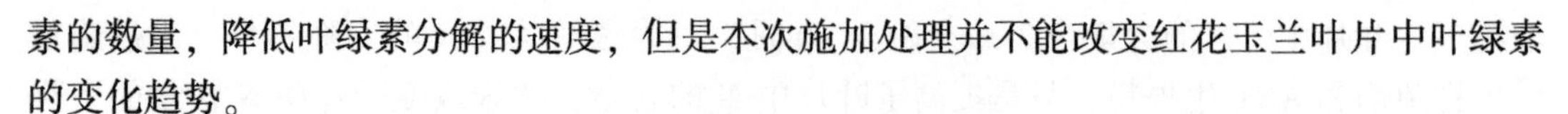

素的数量，降低叶绿素分解的速度，但是本次施加处理并不能改变红花玉兰叶片中叶绿素的变化趋势。

(5) 土壤生化处理对红花玉兰叶片中可溶性糖含量的影响

从图 7.14 可以看出，自 7~10 月，T3 施加 ABT 生根粉的红花玉兰叶片中可溶性糖的含量一直处于最高的水平，即 T3>T2>T4>T1。总体看来，红花玉兰叶片中可溶性糖含量从 7 月开始处于先降后升再降的一个动态过程，施加微生物菌剂和 ABT 生根粉并没有改变叶片中可溶性糖的变化规律，只是提高了可溶性糖含量，减小了可溶性糖的下降程度。

(6) 土壤生化处理对红花玉兰叶片中可溶性蛋白含量的影响

通过图 7.15 可以看出，T3 单施 ABT 生根粉能显著提高红花玉兰叶片中可溶性蛋白的数量，即 T3>T2>T4>T1。总体看来，红花玉兰叶片中可溶性蛋白的变化规律是，从 7 月开始先升后降再升，和可溶性糖的变化规律相反，可溶性糖和可溶性蛋白都是抗性指标，叶片衰老阶段，叶片中的化合物应该呈现下降趋势，以使化合物回流到越冬器官，才利于红花玉兰的越冬。

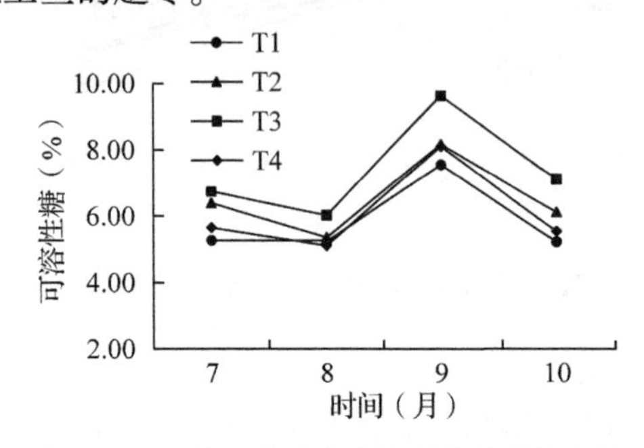

图 7.14 红花玉兰叶片中可溶性糖变化规律

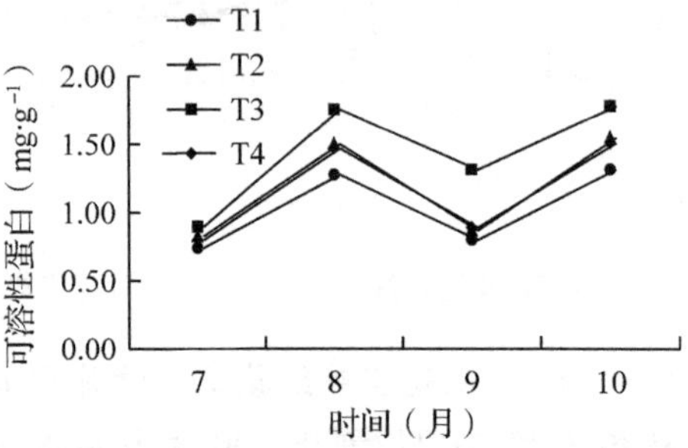

图 7.15 红花玉兰叶片中可溶性蛋白变化规律

7.2.2.3 土壤生化处理对红花玉兰根系的影响

土壤生化处理直接作用于植物的根系，直接调控红花玉兰根系的生长，以此调控红花玉兰地上部分的生长。通过表 7.7 可以看出，施加微生物菌剂和 ABT 生根粉能够显著提高红花玉兰根长、根表面积和根直径，对提高红花玉兰的生长具有重要作用。

表 7.7 土壤生化处理对根系的影响

指标	T1	T2	T3	T4
根长(cm)	481. 24b	575. 09a	597. 76a	558. 68a
根面积(cm^2)	168. 55b	231. 06a	234. 41a	184. 25a
根直径(mm)	0. 83b	1. 11a	1. 18a	1. 04a

(1) 土壤生化处理对红花玉兰根长的影响

从图 7.16 中可以看出，单施或混施微生物菌剂和 ABT 生根粉能够显著提高红花玉兰根系总长度，但是处理间差异不显著。T3 施加 ABT 生根粉的红花玉兰根系总长最大为 597. 76cm，比对照组总根长高 24. 21%，次之是 T2 施加微生物菌剂为 575. 09cm，高于对照组总根长 19. 5%，T4 微生物菌剂和 ABT 生根粉混合使用的红花玉兰总根长为

558.68cm，高于对照 16.09%，各处理都显著高于对照组总根长 481.24cm。说明了微生物菌剂和 ABT 生根粉都能够促进红花玉兰根长生长，有利于红花玉兰的生长。

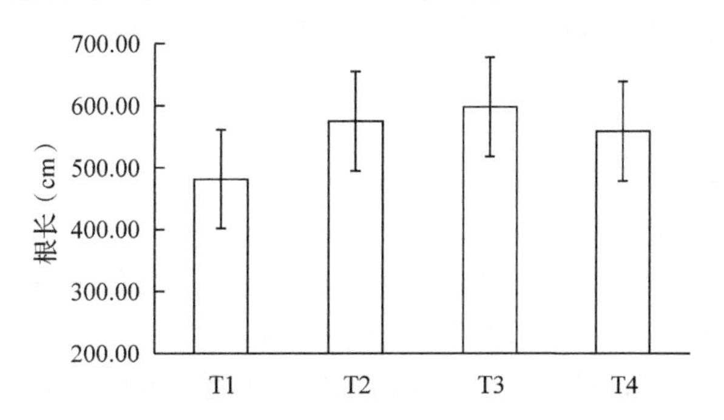

图 7.16　土壤生化处理对红花玉兰根长的影响

(2) 土壤生化处理对红花玉兰根表面积的影响

从图 7.17 中可以看出，单施或混施微生物菌剂和 ABT 生根粉能够显著提高红花玉兰根表面积，但是处理间差异不显著。T3 施加 ABT 生根粉的红花玉兰根表面积最大为 234.41cm^2，高于对照 39.07%，次之是 T2 施加微生物菌剂为 231.06cm^2，高于对照 37.09%，T4 微生物菌剂和 ABT 生根粉混合施用的红花玉兰根系表面积为 184.25cm^2，高于对照 9.31%，各处理显著高于对照根表面积 168.55cm^2。说明了微生物菌剂和 ABT 生根粉都能够促进红花玉兰根表面积，有利于提高红花玉兰根系的吸收能力。

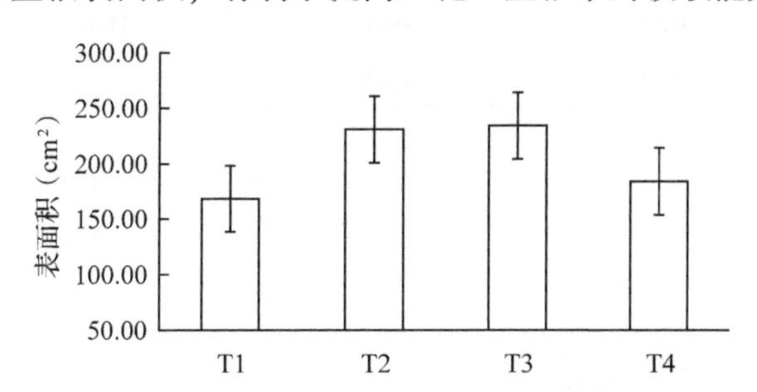

图 7.17　土壤生化处理对红花玉兰根表面积的影响

(3) 土壤生化处理对红花玉兰根直径的影响

从图 7.18 中可以看出，单施或混施微生物菌剂和 ABT 生根粉能够显著提高红花玉兰

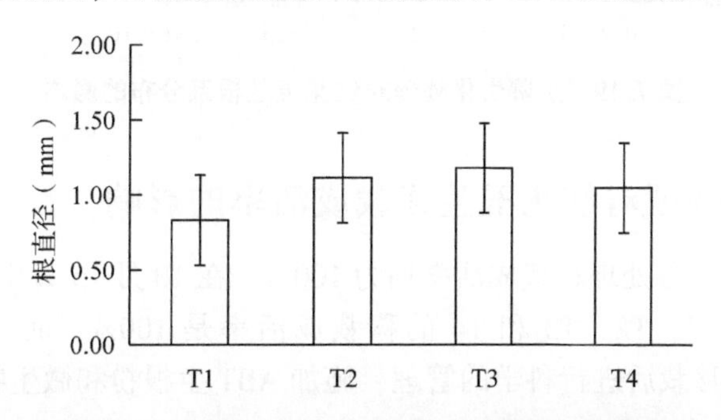

图 7.18　土壤生化处理对红花玉兰根直径的影响

根直径。T3 施加 ABT 生根粉的红花玉兰根直径最大为 1.18mm，比对照高 42.17%，次之是 T2 施加微生物菌剂为 1.11mm，高于对照 33.73%，T4 微生物菌剂和 ABT 生根粉混合使用的红花玉兰根直径为 1.04mm，高于对照 25.3%，各处理都显著高于对照根直径 0.83mm。说明微生物菌剂和 ABT 生根粉都能够促进红花玉兰根直径的生长，提高了红花玉兰根系质量。

(4) 土壤生化处理对红花玉兰根长分布的影响

从表 7.8 和图 7.19 中可以看出，红花玉兰根长主要集中在 0~2cm 范围内，施加微生物菌剂和 ABT 生根粉能够显著提高红花玉兰长根的比重、降低短根的比例。T3 施加 ABT 生根粉效果最显著，根长大于 5cm 所占的比例为 2%，大于 10cm 所占比例为 1%，这是其他处理所没有的；在 2~5cm 范围内的根所占总根的比例为 10%，明显高于对照的 6%；在 1~2cm 范围内的根所占比例为 34%，高于对照 11%，说明 ABT 生根粉能够显著促进红花玉兰根长的生长。T2 施加微生物菌剂，1~2cm 的根长所占比例为 33%，明显高于对照的 23%，说明微生物菌剂也能促进根长生长。

表 7.8 土壤生化处理对红花玉兰根系分布的影响

根长分布(cm)	T1	T2	T3	T4
$0<L\leq1$	71% a	61% b	54% b	65% b
$1<L\leq2$	23% b	33% a	34% a	28% b
$2<L\leq5$	6% b	6% b	10% a	7% b
$5<L\leq10$	0% b	0% b	1% a	0% b
$L>10$	0% b	0% b	1% a	0% b

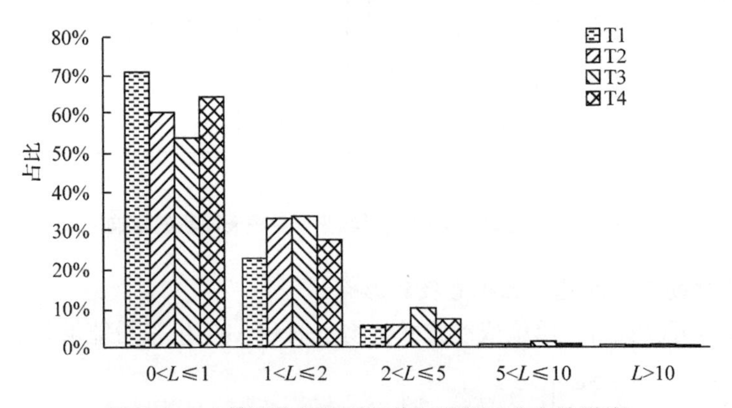

图 7.19 土壤生化处理对红花玉兰根系分布的影响

7.2.3 土壤生化处理对红花玉兰移栽成活率的影响

在修剪前 6 月时，各处理移栽成活率均为 100%。在 10 月 15 日生长季末统计分析后，从图 7.20 中可以看出，T2、T3 和 T4 的移栽成活率是 100%，而 T1 的移栽成活率是 93.3%，说明只要在移栽后进行科学的管理，施加 ABT 生根粉和微生物菌剂都能提高红花玉兰的移栽成活率。

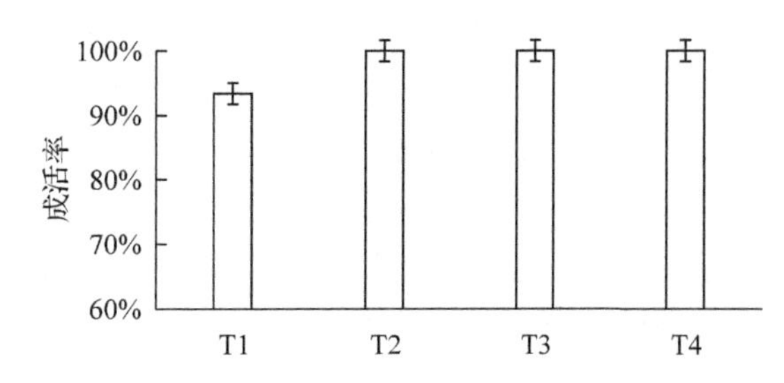

图7.20 土壤生化处理对红花玉兰移栽成活率的影响

7.2.4 夏季修剪对红花玉兰生长的影响

7.2.4.1 夏季修剪对红花玉兰营养生长的影响

修剪作为苗木栽培的重要手段，广泛应用于林业生产当中。夏季修剪可以平衡植物水分代谢和养分分配，提高植物的移栽成活率，促进植物的生长。通过表7.9可以看出，对红花玉兰进行夏季修剪，修剪后有利于红花玉兰的高生长和粗生长，对比不修剪的红花玉兰差异性显著；在生长季，修剪后的枝长生长显著高于对照不修剪，说明合理的修剪对红花玉兰生长具有明显的促进作用。

表7.9 夏季修剪对红花玉兰营养指标的影响

指标	H1	H2	H3
苗高(cm)	10.35b	15.88a	20.45a
地径(cm)	0.10b	0.13a	0.19a
枝长(cm)	0.88b	1.02a	1.03a

(1)夏季修剪对红花玉兰高生长的影响

通过图7.21可以看出，H3修剪1/3的红花玉兰苗高增长最大为20.45cm，比对照组高97.58%，H2修剪1/2的红花玉兰苗高增长为15.88cm，高于对照53.42%，修剪后苗高的增长都显著高于没修剪的红花玉兰苗高增长10.35cm。

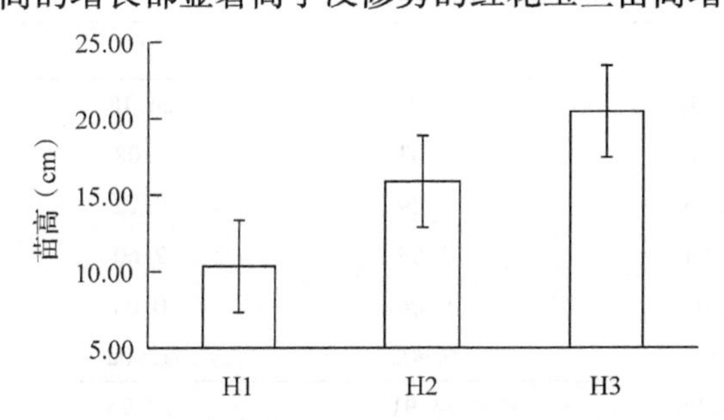

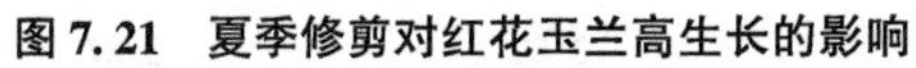
图7.21 夏季修剪对红花玉兰高生长的影响

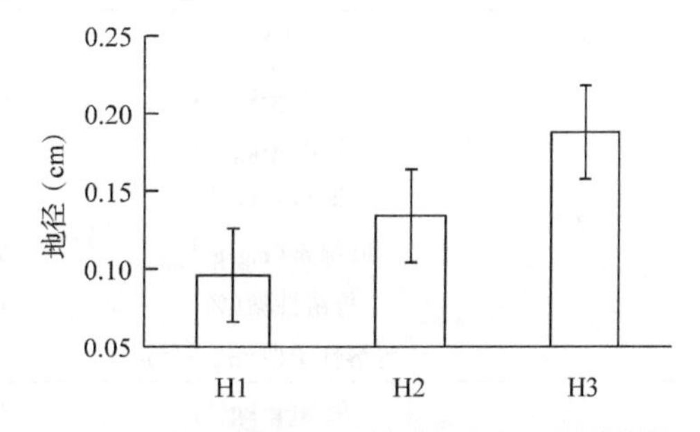

图7.22 夏季修剪对红花玉兰地径生长的影响

(2)夏季修剪对红花玉兰地径生长的影响

通过图7.22可以看出，H3修剪1/3的红花玉兰地径增长最大为0.19cm，H2修剪1/2的红花玉兰地径增长为0.13cm，修剪后地径的增长都显著高于没修剪的红花玉兰地径

增长0.1cm。红花玉兰苗高和地径修剪后的增长都大于没修剪的，说明修剪能够促进红花玉兰的生长。

(3)夏季修剪对红花玉兰枝条生长的影响

通过图7.23可以看出，在生长季，H3修剪1/3的红花玉兰枝长生长最大为1.03cm（高于对照17.05%），修剪1/2的红花玉兰枝长生长为1.02cm(高于对照15.9%)，修剪后枝长的生长都显著高于没修剪的红花玉兰枝长生长0.88cm。

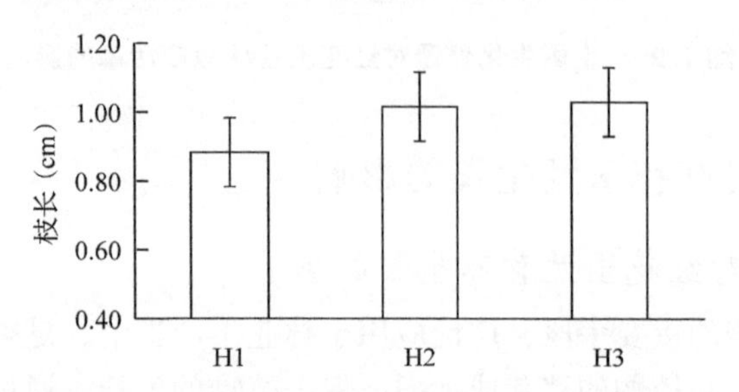

图7.23 夏季修剪对红花玉兰枝条生长的影响

7.2.4.2 夏季修剪对红花玉兰叶片生理生化的影响

通过表7.10可以看出，对红花玉兰夏季修剪，修剪后红花玉兰叶片的生理生化指标有一定的提高，但是差异不显著，而叶片中这些指标的变化并未因为修剪程度的不同而有所改变，只是在一定程度上加剧或者延缓变化，这有待于进一步观察和研究。只有红花玉兰叶片中可溶性蛋白含量的差异比较明显，7月时，H2(修剪程度为1/2)和H3(修剪程度为1/3)的红花玉兰叶片中可溶性蛋白含量显著高于H1(修剪程度为0)，但H2和H3之间差异不显著，8月以后，H3的红花玉兰叶片中可溶性蛋白含量显著高于H1和H3，说明修剪程度为1/3时对于红花玉兰叶片中可溶性蛋白的含量有明显的促进作用。叶绿素含量自8月开始，修剪后的红花玉兰叶片含量要显著高于没有修剪的，但是两种修剪强度H2、H3之间没有差异。

表7.10 夏季修剪对叶片生理生化指标的影响

时间	指标	H1	H2	H3
7月	全N($g \cdot kg^{-1}$)	24.07	24.12	24.18
	全P($g \cdot kg^{-1}$)	2.90	3.03	3.08
	全K($g \cdot kg^{-1}$)	7.40	7.89	8.22
	叶绿素($mg \cdot g^{-1}$)	2.54	2.55	2.60
	可溶性糖(%)	0.05	0.06	0.06
	可溶性蛋白($mg \cdot g^{-1}$)	0.66b	0.90a	1.00a
8月	全N($g \cdot kg^{-1}$)	22.96	23.91	23.95
	全P($g \cdot kg^{-1}$)	2.78	2.82	2.87
	全K($g \cdot kg^{-1}$)	6.97	7.24	7.28
	叶绿素($mg \cdot g^{-1}$)	2.92b	3.30a	3.39a
	可溶性糖(%)	0.05	0.05	0.05
	可溶性蛋白($mg \cdot g^{-1}$)	1.56b	1.47b	1.81a

（续）

时间	指标	H1	H2	H3
9月	全 N($g \cdot kg^{-1}$)	22.30	22.53	22.86
	全 P($g \cdot kg^{-1}$)	2.68	2.70	2.75
	全 K($g \cdot kg^{-1}$)	6.10	6.14	6.30
	叶绿素($mg \cdot g^{-1}$)	2.48b	2.60a	2.62a
	可溶性糖(%)	0.08	0.08	0.08
	可溶性蛋白($mg \cdot g^{-1}$)	0.80b	0.80b	0.97a
10月	全 N($g \cdot kg^{-1}$)	21.65	21.67	22.18
	全 P($g \cdot kg^{-1}$)	2.54	2.61	2.62
	全 K($g \cdot kg^{-1}$)	4.82	5.47	5.50
	叶绿素($mg \cdot g^{-1}$)	1.97b	2.16a	2.21a
	可溶性糖(%)	0.06	0.06	0.06
	可溶性蛋白($mg \cdot g^{-1}$)	1.17b	1.28b	1.83a

(1)夏季修剪对红花玉兰叶片中 N 含量的影响

通过图 7.24 可以看出，红花玉兰夏季修剪后，叶片中 N 的含量要比没修剪的高，以 H3 最高；整体看来，红花玉兰叶片中 N 含量随时间的变化规律是，自 7 月开始一直下降，在 7~8 月时，修剪能够延缓 N 含量的下降，之后效果不显著，这有待于深入的探究。

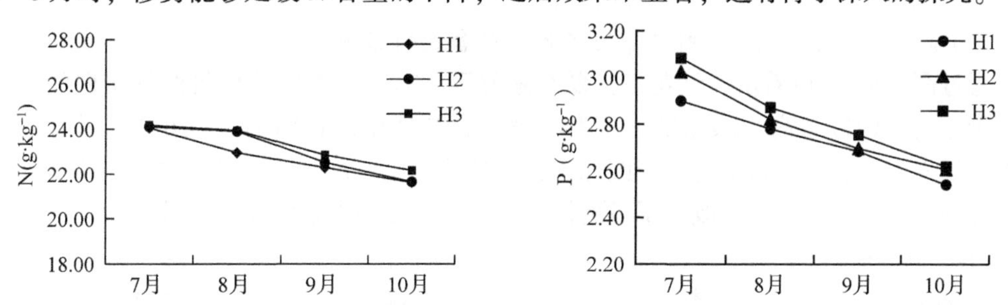

图 7.24　红花玉兰叶片中 N 含量随时间变化规律　**图 7.25　红花玉兰叶片中 P 含量随时间变化规律**

(2)夏季修剪对红花玉兰叶片中 P 含量的影响

通过图 7.25 可以看出，红花玉兰夏季修剪后，叶片中 P 的含量要比没修剪的高，以 H3 最高，H2 次之；整体看来，自 7 月开始至 10 月，红花玉兰叶片中 P 含量一直下降，说明修剪并没有改变叶片中 P 的变化规律，只是小幅增加了红花玉兰叶片中 P 的数量。

(3)夏季修剪对红花玉兰叶片中 K 含量的影响

通过图 7.26 可以看出，红花玉兰夏季修剪后，叶片中 K 的含量要比没修剪的高，以 H3 最高，H2 次之；整体看来，自 7 月开始至 10 月，红花玉兰叶片中 K 含量一直下降，跟 N、P 的变化规律一致，说明修剪并没有改变叶片中 K 的变化规律，只是一定程度提高了叶片中 K 的含量。

(4)夏季修剪对红花玉兰叶片中叶绿素含量的影响

从图 7.27 可以看出，修剪后红花玉兰叶片中叶绿素含量要高于没有修剪的，7 月的时候，叶绿素数量在 H1、H2 和 H3 之间的差别不大，但是从 8 月开始，修剪后的红花玉兰叶片叶绿素含量要显著高于没有修剪的，且修剪程度之间没有显著差异。修剪后叶绿素的变化规律和施加生化处理的变化规律是一致的，都是从7月开始，先上升至最大，然后一直下降。说明夏季修剪可以增加红花玉兰的叶绿素含量，但是叶绿素的增减趋势并没有被改变，只是改变了其变化幅度。

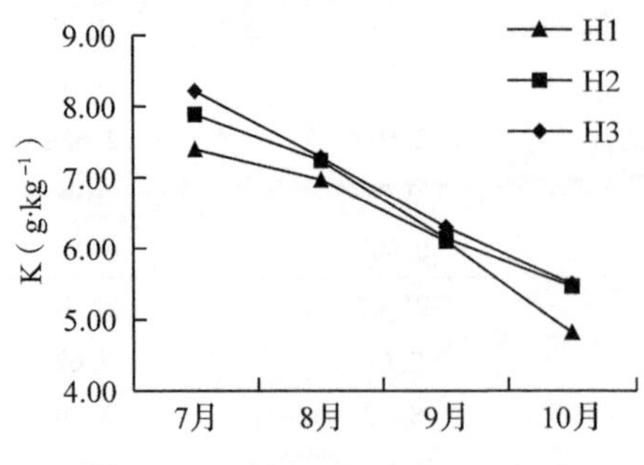

图7.26 红花玉兰叶片中K含量随时间变化规律

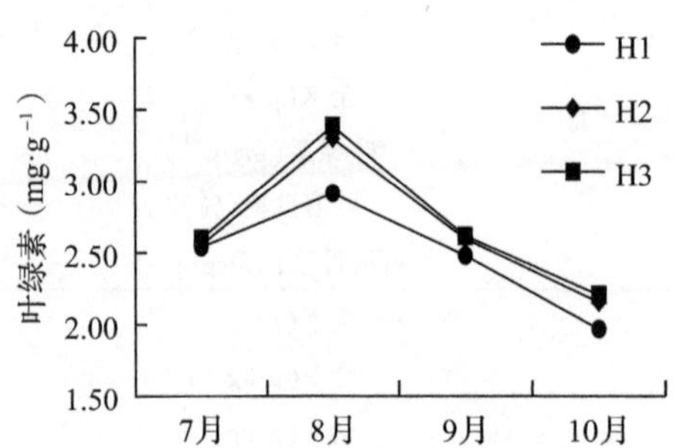

图7.27 红花玉兰叶片中叶绿素含量随时间变化规律

(5)夏季修剪对红花玉兰叶片中可溶性糖含量的影响

通过图7.28可以看出，红花玉兰夏季修剪后，叶片中可溶性糖的含量要比没修剪的高，以H3最高，H2次之；整体看来，自7月开始至10月，红花玉兰叶片中可溶性糖含量先下降后上升再下降，与施加生化处理的变化一致，说明修剪并不能改变叶片中可溶性糖的变化规律，只是增加了叶片中的含量，改变了可溶性糖的变化幅度。

(6)夏季修剪对红花玉兰叶片中可溶性蛋白含量的影响

通过图7.29可以看出，红花玉兰夏季修剪后，H2和H3叶片中可溶性蛋白的含量都要高于H1，以H3最高，H2次之；整体看来，自7月开始至10月，红花玉兰叶片中可溶性糖含量先上升后下降再上升，与施加生化处理的变化一致，说明修剪并不能改变叶片中可溶性糖的变化规律，只是改变了可溶性蛋白变化幅度和小幅增加了含量。

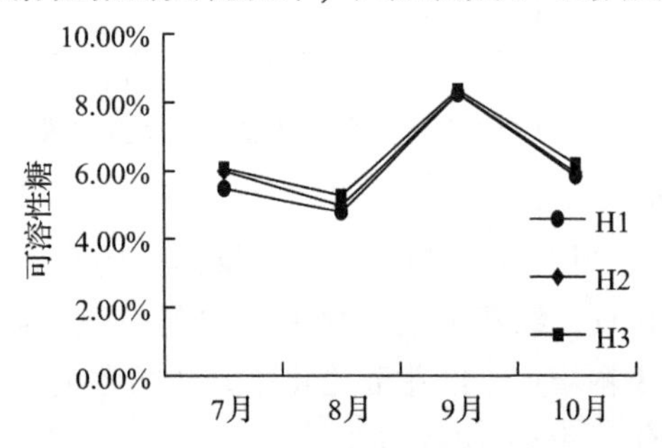

图7.28 红花玉兰叶片中可溶性糖变化规律

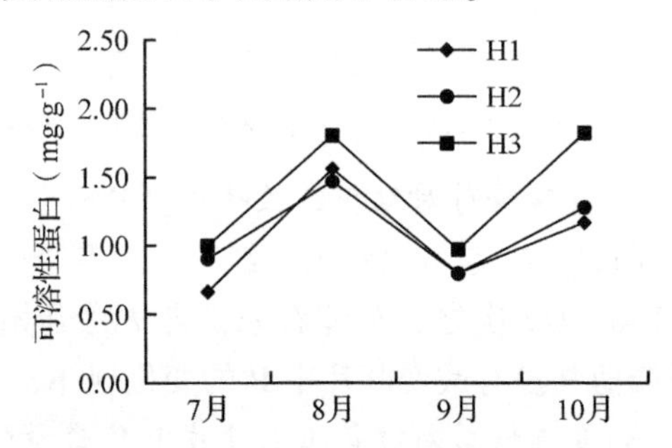

图7.29 红花玉兰叶片中可溶性蛋白变化规律

7.2.4.3 夏季修剪对红花玉兰根系的影响

夏季修剪能够平衡植物地上部分与地下部分的养分分配，维持植物体水分平衡，对移栽后植物的成活具有重要的意义。通过表7.11可以看出，修剪能够显著提高红花玉兰根长和根表面积，对红花玉兰根系的恢复和树体的生长具有重要意义。

表 7.11 夏季修剪对根系的影响

指标	H1	H2	H3
根长(cm)	636.25b	776.64a	799.89a
根面积(cm^2)	235.89b	283.05a	299.32a
根直径(mm)	1.01	1.03	1.09

(1)夏季修剪对红花玉兰根长的影响

通过图 7.30 可以看出，H3 的总根长最大为 799.89cm(高于对照 25.71%)，H2 为 776.64cm(高于对照 22.06%)，均高于对照 H1，为 636.25cm，可以看出修剪 1/3 的时候，红花玉兰总根长最大，修剪后的红花玉兰根长要显著大于没修剪的，这对红花玉兰根系恢复和生长具有重要的作用。

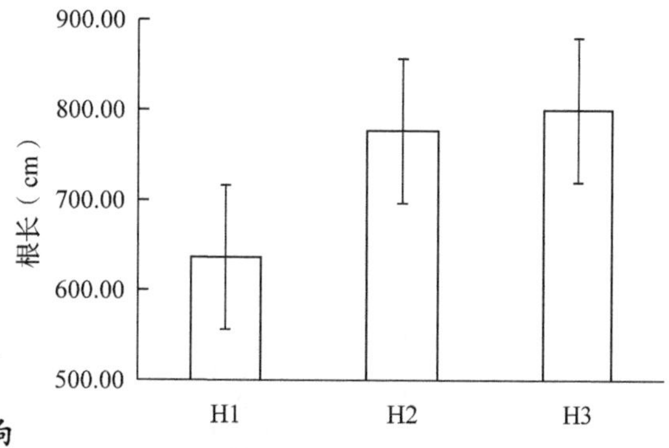

图 7.30 夏季修剪对红花玉兰根长的影响

(2)夏季修剪对红花玉兰根表面积的影响

通过图 7.31 可以看出，H3 的总根表面积最大为 299.32cm^2（高于对照 26.89%），H2 为 283.05cm^2（高于对照 19.99%），各处理显著高于对照 H1 根表面积的 235.89cm^2，可以看出修剪 1/3 的时候，红花玉兰根表面积最大，修剪后的红花玉兰根表面积要显著大于没修剪的，这对红花玉兰根系恢复和生长具有重要的作用。

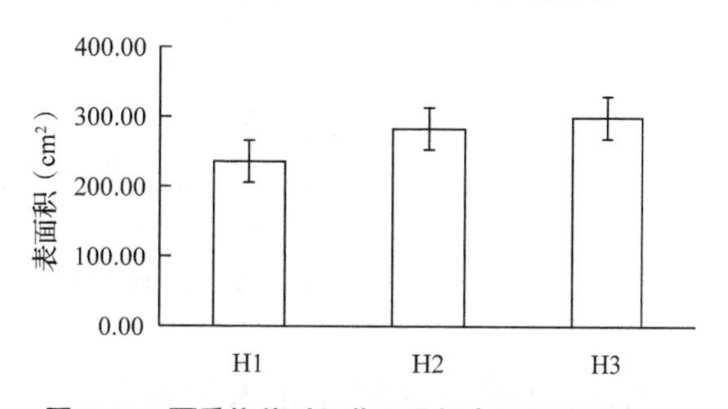

图 7.31 夏季修剪对红花玉兰根表面积的影响

(3)夏季修剪对红花玉兰根直径的影响

通过图 7.32 可以看出，H3 的根平均直径最大，为 1.09mm，H2 为 1.03mm，对照 H1 为 1.01mm，可以看出修剪 1/3 的时候，红花玉兰根直径最大，修剪后的红花玉兰根直径大于没修剪的，但是差异不显著，说明修剪可能只是促进了红花玉兰根长的生长，并未促进根粗的生长。

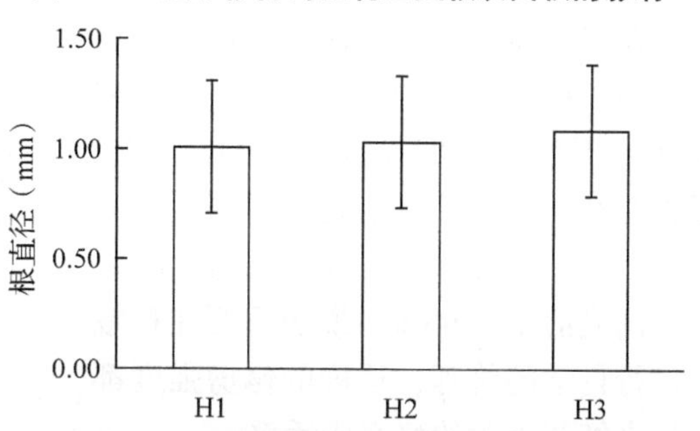

图 7.32 夏季修剪对红花玉兰根直径的影响

(4)夏季修剪对红花玉兰根长分布的影响

从表 7.12 和图 7.33 中可以看出，红花玉兰根长主要集中在 0~2cm 之间，占总根长的 90%以上。修剪后的红花玉兰根长分布，主要是减少了 0~1cm 的比重，增加了根长范围 1~5cm 的比重，说明修剪能促进长根的生长。但是修剪 1/3 的时候，根长在 5~10cm 的范围内比重为 0，小于 H1 和 H2；在 1~5cm 范围内，根长比重为 42%，显著高于对照组，这有待于深入的研究。

表 7.12 夏季修剪对红花玉兰根系分布的影响

根长分布(cm)	H1	H2	H3
0<L≤1	71% a	62% b	58% b
1<L≤2	23% b	30% a	33% a
2<L≤5	6% b	7% b	9% a
5<L≤10	1% a	1% a	0% b
L>10	0%	0%	0%

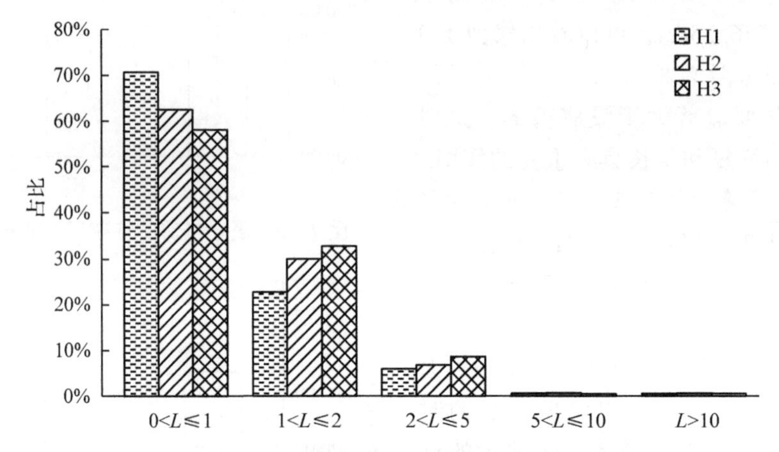

图 7.33 夏季修剪对红花玉兰根系分布的影响

7.2.5 夏季修剪对红花玉兰移栽成活率的影响

在修剪前 6 月时，各处理移栽成活率均为 100%。在 10 月 15 日生长季末统计分析后，从图 7.34 中可以看出，通过对红花玉兰移栽苗施加不同强度的夏季修剪，成活率都是 100%，而 H1 未修剪的成活率为 95%，说明只要在移栽后进行科学的管理，适度的修剪强度都能提高红花玉兰的移栽成活率。

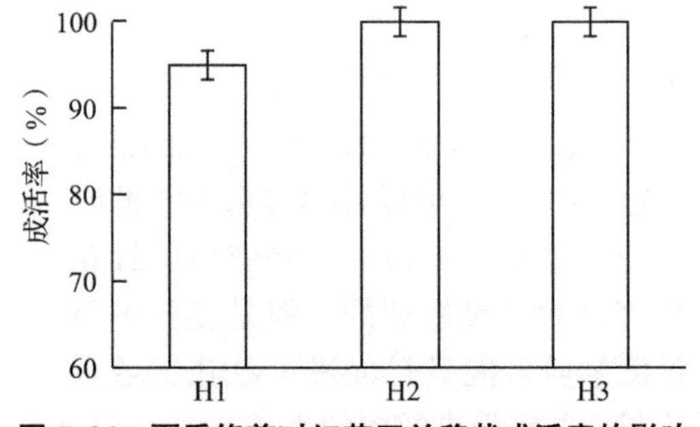

图 7.34 夏季修剪对红花玉兰移栽成活率的影响

7.2.6 土壤生化处理和夏季修剪交互作用对红花玉兰的影响

通过分析，得出土壤生化处理和夏季修剪之间交互作用极不显著，或者可以说是没有交互作用，因此此部分不再进行分析。

7.3 ABT-1生根粉和EM菌剂对'娇红2号'移栽苗木生长的影响

7.3.1 ABT-1生根粉和EM菌剂对苗木成活率和生长的影响

7.3.1.1 对苗木成活率的影响

2019年11月统计各处理苗木的成活株数并计算成活率(图7.35)。各处理成活率由高到低排序分别为：B1、B2(100.00%)，A1、A2(96.77%)，B3(93.33%)，A3、A4、B4、CK(90%)。

ABT-1生根粉是生长调节剂，浓度过高过低都不会促进植物的生长；EM菌剂是一种复合生物菌剂，内含有丰富的微生物和菌类。在试验初期苗木非常脆弱，对外界环境条件的变化十分敏感。

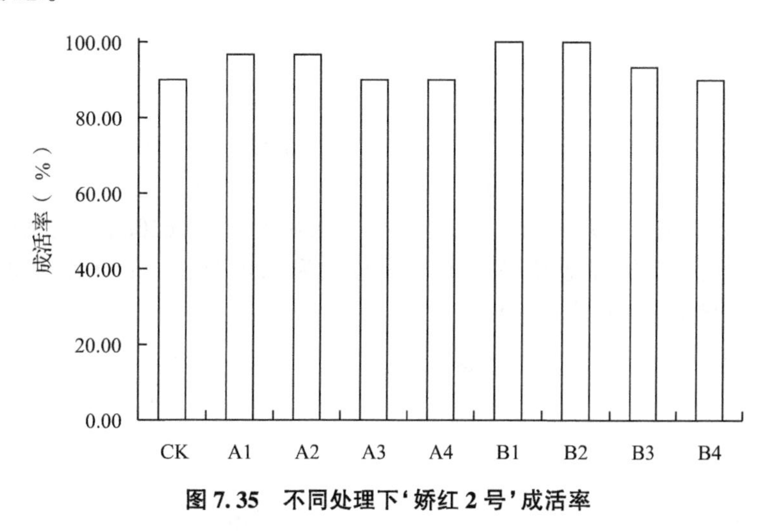

图7.35 不同处理下'娇红2号'成活率

7.3.1.2 对苗木苗高生长的影响

由3~11月每两月的苗高相对生长量(图7.36)可以看出，一年生长季中苗高的生长出现两次高峰，分别是3~5月、7~9月。三次采样数据分析发现，3~5月，A1处理相对生长量最高为0.0811cm，比CK(0.0658cm)高出23.25%，与B3、B4差异显著；5~7月，A2处理相对生长量最高为0.0256cm，比CK(0.0214cm)高出19.20%，各处理无显著差异。7~9月，A1处理相对生长量最高为0.0354cm，比CK(0.0297cm)高出19.37%，各处理无显著差异。9~11月，B4处理相对生长量最高为0.0274cm，比CK(0.0189cm)高出45.00%，两者之间差异不显著。

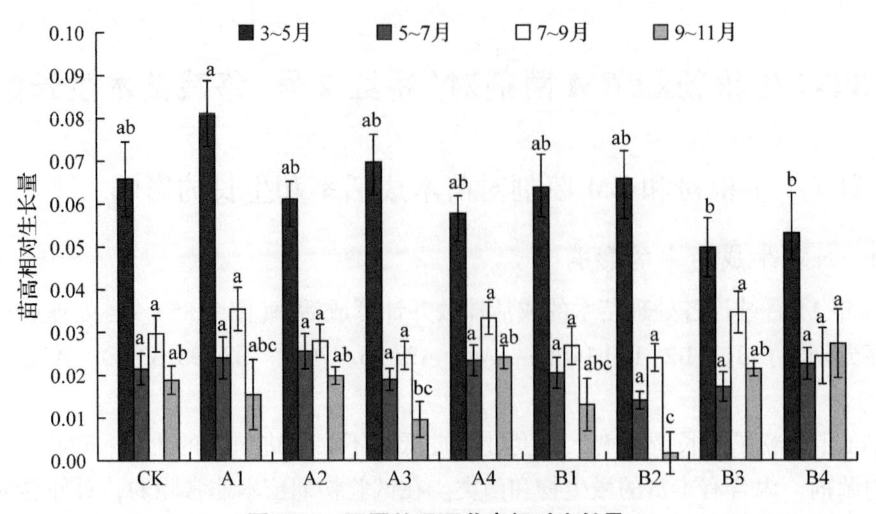

图 7.36 不同处理下苗高相对生长量

（注：同一月份不同处理间字母不同表示差异达5%显著水平，$p<0.05$。下同。）

7.3.1.3 对苗木地径生长的影响

三次采样数据分析发现，3~5 月，A4 处理地径相对生长量最大为 0.0647cm，比 CK(0.0530cm) 高出 22.08%；5~7 月，A2 处理相对生长量最大为 0.0587cm，比 CK(0.0368cm)高出 59.56%；7~9 月，CK 相对生长量最大为 0.0650cm，与 A1、B1、B2 显著差异。9~11 月，B2 处理地径相对生长量最大为 0.0835cm，比 CK(0.0298cm)高出 181%，两者间差异不显著(图 7.37)。

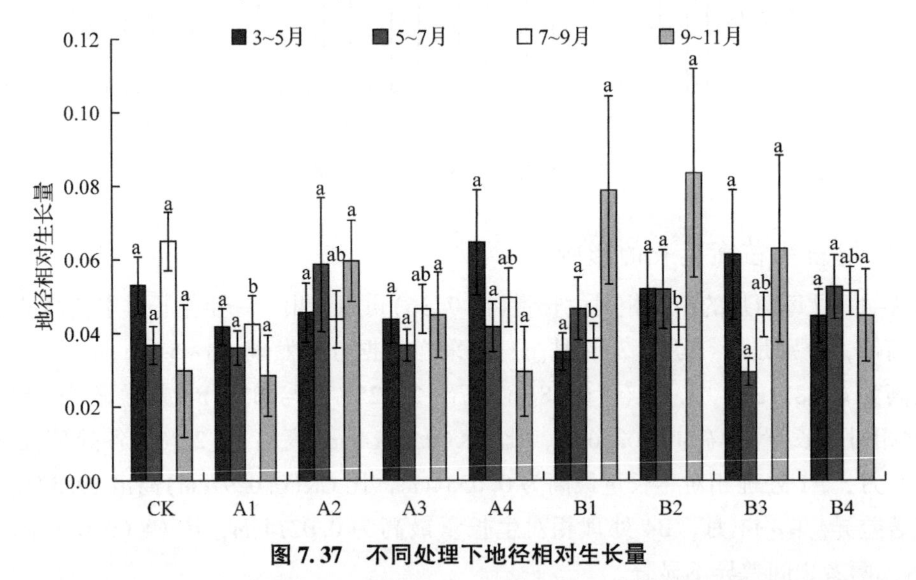

图 7.37 不同处理下地径相对生长量

通过数据分析发现，$3\mu g \cdot g^{-1}$ 的 EM 菌剂对苗木高生长促进效果最好，$150\mu g \cdot g^{-1}$ 的 ABT-1 生根粉对苗木的径生长处理效果最好。施加处理的苗木到生长季末较对照有较高的苗高地径生长量。苗高与地径在 3~5 月有较高的生长量，但是苗木高生长对试剂处理的反应较为敏感，在3~5月期间就已经表现出差异；地径生长的差异在5~7月才显现出来。施加处理苗木的生长差异体现了其对苗木在缓苗期的作用程度。据此推测，缓苗期间的3~5月、7~9月苗木主要进行高生长；5~7月，主要进行茎生长。

7.3.2 ABT-1生根粉和EM菌剂对'娇红2号'移栽苗根系特性的影响

7.3.2.1 对'娇红2号'5月一级和7~9月四级细根根系特性的影响

5月取根样时苗木只萌发出一级细根，不同处理之间的根长、表面积和体积指标差异不显著。7月、9月只有个别处理出现四级细根的分化，不满足显著性分析条件，故此部分内容作简要分析(表7.13)。试剂对苗木的影响主要集中为7月、9月一至三级细根的分化，此结果在7.3.2.3~7.3.2.5中做了详细的说明。

7月每个处理3次重复取样中四级细根分化率分别为，CK：0%、A1：66.67%、A2：33.33%、A3：66.67%、A4：33.33%、B1：33.33%、B2：33.33%、B3：33.33%、B4：33.33%。此时，四级细根的根长、根表面积、根体积三个指标最好的处理均是A4，其数值分别为349.8710、95.3191、3.0906，远远高于同时期的其他处理。9月开始，各处理均出现四级细根的分化，每个处理3次重复取样中四级细根分化率分别为，CK：33.33%、A1：33.33%、A2：66.67%、A3：100%、A4：66.67%、B1：66.67%、B2：0%、B3：66.67%、B4：100%。此时发现，四级细根的根长、根表面积、根体积三个指标数值最大的处理是B3，其值分别为203.1449cm、46.6876cm^2、1.4177cm^3。

表7.13 一级和四级细根根系特征

指标＼处理	CK	A1	A2	A3	A4	B1	B2	B3	B4
5-L1	3.4203±1.2093a	18.3509±2.8467a	154.4965±104.8010a	109.9364±75.5986a	166.6671±39.5992a	14.5603±9.5831a	10.5515±4.4706a	4.3674±1.5437a	15.9900±0.7194a
5-S1	0.8454±0.1410a	5.8112±1.2274a	52.0877±34.2574a	34.0969±20.3309a	51.1862±14.4342a	4.2663±2.9056a	2.8158±1.5261a	1.1302±0.1486	4.9907±0.5311a
5-V1	0.0210±0.0009a	0.1822±0.0500a	1.6954±1.0788a	1.0804±0.5779a	1.5910±0.5347a	0.1207±0.0857a	0.0722±0.0463a	0.0287±0.0044a	0.1425±0.0263a
7-L4	0.0000	72.7540±7.7419	56.8854	153.4920±1.3102	349.8710	18.9243	7.5751	20.0823	1.4094
9-L4	54.7762	186.8042	160.9889±30.8317	103.8012±56.7212	79.3291±2.9031	39.8282±31.9311	0.0000	203.1449±50.0470	88.1693±56.7908
7-S4	0.0000	16.7506±0.0473	16.6309	40.0777±3.1355	95.3191	2.1674	1.5879	3.0405	0.2912
9-S4	12.6824	42.1044	40.6953±5.8504	23.4300±11.8060	23.8709±1.2827	10.4935±8.3225	0.0000	46.6876±19.8726	23.6617±15.3533
7-V4	0.0000	0.4856±0.0219	0.5476	1.2626±0.1842	3.0906	0.0484	0.0560	0.0917	0.0072
9-V4	0.3787	1.2729	1.2903±0.1432	0.6874±0.3465	0.8049±0.0661	0.2916±0.2257	0.0000	1.4177±0.7018	0.7943±0.5185

注：5-L1，5月一级根长度(cm)；5-S1，5月一级根表面积(cm^2)；5-V1，5月一级根体积(cm^3)。依次类推，下同。

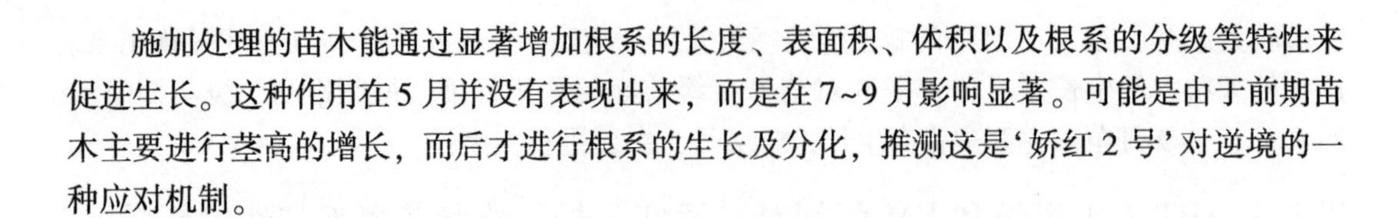

施加处理的苗木能通过显著增加根系的长度、表面积、体积以及根系的分级等特性来促进生长。这种作用在5月并没有表现出来，而是在7~9月影响显著。可能是由于前期苗木主要进行茎高的增长，而后才进行根系的生长及分化，推测这是‘娇红2号’对逆境的一种应对机制。

7.3.2.2 对‘娇红2号’新生根系数量的影响

不同处理下苗木新生根数量变化如图7.38所示。5月，苗木新生根数量较少，数量最多的处理是A4为109条，数量最少的是CK为3条，A4与A2、A3差异不显著，与其他处理均差异显著；7月，苗木新生根数量增多，数量最多的处理A2为1188条，数量最少是CK为252条，且A2只与CK差异显著，与其他处理无显著差异；9月，苗木新生根数量显著增加，最多的处理是A3达到2354条，数量最少的是B2为429条，各处理间只有A3和B2差异显著。

分析发现，施加ABT处理的苗木比施加微生物菌剂的苗木，在5~7月能更好地促进苗木根系的新生，且与未施加处理的苗木差异显著。直到苗木生长到9月，苗木根系数量最多的处理是A3，此时除B2外各处理间均无显著差异。

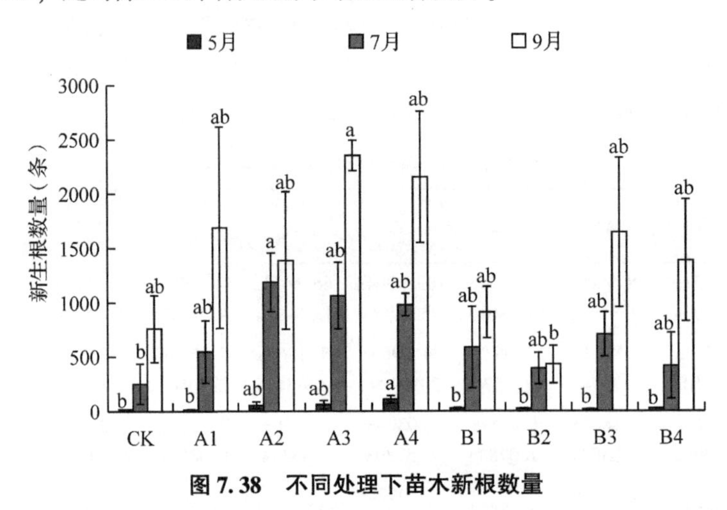

图7.38 不同处理下苗木新根数量

7.3.2.3 对‘娇红2号’各级细根根长特性的影响

不同处理对各级细根根长的影响存在差异(图7.39)。7月和9月，各处理一级细根的根长无显著差异。二级和三级细根根长之间存在显著差异。7月，A3处理的二级细根根长最大为1384.8626cm，比CK(382.3046cm)高出262.24%，且A3与CK、B4差异显著；A2处理三级细根根长最大为824.7176cm，比CK(65.8926cm)高出1151.61%，且A2与CK、B2、B3、B4均差异显著。9月，A3处理的二级细根根长最大为2949.6841cm，比CK(713.0398cm)高出313.68%，且A3与CK、B2差异显著；A3处理的三级细根根长最大为1133.9080cm，比CK(387.8703cm)高出192.34%，且A3与CK、B1差异显著。

通过分析发现，施加处理后能很好地促进苗木根长的增长。综合7~9月来看，A3处理对苗木根系生长的促进效果高效并且持续，普遍表现为施加ABT的处理好于施加EM菌

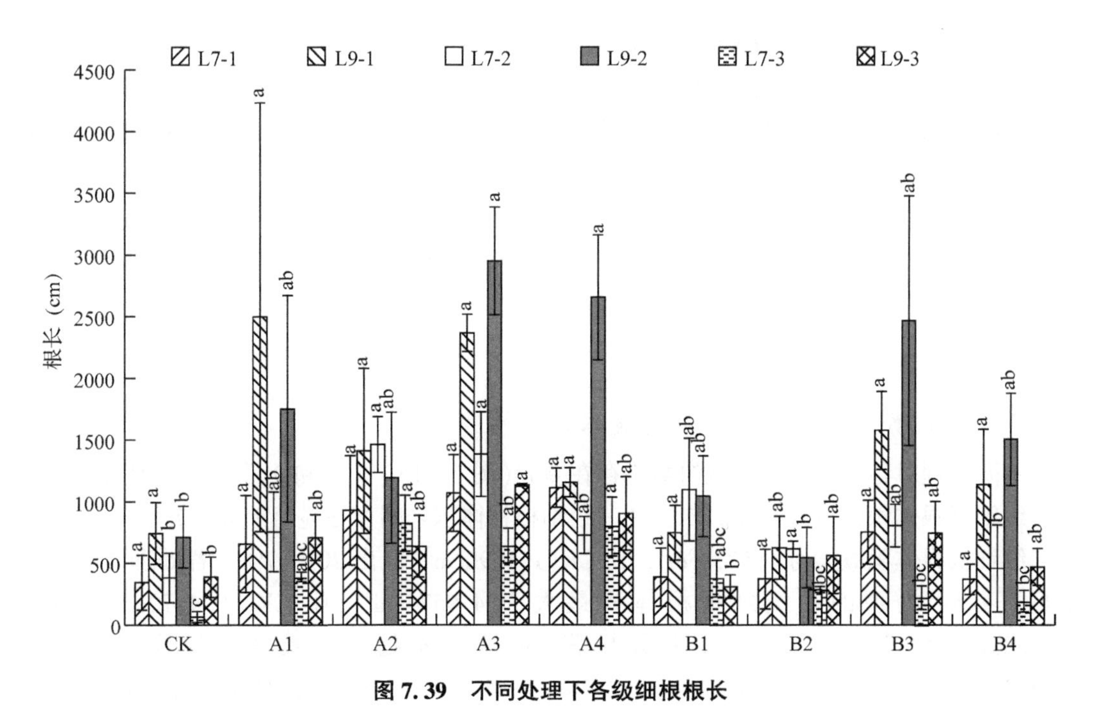

图 7.39　不同处理下各级细根根长

剂的处理。

7.3.2.4　对‘娇红2号’各级细根根表面积特性的影响

不同处理对各级细根根表面积的影响存在差异(图7.40)。7月和9月，各处理一级细根表面积差异不显著，二级和三级细根表面积差异显著。7月，A3处理的二级细根根表面

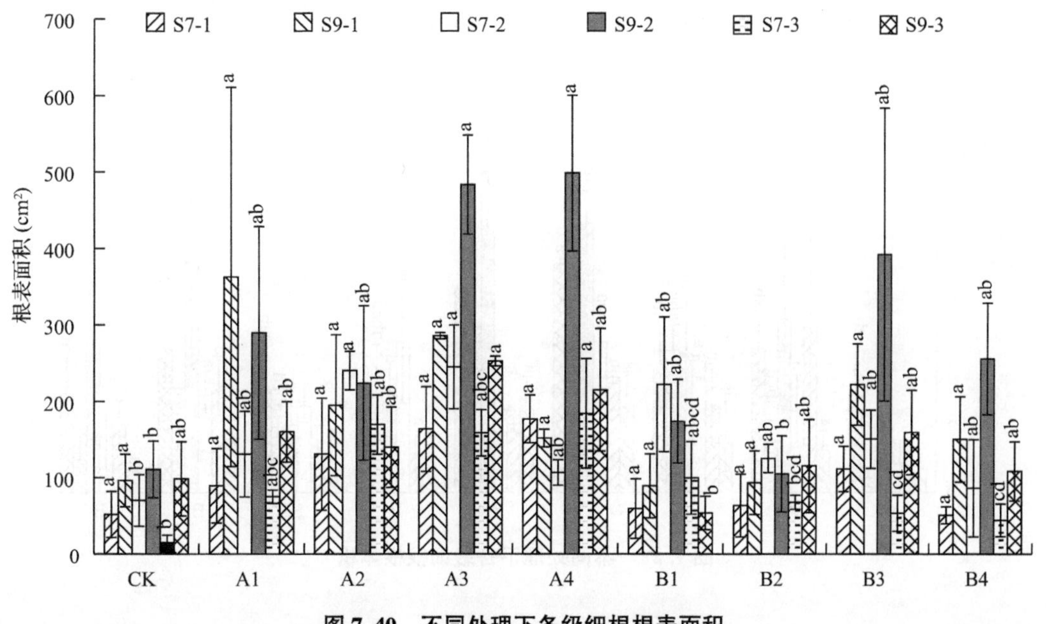

图 7.40　不同处理下各级细根根表面积

积最大为244.6390cm²，比CK(70.2725cm²)高出248.13%，A3与CK差异显著；A4处理三级细根根表面积最大为183.8252cm²，比CK(15.3228cm²)高出1099.69%，A4与CK、B2、B3、B4差异显著。9月，A4处理的二级细根根表面积最大为498.1269cm²，比CK(110.7804cm²)高出349.65%，A4与CK、B2差异显著；A3处理的三级细根根表面积最大为252.2765cm²，比CK(98.3935cm²)高出156.40%，A3与CK差异不显著。

通过分析发现，施加处理的苗木能很好促进根表面积的增长。综合7~9月来看，A3处理对苗木根系生长的促进效果高效并且持续，普遍表现为施加ABT的处理好于施加EM菌剂的处理。

7.3.2.5 对'娇红2号'各级细根根体积特性的影响

不同处理对各级细根根体积的影响存在差异(图7.41)。7月和9月，各处理与对照之间一级细根根体积无显著差异。二级和三级细根根体积之间存在显著差异。7月，A3处理的二级细根根体积最大为4.5230cm³，比CK(1.4596cm³)高出209.87%，各处理之间差异不显著；A4处理的三级细根根体积最大为4.9574cm³，比CK(0.4270cm³)高出1060.89%，A4与CK、B3、B4差异显著。9月，A4处理二级细根根体积最大为9.5883cm³，比CK(2.0742cm³)高出362.26%，A4与CK、B1、B2差异显著；A3处理的三级细根根体积最大为6.8481cm³，比CK(2.9195cm³)高出134.56%，A4与B1差异显著。

通过分析发现，施加处理的苗木能很好促进根体积的增长。综合7~9月来看，A3、A4处理对苗木的促进效果高效并持续，且普遍表现为施加ABT的处理好于施加EM菌剂的处理。

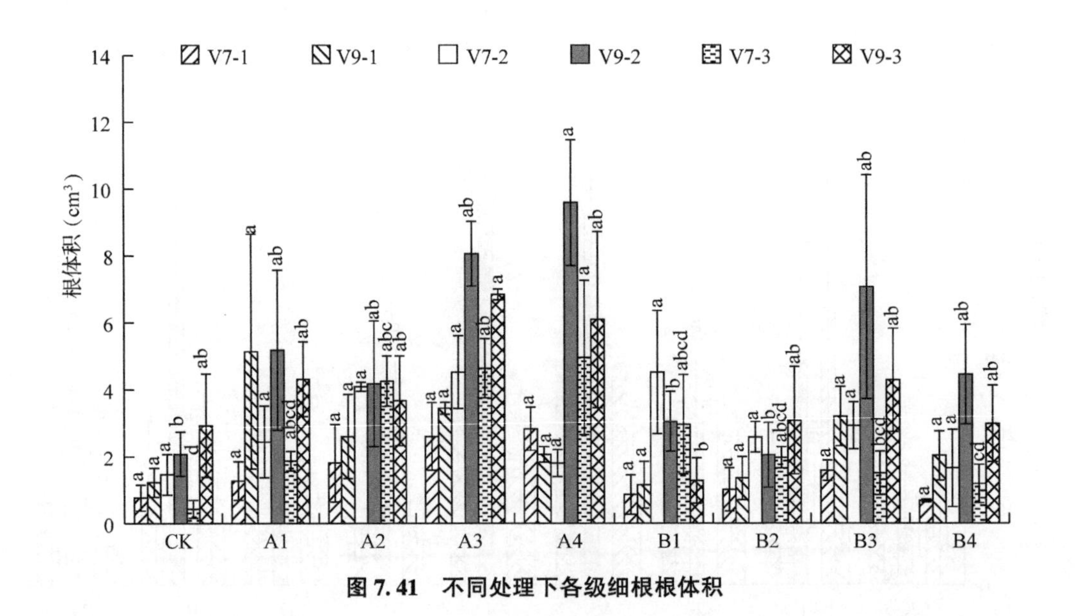

图7.41 不同处理下各级细根根体积

7.3.3 ABT-1生根粉和EM菌剂对‘娇红2号’移栽苗含水量、生物量和苗木质量指数的影响

7.3.3.1 对含水量的影响

不同处理对茎含水量影响存在差异(图7.42)。5月A3处理的含水量最高为55.93%，比CK(52.97%)高出5.57个百分点，除A1(52.62%)、B3(52.21%)含水量比CK低0.68、1.48个百分点外，其余各处理含水量均高于CK处理，但各处理无显著差异。7月，除CK外各处理含水量均低于5月各处理含水量，CK处理含水量最高为53.20%，A3处理含水量最低为50.92%，各处理无显著差异。9月，各处理含水量均低于7月各处理含水量。此时，CK处理含水量最高为51.67%，与B2(50.87%)、B4(50.29%)差异显著，与其他处理差异不显著。

由图7.42看出，各处理对茎的含水量的影响较小且不敏感，但总体来看A3处理叶片含水量保持较高水平。5月、7月各处理无显著差异，9月各处理存在显著差异。茎含水量随着月份的增加呈现递减趋势，且早期含水量越高的处理随时间的增长降低的幅度也越大。分析原因，施加处理的苗木早期较对照能明显提高茎含水量，生长势强，但是随着时间的增长，不断萌发新的叶片和根系。此时，植株为了维持生长，对于水分的分配进行了调整。

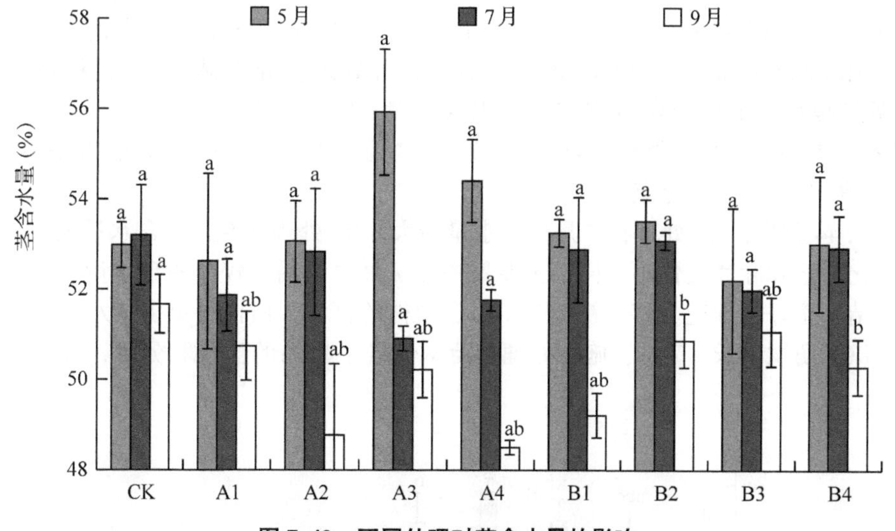

图7.42 不同处理对茎含水量的影响

不同处理对叶片含水量影响存在差异(图7.43)。5月A2处理叶片含水量最高为81.67%，比CK(79.20%)高出3.12个百分点，各处理差异不显著。7月A1处理含水量最高为75.69%，比CK(75.67%)高出0.02个百分点，两者之间差异不显著，与B3差异显著。9月CK含水量最高为74.60%，与A1(72.08%)、A2(72.89%)、B3(71.63%)差异显著，与其他处理差异不显著。

由图7.44看出，A2处理在早期叶片含水量最大，B2处理在后期叶片含水量较大。叶片在早期有较高的含水量，而到7月和9月叶片含水量急剧下降，9月多数处理叶片含水

量较7月有所下降。据此分析，‘娇红2号’是3月初移栽，恰逢展叶期间，植株为了保证顺利展叶，所以将水分多数转运至叶片。而7月和9月叶片含水量骤降很有可能因为此阶段苗木正在发育根系，为了保证根系的萌发与分级，植株将更多水分转运至根部。

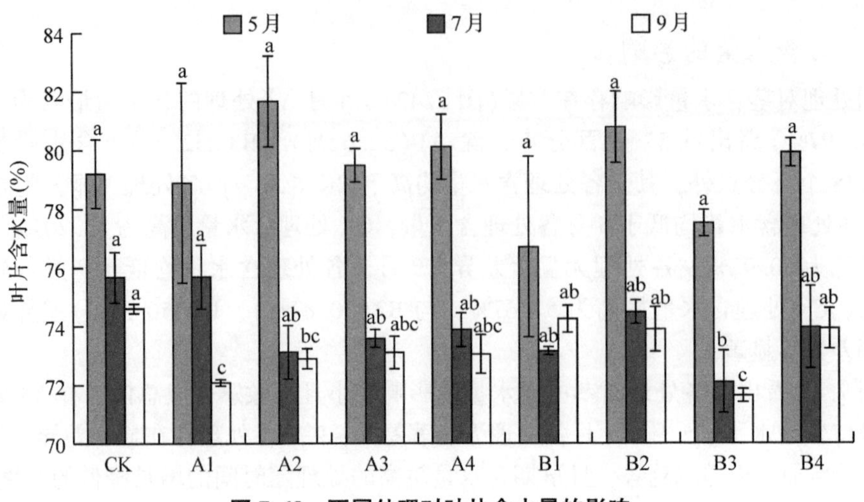

图7.43 不同处理对叶片含水量的影响

不同处理对根系含水量影响存在差异(图7.44)。5月根系含水量极低，7月根系含水量达到最大，9月根系含水量下降甚至低于5月。5月根系含水量最大的处理是A4为70.49%，比CK(60.58%)高出16.36个百分点，各处理差异不显著。7月根系含水量骤升，A3处理根系含水量最高为75.54%，比CK(70.37%)高出7.34个百分点，除与A1、CK差异不显著外，与其他处理差异显著。9月B3处理根系含水量最高为63.70%，比CK(61.04%)高出4.36个百分点。

由图7.44看出，A3处理在7月根含水量最大，B2处理在9月根含水量较大。根系含水量的变化与茎和叶片变化不相同，主要集中在7月根系拥有较高的含水量，这与上述茎和叶片的结果正好相呼应。移栽初期为了保证植株的存活，植株将更多的水分分配到叶片和茎中，供其萌发生长。7月，施加处理的苗木促进了根系的生长和分级，此时植株为了

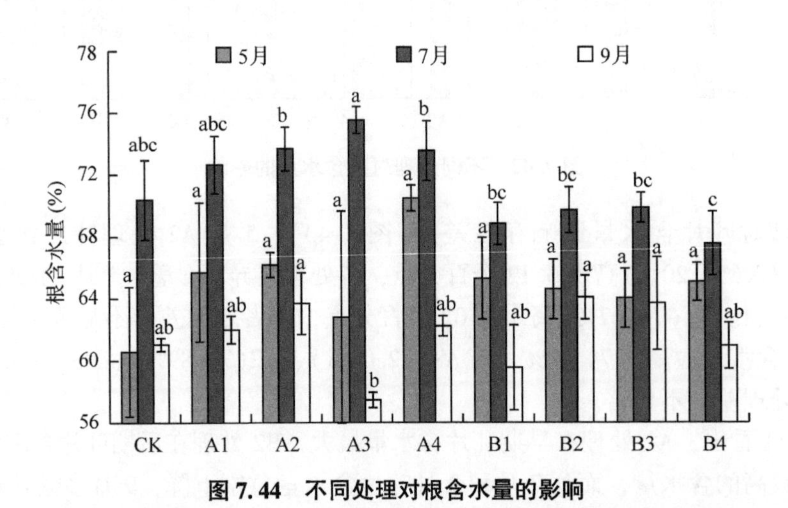

图7.44 不同处理对根含水量的影响

保证根系的生长，将更多的水分转运至根部。通过分析缓苗期间水分在茎、叶、根的分布情况可以发现，植株在面对胁迫时会通过自身水分需求状况不断调整，以缓解因适应逆境生长而遭受的各种不利影响。

7.3.3.2 对生物量的影响

不同处理对叶片生物量的影响存在差异(图7.45)。5月A4处理叶片生物量最高为1.8133g，比CK(1.1167g)高出81.33%，各处理叶片生物量无显著差异。7月A3处理叶片生物量最高为3.6667g，比CK(1.5900g)高出130.61%，A2、A3、A4三者无显著差异，与其他处理差异显著。9月A4处理叶片生物量最高为4.4215g，比CK(1.5957g)高出177.09%，A4与A3、A1差异不显著，与其他处理差异显著。

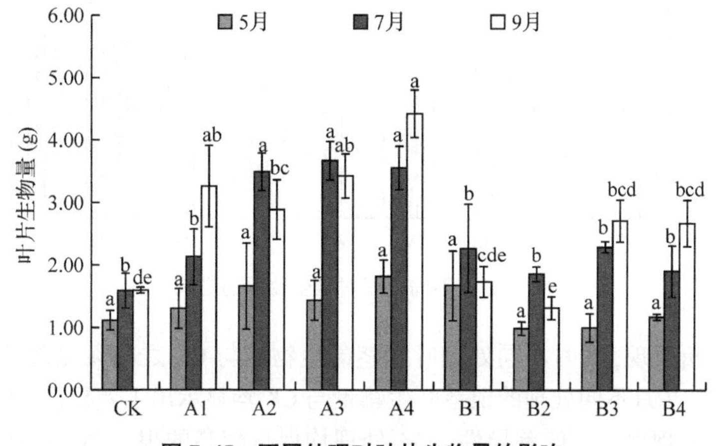

图7.45 不同处理对叶片生物量的影响

不同处理对茎生物量的影响存在差异(图7.46)。5月A3处理茎生物量最高为27.7700g，比CK(23.9900g)高出15.76%，处理组与对照组之间差异不显著。7月B4处理茎生物量最高为33.7267g，比CK(19.0900g)高出76.67%，B4与A2、CK差异显著，与其他处理差异不显著。9月B1处理茎生物量最高为38.2121g，比CK(26.3181g)高出45.19%，B1与CK、B2、B3差异显著，与其他处理差异不显著。

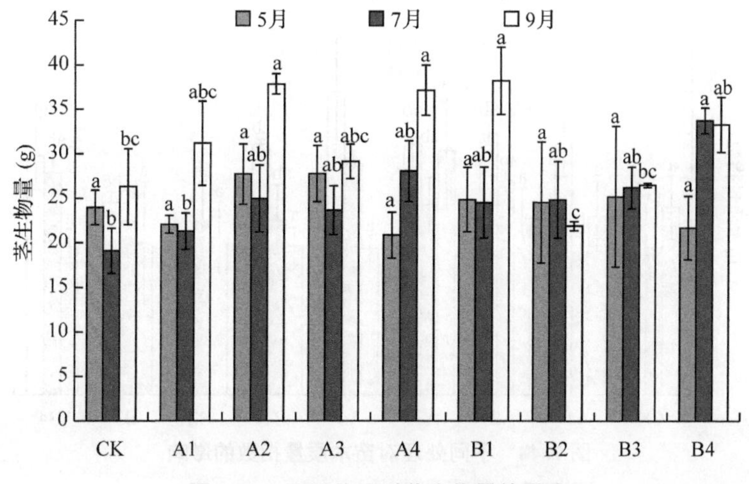

图7.46 不同处理对茎生物量的影响

不同处理对根生物量的影响存在差异(图 7.47)。5 月 A3 处理根生物量最高为 21.7367g，比 CK(14.5400g)高出 49.50%，但与 CK 无显著差异。7 月 A4 处理根生物量最高为 18.3965g，比 CK(11.8388g)高出 55.39%，与 CK 无显著差异。9 月 A4 处理根生物量最高为 25.5556g，比 CK(17.8979g)高出 42.79%，A4 与 B1、B2 差异显著，与其他处理无显著差异。

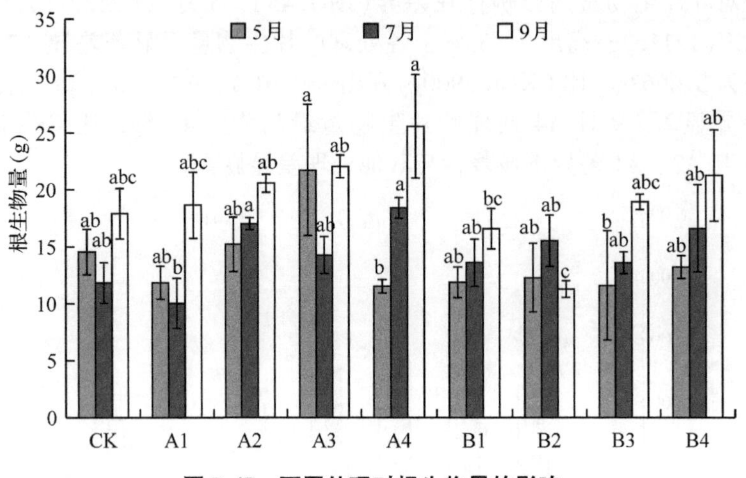

图 7.47 不同处理对根生物量的影响

通过上述分析发现，5 月不同处理叶和茎的生物量与 CK 之间无显著差异，根系生物量之间存在差异。7 月不同处理的根茎叶生物量与 CK 均显示出了差异性。9 月不同处理间根茎叶生物量均表现出较大的差异性。A4 处理均保持较高的根、茎、叶生物量，且普遍表现为施加 ABT 生根粉的处理要好于施加 EM 菌剂的处理。

7.3.3.3 对苗木质量指数的影响

不同处理对苗木质量指数的影响存在差异(图 7.48)。5 月 A3 处理苗木质量指数最大为 5.62，但各处理之间无显著差异。7 月 A4 处理苗木质量指数最大为 5.31，与 A1 差异

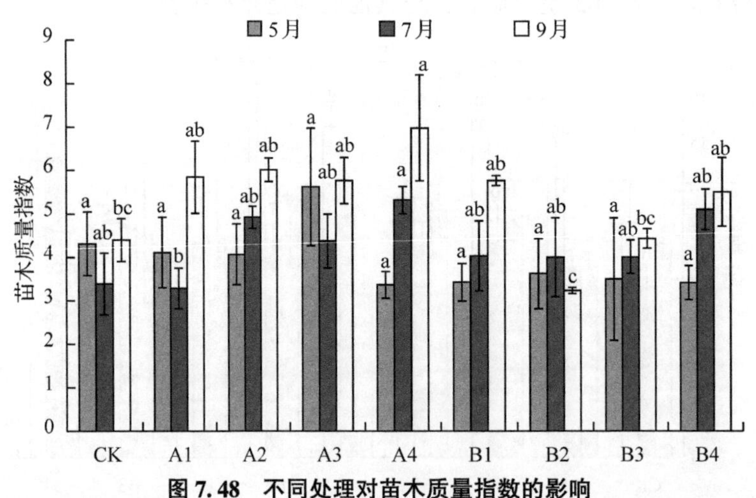

图 7.48 不同处理对苗木质量指数的影响

显著。9月A4处理苗木质量指数最大为6.98，与CK、B2、B3差异显著，与其他处理差异不显著。

通过上述分析发现，施加处理的苗木较CK更能提升苗木的质量指数，9月A4处理苗木质量指数最大，且施加ABT生根粉的处理效果优于施加EM菌剂的处理。

7.3.4 ABT-1生根粉和EM菌剂对‘娇红2号’移栽苗抗性生理的影响

7.3.4.1 对保护酶活性的影响

(1)对超氧化物歧化酶(SOD)活性的影响

不同处理对‘娇红2号’SOD活性的影响如图7.49所示。5月，A4处理的SOD活性最高为382.2110U·mg^{-1}，其次是A3(279.6237U·mg^{-1})，分别比CK(266.2069U·mg^{-1})高出43.55%和5.02%，但A4与A3、CK差异不显著，与其他处理差异显著。7月，A1处理的SOD活性最高为287.5167U·mg^{-1}，其次是A3(277.0404U·mg^{-1})，分别比CK(168.0717U·mg^{-1})高出71.07%和64.83%，均与CK差异显著。9月，B1处理的SOD活性最高为323.2636U·mg^{-1}，比CK(318.9710U·mg^{-1})高出1.35%，且除A1处理外，各处理之间无显著差异。

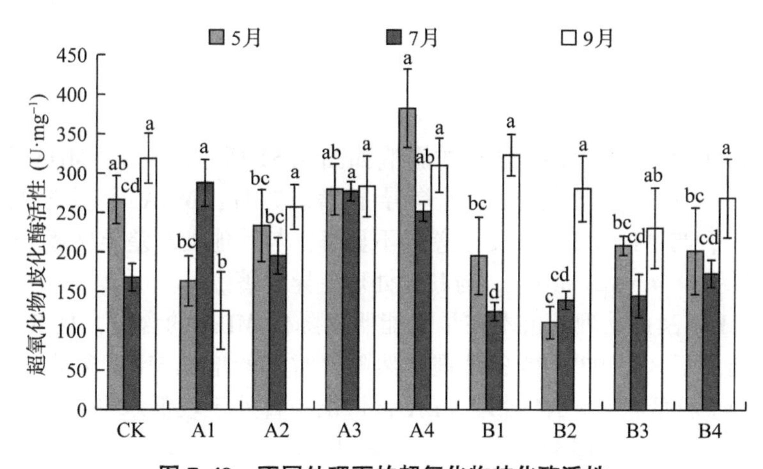

图7.49 不同处理下的超氧化物歧化酶活性

分析发现，ABT-1各处理在早期能迅速提升植株SOD的活性来清除因逆境环境而产生的多余的活性氧，且浓度越大活性越强。EM菌剂各处理早期提升SOD活性的能力较弱，9月才开始大幅提升。9月，A3处理SOD活性与前两个月趋于平稳，其余处理除A1较7月有所降低、A4较5月有所降低、B2一直上升外，其余各处理均表现为先降低后升高的趋势。此时推测，A1、A3两个处理可能在7月左右度过缓苗期，体内SOD活性逐渐下降趋于平稳。

(2)对过氧化物酶(POD)活性的影响

不同处理对‘娇红2号’POD活性的影响如图7.50所示。5月，CK处理的POD活性最高为33.3978U·g^{-1}·min^{-1}，除B4外与其他处理差异显著。7月，POD活性最高的处理是B2为42.3111U·g^{-1}·min^{-1}，比CK(37.4968U·g^{-1}·min^{-1})高出12.84%，与CK显著差异。9月，POD活性最高的是CK为62.5701U·g^{-1}·min^{-1}，与其他处理差异显著。

分析发现，A1、A3、B1这三个处理9月POD活性低于7月，其他各处理的POD活性随着时间的增长呈逐渐上升趋势，但经过处理的苗木在早期并没有表现出很高的POD活性。综合5~9月分析发现，EM菌剂较ABT-1能更多地通过提高POD的活性来清除因逆境而产生过多的活性氧。此时推测A1、A3、B1可能在7月左右度过缓苗期，POD活性下降趋于平稳。

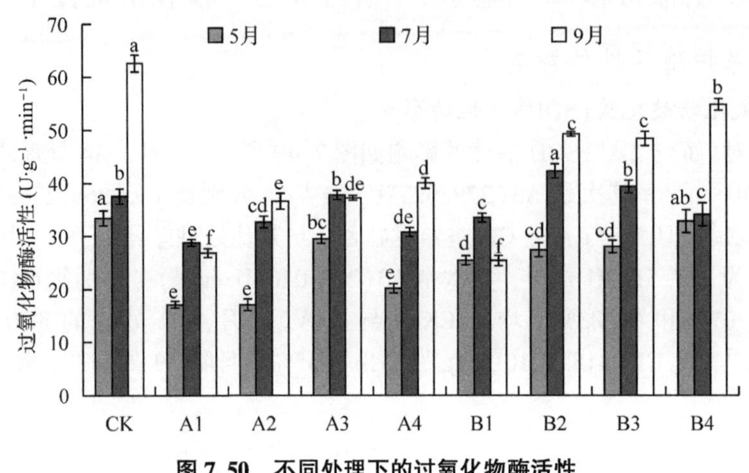

图7.50 不同处理下的过氧化物酶活性

(3)对丙二醛(MDA)含量的影响

不同处理对'娇红2号'MDA含量的影响如图7.51所示。5月，MDA含量最高的是A3为22.7016μmol·g^{-1}，与其他处理差异显著。7月，MDA含量最高的是A4为14.3585μmol·g^{-1}，与A1、B2、B1处理差异不显著，与其他处理差异显著。9月，MDA含量最高的是A3为24.4398μmol·g^{-1}，与其他处理差异显著。

分析发现，EM菌剂处理的苗木在早期能明显降低MDA的含量，且B1处理MDA含量变化一直降低，而B2、B3、B4各处理虽然随着时间的增长MDA含量呈上升趋势，但是其含量一直处于较低状态。A4处理MDA含量也一直处于较低水平，A1、A2、A3三个

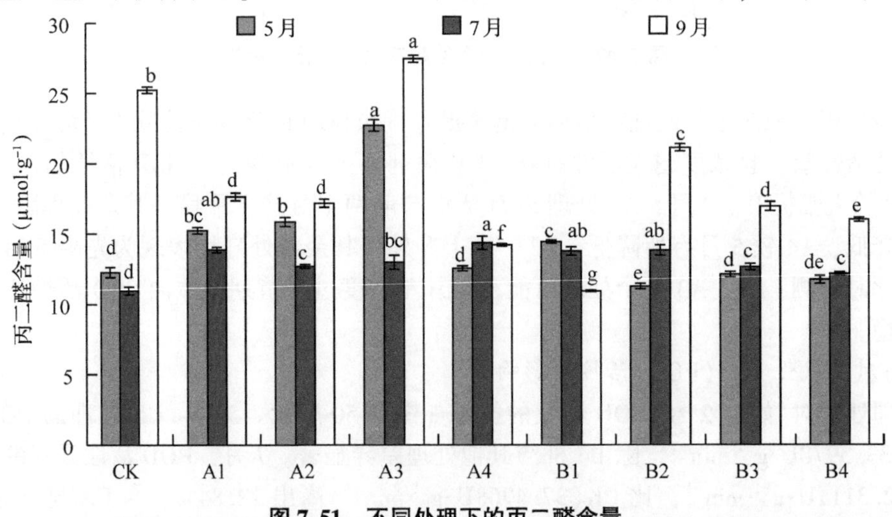

图7.51 不同处理下的丙二醛含量

处理 MDA 含量的变化情况是先降低再升高，即适宜浓度的 ABT-1 在中期减轻膜脂过氧化现象的较明显。综上所述，EM 菌剂和较高浓度的 ABT-1 能更好地降低丙二醛的含量来保护植株因逆境所造成的膜脂过氧化伤害。

7.3.4.2 对渗透调节物质含量的影响

(1)对可溶性糖含量的影响

不同处理对‘娇红 2 号’可溶性糖含量的影响如图 7.52 所示。5 月，B3 处理的可溶性糖含量最高为 0.0749μg·g^{-1}，比 CK(0.0729μg·g^{-1})高出 2.72%，两者可溶性糖含量无显著差异。7 月，A1 处理的可溶性糖含量最高为 0.0860μg·g^{-1}，比 CK(0.0669μg·g^{-1})高出 28.55%，二者可溶性糖含量差异显著，但与 A2、A3、B4 差异不显著。9 月，B2 处理可溶性糖含量最高为 0.0982μg·g^{-1}，比 CK(0.0966μg·g^{-1})高出 1.69%，除与 A1 差异显著外与其他处理差异不显著。

分析发现，除 CK、B2、B3 三个处理 7 月可溶性糖含量下降外，其他处理均随着时间的增加而呈现上升的趋势。无论是 ABT-1 还是 EM 菌剂处理苗木可溶性糖含量的变化基本一致，到 9 月各处理可溶性糖含量逐渐趋于平稳。

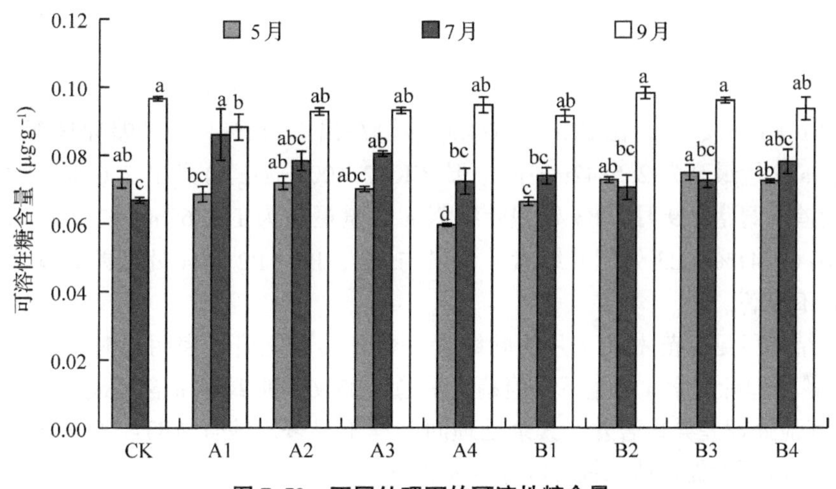

图 7.52 不同处理下的可溶性糖含量

(2)对可溶性蛋白含量的影响

不同处理对‘娇红 2 号’可溶性蛋白含量的影响如图 7.53 所示。5 月，可溶性蛋白含量最高的是 A3 处理为 63.0272mg·g^{-1}，比 CK(45.4210mg·g^{-1})高出 38.76%，与其他处理差异显著。7 月，可溶性蛋白含量最高的也是 A3 处理为 39.6718mg·g^{-1}，比 CK(16.9483mg·g^{-1})高出 1.34%，与其他处理差异显著。9 月，可溶性蛋白含量最高的也是 A3 处理为 29.6381mg·g^{-1}，比 CK(10.9676mg·g^{-1})高出 1.70%，与其他处理差异显著。

分析发现，可溶性蛋白含量随着时间的增长呈现下降的趋势。施加处理的苗木对逆境的感知能力强，能迅速增加体内可溶性蛋白含量来调节植株体内的渗透势，减轻胁迫伤害。A3 处理早期能迅速产生大量可溶性蛋白。EM 菌剂随着浓度的升高，早期可溶性蛋白含量随之升高。7 月，施加 ABT-1 处理的可溶性蛋白含量明显降了下来，推测此时苗木遭

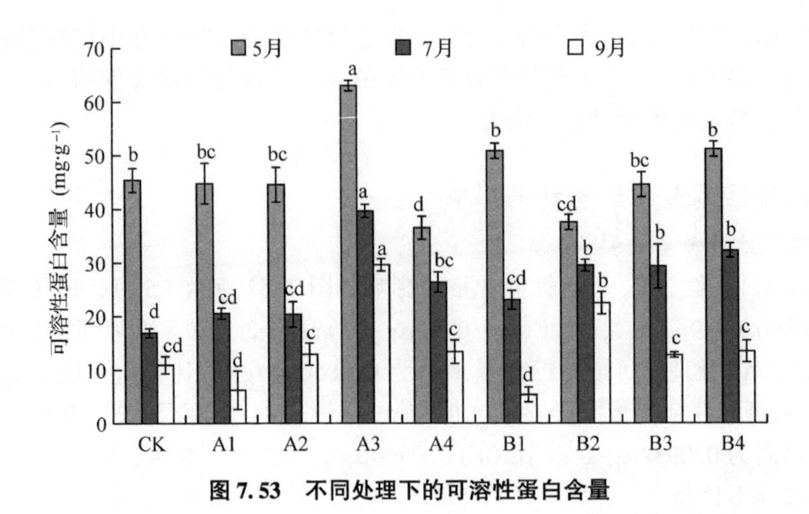

图 7.53 不同处理下的可溶性蛋白含量

受胁迫的程度降低，可能度过了缓苗期。

7.3.5 ABT-1 生根粉和 EM 菌剂对‘娇红 2 号’移栽苗光合生理的影响

7.3.5.1 对叶绿素含量的影响

不同处理对‘娇红 2 号’叶绿素 a 含量的影响如图 7.54 所示。5 月，A2 处理叶绿素 a 含量最高为 1.8810mg·g^{-1}，比 CK(1.6674mg·g^{-1})高出 12.81%，二者差异显著。7 月，B3 处理叶绿素 a 含量最高为 2.5842mg·g^{-1}，比 CK(2.4003mg·g^{-1})高出 7.66%，两处理间叶绿素 a 含量差异显著。9 月，B3 处理叶绿素 a 含量最高为 1.8768mg·g^{-1}，比 CK(1.1485 mg·g^{-1})高出 63.41%，B3 处理叶绿素 a 含量与 CK、B1、B2、B4 处理差异均显著，与其他处理差异不显著。

由分析结果可见，苗木在 7 月的叶绿素 a 含量显著上升，表明此时是苗木旺盛生长期。9 月，各处理叶绿素 a 含量下降但趋于平稳，B3 处理叶绿素 a 含量最高，除 CK、B1、B2、B4 与其他处理差异显著外，其余处理间差异不显著。综合 ABT-1 和 EM 菌剂两种处理，后者比前者更能促进苗木提升叶绿素 a 含量。

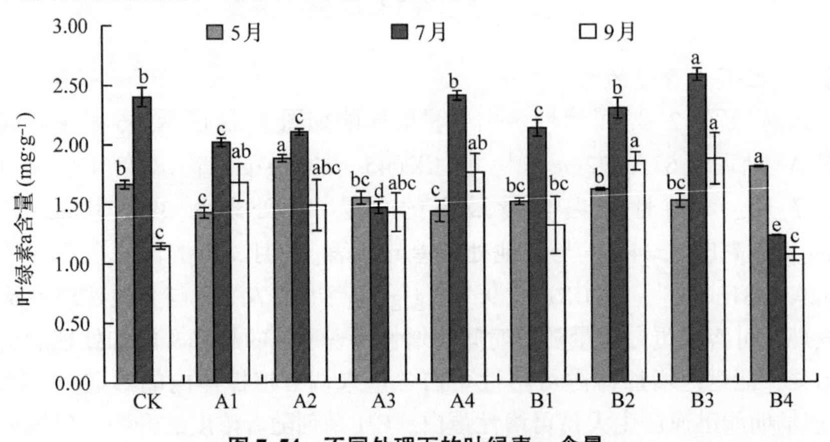

图 7.54 不同处理下的叶绿素 a 含量

不同处理对叶绿素 b 含量的影响如图 7.55 所示。5 月，A2 处理叶绿素 b 含量最高为 0.7366mg·g^{-1}，比 CK(0.6479mg·g^{-1})高出 13.69%，A2 除与 B4 差异不显著外，与其他处理均差异显著。7 月，B3 处理叶绿素 b 含量最高为 0.9906mg·g^{-1}，比 CK(0.9616mg·g^{-1})高出 3.02%，二者差异不显著，但与其他处理均差异显著。9 月，B3 处理叶绿素 b 含量最高为 0.8397mg·g^{-1}，比 CK(0.4665mg·g^{-1})高出 79.99%。

由分析结果可见，B3 处理叶绿素 b 含量最高，叶绿素 b 与叶绿素 a 含量变化相似呈现先升后降的趋势。试剂处理的苗木在 7 月普遍叶绿素 b 含量上升，9 月虽然叶绿素 b 含量下降，但仍处于较高水平。综合 ABT-1 和 EM 菌剂两种处理，后者比前者更能促进苗木提升叶绿素 b 含量。

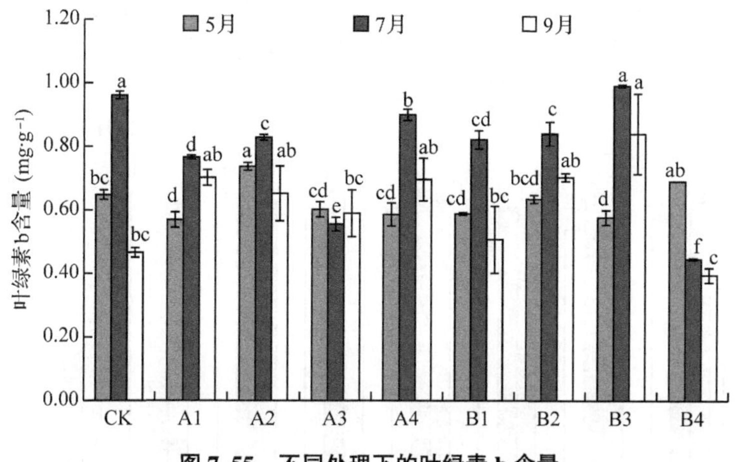

图 7.55　不同处理下的叶绿素 b 含量

不同处理对总叶绿素含量的影响如图 7.56 所示。5 月，A2 处理总叶绿素含量最高为 2.9745mg·g^{-1}，比 CK(2.0386mg·g^{-1})高出 45.91%，A2 处理与 B4 处理差异不显著，与其他处理差异显著。7 月，CK 处理叶绿素含量最高为 3.0695mg·g^{-1}，与 B3 差异不显著，与其他处理差异显著。9 月，B3 处理叶绿素含量最高为 2.7165mg·g^{-1}，比 CK(1.6150mg· g^{-1})高出 68.20%。

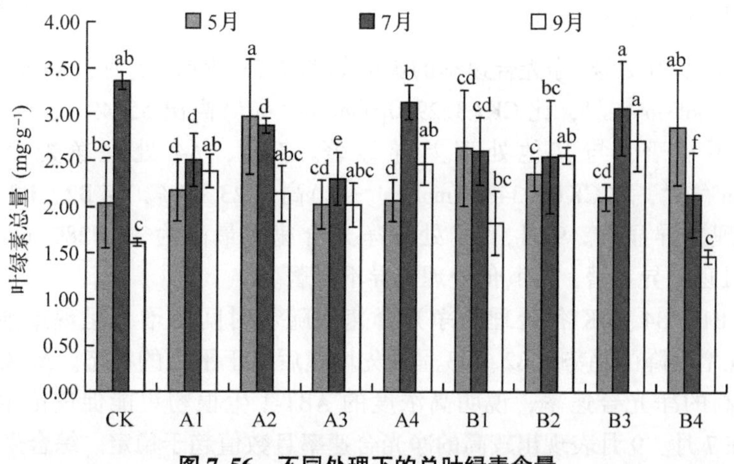

图 7.56　不同处理下的总叶绿素含量

由分析结果可见，B3处理总叶绿素含量最高，其含量变化也是先增后降。7月，总叶绿素含量达到高峰。9月总叶绿素含量有所下降，但施加处理的苗木总叶绿素含量高于对照。综合ABT-1和EM菌剂两种处理，后者比前者更能促进苗木提升叶绿素b含量。

不同处理对叶绿素a/b的影响如图7.57所示。5月，B3处理叶绿素a/b最高为2.6485，比CK(2.5737)高出2.91%，B3处理除与B4处理差异不显著，与其他处理均差异显著。7月，B4处理叶绿素a/b最高为2.7548，比CK(2.4951)高出10.41%，除与B2、A4处理差异不显著外，与其他处理差异显著。9月，B4处理叶绿素a/b最高为2.7121，比CK(2.4630)高出10.11%。

叶绿素a/b值的大小表示光能向化学能的转化速率的增减。分析可以看出，不同处理对苗木叶绿素a/b会随着时间而呈现先增再降的趋势，但总体都比对照的值有所增加，且施加EM菌剂的处理普遍好于施加ABT-1号生根粉的处理。即通过提升叶绿素a/b的值进而提升光合作用来提升苗木抵抗胁迫的能力。

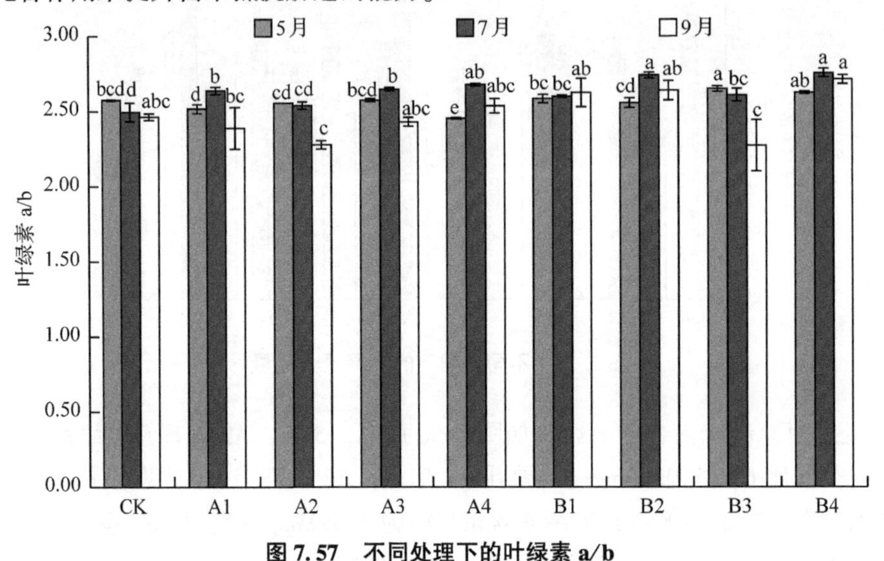

图7.57 不同处理下的叶绿素a/b

7.3.5.2 对光合气体参数的影响

不同处理对'娇红2号'净光合速率的影响如图7.58所示。5月，A4处理净光合速率最高为5.1280μmol·m^{-2}·s^{-1}，比CK(3.2980μmol·m^{-2}·s^{-1})高出55.49%，与A2、A3、B1、B3处理差异不显著，与其他处理差异显著。7月，A4处理净光合速率最高为11.5450μmol·m^{-2}·s^{-1}，比CK(9.3489μmol·m^{-2}·s^{-1})高出23.49%，与B2、B3处理差异不显著，与其他处理差异显著。9月，CK处理净光合速率最高为11.7289μmol·m^{-2}·s^{-1}，与A1、A2、A4处理差异显著，与其他处理差异不显著。

A1、A3、B1、B4、CK各处理的净光合速率随着时间的增长呈现逐渐递增的趋势，A2、A4呈现先增后降的趋势，B2、B3呈现先增然后趋于平稳的状态。A4处理在5月、7月均表现出较高的净光合速率，说明高浓度的ABT-1生根粉更能促进苗木的光合作用。B2、B3处理在7月、9月表现出较高的净光合速率且数值趋于稳定。综合来看，高浓度的ABT-1在早期能迅速提高植株净光合速率，EM菌剂则普遍在中后期明显提高植株的净光

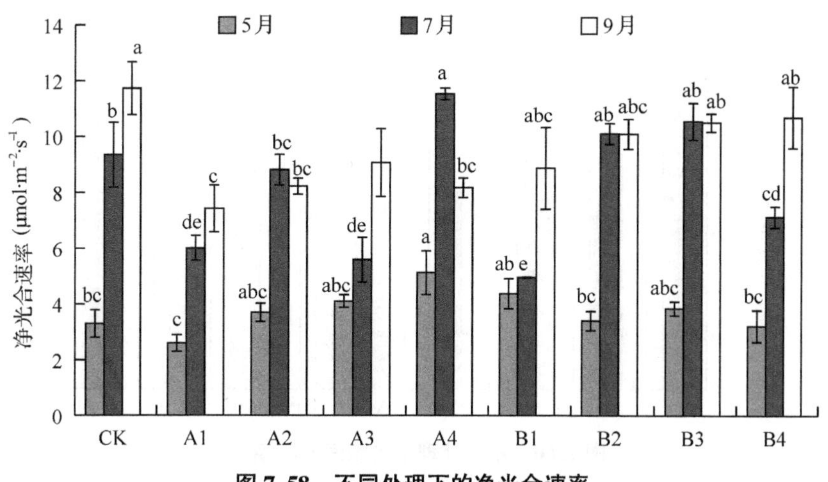

图 7.58　不同处理下的净光合速率

合速率。

不同处理对‘娇红2号’气孔导度的影响如图7.59所示。5月，B1处理气孔导度最大为0.0926μmol·m^{-2}·s^{-1}，比最小CK(0.0248μmol·m^{-2}·s^{-1})高出274.15%，但各处理差异不显著。7月，A4处理气孔导度最大为0.2445μmol·m^{-2}·s^{-1}，比CK(0.1362μmol·m^{-2}·s^{-1})高出79.49%，与其他处理差异显著。9月，B3处理气孔导度最大为0.1991μmol·m^{-2}·s^{-1}，比CK(0.1073μmol·m^{-2}·s^{-1})高出85.44%，与其他处理差异显著。

CK、A4、B1、B2处理随着时间的增长呈现先增后降的趋势，A1、A2、A3、B3、B4处理随着时间的增长呈现逐渐上升的趋势。通过以上分析发现，高浓度的ABT-1在中期能显著增加气孔导度，EM菌剂在中后期能普遍增加气孔导度，且EM菌剂的效果要普遍优于ABT-1的效果。

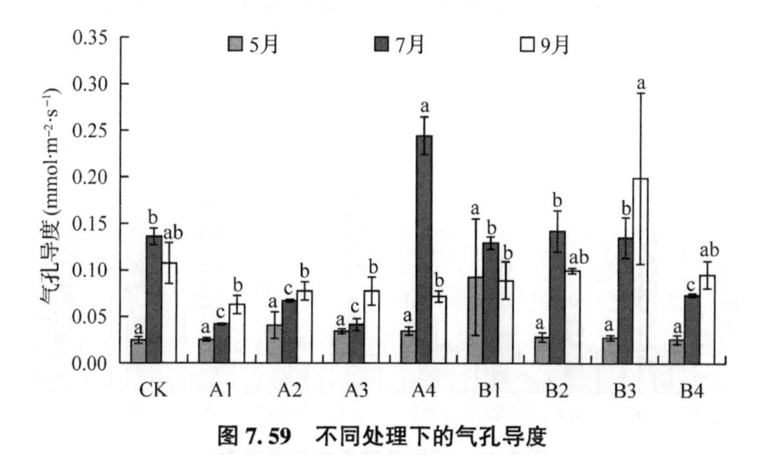

图 7.59　不同处理下的气孔导度

不同处理对‘娇红2号’胞间CO_2浓度的影响如图7.60所示。5月，A1处理胞间CO_2浓度最高为229.2000μmol·m^{-2}·s^{-1}，比CK(189.8000μmol·m^{-2}·s^{-1})高出20.76%，除与B1处理差异显著外，与其他处理差异不显著。7月，B3处理胞间CO_2浓度最高为301.0000μmol·m^{-2}·s^{-1}，比CK(277.8889μmol·m^{-2}·s^{-1})高出8.32%，与A1、A2、A3、B1

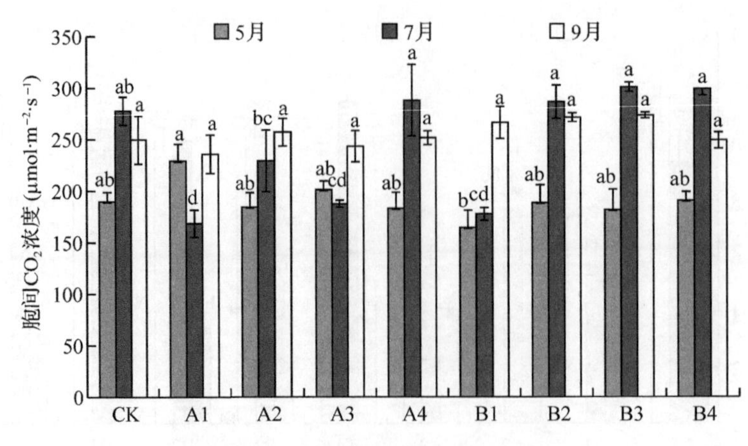

图 7.60 不同处理下的胞间 CO_2 浓度

处理差异显著，与其他处理差异不显著。9 月，B3 处理胞间 CO_2 浓度最高为 273.5556μmol·m^{-2}·s^{-1}，比 CK(249.6667μmol·m^{-2}·s^{-1})高出 9.57%，各处理均无显著差异。

A1、A3 处理随着时间的增加，各处理胞间 CO_2 浓度值呈先降再升的趋势。A2、B1 处理呈逐渐上升的趋势，其他处理呈先升再降的趋势。施加处理的苗木在 7 月表现出较高的胞间 CO_2 浓度，直到 9 月各处理间无显著差异趋于平稳。

不同处理对‘娇红 2 号’蒸腾速率的影响如图 7.61 所示。5 月，A4 处理蒸腾速率最高为 0.9024μmol·m^{-2}·s^{-1}，比 CK(0.6790μmol·m^{-2}·s^{-1})高出 32.90%，除与 A2 差异显著外与其他处理差异不显著。7 月，A4 处理蒸腾速率最高为 6.9950μmol·m^{-2}·s^{-1}，比 CK(4.6433μmol·m^{-2}·s^{-1})高出 50.65%，与各处理差异显著。

蒸腾速率随着时间的增长均呈现先增后降的趋势，且 EM 菌剂在 7 月能普遍提高叶片的蒸腾速率，较高浓度的 ABT-1 生根粉在 7 月明显提高叶片的蒸腾速率。

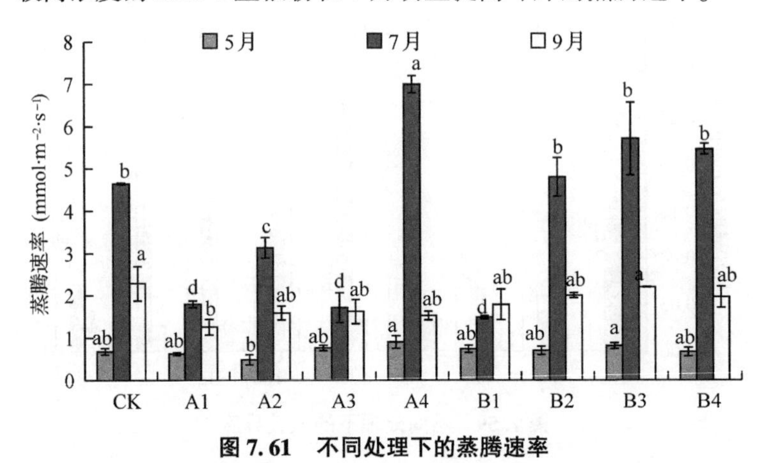

图 7.61 不同处理下的蒸腾速率

7.3.5.3 对叶绿素荧光参数的影响

不同处理对‘娇红 2 号’暗适应下 psⅡ最大光化学效率影响存在差异(图 7.62)。A2 处理暗适应下 psⅡ最大光化学效率最大为 0.6803，比 CK(0.6632)高出 2.58%，A2 与 CK、

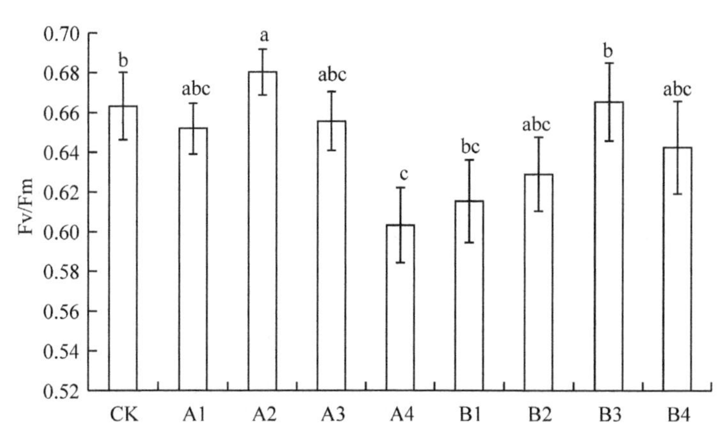

图 7.62　不同处理下的暗适应下 psⅡ最大光化学效率

A4、B1、B3 差异显著，与其他处理差异不显著。

通过上述分析发现，$100\mu g \cdot g^{-1}$ 的 ABT-1 能明显提升‘娇红 2 号’暗适应下 psⅡ最大光化学效率，浓度高或者低对此的促进效果没有该浓度下的效果好，浓度过高反而发生抑制作用。EM 菌剂浓度增加，促进作用增强，但也存在浓度过高促进效果下降的现象。综合两种试剂来看，ABT-1 的促进效果要好于 EM 菌剂。

不同处理对‘娇红 2 号’光适应下 psⅡ最大光化学效率影响如图 7.63 所示。不同处理对‘娇红 2 号’光适应下 psⅡ最大光化学效率的影响不显著，A2 处理仍具有最高的最大光化学效率为 0.7222，比 CK(0.7134)高出 1.23%，但除与 B4 差异显著外，其他处理间差异均不显著。

通过上述分析可以看出，ABT-1 对‘娇红 2 号’光适应下 psⅡ最大光化学效率影响较为显著，普遍好于 EM 菌剂各处理的效果。低浓度的 ABT-1 和 EM 菌剂对苗木的促进效果要优于高浓度的处理。

不同处理对‘娇红 2 号’psⅡ实际光化学效率影响如图 7.64 所示。A4 处理 psⅡ实际光化学效率值最大为 0.7218，比 CK(0.7060)高出 2.23%，但各处理之间差异不显著。

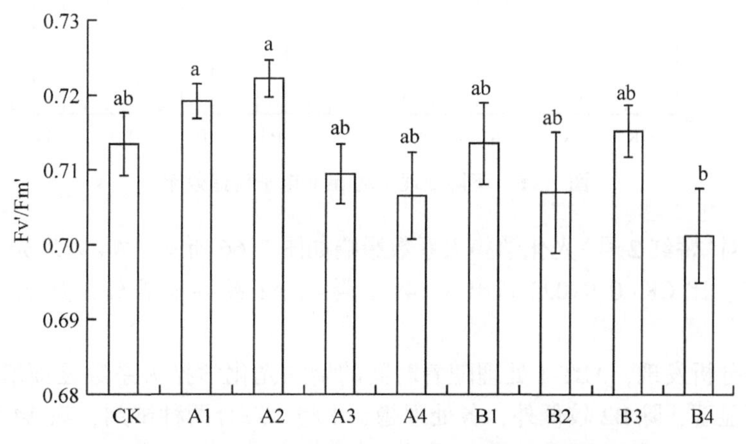

图 7.63　不同处理下的光适应下 psⅡ最大光化学效率

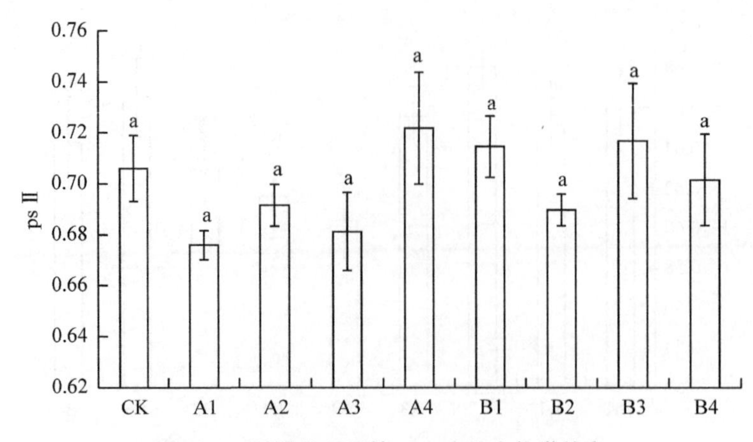

图 7.64 不同处理下的 psⅡ实际光化学效率

通过上述分析发现，高浓度的 ABT-1 对实际光化学效率的提升效果明显，EM 菌剂则是 B3 处理对实际光化学效率的提升效果明显。综合两种试剂来看，除 A4 处理比 EM 菌剂提升效果好一点，EM 菌剂提升效果普遍优于 ABT-1。

不同处理对‘娇红 2 号’psⅡ电子传递效率影响如图 7.65 所示。A4 处理电子传递效率最高为 14.5368，比 CK(13.9730)高出 4.03%，各处理间差异不显著。

通过上述分析发现，psⅡ电子传递效率的变化趋势与 psⅡ实际光化学效率变化趋势一致。EM 菌剂的作用效果普遍优于 ABT-1，但 A4 处理作用效果最好。

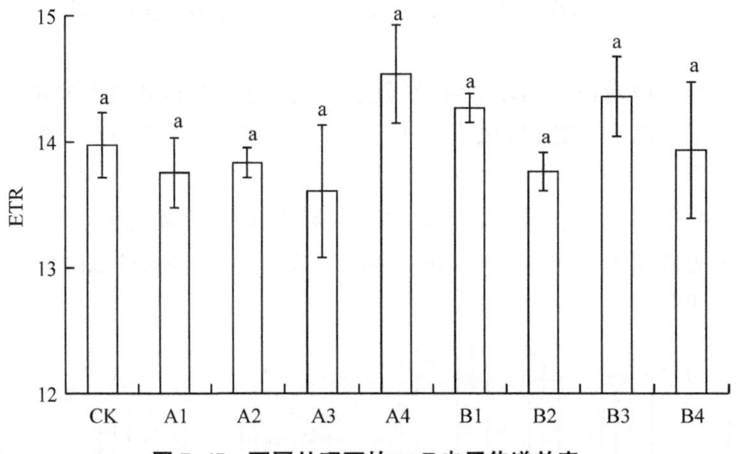

图 7.65 不同处理下的 psⅡ电子传递效率

不同处理对‘娇红 2 号’光化学猝灭系数影响如图 7.66 所示。A4 处理光化学猝灭系数最高为 1.0213，比 CK(0.9902)高出 3.14%，除与 A1 差异显著外，其他处理间差异不显著。

通过上述分析发现，ABT-1 处理随着时间的增加光化学猝灭系数逐渐增加，EM 菌剂各处理差异不显著，除 B2 较低外，各处理趋于平稳。综合两种试剂，除 A4 处理光化学猝灭系数最高外，EM 菌剂处理作用效果均能好于 ABT-1 处理。

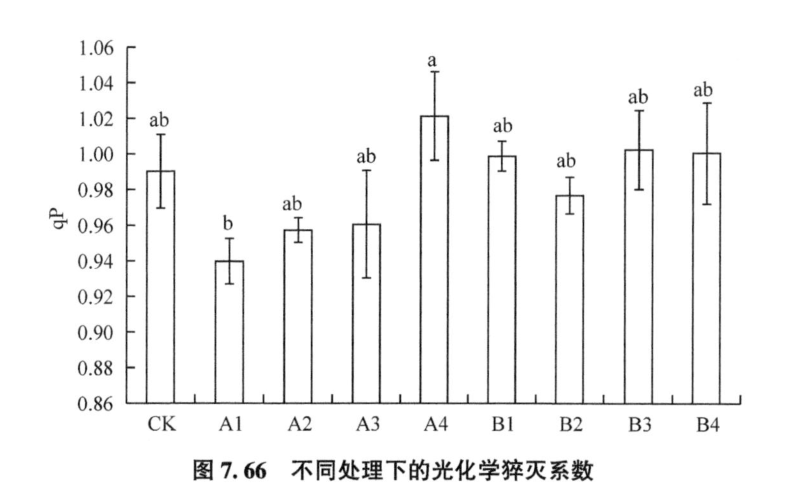

图 7.66　不同处理下的光化学猝灭系数

通过上述分析发现，A2 处理的最大光化学效率最大，即应对胁迫环境时能更好地调节光合系统恢复正常的光合能力。A4 处理电子传递效率和光化学猝灭系数最大，说明总体光合能力最强，也能较快稳定平衡光合系统，来应对胁迫条件。

7.3.6 ABT-1 生根粉和 EM 菌剂对‘娇红 2 号’影响的综合评价

为避免单个因子对移栽苗木影响的片面性，综合反映不同处理对‘娇红 2 号’移栽苗生长及生理生化特性的影响，利用主成分分析进行综合排名。得分越高，该处理对苗木生长促进及抵御逆境的作用越强。提取四个主成分累计方差贡献率达 86.216%（>80%，见表 7.14）。表 7.15 中，第一主成分中蒸腾速率、净光合速率、过氧化物歧化酶活性、可溶性糖含量、胞间 CO_2 浓度具有较大载荷，是反映移栽后苗木应对胁迫的抗性指标，称抗性影响因子；第二主成分中根表面积、体积、根长具有较大载荷，主要反映了苗木根系生长特性状况，称根系影响因子；第三主成分中叶绿素 b 含量、叶绿素 a 含量具有较大载荷，主要反映了苗木应对环境胁迫时叶绿素合成能力，称叶绿素影响因子；第四个主成分中，新生根数量具有较大载荷，反映苗木根系生活力的状况，称为根系生长影响因子。综上，将各处理综合得分排名由高到低分别是：A3、A2、B3、CK、A4、B4、A1、B2、B1(表 7.16)。

表 7.14　主成分特征值和方差贡献率

项目	特征根	方差贡献率	累计贡献率
第一主成分	5.38	35.868	35.868
第二主成分	3.484	23.224	59.091
第三主成分	2.093	13.957	73.048
第四主成分	1.975	13.168	86.216

表 7.15　因子载荷阵

指标	第一主成分	第二主成分	第三主成分	第四主成分
蒸腾速率	0.93	0.253	−0.083	−0.025
净光合速率	0.928	0.185	−0.271	0.119

（续）

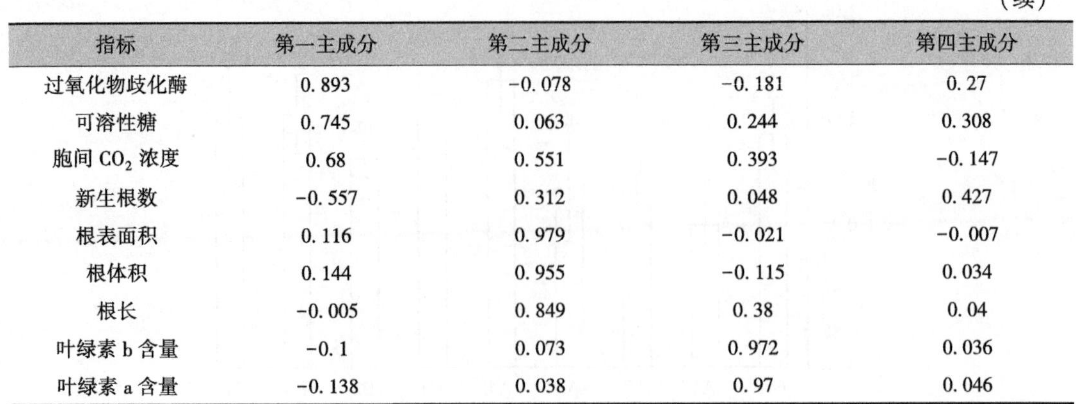

指标	第一主成分	第二主成分	第三主成分	第四主成分
过氧化物歧化酶	0.893	-0.078	-0.181	0.27
可溶性糖	0.745	0.063	0.244	0.308
胞间 CO_2 浓度	0.68	0.551	0.393	-0.147
新生根数	-0.557	0.312	0.048	0.427
根表面积	0.116	0.979	-0.021	-0.007
根体积	0.144	0.955	-0.115	0.034
根长	-0.005	0.849	0.38	0.04
叶绿素 b 含量	-0.1	0.073	0.972	0.036
叶绿素 a 含量	-0.138	0.038	0.97	0.046

表 7.16　各处理主成分综合得分及排序

处理	第一主成分	第二主成分	第三主成分	第四主成分	综合得分	排名
CK	1.7307	-1.94109	-3.6231	0.51399	-0.2046	4
A1	0.0052	0.45975	0.8581	-1.84825	-0.4040	7
A2	1.8851	0.00537	0.0100	1.32654	1.0141	2
A3	3.1452	1.72875	3.2268	0.35941	2.1913	1
A4	1.0970	-0.82592	-1.5416	-1.41226	-0.2188	5
B1	-4.5110	0.25929	0.4840	0.40309	-1.7324	9
B2	-1.8183	-0.29361	-0.5480	0.45953	-0.9120	8
B3	-0.2361	0.22598	0.4218	-0.04794	0.5378	3
B4	-1.2979	0.38149	0.7121	0.2459	-0.2713	6

7.4 小结

7.4.1 土壤生化处理和夏季修剪对红花玉兰移栽苗生长及生理的影响

通过对红花玉兰移栽苗进行土壤生化处理和夏季修剪的试验，可以发现：

(1)施加土壤生化处理能够显著减少土壤中 N、P、K 的含量，提高红花玉兰对 N、P、K 的吸收利用，提高土壤中有机质含量，对促进土壤肥力有重要作用，此外还改变了土壤中微生物的数量分布，以单施微生物菌剂效果最佳。

(2)在土壤生化处理中，单施或者混施 ABT 生根粉和微生物菌剂能够提高红花玉兰苗高、地径和枝长的生长，以单施 ABT 生根粉效果最佳。

(3)ABT 生根粉和微生物菌剂，能够提高红花玉兰叶片中 N、P、K、叶绿素、可溶性蛋白和可溶性糖等物质的含量，提高红花玉兰叶片营养物质的含量，促进红花玉兰的生长。

(4)ABT 生根粉和微生物菌剂，促进了红花玉兰根系生长，增加红花玉兰根系的表面积，加大根系直径，提高了长根的比例，施加 ABT 生根粉效果最好。

(5)在夏季修剪中，两种修剪程度都促进了红花玉兰苗高、地径和枝长的生长，以修剪1/3的效果最好。

(6)夏季修剪提高了红花玉兰叶片中N、P、K、叶绿素、可溶性蛋白和可溶性糖等物质的含量，促进了红花玉兰的营养积累，以修剪1/3效果最佳，叶绿素含量差别显著。

(7)夏季修剪会促进红花玉兰根长的生长和根表面积，提高长根的比例，利于根系恢复，促进红花玉兰的生长，修剪1/3的效果最好，但是修剪强度对红花玉兰根系直径的影响不显著。

(8)在相同的水肥管理条件下，施加生根粉和微生物菌剂以及对红花玉兰进行夏季修剪，可提高红花玉兰移栽成活率。

(9)不同的土壤生化处理和夏季修剪程度之间交互作用不显著。

7.4.2 ABT-1生根粉和EM菌剂对‘娇红2号’移栽苗生长的影响

通过对红花玉兰移栽苗进行ABT生根粉和EM菌剂处理的试验，可以发现：

(1)苗木经过移栽恢复生长的过程是内部生理和外部环境综合适应的过程，期间植物形态会随着环境的变化而不断调整(Tang & Kozlowski，1983；Alaoui-Sossé et al.，1998)。前人对10年生玉兰大树移栽后施用150$\mu g \cdot g^{-1}$的ABT-3号生根粉(崔叶红等，2015)发现，与对照相比能提高移栽后枝长和胸径生长，并提高移栽成活率。本研究中，ABT-1生根粉150$\mu g \cdot g^{-1}$处理成活率达90%。

施加处理的苗木在3~5月期间表现出了较好的高生长状况，A1处理高相对增长量值最大，B3、B4处理表现较差。地径相对增长量的值则在5~7月间各处理表现出差异，A2处理地径相对增长量值最大。发现苗木在前期主要进行高生长、中期主要进行地径的生长。推测苗木在移栽前期生长势较弱，而无论是ABT生根粉还是EM菌剂，只有在适宜浓度下才会发挥正向作用，浓度过高或者过低都可能会对苗木的生长产生一定的抑制作用(张中一，2011)。

(2)根系性状特征能直接反映植株的生长状况(Farrish，1991)。前人对ABT生根粉在蝴蝶兰幼苗根系的应用(施玉华等，2018)、EM菌剂在草莓生长和生理特性的应用(杨振华，2019)中都发现其可以促进根系生长，对于恢复苗木吸收能力，缩短缓苗期发挥重要作用。对23个中国温带树种的研究结果中发现：一级根主要有完整的皮质和较低的中柱比例，有利于其吸收功能，同时根据解剖特征发现前三级根均有吸收能力，而四级和更高级根没有皮层的次生发育。本研究发现施加处理的苗木新生根数量与CK相比差异显著，不同促生剂对苗木一级细根的生长与分级差异不显著，而二级细根和三级细根各处理下的总根长、总根表面积和总根体积差异显著。即二、三级根避免了一级根输导能力、组织持久性和穿透土壤基质能力较弱的问题，也同样存在较高的吸收功能(Guo et al.，2008；Han et al.，2019；Chen et al.，2017)。

(3)植物体内水分含量是影响苗木存活的重要条件(齐明聪和蒋向瞬，1988)，生物量是苗木干物质的累积，反映了一个阶段的生长状况(马戌等，2020)，苗木质量指数综合了地上地下干物质量之比和根冠比，是体现苗木质量的综合指标(贺婷，2017)。本研究中，A3处理能在一开始迅速提升苗木体内含水量，A4处理则对苗木的生物量和苗木质量指数

提升效果显著。这说明高浓度的 ABT 生根粉能更好地促进苗木对水分的吸收，促进干物质的累积，达到促进苗木生长、壮苗、提高移栽成活率的效果。

(4)SOD、POD 用于植物体内活性氧的清除(Hartley et al.，2006)；MDA 反映了细胞膜受破坏的程度。它们本身存在于植物体内，会随着环境的改变而进行调节。前人在研究 N-乙酰-L-半胱氨酸(NAC)抗氧化剂对水稻缓苗调节过程中得出，POD 作为一种形成 H_2O_2 重要的酶，在移栽后短期内被激活，同时 SOD 活性受到抑制，MDA 含量与胁迫时间和程度呈正相关，细胞膜系统结构遭到强烈破坏，膜脂质过氧化加重(钟秋怡等，2015)。本研究中，POD 活性随着时间的延长而逐渐升高，SOD 的活性则是先下降再升高，与其研究结果一致。

(5)光合作用是植物进行物质生产的基础，其变化过程反映了植物遭遇环境胁迫时的光合生理响应(徐雪东等，2019；刘泽彬等，2014；王瑞等，2012)。毕会涛(2008)研究了枣树苗木移栽受到胁迫后光合生理变化，植株为了维持体内水分的平衡，*Tr* 降低，*Gs* 下降。本研究中，施加处理苗木的 *Tr*、*Gs* 数值均高于对照处理。说明施加处理的‘娇红 2 号’具有较强的光合调节能力，以此来减缓移栽造成的伤害，与上述结果一致。本研究还发现在光合能力的调节中，施加 EM 菌剂的效果要优于施加 ABT 生根粉。基于此，通过监测苗木移栽后光合特性的变化，可间接反映苗木在缓苗期间应对胁迫的机制，为判定缓苗状况提供重要的依据。

叶绿素荧光也多用来监测胁迫对光合系统内在特性的影响和苗木生理变化情况(Melis，1999；李冬旺等，2018)。在以往低温、干旱、盐胁迫、水淹等多种胁迫中均发现，植物叶片总光合能力、光化学效率、电子传递速率等显著下降(杨朴丽等，2020；王金强等，2020；仲磊等，2019)，受到光抑制(孙德智等，2016；Constant et al.，1997；张守仁，1999)。本研究结果，施加处理的苗木其叶绿素荧光指标较 CK 均有提升，且 A2、A4 普遍表现突出。即应对胁迫环境时上述两个处理能更好调节和稳定光合系统，恢复正常的光合能力，来应对胁迫条件。

通过上述研究以及综合分析发现，ABT-1 号生根粉 $150\mu g\cdot g^{-1}$ 的处理显著促进苗木新生根的萌发，新生根数量达 2353 条；显著促进二级以及三级细根的分化，增加其根长(2949.68cm，1133.91cm)、根表面积($244.64cm^2$，$158.31cm^2$)、根体积($4.52cm^3$，$4.64cm^3$)；显著增加苗木可溶性糖($0.0805\mu g\cdot g^{-1}$)和可溶性蛋白($39.6718mg\cdot g^{-1}$)的含量，调节细胞渗透势，缓解胁迫伤害；ABT-1 号生根粉 $300\mu g\cdot g^{-1}$ 光合生理表现较高活性，净光合速率值达到 $11.54\mu mol\cdot m^{-2}\cdot s^{-1}$。ABT-1 号生根粉浓度为 $100\mu g\cdot g^{-1}$、$150\mu g\cdot g^{-1}$ 最大光化学效率、电子传递效率和光化学猝灭系数较大，能较快稳定和调节光合系统，恢复正常的光合能力；ABT 生根粉浓度为 $150\mu g\cdot g^{-1}$、$300\mu g\cdot g^{-1}$ 的处理均能在早期提升 SOD 活性，比对照高出 5.02% 和 43.55%。EM 菌剂 $5\mu g\cdot g^{-1}$ 的处理则能提高叶绿素 a($2.5842mg\cdot g^{-1}$)和叶绿素 b($0.9906mg\cdot g^{-1}$)的含量，进而提升植株的光合能力。结合主成分综合分析，$150\mu g\cdot g^{-1}$ 的 ABT-1 号生根粉，能更好促进移栽后苗木的生长，此结果对于红花玉兰苗木的引种推广提供了理论以及技术参考。

第8章 红花玉兰矮化栽培技术

红花玉兰花部形态多样，花色类型丰富，是极佳的园林观赏树种，但其为高大乔木，不便于庭院和室内盆栽种植。为充分发挥其观赏价值，本章节根据前人在其他乔木树种上的研究经验，选择施用植物生长延缓剂(多效唑、烯效唑、调环酸钙)、生长抑制剂(整形素)、截干和修剪作为主要技术手段，探讨其对红花玉兰的形态、生理、内源激素等方面的影响，以期得到经济有效的矮化红花玉兰植株的技术方法。

8.1 研究方法

8.1.1 植物生长延缓剂矮化试验

生长延缓剂是一类具有抑制生长效果的植物生长调节剂，其抑制效果可通过喷施赤霉素解除。常用于木本植物矮化的生长延缓剂有矮壮素、缩节胺、多效唑、烯效唑、调环酸钙等，作用机理主要与赤霉素和甾醇的生物合成抑制有关(Grossmann K，1990；潘瑞炽，1996；Rademacher W，2000)。在木本植物矮化研究中常见多效唑(王萍、杨秀莲等，2014)、烯效唑(姜英、彭彦等，2010)和调环酸钙(王引、陈方永等，2017)三种生长延缓剂，生长季喷施能够缩短节间距、降低枝梢生长量从而控制枝梢旺长。

本试验主要探究烯效唑、多效唑、调环酸钙三种生长延缓剂在红花玉兰矮化中的作用。

8.1.1.1 试验地点与材料

植物生长延缓剂矮化试验和截干试验于湖北省宜昌市五峰土家族自治县渔洋关镇王家坪进行，地理坐标为110°08′~111°08′E，30°03′~30°15′N。该地位于湖北省西南部，南接湖南省，为亚热带季风气候，光照充足，年均日照1154.4h，四季分明，夏季高温多雨，月均温度20~24℃，冬季低温降雪，月均温度2~4℃，全年均温13.1℃。降水量充沛，主要集中在夏季6~8月，年均降水1416mm/166d(朱仲龙，2012)。地势从西南向东北倾斜，境内多河流、山脉、盆地、坝子等，高山与低山各半。

选择接穗直径、株高基本一致的长势较好的红花玉兰‘娇红2号’(*Magnolia wufengensis* ‘Jiaohong 2’)1年生嫁接苗为试验材料。嫁接苗砧木为2年生规格相同的望春玉兰。该批苗木于2015年秋季进行嫁接，嫁接方式为单芽腹接，嫁接成活后于2016年5月剪砧。

8.1.1.2 试验设计

选择烯效唑、多效唑、调环酸钙为试验试剂，3种试剂分别设置3个浓度梯度和3种不同施用次数，浓度梯度如下：500、1000、1500mg·L^{-1}，施用次数分别为1次、3次、5次，选择$L_9(3^4)$正交表进行试验，共9个处理，处理的详细信息见表8.1。以15株苗木为小区，重复3次，需1年生嫁接苗405株。试验布设采取完全随机区组设计，见图8.1。

红花玉兰嫁接苗在1年生长季中有两个快速高生长时期，分别是从6月开始和8月开始，延缓剂一般在植株快速生长前施用，故本次试验植物生长延缓剂在红花玉兰嫁接苗快速生长前期(2016年6月初)施用，施用方法采取叶面喷施，喷施时使用压力式喷壶喷至叶面正反面滴水，施用试剂后1星期内不浇水，防止溶液浓度被稀释，每次施用间隔10d，直到施用完试验设定的次数。若在施用药剂两天内遇到下雨情况，继续按照10d的间隔将试验顺延并进行补喷。

表8.1　植物生长延缓剂矮化L9(34)正交设计表

试验号	延缓剂种类	浓度(mg·L^{-1})	次数(次)	空列
1	烯效唑	500	1	1
2	烯效唑	1000	3	2
3	烯效唑	1500	5	3
4	多效唑	500	3	3
5	多效唑	1000	5	1
6	多效唑	1500	1	2
7	调环酸钙	500	5	2
8	调环酸钙	1000	1	3
9	调环酸钙	1500	3	1

Ⅰ	4	3	8	1	9	7	2	6	5
Ⅱ	2	6	1	9	7	4	8	5	3
Ⅲ	8	6	9	3	2	5	7	1	4

图8.1　田间试验布置示意图

8.1.1.3 测定指标

植物生长延缓剂矮化试验采样时间为试验开始前(6月初)以及试验进行2个月后，截干矮化试验采样时间为试验开始前以及截干后翌年(7月)，植物生长延缓剂和截干结合矮化试验采样时间为试验开始前和试验进行2个月后。在试验每个处理上随机摘取功能叶，用锡纸包裹，做好标记，用液氮固定后放在干冰中暂时保存并立即带回进行测定，来不及测定的叶样置于零下80℃超低温冰箱内保存。测定指标包括超氧化物歧化酶(SOD)、过氧化物酶(POD)、可溶性蛋白、丙二醛(MDA)、可溶性糖。

(1)形态调查

每个小区随机选择苗木标记并进行形态生长调查。试验开始前测量株高、接穗基部直径，记录节数、侧枝数，其中接穗直径于嫁接口上方5cm处测量，试验开始后直至该年红花玉兰生长季结束前再进行测量，截干试验于翌年生长季结束前测量。

(2)超氧化物歧化酶(SOD)活性的测定

采用NBT还原法测定。

(3)过氧化物酶(POD)活性的测定

采用愈创木酚显色法测定。

(4)可溶性蛋白含量的测定

采用考马斯亮蓝法测定。

(5)丙二醛(MDA)含量的测定

采用硫代巴比妥酸法测定。

(6)可溶性糖含量的测定

采用蒽酮比色法测定。

(7)内源激素测定

样品采用高效液相色谱法(HPLC)进行测定，测定各处理样品中的吲哚乙酸(IAA)、赤霉素(GA_3)、脱落酸(ABA)、玉米素(ZT)。

样品预处理：将样品从-80℃超低温冰箱中取出，用液氮研磨成粉状，转移至10mL离心管，继续保存在-80℃超低温冰箱备用。

提取激素：称取0.5g叶粉放入10mL离心管中，用80%冰甲醇浸提2次，第一次加入8mL 80%冰甲醇于4℃冰箱避光浸提18~22h，13000rpm 4℃离心10min，第二次加入4mL 80%冰甲醇于4℃冰箱避光浸提1h，13000rpm 4℃离心10min，合并两次上清液。

提纯激素：将上清液转移至鸡心瓶，滴加一滴氨水，37.5℃ 100rpm旋蒸至体积一半到四分之一。将旋蒸后液体转移到离心管中，用1~2mL娃哈哈纯净水润洗鸡心瓶，并同样转移到同一个离心管中。加入0.5g交联聚乙烯吡咯烷酮(PVPP)，常温振荡15~20min，再13000rpm 4℃离心10min，取上清液。

萃取激素：提取赤霉素(GA_3)、吲哚乙酸(IAA)、脱落酸(ABA)时，用1mol·L^{-1}盐酸溶液将上清液pH值调至2.5~3.0，加入等体积乙酸乙酯振荡，静置萃取约15min，取上层酯相，再同等步骤萃取两次，合并三次萃取的酯相，置于鸡心瓶中。提取玉米素(ZT)时，用1mol·L^{-1}氢氧化钠溶液将上清液pH值调至7.0~7.5，加入等体积pH8.0磷酸缓冲液饱和的正丁醇溶液振荡，静置萃取约15min，取上层酯相，再同等步骤萃取两次，合并三次萃取的酯相，置于鸡心瓶中。

浓缩激素：37.5℃ 100rpm旋蒸干，用0.5mL的液相色谱仪流动相(甲醇：1mol·L^{-1}冰醋酸=1：4)润洗鸡心瓶，使鸡心瓶壁上的激素充分溶解到加入的流动相中。用干燥洁

净无水的针筒吸取流动相，经直径 0.45μm 的水相微孔滤膜加压过滤至安捷伦色谱自动进样瓶，保存于-80℃超低温冰箱。

上机测定：使用仪器为美国 Agilent 高效液相色谱仪，其中测定赤霉素(GA_3)、吲哚乙酸(IAA)、脱落酸(ABA)的色谱条件如下：柱温 35℃，流速 1mL·min^{-1}，检测波长为 254nm，流动相采用梯度洗脱的方法，见表 8.2。测定玉米素(ZT)的色谱条件如下：柱温 40℃，流速 1mL·min^{-1}，检测波长为 270nm，流动相采用梯度洗脱的方法，见表 8.3。

表 8.2 检测 GA_3、IAA、ABA 的梯度洗脱时间表

时间(min)	流动相 A(%)	流动相 B(%)	流速(mL·min^{-1})
0	20	80	1.0
5	20	80	1.0
10	30	70	1.0
20	30	70	1.0
23	40	60	1.0
40	40	60	1.0
43	20	80	1.0

表 8.3 检测 ZT 的梯度洗脱时间表

时间(min)	流动相 A(%)	流动相 B(%)	流速(mL·min^{-1})
0	20	80	1.0
3	20	80	1.0
8	30	70	1.0
11	30	70	1.0
16	50	50	1.0
25	50	50	1.0
30	20	80	1.0

8.1.2 烯效唑浓度补充矮化试验

根据植物生长延缓剂矮化试验结果，最好的矮化处理是烯效唑 1500mg·g^{-1} 5 次，其中喷施次数是设定的最高值，但喷施 5 次所用时间已横跨红花玉兰第 1 个到第 2 个生长高峰，所以喷施次数不再增设补充试验。试验所得最佳延缓剂浓度也是试验设定的最高值，为找到烯效唑的最佳浓度，增设本次烯效唑浓度补充矮化试验。

8.1.2.1 试验地点与材料

该部分试验于植物生长延缓剂矮化试验结束后一年(2017 年)进行，试验地点同 8.1.1。取接穗直径、株高基本一致的长势较好的红花玉兰'娇红 2 号'1 年生嫁接苗为试验材料。

8.1.2.2 试验设计

共设置 4 个处理，分别为喷施 0、1500、2000、2500mg·g^{-1} 的烯效唑，每个处理以 9

株苗木为小区，重复3次，试验布设采取完全随机区组设计，见图8.2。

Ⅰ	0	2000	1500	2500
Ⅱ	2000	0	2500	1500
Ⅲ	2500	1500	2000	0

图8.2 田间试验布置示意图

8.1.2.3 测定指标

同8.1.1。

8.1.3 截干处理矮化试验

8.1.3.1 试验地点与材料

试验地点同8.1.1.1。

试验材料选用接穗直径、株高基本一致的长势健康的红花玉兰'娇红2号'1年生嫁接苗(已剪砧)，于生长旺季(2016年7月1日)进行截干处理。

8.1.3.2 试验设计

共设置4个处理，分别为截去株高的1/4、1/3、1/2和不截干，每个处理以9株苗木为小区，重复3次，试验布设采取完全随机区组设计，见图8.3。

截干处理后注意对苗木的养护，及时消毒和涂抹保护剂。

Ⅰ	不截干	1/4	1/2	1/3
Ⅱ	1/2	1/3	不截干	1/4
Ⅲ	1/4	1/2	1/3	不截干

图8.3 田间试验布置示意图

8.1.3.3 测定指标

同8.1.1。

8.1.4 植物生长延缓剂与截干结合矮化试验

8.1.4.1 试验地点与材料

延缓剂与截干结合矮化试验于北京市海淀区北京林业大学鹫峰试验林场温室内进行，地理坐标为40°03′54″N，116°05′45″E。该地位于北京西北部，为温带湿润季风气候区，夏季高温多雨，7月均温25.8℃，最高温41.6℃，6~8月为全年降水高峰期，降水量约465.1mm，冬季寒冷干燥，1月均温-4.4℃，最低温可达-21.7℃，12月至翌年1月降水约占全年1%。温室内有完善的降温、保温、遮阴、补光、增湿、灌溉等装置，可充分满足苗木生长发育要求。

该部分试验于8.1.1植物生长延缓剂矮化试验和8.1.3截干矮化试验结束后一年(2017年)进行。取接穗直径、株高基本一致的长势较好的红花玉兰‘娇红2号’1年生嫁接苗为试验材料。

8.1.4.2 试验设计

根据8.1.3中截干矮化试验的最佳处理，设置为不截干和截干，同时根据8.1.1植物生长延缓剂矮化试验中得到的最佳植物生长延缓剂组合，设置为不施用植物生长延缓剂和施用植物生长延缓剂，得到4个处理，以9株苗木为小区，重复3次。截干在2017年7月进行，处理后注意养护植株，如有必要则在伤口处涂抹药物。该部分试验采取完全随机区组设计，见图8.4。

Ⅰ	截干+1500	截干	1500	CK
Ⅱ	CK	截干+1500	截干	1500
Ⅲ	1500	CK	截干+1500	截干

图8.4 田间试验布置示意图

8.1.4.3 测定指标

同8.1.1。

8.1.5 植物生长抑制剂矮化试验

生长抑制剂属于抑制类的植物生长调节剂，其抑制效果难以通过喷施赤霉素解除，种类有青鲜素、三碘苯甲酸、整形素、增甘磷等，尤以整形素在乔木矮化上应用较多(刘平、杨慧等，2010)。本试验主要探究整形素在红花玉兰矮化中的作用。

8.1.5.1 试验地点与材料

(1)大田试验

试验地位于湖北省五峰土家族自治县渔洋关镇的红花玉兰苗木繁育基地，地理坐标为111°1′E、30°14′N，海拔1009.7m。属亚热带大陆性温湿季风气候，年平均日照时间为1154.4h，年平均气温为13.1℃，年平均降水量1400mm左右，集中在6~8月(朱仲龙，2012)。

选择无病害的红花玉兰‘娇红2号’嫁接苗作试验材料。苗木规格基本一致，接穗平均直径7.06mm，平均株高49.7mm。其砧木为望春玉兰实生苗，于秋季嫁接，嫁接高度约12cm，在接穗的第一个生长季开始试验。

(2)温室试验

于北京市鹫峰北京林业大学森林培育试验站温室开展试验，地理坐标为40°3′54″N、116°5′45″E。属温带季风气候，年平均日照时间为2662h，年平均温度为11.5℃，最冷月(1月)平均温度为-4.4℃，最热月(7月)平均温度25.8℃。温室内设有完善的遮阴、控温装置，并采用人工浇水，可满足苗木生长的环境要求。

选择无病害的红花玉兰‘娇红2号’嫁接苗作试验材料。苗木规格基本一致，接穗平均直径5.71mm，平均株高35.9mm。其砧木为塑料钵内种植的望春玉兰实生苗，于2016年秋季嫁接，嫁接高度约12cm。2017年3月初经修根后带土坨运输至北京温室，并移栽至内径25cm、高度19cm的塑料花盆内，所用土壤为湖北省宜昌市五峰红花玉兰苗木繁育基地的苗圃土。移栽缓苗1年后(接穗的第二个生长季)进行试验。

所用土壤基本一致，有机质含量21.8g·kg^{-1}，全氮含量1.3g·kg^{-1}，全磷含量0.52g·kg^{-1}，全钾含量3.89g·kg^{-1}。所用整形素的有效成分为2-氯-9-羟基芴-9-甲酸甲酯，产于湖北拓楚慷元医药化工有限公司，CAS号为2536-31-4。

8.1.5.2 试验设计

(1)整形素大田试验

于嫁接后第一年6月初进行不同浓度(50mg·L^{-1}、100mg·L^{-1}、200mg·L^{-1}、300mg·L^{-1})整形素喷施，以叶片完全湿润至滴水为原则。对照只进行清水喷施，各处理设置详见表8.4。采用完全随机区组的试验设计，设置5个处理，3次重复，每个小区6株苗木。

表8.4 整形素大田试验的处理设置

处理编号	整形素浓度(mg·L^{-1})
T_0	0
T_1	50
T_2	100
T_3	200
T_4	300

(2)整形素温室盆栽试验

于嫁接后第二年6月初喷施不同浓度(25mg·L^{-1}、50mg·L^{-1}、75mg·L^{-1}、100mg·L^{-1})的

整形素，以叶片完全湿润至滴水为原则，设置清水喷施为对照，各处理设置详情见表8.5。采用完全随机设计，5个处理，4次重复，每个小区9株苗木。

表8.5 整形素温室盆栽试验的处理设置

处理编号	整形素浓度($mg·L^{-1}$)
T_0	0
T_1	50
T_2	100
T_3	200
T_4	300

8.1.5.3 测定指标

(1)形态指标调查

于每个生长季的6月2日、8月2日、10月2日，对每株苗木进行测量、统计，调查株高(嫁接口以上的接穗高度，单位cm)、茎粗(嫁接口上方5cm处的接穗直径，单位mm)、一级枝数(指着生于主干的枝条)、二级枝数(指着生于一级枝的枝条)、侧枝总长度(单位cm)，计算相邻两个时间点的株高测定值之差，记为高增量ΔH，同理得粗增量ΔD。按下列公式计算：

$$高茎比 = 株高 / 茎粗 \tag{8-1}$$

$$侧枝数密度 = 10 \times (侧枝数 / 株高) \tag{8-2}$$

$$枝长密度 = 10 \times (侧枝总长度 / 株高) \tag{8-3}$$

其中，高茎比表示苗木主干的矮壮程度，高茎比越小，苗木主干越矮壮；侧枝数密度表示平均每10cm株高上的侧枝数量，侧枝数密度越大，苗木枝量越丰富、枝条密生程度越大、矮化效果越好，具体分为一级枝数密度和二级枝数密度；枝长密度表示平均每10cm株高上的侧枝总长度，枝长密度越大，苗木侧枝越丰富。

(2)抗性生理指标测定

于试验开始后第60d采取苗木成熟叶片(第3~4叶位)，以锡纸包裹后于液氮中冷冻10s，封存于放置干冰的泡沫箱，立即运输至试验室的-80℃冰箱中存放，用于测定抗性生理和内源激素指标。此外，温室试验还采集了试验开始后第30d的叶片样品。

参考李合生等人的方法(李合生，2000)，测得红花玉兰苗木叶片的各项抗性生理指标(表8.6)，重复测定3次，取平均值。

表8.6 抗性生理指标测定方法

指标	测定方法
超氧化物歧化酶(SOD)活性	氮蓝四唑光还原法
过氧化物酶(POD)活性	愈创木酚法
丙二醛(MDA)含量	硫代巴比妥酸法
可溶性糖含量	蒽酮比色法
可溶性蛋白含量	考马斯亮蓝法

(3) 内源激素指标测定

参考肖爱华等的高效液相色谱法测得四种内源激素吲哚乙酸(IAA)、赤霉素(GA_3)、脱落酸(ABA)和玉米素(ZT)的含量(肖爱华、陈发菊等，2020)。

样品处理：称取样品0.5g于10mL离心管中，加8mL冰甲醇，4℃避光浸泡18~21h，利用冷冻离心机于13000rpm、4℃条件下离心10min、移液，得到上清液。管内再加4mL冰甲醇进行二次浸提，合并两次的上清液于鸡心瓶。瓶中加1滴氨水，于37.5℃下旋蒸，直至体积变为原来的1/2~2/3。转移瓶内液体至10mL离心管，并以2mL蒸馏水润洗鸡心瓶，液体也转移至离心管中。管内加入0.2g的交联聚乙烯吡咯烷酮，混匀，常温振荡15~20min，4℃下离心10min、移液，得到上清液。

酸性条件萃取：以HCL溶液调节管内液体的pH至2.5~3.0，加入等体积的乙酸乙酯萃取3次，取有机相移至鸡心瓶。将鸡心瓶以37.5℃旋蒸，直至液体完全蒸干，加入0.1mL甲醇、0.4mL 0.1mol·L^{-1}乙酸洗涤鸡心瓶壁，以针筒吸取液体，经0.45μL有机系滤器转移液体至棕色进样瓶，于4℃保存，用于测定IAA含量、GA_3含量和ABA含量。

碱性条件萃取：以NaOH溶液调节管内pH至7.2~7.5，加入等体积的水饱和正丁醇(将正丁醇与0.05mol·L^{-1} pH7.8磷酸缓冲液等体积混合、静置后的上层溶液)，萃取3次，取有机相于鸡心瓶。将鸡心瓶以60℃旋蒸直至无液体，加入0.1mL甲醇、0.4mL 0.1mol·L^{-1}乙酸洗涤鸡心瓶壁，以针筒吸取液体，经0.45μm有机系滤器转移液体至棕色进样瓶，4℃保存，用于测定ZT含量。

上机测定：采用Agilent ZORBAX SB-C18色谱柱，流速为1mL·min^{-1}，单次进样量10μL，流动相为色谱级甲醇和0.1mol·L^{-1}乙酸溶液。测定IAA、GA_3、ABA含量时，柱温35℃，波长254nm，HPLC梯度洗脱条件见表8.7。而测定ZT含量时，柱温40℃，波长270nm，HPLC梯度洗脱条件见表8.8。进样测定由激素标准品(购自Sigma公司)配置的梯度浓度溶液，得出吸收峰面积与激素含量浓度(μg·mL^{-1})的标准回归方程，进而换算得到各激素的含量(μg·g^{-1})。

表8.7 测定GA_3、IAA、ABA含量的HPLC梯度洗脱条件

时间(min)	甲醇体积比(%)	0.1mol·L^{-1}乙酸体积比(%)	流速(mL·min^{-1})	最大压力(bar)
0~5	20	80	1	600
5~10	20	80	1	600
10~20	30	70	1	600
20~23	30	70	1	600
23~40	40	60	1	600
40~45	40	60	1	600
45~48	20	80	1	600

表 8.8 测定 ZT 含量的 HPLC 梯度洗脱条件

时间(min)	甲醇体积比(%)	0.1mol·L^{-1} 乙酸体积比(%)	流速(mL·min^{-1})	最大压力(bar)
0~3	20	80	1	600
3~8	20	80	1	600
8~11	30	70	1	600
11~16	30	70	1	600
16~25	50	50	1	600
25~30	50	50	1	600
30~35	30	70	1	600

8.1.6 修剪矮化试验

8.1.6.1 试验地点与材料

试验地点同 8.1.5，试验材料同 8.1.5 温室盆栽试验。

8.1.6.2 试验设计

于嫁接后第二年 6 月初采用去顶修剪(剪去接穗顶端的 1 个节)、1/3 修剪(剪去接穗长度的 1/3)方式培养矮化冠型，设置空白对照。试验采用单因素完全随机设计，共 3 个处理，每处理 16 株，处理设置详见表 8.9。

表 8.9 修剪温室盆栽试验的处理设置

处理编号	修剪方式
T_0	—
T_1	去顶修剪
T_2	1/3 修剪

8.1.6.3 测定指标

同 8.1.5。

8.1.7 植物生长抑制剂与修剪结合矮化试验

8.1.7.1 试验地点与材料

试验地点同 8.1.5，试验材料同 8.1.5 大田试验。

8.1.7.2 试验设计

取整形素大田试验中矮化效果最好的 200mg·L^{-1} 整形素处理，结合大田控高效果良好、对苗木抗性影响最小的 1/4 修剪处理(陈思雨、贾忠奎等，2018)进行试验，以研究喷施整形素后第二年进行修剪是否对控制矮化冠型产生积极影响。

于嫁接后第一年6月初喷施200mg·L^{-1}整形素，第二年6月初进行1/4修剪(剪去苗木上部1/4株高的部分)，处理设置详见表8.10。采用完全随机区组的试验设计，设4个处理，3次重复，每个小区6株苗木。

表8.10 整形素结合修剪大田试验的处理设置

处理编号	第一年施用的整形素浓度(mg·L^{-1})	修剪方式
CK	0	不修剪
P	200	不修剪
X	0	1/4修剪
P+X	200	1/4修剪

8.1.7.3 测定指标

同8.1.5。

8.2 植物生长延缓剂对红花玉兰的矮化作用

8.2.1 植物生长延缓剂对形态的矮化效果

不同的植物生长延缓剂种类、浓度、次数能较明显地影响植株接穗直径、株高、节数、节间距，试验结果见表8.11、表8.12，图8.5~图8.8。

表8.11 植物生长延缓剂矮化试验显著性检验

变异来源	Sig.			
	接穗直径	株高	节数	节间距
种类	0.003	0.000	0.000	0.057
浓度	0.002	0.000	0.021	0.000
次数	0.153	0.000	0.079	0.000

注：Sig.值小于0.05表示差异显著，下同。

表8.12 $L_9(3^4)$正交试验极差分析

极差	种类	浓度	次数
接穗直径	1.91	2.03	1.01
株高	28.33	43.10	33.56
节数	3.62	1.17	0.89
节间距	0.38	2.50	2.08

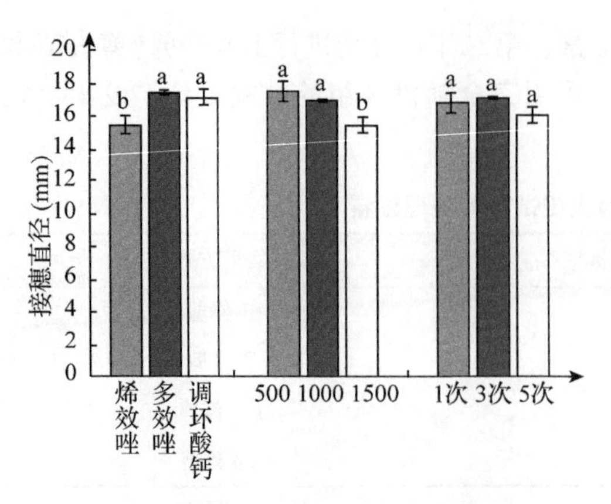

图 8.5 接穗直径与植物生长延缓剂关系

（注：不同字母表示差异显著，下同。）

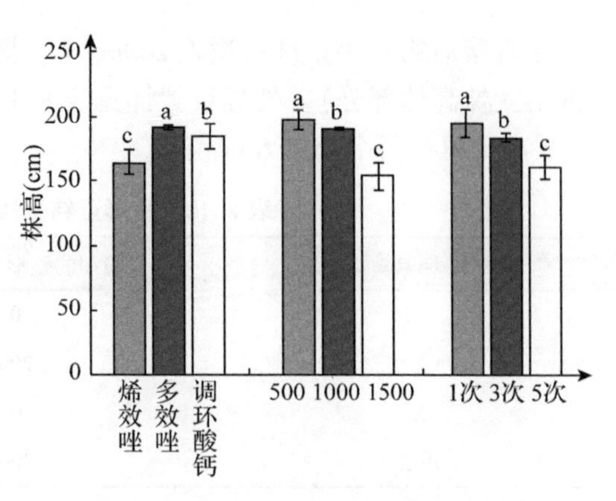

图 8.6 株高与植物生长延缓剂关系

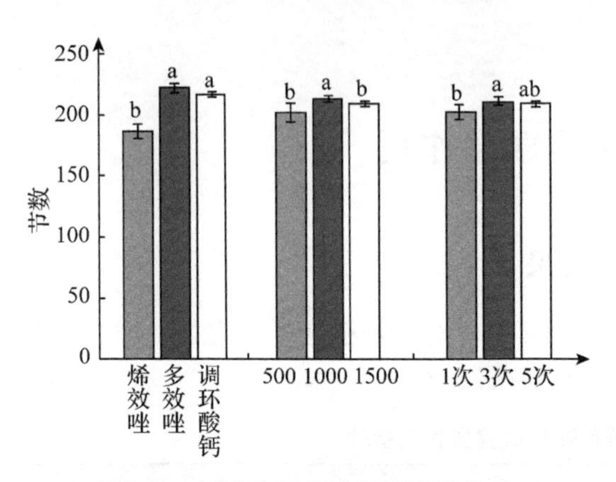

图 8.7 节数与植物生长延缓剂关系

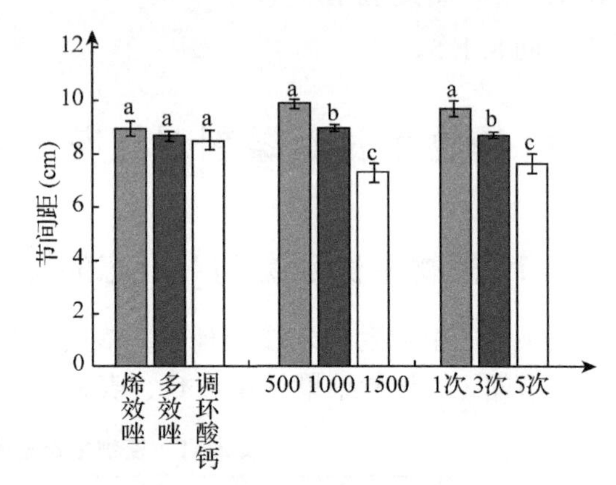

图 8.8 节间距与植物生长延缓剂关系

8.2.1.1 植物生长延缓剂对接穗直径的影响

根据表 8.11 中的显著性分析结果，植物生长延缓剂的种类、浓度对接穗直径的影响差异显著，喷施次数差异不显著。从表 8.12 可看出，植物生长延缓剂矮化试验中极差最大的是植物生长延缓剂浓度，其次是种类和施用次数，说明对接穗直径作用最大的是延缓剂浓度。根据图 8.5，接穗直径随着植物生长延缓剂浓度的增加而减小，当浓度为 1500mg·g^{-1} 时，接穗直径最小，且 1500mg·g^{-1} 处理下的接穗直径分别与 500mg·g^{-1}、1000mg·g^{-1}，差异显著。当喷施的延缓剂种类为烯效唑时，接穗直径最小，且烯效唑与多效唑、调环酸钙分别差异显著。喷施次数间虽无显著差异，但喷施 5 次时，接穗直径最小。综合上述结果，烯效唑 1500mg·g^{-1} 喷施 5 次的组合将使红花玉兰接穗直径达到最小，恰好该组合有进行试验，是 8.1.1 植物生长延缓剂矮化试验中的 3 处理，即烯效唑 1500mg·g^{-1} 喷施 5 次，该处理平均接穗直径为 13.56mm，是对照组 18.59mm 的 72.77%。

8.2.1.2 植物生长延缓剂对株高的影响

从表 8.11 可看出，植物生长延缓剂的种类、浓度、次数对株高的影响差异显著，Sig

值均小于0.05。表8.12中的极差分析显示，植物生长延缓剂对株高的影响中极差最大的是浓度，达到了43.10，极差第二大的是次数，为33.56，其次是延缓剂种类，28.33。由此可见植物生长延缓剂中对株高影响最大的是浓度，其次为次数，最后是种类。根据图8.6中的平均值，延缓剂种类为烯效唑时株高最小，且3种延缓剂种类之间互相在0.05水平差异显著。红花玉兰株高随着延缓剂浓度的上升而变小，当浓度为1500mg·g^{-1}时株高最小，且3个浓度水平的株高差异显著。株高同样随着喷施次数的增多而减少，当喷施5次时，株高最小，且3种喷施次数的株高均差异显著。综合上述结果，当植物生长延缓剂种类为烯效唑、浓度为1500mg·g^{-1}、施用次数为5次时，植株株高将会达到最小，恰好该组合有进行试验，是8.1.1植物生长延缓剂矮化试验中的3处理，即烯效唑1500mg·g^{-1}喷施5次。3号处理中的苗木经植物生长延缓剂喷施后，平均株高达到115.84cm，是对照组平均株高203.44cm的56.94%。

8.2.1.3 植物生长延缓剂对节数的影响

从表8.11可看出，植物生长延缓剂的种类、浓度对节数有显著影响，Sig值均小于0.05，喷施次数则无显著影响。根据表8.12极差分析结果，对红花玉兰节数而言极差最大的是延缓剂种类，为3.62，其次是浓度和施用次数，说明延缓剂种类对节数影响最大。根据图8.7，喷施烯效唑时节数最少，与多效唑、调环酸钙分别在0.05水平差异显著。红花玉兰节数随着延缓剂浓度的增加呈现先上升后下降的趋势，当浓度为1000mg·g^{-1}时节数最多，且1000mg·g^{-1}的节数分别与500、1500mg·g^{-1}差异显著。随着延缓剂喷施次数的增加，节数先增加后减少，且不同次数间差异不显著。造成原因可能是植株的节数主要是受基因调控，受延缓剂影响较小，有研究显示植物生长延缓剂是通过抑制细胞伸长致使节间距缩短，植株矮化，但对其横向宽度无显著影响(薛艳，2014)。

8.2.1.4 植物生长延缓剂对节间距的影响

从表8.11可看出，植物生长延缓剂的浓度、次数对红花玉兰节间距均有显著影响，种类无显著影响。根据表8.12极差分析，植物生长延缓剂的种类、浓度、次数中极差最大的是浓度，达到了2.50，其次是次数，为2.08，最后是延缓剂种类，0.38。因此，对节间距影响最大的是浓度，其次为次数，最后是种类。根据图8.8，延缓剂的3种类间差异不显著，施用调环酸钙时节间距最小。节间距随着延缓剂浓度的增加而减少，当浓度为1500mg·g^{-1}时节间距最短。节间距也随着喷施次数的增加而缩短，当喷施5次时节间距最短。综合上述结果，当喷施调环酸钙1500mg·g^{-1}5次时，植株株高将会达到最小。从这9个试验号来看，试验号3即烯效唑1500mg·g^{-1}喷施5次的苗木处理后，平均节间距为6.15cm，是对照平均节间距9.82cm的62.62%。

8.2.1.5 植物生长延缓剂对形态的矮化效果小结

本部分试验使用3种植物生长延缓剂、3种施用浓度、3种施用浓度对红花玉兰嫁接苗进行矮化试验。结果表明植物生长延缓剂使红花玉兰嫁接苗的株高变小，节间距缩小，

矮化后的红花玉兰嫁接苗的平均株高是对照平均株高的 56.94%，节间距是对照的 62.62%，接穗直径和节数相对对照也显著减少，根据显著性差异分析，延缓剂的喷施次数对接穗直径无显著差异，种类对节数无显著差异，除此以外，延缓剂种类、浓度、次数对接穗直径、株高、节数、节间距都有显著差异。喷施次数对接穗直径无显著影响的原因可能是本次试验喷施延缓剂的时间是根据红花玉兰高生长规律而定的，红花玉兰每年有两次高生长高峰，第一次从 6 月初开始，第二次从 8 月初开始，本次喷施的开始时间定于第一次高生长高峰来临前，而并未考虑直径生长高峰期。有研究表明植物生长延缓剂能抑制细胞伸长，但对其横向宽度无显著影响，致使节间距缩短，植株矮化(薛艳，2014)。Roux 和 GH Barr 使用不同浓度的多效唑、烯效唑、调环酸钙对尤立克柠檬嫁接苗(*Citrus* spp.)进行喷施，试验表明在一定浓度范围内新梢长度随着植物生长延缓剂浓度的升高而降低，节间距也是同样的规律，并在不同延缓剂浓度间差异显著(Roux S L et al., 2010)，本文结果与之类似，因此，植物生长延缓剂是通过缩短节间距实现矮化植株。综合看待本次试验植物生长延缓剂对接穗直径、株高、节数、节间距的影响，矮化效果最好的处理是烯效唑 1500mg·g^{-1} 喷施 5 次。

8.2.2 植物生长延缓剂对生理的影响

不同的植物生长延缓剂种类、浓度、施用次数会对植株的超氧化物歧化酶(SOD)、过氧化物酶(POD)、可溶性蛋白、丙二醛(MDA)、可溶性糖产生影响，结果见表 8.13、表 8.14。根据试验测得数据进行统计分析，分别做各个生理指标与植物生长延缓剂的 3 因素 3 水平关系图，得到图 8.9 至图 8.13。

表 8.13 植物生长延缓剂矮化试验显著性检验

变异来源	Sig.				
	SOD	POD	可溶性蛋白	MDA	可溶性糖
种类	0.026	0.955	0.001	0.158	0.013
浓度	0.134	0.747	0.201	0.394	0.005
次数	0.228	0.032	0.000	0.184	0.042

表 8.14 $L_9(3^4)$ 正交试验极差分析

极差	种类	浓度	次数
SOD	137.37	74.29	84.15
POD	12.83	34.93	131.56
可溶性蛋白	11.61	4.71	14.43
MDA	1.45	1.09	1.41
可溶性糖	0.61	0.68	0.47

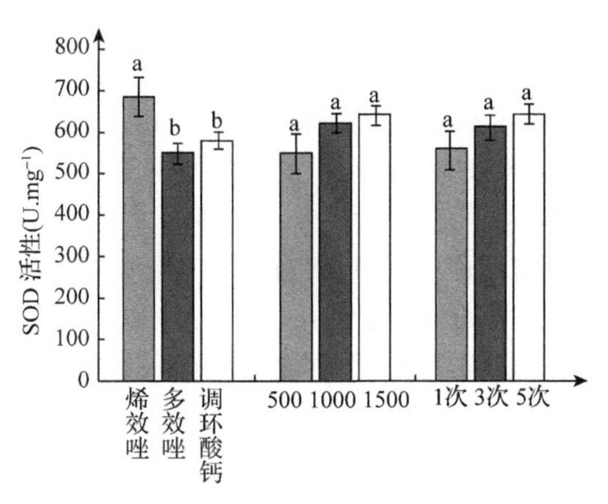

图 8.9　SOD 活性与植物生长延缓剂关系

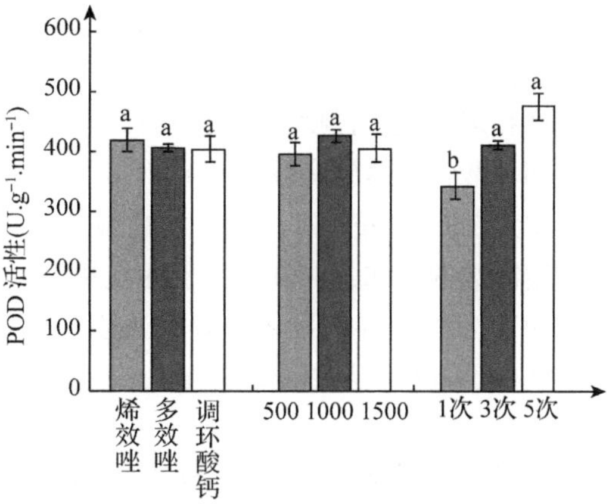

图 8.10　POD 活性与植物生长延缓剂关系

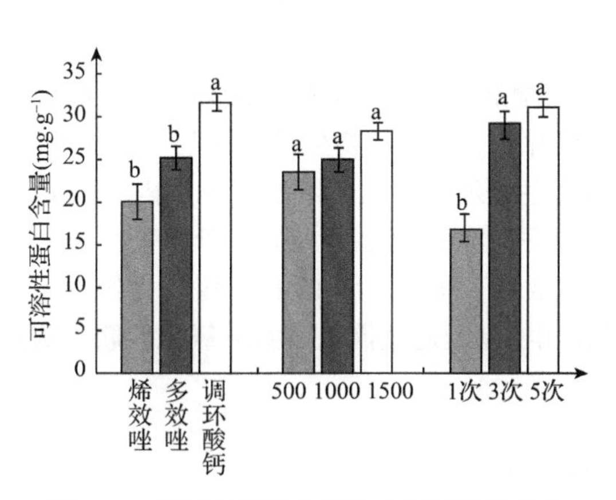

图 8.11　可溶性蛋白与植物生长延缓剂关系

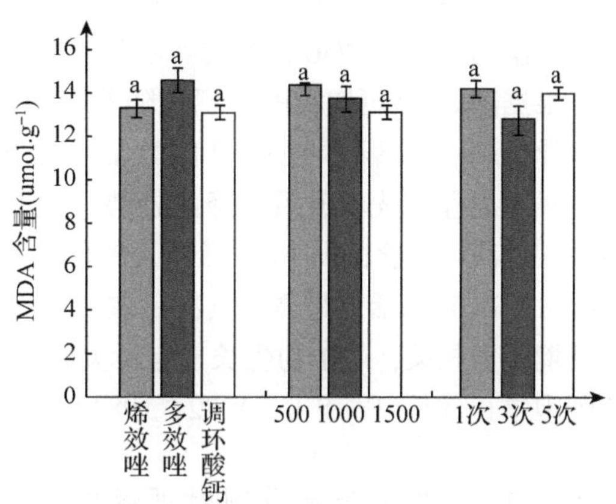

图 8.12　MDA 与植物生长延缓剂关系

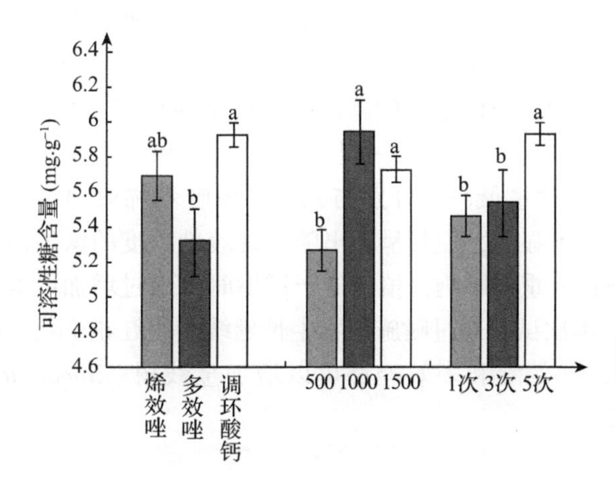

图 8.13
可溶性糖与植物生长延缓剂关系图

8.2.2.1　植物生长延缓剂对超氧化物歧化酶(SOD)的影响

从表 8.13 得知，喷施不同种类的植物生长延缓剂会对红花玉兰 SOD 活性产生显著影响，延缓剂的浓度、次数则对 SOD 活性影响不显著。根据表 8.14 中的极差分析结果，极

差从大到小排列为种类>次数>浓度，极差可反映各因素对SOD的作用程度，本部分试验延缓剂种类对SOD活性作用最大。根据图8.9，施用烯效唑时SOD的活性最大，其次是调环酸钙和多效唑，且喷施烯效唑的SOD活性与喷施调环酸钙、多效唑处理互相差异显著，喷施调环酸钙和喷施多效唑差异不显著。随着延缓剂浓度的提高，SOD活性也随之上升，当浓度为1500mg·g^{-1}时，SOD活性最高，但不同浓度间SOD活性差异不显著。同样，随着施用次数的增加，SOD活性也相应提高，当喷施5次时，SOD活性最高，但不同喷施次数的SOD活性差异不显著。造成上述结果差异不显著的可能原因：一是植物生长延缓剂的浓度梯度过小不足以出现差异；二是植物生长延缓剂对红花玉兰嫁接苗SOD影响有限。

8.2.2.2 植物生长延缓剂对过氧化物酶(POD)的影响

从表8.13得知，延缓剂的喷施次数对POD活性造成显著影响，种类和浓度则无显著影响。根据表8.14中的极差分析结果，对POD活性而言极差由大到小排列为次数>浓度>种类，说明次数对POD活性的影响最大。

根据图8.10可知，POD活性随着喷施次数的增加而上升，喷施5次和喷施1次处理间差异显著。虽然不同浓度间POD活性无显著差异，但随着植物生长延缓剂浓度的提高，POD的活性呈现先上升后下降的趋势，说明植物生长延缓剂在一定浓度范围内增强POD活性，过高浓度会削弱POD活性。施用不同种类延缓剂也无显著差异，延缓剂种类为烯效唑时，POD的活性最高，其次是调环酸钙和多效唑。研究表明POD不仅与植物对抗不良环境能力相关，与植物生长也有所关联，其作用机制是通过催化络氨酸氧化偶联，从而使细胞停止伸长(Fry S C，1982；1984)。

8.2.2.3 植物生长延缓剂对可溶性蛋白的影响

从表8.13得知，延缓剂的种类和次数对红花玉兰可溶性蛋白含量都有显著影响，延缓剂浓度却无显著影响。同时根据表8.14的极差分析结果。对可溶性蛋白而言极差由大到小排列为次数>种类>浓度，由此可见延缓剂次数的作用程度大于种类。根据图8.11可知，红花玉兰的可溶性蛋白含量也随着植物生长延缓剂的施用次数增加而提高，当施用5次时，可溶性蛋白含量将最高，与施用1次时在0.05水平上差异显著，与施用3次差异不显著。当施用调环酸钙时，可溶性蛋白含量最高，分别与施用多效唑和烯效唑差异显著。虽然不同浓度间可溶性蛋白含量差异不显著，但其呈现出随着延缓剂浓度的增加而含量增多的趋势。可溶性蛋白对植株生理具有重要影响，植物处于逆境时可通过增加可溶性蛋白含量适应逆境(张明生等，2003)，本次试验通过喷施植物生长延缓剂使红花玉兰可溶性蛋白含量上升，该结果与前人一致，烯效唑和多效唑都可以增加金钱树(*Zamioculcas zamiifolia*)可溶性糖含量(甄红丽，2012)。

8.2.2.4 植物生长延缓剂对丙二醛(MDA)的影响

从表8.13可知，延缓剂的种类、浓度、次数对红花玉兰MDA含量均无显著影响，Sig.值均大于0.05。根据表8.14的极差分析结果，对MDA含量的作用程度由大到小可排列为种类>次数>浓度。根据图8.12可知，当施用多效唑时，植株体内MDA含量最高，其次是烯效唑和调环酸钙。不同浓度不同次数间的 MDA 含量虽无显著差异，但 MDA 含量随着延缓剂浓度的提高而下降，随着次数的增加先下降后上升。MDA 是植株抗性的重要指标之一，其含量可反映膜脂过氧化的程度(李铁冰等，2009)。本次试验中，MDA 含量在不同延缓剂种类、浓度、次数间无显著差异，说明喷施延缓剂对膜脂过氧化的程度影响不显著，同时不同浓度和次数间的变化规律说明试验设定的植物生长延缓剂浓度梯度最大范围都不会对植株膜系统造成伤害，喷施次数的增多会使膜脂过氧化的程度提高。

8.2.2.5 植物生长延缓剂对可溶性糖的影响

从表 8.13 得知，植物生长延缓剂的种类、浓度、次数均对可溶性糖有显著影响，其 Sig. 值均小于 0.05。根据表 8.14 中的极差分析结果，以上 3 因素对可溶性糖含量的作用程度可排列为浓度>种类>次数。根据图 8.13，可溶性糖含量随着施用植物生长延缓剂浓度的提高而呈现先上升后下降的趋势，当浓度为 $1000mg \cdot g^{-1}$ 时可溶性糖含量最高，与 $1500mg \cdot g^{-1}$ 差异不显著，与 $500mg \cdot g^{-1}$ 差异显著，造成该转折的原因可能是适当浓度的延缓剂促进可溶性糖合成，过高浓度则会抑制。当施用调环酸钙时，可溶性糖含量最高，其次是烯效唑和多效唑，喷施调环酸钙的处理与多效唑差异显著。可溶性糖含量同时也随着施用植物生长延缓剂次数的增加而上升，当施用 5 次时可溶性糖含量将最多，且施用 5 次分别与 1 次、3 次差异显著。可溶性糖含量的增加可提高植物抗寒性(林艳等，2012)，在本次试验中，可溶性糖含量最高的组合是调环酸钙 $1000mg \cdot g^{-1}$ 施用 5 次。

8.2.2.6 植物生长延缓剂对生理的影响小结

植物生长延缓剂能提高红花玉兰超氧化物歧化酶(SOD)、过氧化物酶(POD)活性，提高可溶性蛋白、可溶性糖含量，降低丙二醛(MDA)含量。SOD 是一种常见的生物酶，它的主要作用是清除氧自由基，因此从 SOD 活性水平在一定程度上反映植株抗逆性强弱，SOD 活性越高则表明该植株应对环境胁迫、病害、衰老的能力越强(覃鹏等，2002；杜秀敏等，2003；窦俊辉等，2010)。POD 是一种氧化还原酶，和植物呼吸作用以及光合作用有密切的联系，根据前人研究结果 POD 活性越高则植株应对不良环境的能力越强(陈玉玲等，2000)。可溶性蛋白、可溶性糖对植株生理具有重要影响，与植株的抗逆性有较为密切的联系(左文博等，2010)。植物处于逆境时可通过增加可溶性蛋白含量适应逆境(张明生等，2003)，可溶性糖含量的增加可提高植物抗寒性(林艳等，2012)。MDA 含量过高表明植株膜系统受损程度越高(李铁冰等，2009)。这五个生理指标能联合说明红花玉兰应对不良环境能力的强弱，根据本试验研究结果，植物生长延缓剂可以提高红花玉兰的抗性，与前人研究结果一致(聂磊等，2003；王海山等，2012；刘刚等，2015)。综合看待本次试验植物生长延缓剂对 SOD、POD、可溶性蛋白、MDA、可溶性糖的影响，生理表现最佳的处理是多效唑或烯效唑 $1500mg \cdot g^{-1}$ 喷施 5 次。

8.2.3 植物生长延缓剂对内源激素的影响

不同的植物生长延缓剂种类、浓度、施用次数会对植株赤霉素(GA_3)、吲哚乙酸(IAA)、脱落酸(ABA)、玉米素(ZT)这 4 种内源激素产生不同影响，结果见表 8.15、表

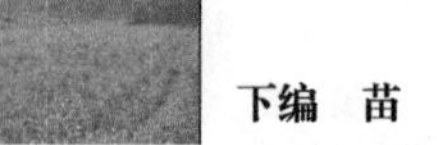

8.16，以及图8.14至图8.17。

表8.15 植物生长延缓剂矮化试验显著性检验

变异来源	Sig.			
	GA_3	IAA	ABA	ZT
种类	0.309	0.015	0.485	0.456
浓度	0.000	0.000	0.003	0.000
次数	0.000	0.000	0.000	0.001

表8.16 $L_9(3^4)$正交试验极差分析

极差	种类	浓度	次数
GA_3	13.55	70.05	62.95
IAA	3.06	7.16	6.34
ABA	0.86	3.00	3.56
ZT	0.59	5.01	2.01

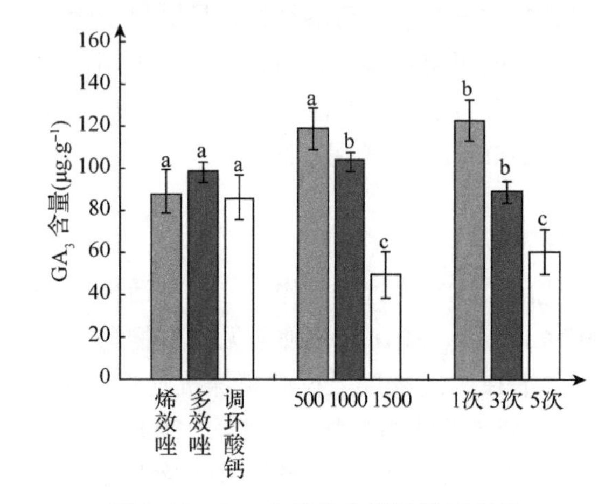

图8.14 GA_3与植物生长延缓剂关系

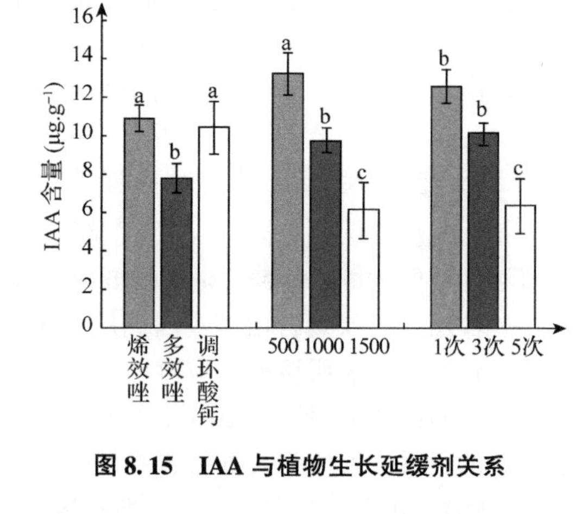

图8.15 IAA与植物生长延缓剂关系

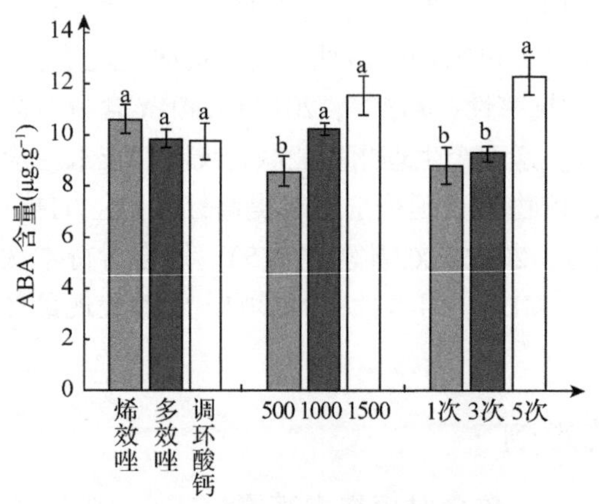

图8.16 ABA与植物生长延缓剂关系

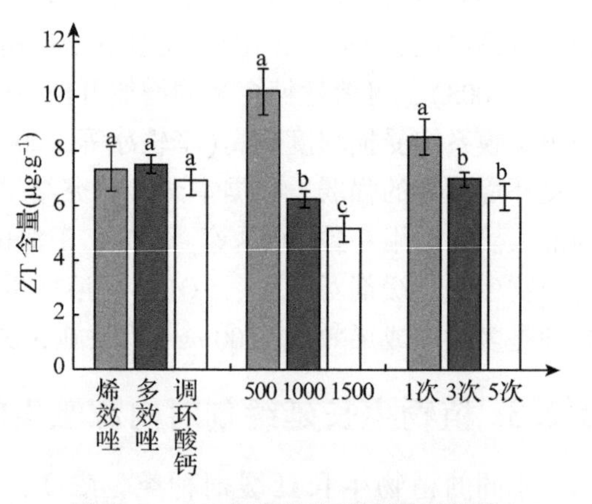

图8.17 ZT与植物生长延缓剂关系

8.2.3.1 植物生长延缓剂对赤霉素(GA_3)的影响

根据表8.15显著性分析结果，植物生长延缓剂的浓度、次数对GA_3含量都有显著影响，种类对其无显著影响。从表8.16的极差分析结果来看，对GA_3作用程度由大到小可排列为浓度>次数>种类。根据图8.14可知，GA_3含量随着喷施植物生长延缓剂浓度提高而下降，当浓度为$1500mg\cdot g^{-1}$时，GA_3含量最少，且该处理与$500mg\cdot g^{-1}$、$1000mg\cdot g^{-1}$均差异显著。GA_3含量同样随着喷施次数的提高而下降，当喷施5次时，GA_3含量最少，且该处理与喷施1次、3次均差异显著。不同种类间GA_3含量差异不显著，当喷施调环酸钙时GA_3含量最低，其次是烯效唑、多效唑。

该部分的试验结果与8.2.1中株高和节间距的结果大致类似，株高和节间距同样随着延缓剂浓度的增加和次数的增多而下降，因此可以说明，植物生长延缓剂能通过减少植株体内的GA_3含量，导致植株矮化，与前人的研究结果一致(Faust et al.，1994；Rademacher et al.，2000)。

8.2.3.2 植物生长延缓剂对吲哚乙酸(IAA)的影响

根据表8.15显著性分析结果，植物生长延缓剂的种类、浓度、次数对IAA含量都有显著影响，Sig.值均小于0.05。从表8.16的极差分析结果来看，对IAA作用程度由大到小可排列为浓度>次数>种类。根据图8.15可知，IAA含量随着喷施植物生长延缓剂浓度提高而下降，当延缓剂浓度为$1500mg\cdot g^{-1}$时IAA含量最低，且不同浓度间IAA含量差异显著。IAA含量同样随着喷施的次数的提高而下降，当喷施5次时IAA含量最低，且不同次数处理下IAA含量差异显著。当喷施多效唑时IAA含量最低，其次是调环酸钙和烯效唑，且喷施多效唑处理分别与调环酸钙和烯效唑差异显著。综合上述结果，使IAA含量最低的组合是多效唑$1500mg\cdot g^{-1}$喷施5次。IAA与GA_3的试验结果类似，IAA在植物体内普遍存在，它能刺激细胞伸长，使植株长高，根据本部分的试验结果，植物生长延缓剂能减少植株体内IAA的合成，抑制细胞伸长，从而矮化植株。

8.2.3.3 植物生长延缓剂对脱落酸(ABA)的影响

根据表8.15显著性分析结果，植物生长延缓剂的浓度、次数对ABA含量都有显著影响，种类对其无显著影响。从表8.16的极差分析结果来看，对ABA作用程度由大到小可排列为次数>浓度>种类。根据图8.16可知，ABA含量随着喷施次数的增加而增多，当喷施5次时，ABA含量最多，且该处理与喷施1次、3次差异显著。同时，ABA含量随着所喷施的植物生长延缓剂浓度上升而增多，当浓度为$1500mg\cdot g^{-1}$时，ABA含量最高，且$1500mg\cdot g^{-1}$的处理和$500mg\cdot g^{-1}$差异显著。虽然不同种类延缓剂间差异不显著，但当喷施烯效唑时，ABA含量最高，其次是多效唑和调环酸钙。ABA含量随着延缓剂浓度、次数的变化规律正好与GA_3、IAA相反，本试验中ABA含量越高则植株越矮的结果与前人一致，有研究表明ABA能抑制GA促进的生长发育过程，即能抑制细胞的生长(Gubler F et al.，1995)。

8.2.3.4 植物生长延缓剂对玉米素(ZT)的影响

根据表 8.15 显著性分析结果，植物生长延缓剂的浓度、次数对 ZT 含量都有显著影响，Sig. 值均小于 0.05，种类对 ZT 含量无显著影响。从表 8.16 的极差分析结果来看，对 IAA 作用程度由大到小可排列为浓度>次数>种类。根据图 8.17 可知，ZT 含量随着喷施的植物生长延缓剂浓度的增大而下降，当延缓剂浓度为 1500mg·g^{-1} 时，ZT 含量最低，且不同浓度处理间差异显著。同时，ZT 含量也随着施用次数的增多而下降，当施用 5 次时 ZT 含量最低，且不同施用次数间差异显著。虽然不同延缓剂种类间无显著差异，当喷施调环酸钙时，植株体内 ZT 含量最低，其次是烯效唑和多效唑。ZT 含量随延缓剂种类、浓度的变化趋势与 GA_3、IAA 相似，与 ABA 相反，植物体内 ZT 与 GA_3、IAA、ABA 之间存在复杂的相互关系，在本试验中 ZT 含量的降低使植株节间距缩短、高度降低。

8.2.3.5 植物生长延缓剂对内源激素影响小结

植物生长延缓剂是一类人为合成的激素，是赤霉素的拮抗剂，它能够延缓植物生长，其作用机理主要是通过阻碍赤霉素(GA)合成过程中某些酶的活性，导致植物体内 GA 水平降低，抑制植株生长(Grossmann K，1990)。根据本次试验结果，植物生长延缓剂能够使植株叶片内 GA_3、IAA、ZT 含量降低，ABA 的含量增多。植株体内含有多种内源激素，且在不同生长阶段不同时间不同部位含量也有差异，同时不同激素间存在着复杂的拮抗和促进作用，并受外界条件影响，而植株的生长发育情况主要是受各激素的协同作用(王忠，2000)。从本次试验结果来看，当 GA_3、IAA、ZT 含量越少，ABA 含量越多，则株高最小，矮化效果越好。

植株体内内源激素水平的变化与生理互相关联，例如植株体内 ABA 的大量合成可使植株气孔关闭，减少蒸腾作用，增强叶片的保水能力，提高植株在逆境下生存率，同时也影响了植株体内 SOD、POD、MDA、可溶性蛋白和可溶性糖水平，减少干旱或者低温胁迫带来的伤害(Morgan P W et al.，1997；李春燕，2015)，内源 ABA 在不同种类植株中存在差异，抗寒性强的植株 ABA 含量要高于抗寒性弱的植株。同时，研究发现 GA 含量与植物抗寒性有关，拥有较强抗寒性植株具有较低 GA 水平，而抗寒性弱的植株其 GA 含量较高(罗正荣，1989)，而 SOD、POD、MDA、可溶性蛋白和可溶性糖水平等指标被广泛认为与抗寒、抗旱相关。

植物内源激素处在一个动态的变化过程，不同生长期和不同植株部位的激素含量都会存在差异，同时本次试验结果中的 4 种内源激素含量变化与红花玉兰的形态变化以及生理指标的变化是相一致的，因此可得出以下结论，植物生长延缓剂通过改变红花玉兰嫁接苗体内内源激素水平从而使植株生理发生改变，进而改变形态，矮化植株。

8.3 烯效唑浓度补充矮化试验

8.3.1 不同浓度的烯效唑对形态的矮化效果

本部分为烯效唑补充浓度矮化试验，因在植物生长延缓剂矮化试验中得到最佳矮化处理是烯效唑 1500mg·g^{-1} 施用 5 次，其中选择的最佳矮化浓度恰好是试验设计中的最高值，为找出烯效唑的最佳浓度，故布设了本部分不同浓度烯效唑对红花玉兰影响的补充试验。根据试验结果，不同浓度的烯效唑对红花玉兰株高、接穗直径、节数、节间距的影响不同，详细结果见图 8.18 至图 8.21。

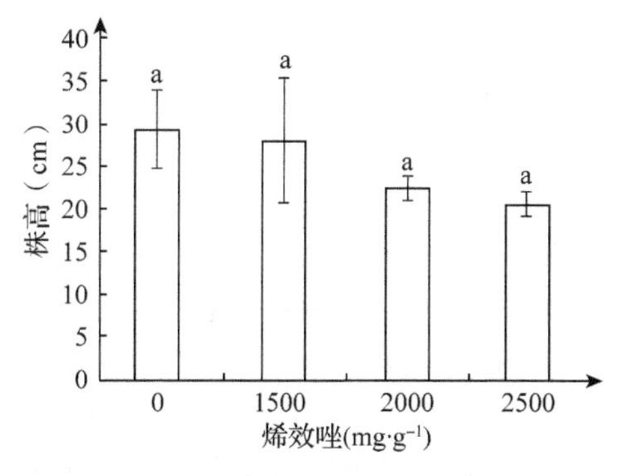

图 8.18　不同烯效唑浓度对株高的影响

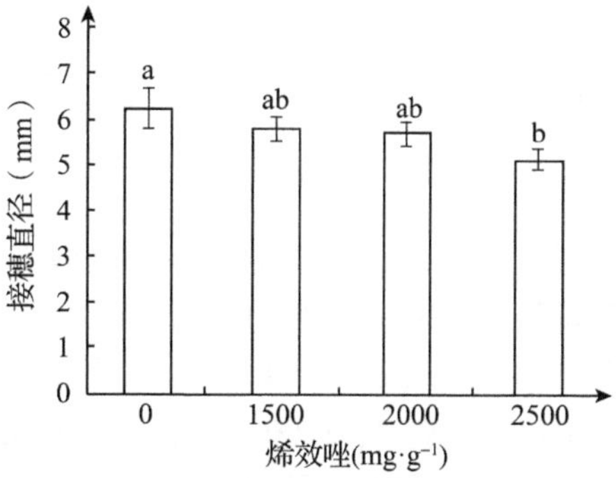

图 8.19　不同烯效唑浓度对接穗直径的影响

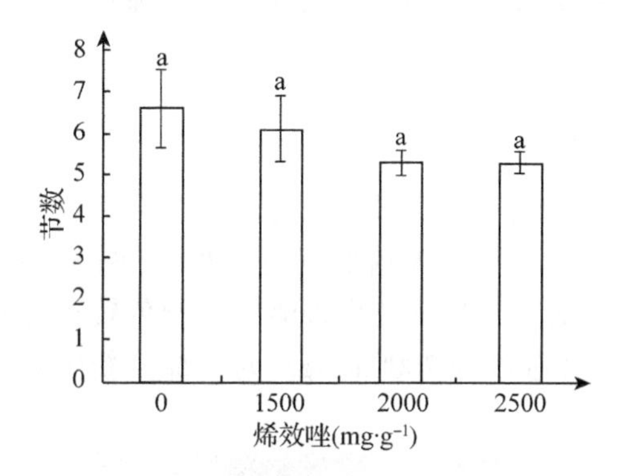

图 8.20　不同烯效唑浓度对节数的影响

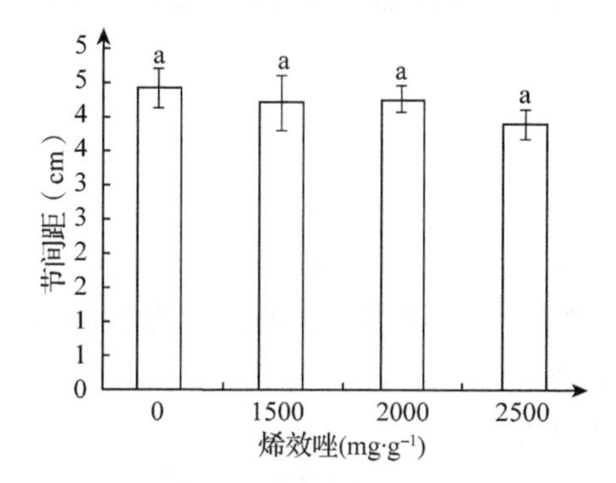

图 8.21　不同烯效唑浓度对节间距的影响

8.3.1.1　不同浓度的烯效唑对株高的影响

根据图 8.18 的试验结果，红花玉兰嫁接苗的株高随着烯效唑浓度的增高而逐渐下降，当烯效唑喷施浓度为 2500mg·g^{-1} 时平均株高最矮，为 20.67cm，是对照组 CK 平均株高 29.31cm 的 70.52%。同时，经过多重比较，喷施 0、1500、2000、2500mg·g^{-1} 烯效唑的这 4 个处理两两之间在 0.05 水平均差异不显著。差异不显著的原因可能是烯效唑浓度已经高到一定程度，再提高浓度对红花玉兰株高也无显著影响。

8.3.1.2　不同浓度的烯效唑对接穗直径的影响

根据图 8.19 的试验结果，不同烯效唑浓度对红花玉兰接穗直径的影响基本不显著，呈现出随着烯效唑浓度的提高而平均接穗直径下降的趋势。当烯效唑浓度为 2500mg·g^{-1} 时平均接穗直径最小，为 5.13mm，是对照组 CK 平均接穗直径 6.27mm 的 81.80%。同时，经过多重比较，对照组 CK 和喷施烯效唑 2500mg·g^{-1} 的处理在 0.05 水平上差异显著，其他处理则两两之间差异不显著。造成该结果的原因可能是接穗直径和株高对延缓剂浓度的敏感程度不一样。

8.3.1.3 不同浓度的烯效唑对节数的影响

根据图 8.20 的试验结果，不同烯效唑浓度对红花玉兰节数的影响较小。红花玉兰嫁接苗的节数随着喷施烯效唑浓度的提高而减少，当烯效唑浓度为 2000 和 2500mg·g^{-1} 时，平均节数均最少，为 5.3 节，是对照组 CK 平均节数 6.6 节的 80.30%。同时，经过多重比较，喷施 0、1500、2000、2500mg·g^{-1} 烯效唑的这 4 个处理两两之间均差异不显著。

8.3.1.4 不同浓度的烯效唑对节间距的影响

根据图 8.21 的试验结果，不同烯效唑浓度对红花玉兰节间距的影响并不显著。红花玉兰节间距基本呈现出随着烯效唑浓度的提高而缩短的趋势，当烯效唑浓度为 2500mg·g^{-1} 时，平均节间距最短，为 3.90cm，是对照组 CK 平均节间距 4.42cm 的 88.05%。同时，经过多重比较，喷施 0、1500、2000、2500mg·g^{-1} 烯效唑的这 4 个处理两两之间均差异不显著。植物生长延缓剂主要通过缩短节间距矮化植株。试验结果表明这 4 个处理间节间距差异不显著，可能再加大烯效唑浓度也不会出现显著差异，因此本次补充试验烯效唑浓度布设是合理的。

8.3.1.5 高浓度烯效唑对红花玉兰的致畸效果

在使用高浓度烯效唑对红花玉兰进行叶面喷施时，发现过高浓度烯效唑会导致叶片畸形，正常叶片和畸形叶片的对比见图 8.22 至图 8.24。具体畸形表现有两种(图 8.23、图 8.24)中所示，当喷施烯效唑浓度为 2000mg·g^{-1} 时，新生叶片出现皱缩、颜色较正常叶片浅并且不均匀，如图 8.24 中所示，当喷施烯效唑浓度为 2000mg·g^{-1} 时，部分新生叶片前部出现粘连现象。

图 8.22 正常

图 8.23 畸形 1

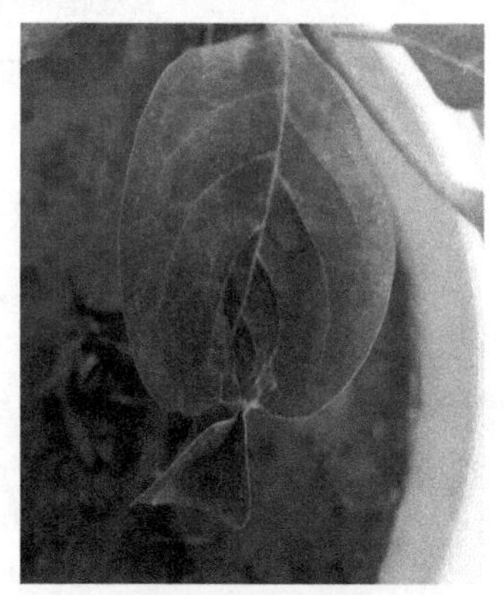

图 8.24 畸形 2

8.3.1.6 高浓度烯效唑对形态的矮化效果小结

高浓度烯效唑能有效矮化红花玉兰，株高、接穗直径、节数、节间距的平均数值都随着烯效唑浓度的增加而下降，当喷施烯效唑浓度为 2500mg·g^{-1} 时，红花玉兰嫁接苗的株高最矮，接穗直径最小，节数最少，节间距最短，分别是对照组 CK 的 70.52%、81.80%、80.30%、88.05%。虽然从上述指标来看，越高浓度烯效唑喷施，矮化效果越好，但是这些形态指标大部分在0.05水平上差异不显著，因此可以说明烯效唑浓度的进一步提高对形态指标造成的影响不显著。在试验过程中发现当烯效唑浓度大等于2000mg·g^{-1}时，部分苗木的叶片发生畸变，有两种畸形形态，一是新生叶片出现皱缩、颜色较正常叶片浅并且不均匀，二是新生叶片前部出现粘连现象，削弱了红花玉兰的观赏性。综上所述，烯效唑的最佳矮化浓度是1500mg·g^{-1}。

8.3.2 不同浓度烯效唑对生理的影响

叶面喷施不同浓度的烯效唑对红花玉兰嫁接苗的生理有着不同的影响，本部分试验着重探讨了不同浓度的烯效唑对超氧化物歧化酶(SOD)、过氧化物酶(POD)、可溶性蛋白、丙二醛(MDA)、可溶性糖的影响(图8.25~图8.29)。

8.3.2.1 不同浓度的烯效唑对SOD活性的影响

根据图8.25的试验结果，叶面喷施不同浓度的烯效唑对红花玉兰嫁接苗的SOD活性有显著影响，红花玉兰嫁接苗的SOD活性随着烯效唑浓度的上升呈现出先上升后下降的趋势，当烯效唑浓度为2000mg·g^{-1}时SOD活性最高，为855.15U·mg^{-1}，是对照组CK平均SOD活性469.53U·mg^{-1}的182.13%。同时经过多重比较，喷施0、1500、2000、2500mg·g^{-1}烯效唑的这4个处理两两之间均在0.05水平上差异显著。SOD活性水平在一定程度上反映植株抗逆性强弱，SOD活性越高则植株应对不良环境的能力越强，本次试验烯效唑浓度高于2000mg·g^{-1}时SOD活性开始下降，虽然2500mg·g^{-1}处理下的SOD活性显著高于处理，但可以说明过高浓度的烯效唑会降低植株抗性。

8.3.2.2 不同浓度的烯效唑对POD活性的影响

根据图8.26的试验结果，叶面喷施不同浓度的烯效唑对红花玉兰嫁接苗的POD活性有显著影响。红花玉兰嫁接苗的POD活性随着烯效唑浓度的提高逐渐上升，当喷施2500mg·g^{-1}烯效唑时POD活性最高，为723.72U·g^{-1}·min^{-1}，是对照组CK平均POD活性581.61U·g^{-1}·min^{-1}的124.43%。同时经过多重比较，喷施0、1500、2000、2500mg·g^{-1}烯效唑的这4个处理两两之间均在0.05水平上差异显著。

8.3.2.3 不同浓度的烯效唑对可溶性蛋白含量的影响

根据图8.27的试验结果，叶面喷施不同浓度的烯效唑对红花玉兰嫁接苗的可溶性蛋白含量有显著影响。红花玉兰嫁接苗的可溶性蛋白含量随着烯效唑浓度的提高逐渐增多，当喷施2500mg·g^{-1}烯效唑时可溶性蛋白含量最高，为26.51mg·g^{-1}，是对照组CK平均可溶性蛋白含量16.67mg·g^{-1}的159.08%。同时经过多重比较，喷施1500和2000mg·g^{-1}的处理差异不显著，其余处理均互相在0.05水平上差异显著。

8.3.2.4 不同浓度的烯效唑对MDA含量的影响

根据图8.28的试验结果，叶面喷施不同浓度的烯效唑对红花玉兰嫁接苗的MDA含量造成显著影响。红花玉兰嫁接苗的MDA含量随着烯效唑浓度的提高逐渐增多，当喷施

2500mg·g^{-1} 烯效唑时 MDA 含量最高，为 9.82umol·g^{-1}，是对照组 CK 平均 MDA 含量 7.81umol·g^{-1} 的 125.72%。同时经过多重比较，喷施 2500mg·g^{-1} 的处理和对照组 CK 以及 1500mg·g^{-1} 的处理在 0.05 水平上差异显著，与 2000mg·g^{-1} 的处理差异不显著。

8.3.2.5 不同浓度的烯效唑对可溶性糖含量的影响

根据图 8.29 的试验结果，叶面喷施不同浓度的烯效唑对红花玉兰嫁接苗的可溶性糖含量造成显著影响。红花玉兰的可溶性糖含量随着烯效唑浓度的增高呈现先上升后下降的趋势，当烯效唑浓度为 2000mg·g^{-1} 时可溶性糖含量最高，为 5.69mg·g^{-1}，是对照组 CK 平均可溶性糖含量 4.42mg·g^{-1} 的 128.55%。经过多重比较，喷施 2000mg·g^{-1} 和 2500mg·g^{-1} 处理之间差异不显著，和 CK 以及 1500mg·g^{-1} 差异显著。

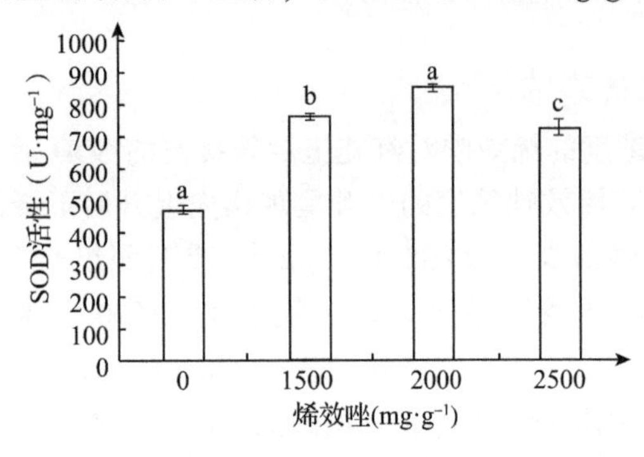

图 8.25 不同烯效唑浓度对 SOD 活性的影响

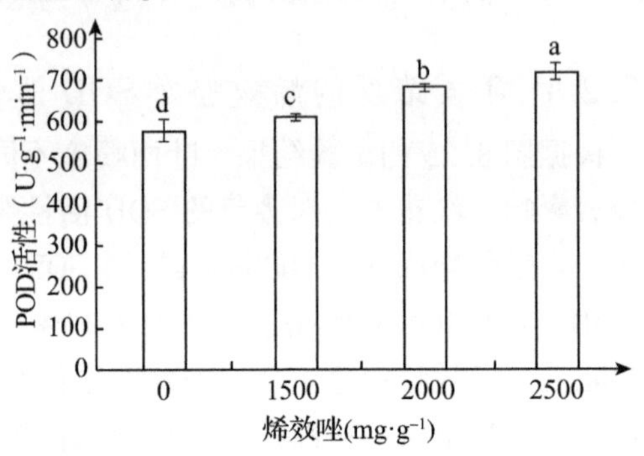

图 8.26 不同烯效唑浓度对 POD 活性的影响

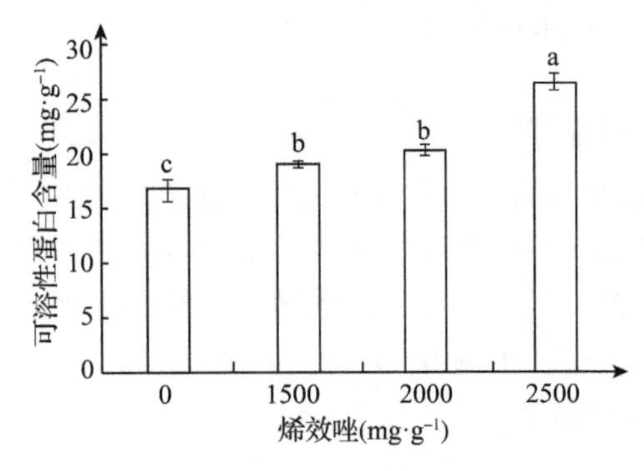

图 8.27 不同浓度烯效唑对可溶性蛋白含量的影响

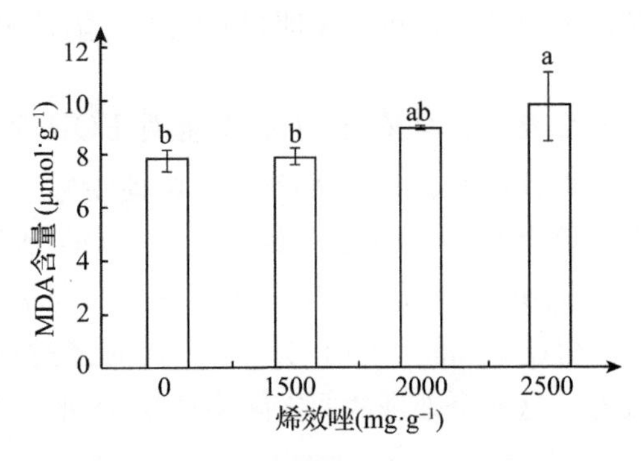

图 8.28 不同浓度烯效唑对 MDA 含量的影响

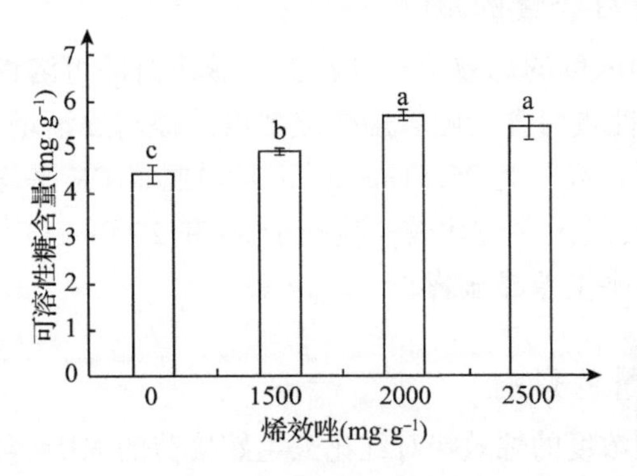

图 8.29

不同烯效唑浓度对可溶性糖含量的影响

8.3.2.6 高浓度烯效唑对生理影响小结

高浓度的烯效唑使红花玉兰嫁接苗SOD活性、可溶性糖含量先上升后下降，POD活性、可溶性蛋白、MDA含量上升。这五个生理指标都能从一定程度上反映植株应对不良环境能力的强弱，其中SOD活性、可溶性糖含量的先升后降反映过高浓度的烯效唑将会降低植株应对不良环境的能力，POD活性和可溶性蛋白含量的持续上升可能是烯效唑浓度仍然跨度小，但MDA含量的上升说明红花玉兰在喷施高浓度烯效唑时膜系统受害程度上升。虽然从生理指标反映出红花玉兰对烯效唑的耐受程度还要更大，但从形态指标出发，以及矮化主要是为了发挥红花玉兰的观赏价值，烯效唑的最佳浓度应当还是1500mg·g^{-1}。

8.3.3 不同浓度烯效唑对内源激素的影响

叶面喷施不同浓度的烯效唑对红花玉兰嫁接苗的内源激素有着不同的影响，本部分试验探讨了不同浓度的烯效唑对赤霉素(GA_3)、吲哚乙酸(IAA)、脱落酸(ABA)、玉米素(ZT)这4种内源激素的影响，得到的试验结果见图8.30至图8.33。

8.3.3.1 不同浓度的烯效唑对GA_3含量的影响

根据图8.30的试验结果，叶面喷施不同浓度的烯效唑对红花玉兰嫁接苗的GA_3含量造成显著影响。红花玉兰的GA_3含量随着烯效唑浓度的增高而逐渐降低，当烯效唑浓度为2500mg·g^{-1}时，GA_3含量最低，为49.91μg·g^{-1}，是对照组CK平均GA_3含量247.15μg·g^{-1}的20.19%。同时经过多重比较，喷施0、1500、2000、2500mg·g^{-1}烯效唑的这4个处理两两之间均在0.05水平上差异显著。

8.3.3.2 不同浓度的烯效唑对IAA含量的影响

根据图8.31的试验结果，叶面喷施不同浓度的烯效唑对红花玉兰嫁接苗的IAA含量造成显著影响。红花玉兰的IAA含量随着烯效唑浓度的增高而逐渐降低，当烯效唑浓度为2500mg·g^{-1}时，IAA含量最低，为6.58μg·g^{-1}，是对照组CK平均GA_3含量11.93μg·g^{-1}的55.16%。同时经过多重比较，喷施不同浓度烯效唑的4个处理两两之间均在0.05水平上差异显著。

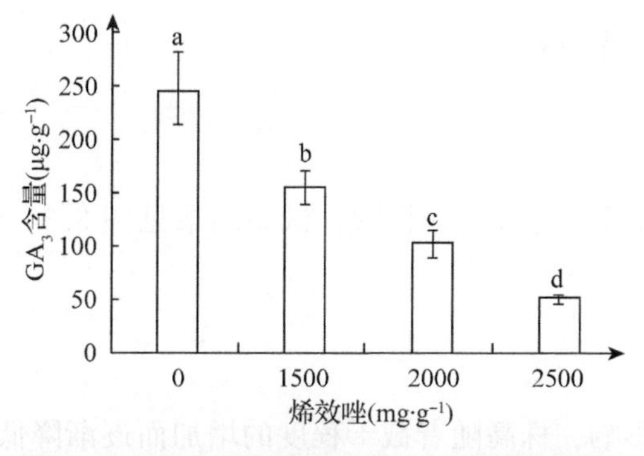

图8.30 不同浓度烯效唑对GA_3含量的影响

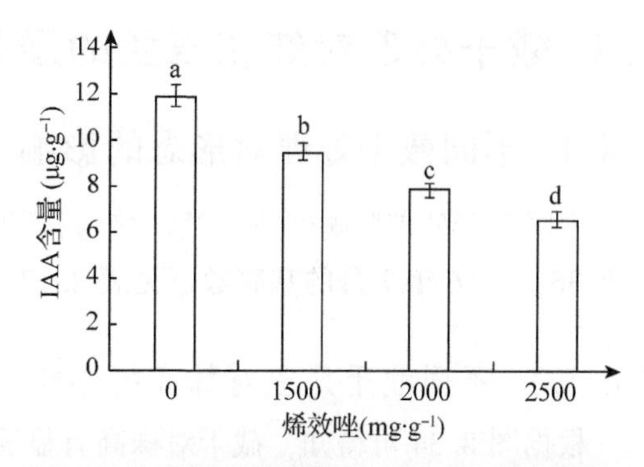

图8.31 不同浓度烯效唑对IAA含量的影响

8.3.3.3 不同浓度的烯效唑对 ABA 含量的影响

从图 8.32 可得出，不同浓度的烯效唑对 ABA 含量有着显著影响，当烯效唑浓度上升时，红花玉兰嫁接苗 ABA 含量也随之增多，当烯效唑浓度为 $2500mg \cdot g^{-1}$ 时，ABA 含量最高，为 $2.92\mu g \cdot g^{-1}$，是对照组平均 ABA 含量 $1.31\mu g \cdot g^{-1}$ 的 221.81%。同时经过多重比较，喷施不同浓度烯效唑的 4 个处理两两之间均在 0.05 水平上差异显著。

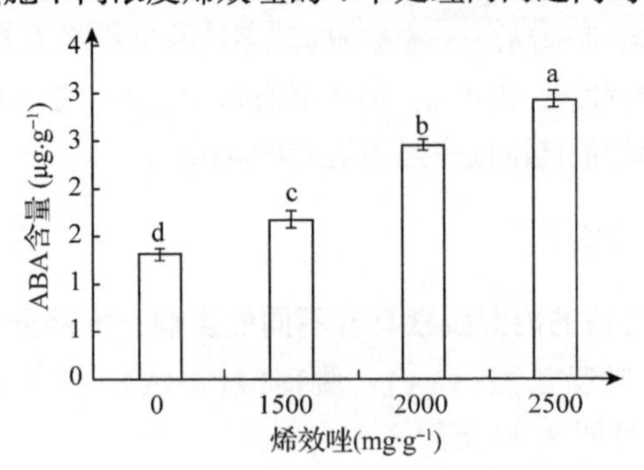

图 8.32 不同浓度烯效唑对 ABA 含量影响

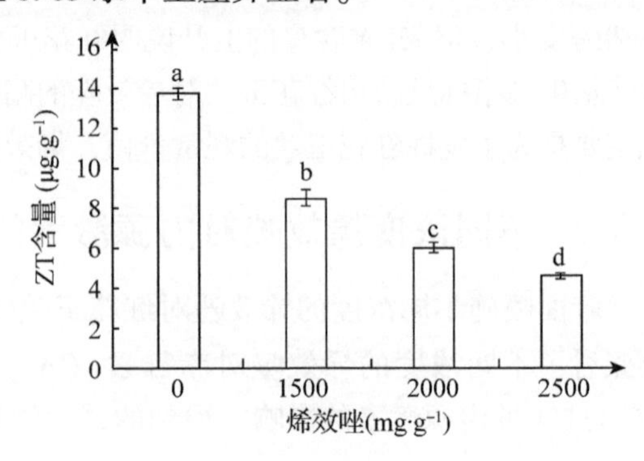

图 8.33 不同浓度烯效唑对 ZT 含量的影响

8.3.3.4 不同浓度的烯效唑对 ZT 含量的影响

从图 8.33 可得出，不同浓度的烯效唑对 ZT 含量有着显著影响，当烯效唑浓度上升时，红花玉兰嫁接苗 ZT 含量却随之减少，当烯效唑浓度为 $2500mg \cdot g^{-1}$ 时，ZT 含量最少，为 $4.67\mu g \cdot g^{-1}$，是对照组平均 ZT 含量 $13.90\mu g \cdot g^{-1}$ 的 33.59%。同时经过多重比较，喷施不同浓度烯效唑的 4 个处理两两之间均在 0.05 水平上差异显著。

8.3.3.5 不同浓度烯效唑对内源激素影响小结

高浓度烯效唑喷施下，GA_3、IAA、ZT 含量均大幅度下降，ABA 含量上升，与 8.2.3 中结果相似，延缓剂浓度的进一步增加对内源激素造成的影响与原先浓度梯度存在相同的规律，进一步说明 GA_3、IAA、ZT 含量越少，ABA 含量越多，则植株越矮，表现出的矮化效果越好。

8.4 截干处理对红花玉兰的矮化作用

8.4.1 不同截干处理对形态的影响

不同截干处理影响红花玉兰嫁接苗接穗直径、株高、侧枝数，试验结果见图 8.34 至图 8.36，2016 年 7 月的基底数据见表 8.17。

8.4.1.1 不同截干处理对株高的影响

根据图 8.34 可得知，截干对株高有显著影响，株高随着截干程度的增加而逐渐降低，当截干 1/2 时，株高最矮，在该处理下平均株高为 120.71cm，是不截干处理平均株高

222.78cm 的 54.18%，矮化效果显著，说明截干处理对矮化红花玉兰嫁接苗卓有成效。同时经过多重比较，不截干、截干 1/4 和截干 1/3 这 3 个处理两两之间互相差异显著，截干 1/3 和截干 1/2 这 2 个处理的平均株高差异不显著。差异不显著的原因可能是进行截干时株高较小，1/3 和 1/2 截去主干长度差距小。因此，根据株高的结果，截干 1/2 是最佳矮化处理。

8.4.1.2 不同截干处理对接穗直径的影响

根据图 8.35 可知，截干对红花玉兰嫁接苗有显著的影响，其接穗直径呈现出随着截干程度的增强而下降的趋势。当截干程度为 1/2 时，接穗直径最小，为 14.62mm，是不截干处理平均接穗直径 18.83mm 的 77.66%，该规律与株高相吻合。同时经过多重比较，不截干、截干 1/4、截干 1/3，这 3 个处理两两之间互相差异显著，而截干 1/3 和截干 1/2 差异不显著。

表 8.17 试验苗木截干前后基底数据

处理	截干前株高(cm)	截干后株高(cm)	接穗直径(mm)
不截干	109.04(103.06~115.02)a	109.04(103.06~115.02)a	10.63(9.87~11.39)a
截干 1/4	113.02(110.35~115.69)a	84.77(82.77~86.77)b	10.92(10.49~11.36)a
截干 1/3	109.34(105.59~113.10)a	72.90(70.39~75.40)c	10.48(9.79~11.17)a
截干 1/2	110.90(107.06~114.05)a	55.45(53.88~57.03)d	10.91(10.39~11.44)a

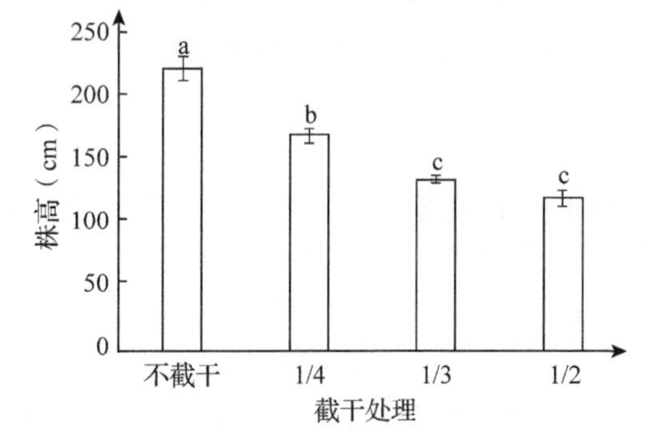

图 8.34 不同截干处理对株高的影响

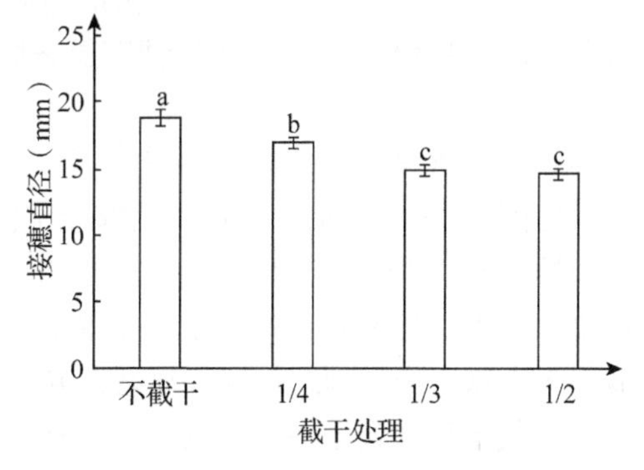

图 8.35 不同截干处理对接穗直径影响

8.4.1.3 不同截干处理对侧枝数量的影响

根据图 8.36 可得知，截干处理对红花玉兰嫁接苗单株的侧枝数量有显著影响，侧枝数量随着截干程度的增加而减少，当截干 1/2 时侧枝数量最少，平均数量为 5.07，是不截干处理平均侧枝数量 15.62 的 32.49%，同时经过多重比较，除截干 1/3 和 1/2 这二者之间差异不显著之外，其余处理两两之间互相差异显著。因此，根据上述结果截干处理可有效减少侧枝数量。

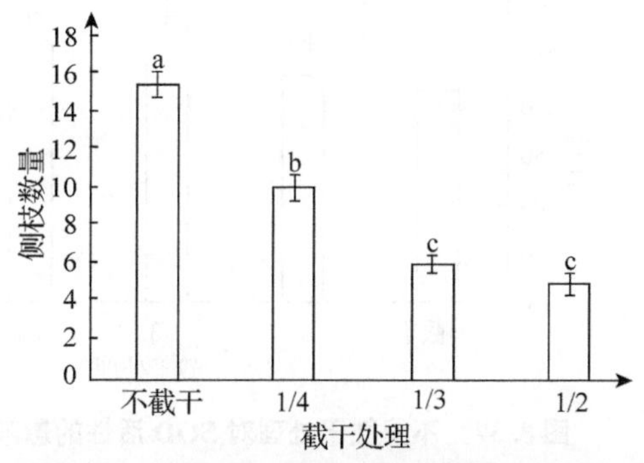

图 8.36 不同截干处理对侧枝数量的影响

8.4.1.4 截干处理对形态影响小结

根据本次截干矮化试验结果，截干能有效矮化红花玉兰嫁接苗，当截干1/2时可实现株高最矮，接穗直径最小，侧枝数量最少，该处理平均株高为120.71cm，平均接穗直径14.62cm，平均侧枝数量5.07枝。目前对截干矮化的研究大部分集中在老龄母树和盆景制作上，前者的研究主要集中在经过截干后老龄树木焕发生机，萌生侧芽，促进新枝萌发，从而恢复长势，实现树木复壮，恢复其观赏或者经济价值(付金贤等，2007；林正眉等，2017；黄开勇，2016；谢友超等，2001)，而后者的研究主要集中在盆景制作上，通过截干可促进盆景植物侧芽萌发，从而获得理想的盆景造型(王文通等，2017)，其中有关幼树截干矮化的研究较为稀少。然而使高大乔木矮化，从幼树开始有极大的优势，幼树枝条柔嫩，便于操作，有较强的可塑性和极大的发展前景。若等幼树生长几年后，其乔木树种高大的特性和独特的树形基本定型，此时再进行修剪矮化无疑会大大加大矮化的难度，也不利于塑造理想的矮化树形，而幼树期间进行截干处理只是乔木修剪矮化的第一步，后续可根据红花玉兰嫁接苗的生长情况相应调整修剪方式和方法。从目前截干矮化的结果来看，该方法对红花玉兰嫁接苗的矮化效果是十分明显的，为开展后续的修剪矮化工作打下基础。

8.4.2 不同截干处理对生理的影响

不同截干处理对红花玉兰嫁接苗的超氧化物歧化酶(SOD)、过氧化物酶(POD)、可溶性蛋白、丙二醛(MDA)、可溶性糖有显著影响，试验结果见图8.37至图8.41。

8.4.2.1 不同截干处理对SOD活性的影响

根据图8.37的结果，红花玉兰嫁接苗体内SOD活性随着截干程度的上升具有先增强后减弱的趋向，当截干程度为1/3时SOD活性达到最高，该处理的平均SOD活性为291.12U·mg^{-1}，是不截干处理平均值213.45U·mg^{-1}的136.38%。经过多重比较，不截干和截干1/3这2个处理之间存在显著差异，而截干1/3和截干1/2差异不显著。总结上述结论，当截干程度处于一定范围时，SOD活性会随着截干程度的上升而增强，当超过一定范围时，过强的截干程度会使SOD活性减弱。

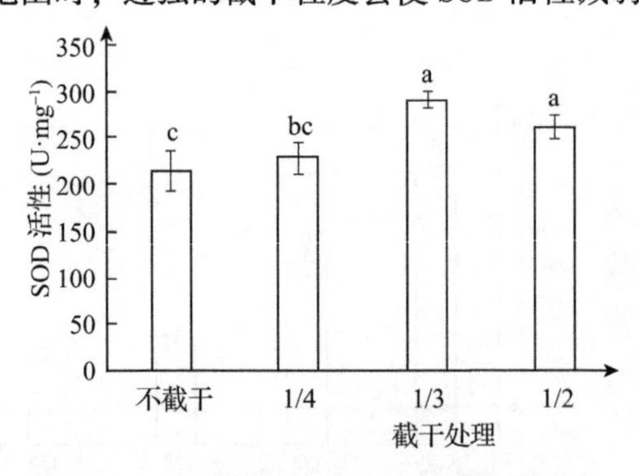

图8.37 不同截干处理对SOD活性的影响

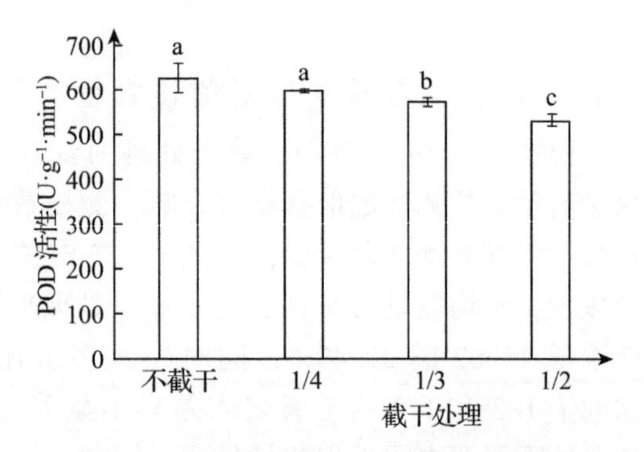

图8.38 不同截干处理对POD活性的影响

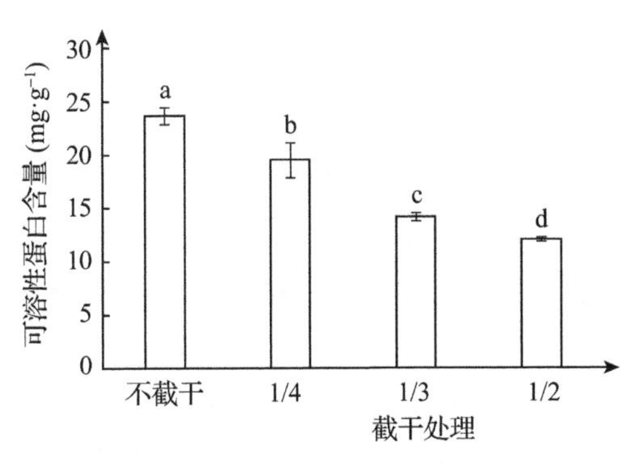

图 8.39　不同截干处理对可溶性蛋白含量影响

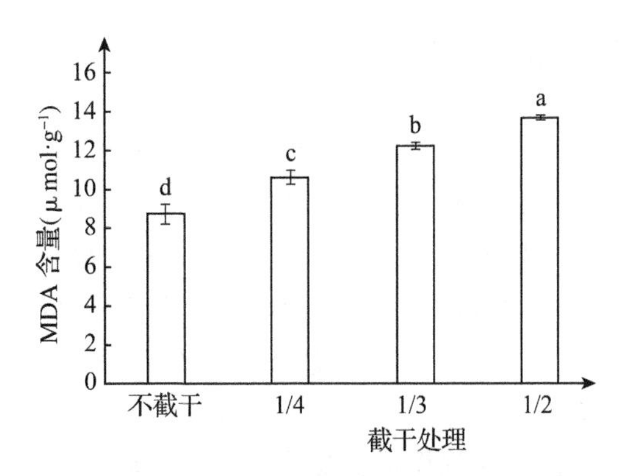

图 8.40　不同截干处理对 MDA 含量的影响

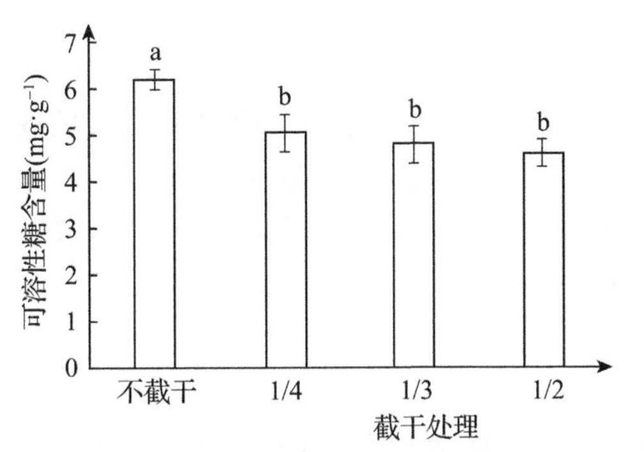

图 8.41
不同截干处理对可溶性糖含量的影响

8.4.2.2　不同截干处理对 POD 活性的影响

根据图 8.38，红花玉兰嫁接苗体内的 POD 活性随着截干程度的增强呈现减弱的趋势，当截干 1/2 时 POD 活性最低，为 532.89U·g^{-1}·min^{-1}，当不截干时 POD 活性最高，为 630.21U·g^{-1}·min^{-1}。经过多重比较，不截干和截干 1/4 之间差异不显著，其他处理两两之间互相差异显著。POD 和植物呼吸作用以及光合作用有密切的联系。在本次试验中，POD 活性随着截干程度的上升而减弱，与 SOD 活性变化的大致趋势相反。可能原因如下：一是截干打破了红花玉兰嫁接苗的顶端优势，使其植株体内内源激素比例和含量等发生变化，内里发生复杂的生理反应；二是可能 POD 活性相较于 SOD 活性对截干的反应更加敏感，SOD 活性在截干强度超过一定范围时才出现下降的趋势，POD 却是从截干开始就呈减弱趋势(陈玉玲、曹敏等，2000)。

8.4.2.3　不同截干处理对可溶性蛋白含量的影响

根据图 8.39 的试验结果，红花玉兰嫁接苗中可溶性蛋白含量随着截干程度的增强呈现减少的趋势，当截干 1/2 时红花玉兰可溶性蛋白含量最低，12.03mg·g^{-1}，其含量水平是不截干处理平均可溶性蛋白含量 23.69mg·g^{-1} 的 50.79%。同样经多重比较，这四个不同截干程度两两之间均互相差异显著。综上可得出结论，截干程度的增强可显著减少红花玉兰植株的可溶性蛋白含量。可溶性糖和可溶性蛋白与 POD 活性变化规律相一致，同样是随着截干程度的增强而含量减少，原因可能与 POD 相同，同样说明截干会使植株应对不

良环境的能力减弱。

8.4.2.4 不同截干处理对MDA含量的影响

根据图8.40所示，随着截干程度的逐渐增强，红花玉兰嫁接苗的MDA含量逐渐增多，当截干程度达到1/2时，MDA含量最高，为13.79umol·g^{-1}，是不截干处理平均MDA含量8.77umol·g^{-1}的157.28%，同样通过多重比较，这4个处理的MDA含量两两之间均互相差异显著。MDA是植株抗性的重要指标之一(李铁冰、杨顺强等，2009)，在本部分试验中，红花玉兰嫁接苗的MDA含量随着截干程度的增强而增多。这说明红花玉兰在截干过程中受到伤害，受伤害程度与截干强度呈正相关，并且在一年内这种伤害都无法靠植株自身来恢复。

8.4.2.5 不同截干处理对可溶性糖含量的影响

根据图8.41的试验结果，截干程度增强，红花玉兰嫁接苗的可溶性糖含量反而呈现降低的趋向。当截干程度为1/2时，该处理红花玉兰的可溶性糖含量为最低水平，为4.62mg·g^{-1}，是不截干处理平均可溶性糖含量6.21mg·g^{-1}的74.32%，同时通过多重比较，不截干和截干1/4之间差异显著，而截干1/4、1/3、1/2这三个处理互相差异不显著。

8.4.2.6 截干处理对生理的影响小结

截干处理对红花玉兰嫁接苗生理有着显著的影响，具体表现为SOD活性跟着截干程度的增强具有先增强后减弱的趋向，同时红花玉兰嫁接苗的POD活性、可溶性糖、可溶性蛋白的含量这三个生理指标随着截干强度的增强而呈现减少的趋向，MDA含量相反，跟着截干强度的加强而增多。对红花玉兰嫁接苗进行截干处理，本质是去除顶端优势，红花玉兰作为乔木树种，直干性较强，若没有人为手段加以控制，红花玉兰在生长初期特别容易长成细高树形。同样是去除顶端优势，截干程度不同，植株体内激素水平也会有所差异，对红花玉兰嫁接苗的生理产生不同的影响。

SOD、POD、可溶性蛋白、MDA、可溶性糖都是植株抗性相关指标，从这些指标的变化来看，截干过后植株普遍出现抗性下降的情况。事实上修剪本身对植株而言就是一种伤害，特别是从主干位置下手截干，即便截干后有涂抹保护剂和精心养护。在本部分试验中生理指标的测定是在截干一年后进行，植株恢复时间较短，可能经过更长时间恢复后，植株应对不良环境能力能有所恢复，或者通过其他手段和方式增强嫁接苗抗性，如喷施相关药剂等。

综上所述，虽然截干矮化效果非常理想，但是在矮化过程中要注意红花玉兰嫁接苗应对不良环境能力的变化，注意及时开展苗木养护工作。在截干一年后，截干过的植株抗性从数据上来看普遍低于对照，而后续植株生理的恢复需要进一步的观察。

8.4.3 不同截干处理对内源激素的影响结果

不同截干处理对红花玉兰嫁接苗的赤霉素(GA_3)、吲哚乙酸(IAA)、脱落酸(ABA)、玉米素(ZT)这4种内源激素的影响，得到的试验结果见图8.42至图8.45。

8.4.3.1 不同截干处理对 GA_3 含量的影响

根据图8.42所示，截干处理过后的红花玉兰体内 GA_3 含量有较大差异，整体趋势是 GA_3 含量随着截干程度的增强而逐渐减少，当截干1/2时，GA_3 含量最小，为20.81μg·g^{-1}，是不截干处理中 GA_3 含量109.04μg·g^{-1} 的19.08%，同时经过多重比较，不截干和截干1/4之间差异不显著，可能是因为截干1/4截去的植株部分少，自我修复能力强，从而导致差异不显著。除此之外，其与处理两两之间均差异显著。

8.4.3.2 不同截干处理对IAA的影响

根据图8.43所示，不同截干处理对红花玉兰体内IAA含量也有较大影响，与 GA_3 相似，IAA含量随着截干程度的增强而呈现出大幅度减少的趋势，当截干1/2时，IAA含量最少，为2.63μg·g^{-1}，是不截干处理平均IAA含量16.16μg·g^{-1} 的16.25%。同时通过多重比较，这4个处理两两之间互相差异显著。

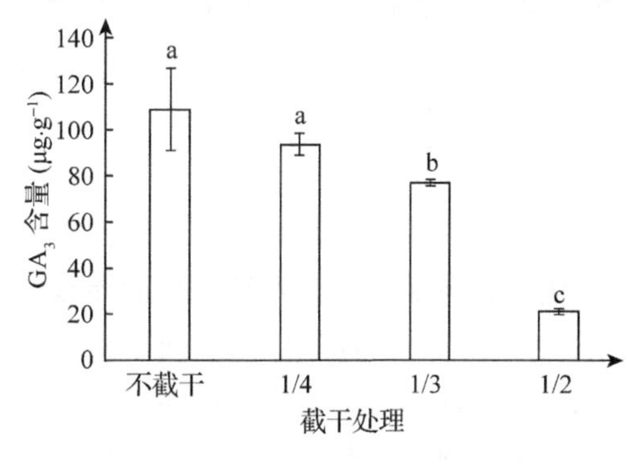

图8.42 不同截干处理对 GA_3 含量的影响

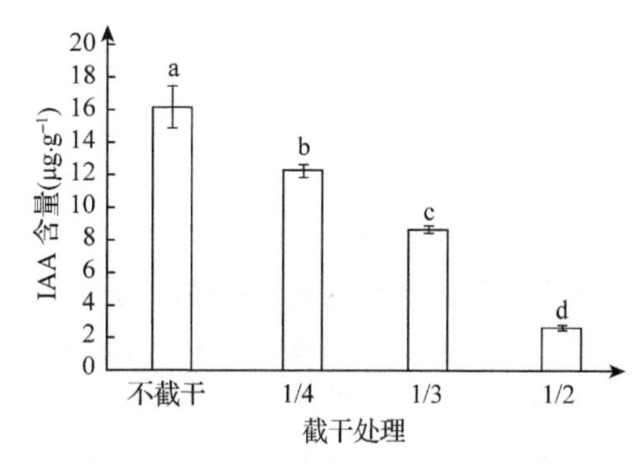

图8.43 不同截干处理对IAA含量的影响

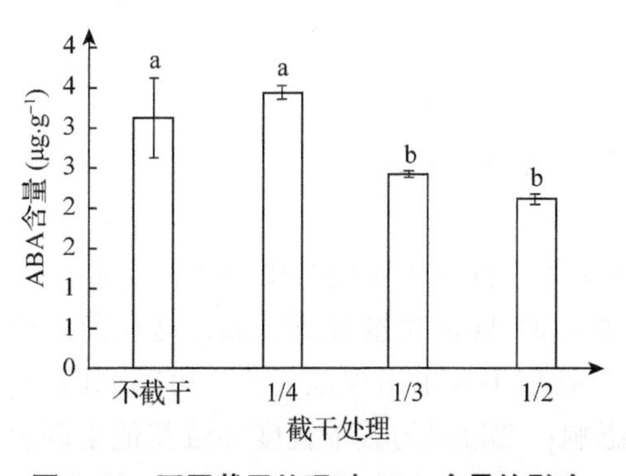

图8.44 不同截干处理对ABA含量的影响

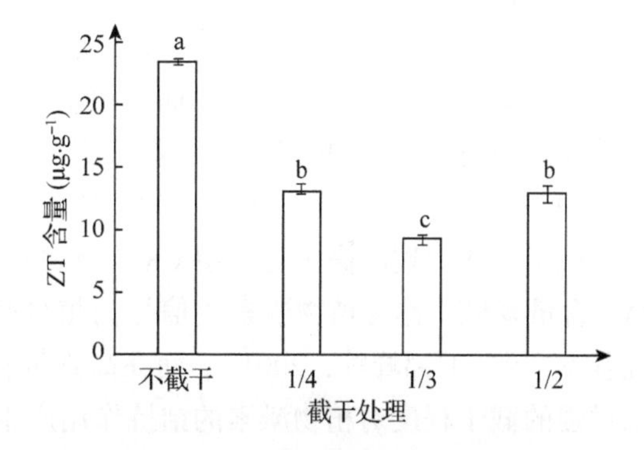

图8.45 不同截干处理对ZT含量的影响

8.4.3.3 不同截干处理对ABA的影响

根据图8.44的试验结果，红花玉兰体内内源激素ABA含量随着截干程度的增强呈现先上升后下降的趋势，当截干1/4时ABA含量最高，为3.44μg·g^{-1}，此时不截干和截干1/4 ABA含量之间差异不显著。当截干1/2时ABA含量最少，为2.10μg·g^{-1}，截干1/2和

截干1/3之间差异不显著，而截干1/2和不截干差异显著。造成上述ABA含量变化的原因之一可能是截干1/4相当于去顶，打破红花玉兰的顶端优势，促进侧芽生长，而截干程度过高对不同的内源激素产生不同的影响，从而使激素水平也有所变化。

8.4.3.4 不同截干处理对ZT的影响

根据图8.45中的试验结果，红花玉兰ZT的含量随着截干程度的增强呈现先下降后上升的趋势，当截干1/3时ZT含量最少，为9.26μg·g^{-1}，是不截干处理平均ZT含量23.46μg·g^{-1}的39.47%，两者之间在0.05水平上差异显著。而截干1/2相比截干1/3 ZT含量有所上升，此时的ZT含量与不截干之间仍然差异显著，造成这样的结果有可能是截干1/2后植株机体内的自我防护措施起效，通过改变激素含量从而使植株更好应对截干造成的伤害。

8.4.3.5 截干处理对内源激素影响小结

截干处理对红花玉兰嫁接苗的内源激素有着显著影响，具体表现为基本上各个截干处理的赤霉素(GA_3)、吲哚乙酸(IAA)、玉米素(ZT)含量降低，脱落酸(ABA)的含量相对不截干的对照组CK而言都有所下降。造成该结果的原因有可能是因为截干去除了红花玉兰嫁接苗的顶芽，阻碍了顶芽合成的内源激素向下运输，而在本次试验中截干一年后各个处理的植株基本上都发生了侧芽代替顶芽的现象，只是出现该现象的时间有所差异，后续生长的侧芽由于截干导致的植株体内内源激素水平变化，其高度也存在差异，从而导致红花玉兰嫁接苗植株的形态改变，表现出植株矮化。虽然截干只从物理手段出发简单粗暴地将红花玉兰嫁接苗主干截断，但是在截断过后由于截干的位置不同，剩余植株体内本身的内源激素就存在差异，再加上失去被截干部分生长点产生的内源激素，从而导致侧芽代替顶芽的时间存在差异，其余侧芽发生成侧枝的概率也存在差异，上部侧芽较下部侧芽先萌发。有相关研究指出在经过打顶过后，烟草腋芽内的GA_3、IAA、ABA含量相比较未打顶前都有所下降(杨洁等，2013)。而内源激素之间存在复杂的相互拮抗作用，并且由于不同植株品种也存在不同的表现和应激变化，根据本次的试验结果，虽然大体上的趋势是GA_3、IAA、ABA、ZT这四种内源激素随着截干程度的增强而含量逐渐减少，但是ABA含量在截干1/4处理时高于对照组CK，原因有可能是在截干1/4的强度并不高，截干导致IAA含量降低，作为植物激素负信号向植株传输从而ABA含量有所增加，这和前人的研究基本一致(韩锦峰等，2001)。而在高强度截干处理中并未出现该现象，可能原因如下：①过强的截干程度对植物激素的拮抗作用产生影响；②过强的截干程度导致其他生理生化变化从而导致激素变化。ZT含量在截干1/2处理突然高于截干1/4，很可能也是同样的原因造成。植物内源激素是一个非常复杂的变化过程，目前从本部分试验能得出的结论是不同截干强度导致红花玉兰嫁接苗的内源激素水平发生改变，从而导致侧芽代替顶芽现象发生时间有所差异，并且该侧芽生长的高度也存在差异。

8.5 植物生长延缓剂与截干结合对红花玉兰的矮化作用

8.5.1 植物生长延缓剂与截干结合对形态的矮化效果

植物生长延缓剂与截干结合影响红花玉兰嫁接苗的形态表现，具体可体现在接穗直径、株高、节数、节间距上，试验结果见图 8.46 至图 8.49。

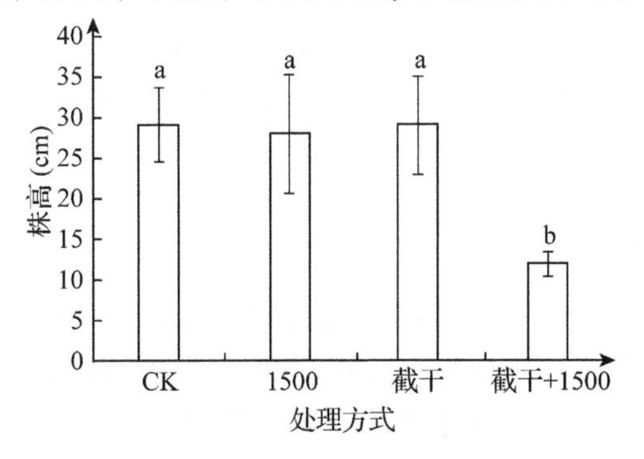

图 8.46　植物生长延缓剂与截干结合对株高的影响

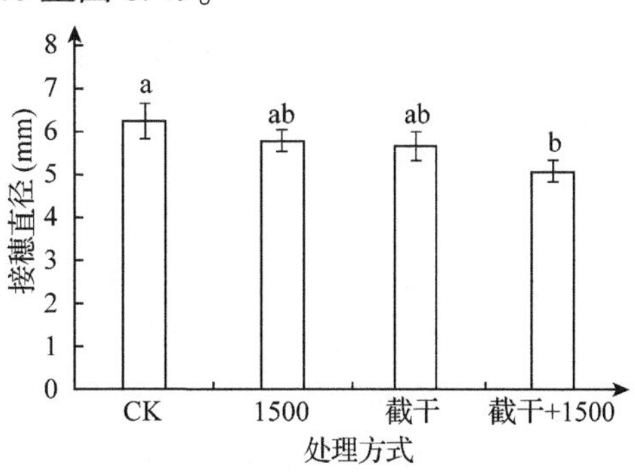

图 8.47　植物生长延缓剂与截干结合对接穗直径的影响

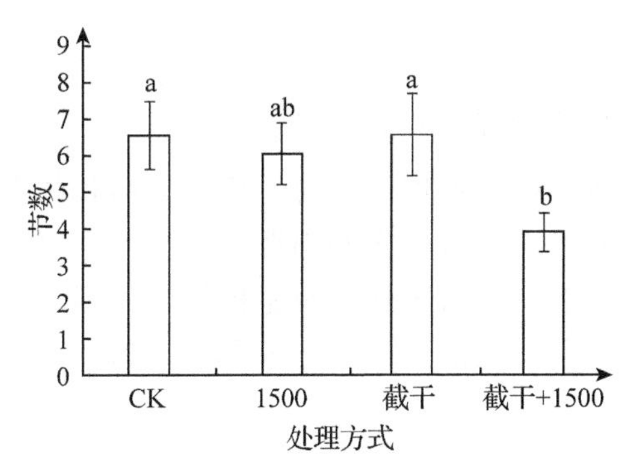

图 8.48　植物生长延缓剂与截干结合对节数的影响

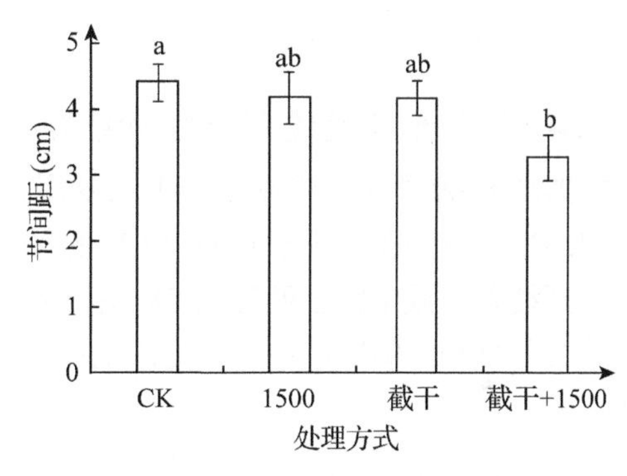

图 8.49　植物生长延缓剂与截干结合对节间距的影响

8.5.1.1 植物生长延缓剂与修剪结合对株高的影响

根据图 8.46 所示，不进行任何处理的对照组 CK 与截干处理的平均株高差异不显著，前者平均株高为 29.31cm，后者平均株高为 29.14cm，截干处理组的平均株高只略小于对照组株高。造成该结果的原因有可能是本次植物生长延缓剂和修剪结合的试验由于场地和苗木的原因，并不是和上一年截干试验一样在湖北省宜昌市五峰土家族自治县进行，而是在北京林业大学鹫峰试验林场温室内进行，温室内环境适宜，水肥管理更加精心，有 55.56% 截干的植株发生侧芽代替顶芽的情况，并且由于温室适宜的环境，侧芽生长较快。而喷施烯效唑 1500mg·g^{-1}5 次处理组的平均株高为 27.98cm，小于 CK，但差异不显著。造成该结果的原因有可能是本次试验所用红花玉兰嫁接苗苗木在 3 月进行换盆，换盆后生长较慢。当喷施植物生长延缓剂与截干相结合时，株高是所有处理中最小的，为 11.95cm，是 CK 平均株高的

40.77%。因此，综上所述，将植物生长延缓剂和截干相结合将实现株高最矮。

8.5.1.2 植物生长延缓剂与修剪结合对接穗直径的影响

根据图8.47的试验结果，喷施植物生长延缓剂处理、截干处理、植物生长延缓剂和截干结合处理的平均接穗直径均低于CK，但前两者与对照组差异不显著，植物生长延缓剂与截干结合处理和CK差异显著。造成该结果的原因可能是喷施植物生长延缓剂和截干均能通过植株体内内源激素的变化使红花玉兰的接穗直径减小，但单方面的刺激不够强烈，使其与CK差异显著，而两者结合导致的接穗直径减少更加明显，从而导致其与CK差异显著。植物生长延缓剂和截干结合处理的平均接穗直径为5.10mm，是CK平均接穗直径6.27mm的81.40%。

8.5.1.3 植物生长延缓剂与修剪结合对节数的影响

根据图8.48所示，截干处理和对照组CK的平均节数相同，造成该结果的原因是部分截干的红花玉兰嫁接苗发生侧芽代替顶芽的现象。喷施植物生长延缓剂处理的平均节数少于对照组CK，但根据多重比较二者在0.05水平上差异不显著。当喷施植物生长延缓剂和截干结合时，节数达到最少，为3.9，是对照组CK平均节数6.6的59.09%，并且和CK差异显著。因此，可以说明植物生长延缓剂和截干结合可以显著减少节数，特别是侧芽代替顶芽后，侧芽的节数。

8.5.1.4 植物生长延缓剂与修剪结合对节间距的影响

根据图8.49所示，喷施植物生长延缓剂处理、截干处理、植物生长延缓剂和截干结合处理的平均节间距均小于对照组CK的平均节间距，但前两者与对照组差异不显著，植物生长延缓剂与截干结合处理和CK差异显著。在这4个处理中，也是植物生长延缓剂和截干结合的处理节间距最小，该处理的平均节间距3.28cm，是对照组平均节间距4.43cm的74.21%。

8.5.1.5 植物生长延缓剂与截干结合对形态的矮化效果小结

植物生长延缓剂与截干结合能有效矮化红花玉兰嫁接苗。具体表现为株高减少至11.95cm，是CK平均株高29.31cm的40.77%，接穗直径减少至5.10cm，是CK平均接穗直径6.27cm的81.40%，节数减少到3.9，是对照组CK平均节数6.6的59.09%，平均节间距减少到3.28cm，是对照组平均节间距4.43cm的74.21%。并且植物生长延缓剂与截干结合处理的形态指标同时低于只喷施植物生长延缓剂处理和只截干处理。而在本部分试验中出现截干处理和对照组CK形态差异不显著的现象，造成该现象的原因有可能是本部分试验由于场地和苗木的限制，并不是和2016年开始进行的截干试验相同在湖北省宜昌五峰土家族自治县进行，而是在北京市海淀区鹫峰试验温室内进行，虽然在进行试验前考虑到两地苗木生长时间点不一致，并特地根据鹫峰温室内试验苗的生长情况调整截干时间点，但温室内水肥管理更加精心，气温、湿度等更适合红花玉兰嫁接苗生长，从而导致截干过后的红花玉兰嫁接苗侧芽代替顶芽的现象发生更早，并且侧芽生长迅速。与此同时，只喷施植物生长延缓剂处理的形态指标均低于对照组 CK，但是差异却不显著。原因有可能是本批试验苗在 2017 年 3 月经历过换盆，虽然有长达三个月的缓苗期，但是本次试验所用的均是 2016 年冬季嫁接的‘娇红 2 号’嫁接苗，可能换盆对接穗的后续生长产生了一定的影响，总体表现为生长速度较湖北省同品种红花玉兰嫁接苗慢，从而导致只喷施植物生长延缓剂处理的株高、节数、节间距和对照组 CK 差异不显著，而接穗直径本身生长较慢，差异不显著是十分正常的现象。

8.5.2 植物生长延缓剂与截干结合对生理的影响结果

植物生长延缓剂与截干结合对红花玉兰嫁接苗的超氧化物歧化酶(SOD)、过氧化物酶(POD)、可溶性蛋白、丙二醛(MDA)、可溶性糖的影响，结果见图 8.50 至图 8.54。

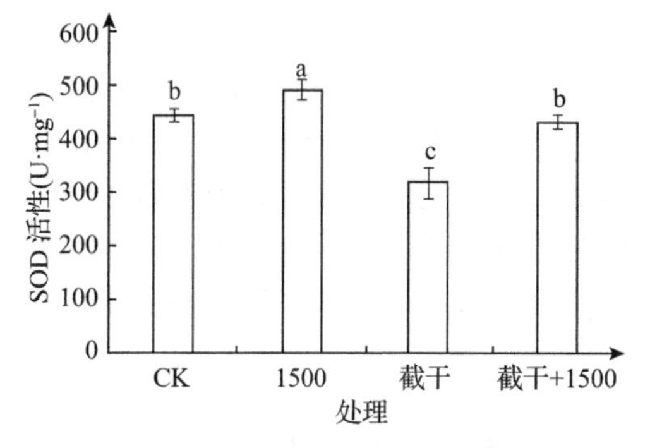

图 8.50 植物生长延缓剂与截干结合对 SOD 活性的影响

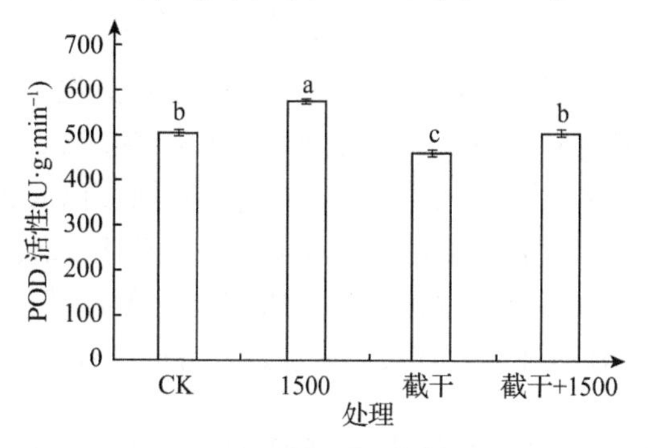

图 8.51 植物生长延缓剂与截干结合对 POD 活性的影响

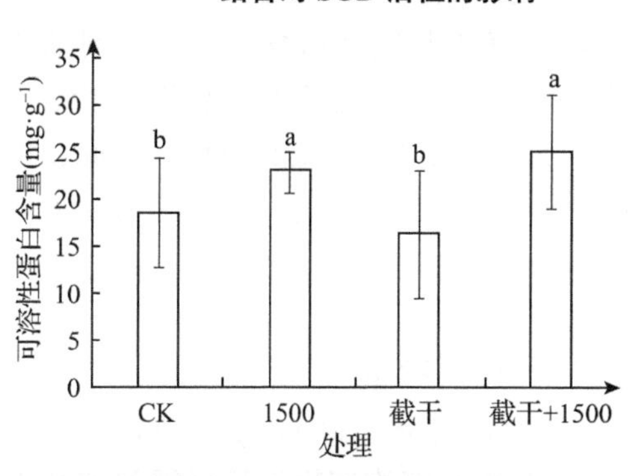

图 8.52 植物生长延缓剂与截干结合对可溶性蛋白的影响

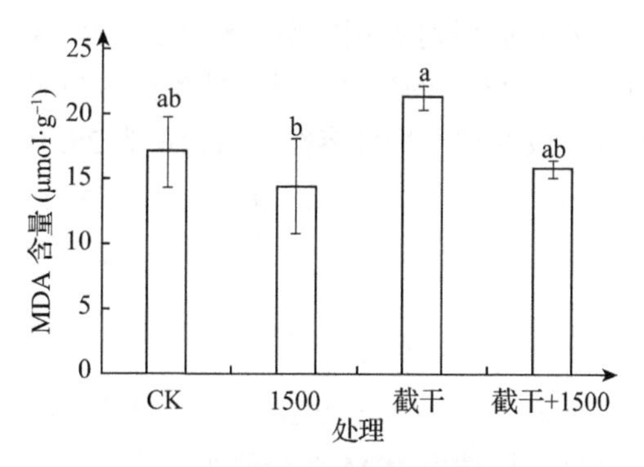

图 8.53 植物生长延缓剂与截干结合对 MDA 含量的影响

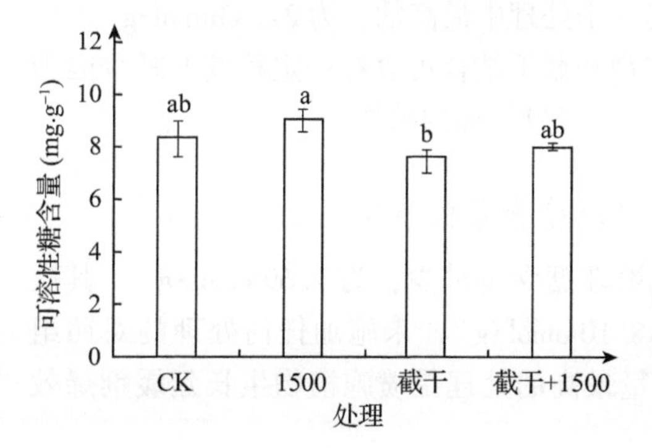

图 8.54 植物生长延缓剂与截干结合对可溶性糖的影响

8.5.2.1 植物生长延缓剂与修剪结合对SOD活性的影响

根据图8.50的试验结果，当施用植物生长延缓剂时红花玉兰体内SOD活性最高，为495.34U·mg^{-1}，是对照组CK 449.32U·mg^{-1} 的110.24%，当截干处理后SOD活性最小，为317.84U·mg^{-1}，是对照组CK的70.74%，而当植物生长延缓剂和截干结合后SOD活性433.33U·mg^{-1} 略低于对照组，在0.05水平上差异不显著。而单纯截干的处理和植物生长延缓剂和截干结合的处理SOD活性差异性显著。因此，根据上述结果可以得出结论，植物生长延缓剂和截干结合可以在一定程度上提高因为截干而降低的SOD活性，使其接近未经过处理的植株。

8.5.2.2 植物生长延缓剂与修剪结合对POD活性的影响

根据图8.51所示，当施用植物生长延缓剂时红花玉兰体内POD活性最高，为570.46U·g^{-1}·min^{-1}，是对照组CK 504.88U·g^{-1}·min^{-1} 的112.99%，当截干处理后POD活性最小，为459.78U·g^{-1}·min^{-1}，是对照组CK的91.07%，而当植物生长延缓剂和截干结合后POD活性503.89U·g^{-1}·min^{-1} 略低于对照组，在0.05水平上差异不显著。因此，根据上述结果可以得出结论，植物生长延缓剂和截干结合可以在一定程度上提高因为截干而降低的POD活性，使其接近未经过处理的植株。

8.5.2.3 植物生长延缓剂与修剪结合对可溶性蛋白含量的影响

根据图8.52的试验结果，截干处理的平均可溶性蛋白含量最少，为16.36mg·g^{-1}，其次是未施加任何处理的对照组CK，为18.63mg·g^{-1}，接着是喷施植物生长延缓剂烯效唑1500mg·g^{-1}5次的处理，可溶性蛋白含量最高的处理是喷施植物生长延缓剂和截干结合的处理，该处理平均可溶性蛋白含量为25.18mg·g^{-1}，是对照组CK的135.20%。因此，根据上述结果可以得出结论，植物生长延缓剂和截干结合可以在一定程度上提高因为截干而减少的可溶性蛋白含量，使其接近未经过处理的植株。

8.5.2.4 植物生长延缓剂与修剪结合对MDA含量的影响

根据图8.53的试验结果，当只喷施植物生长延缓剂烯效唑1500mg·g^{-1}5次时，红花玉兰嫁接苗植株内MDA含量最少，为14.43umol·g^{-1}，其次是喷施植物生长延缓剂和截干结合的处理，为15.92umol·g^{-1}，这2个处理MDA含量相差不大，在0.05水平上差异不显著。接着是对照组CK，截干处理的MDA含量是4个处理中最高的，为21.43umol·g^{-1}。因此，根据上述结果可以得出结论，植物生长延缓剂和截干结合可以在一定程度上减少因为截干而增加的MDA含量，使其在生理上愈加靠近未经过处理的植株。

8.5.2.5 植物生长延缓剂与修剪结合对可溶性糖含量的影响

根据图8.54所示，当只截干处理时平均可溶性糖含量最少，为7.69mmol·g^{-1}，其次是喷施植物生长延缓剂和截干结合的处理，为8.10mmol·g^{-1}，未施加任何处理的对照组CK可溶性糖含量为8.40mmol·g^{-1}，可溶性糖含量最高的处理是喷施植物生长延缓剂烯效唑 1500mg·g^{-1}5 次的处理，该处理平均可溶性蛋白含量为 9.13mmol·g^{-1}。其中喷施植物生长延缓剂和截干结合的处理和对照组 CK 的可溶性糖含量十分接近，并且在 0.05 水平上差异不显著。因此，根据上述结果可以得出以下结论，植物生长延缓剂和截干结合可以在一定程度上增加因为截干而减少的可溶性糖含量，使其在生理上愈加靠近未经过处理的植株。

8.5.2.6 植物生长延缓剂与修剪结合对生理影响小结

植物生长延缓剂与截干结合处理的 SOD 活性、POD 活性、可溶性糖含量、可溶性蛋白含量均高于只截干的处理，MDA 含量低于只截干的处理，同时除了可溶性蛋白含量其余四个生理指标比较接近对照组 CK，与 CK 在 0.05 水平上差异不显著，而可溶性蛋白显著高于对照组 CK。根据植物生长延缓剂矮化试验中的试验结果，植物生长延缓剂能够提高 SOD 活性、POD 活性、可溶性糖含量、可溶性蛋白含量，降低 MDA 含量，即可以在一定程度上提高植株抗性。同时根据截干矮化试验中的试验结果，截干处理降低 SOD 活性、POD 活性、可溶性糖含量、可溶性蛋白含量，提高 MDA 含量，即在一定程度上减弱红花玉兰应对不良环境的能力。在本部分试验中，植物生长延缓剂与截干结合处理的生理指标接近对照组 CK，表明植物生长延缓剂与截干结合可以在一定程度上减弱截干对红花玉兰嫁接苗带来的伤害，恢复生理指标，使截干后的红花玉兰嫁接苗可以适应更多地区的多变气候条件。

8.5.3 植物生长延缓剂与截干结合对内源激素的影响结果

植物生长延缓剂与截干结合对红花玉兰嫁接苗的内源激素有着不同的影响，本部分试验着重探讨了不同浓度的烯效唑对赤霉素(GA_3)、吲哚乙酸(IAA)、脱落酸(ABA)、玉米素(ZT)这 4 种内源激素的影响，得到的试验结果见图 8.55 至图 8.58。

8.5.3.1 植物生长延缓剂与修剪结合对 GA_3 含量的影响

根据图 8.55 所示，对照组 CK 的 GA_3 含量最高，为 247.15μg·g^{-1}，其次是只喷施植物生长延缓剂烯效唑 1500mg·g^{-1}5 次的处理，再次是只截干的处理，喷施植物生长延缓剂和截干结合的处理平均 GA_3 含量最低，为 88.83μg·g^{-1}，是对照组 CK 的 35.94%。造成上述结果的原因可能是：一方面喷施植物生长延缓剂本身是通过使植株体内内源激素水平发生改变，从而使植株矮化；另一方面是截干去掉了红花玉兰的顶端优势，从而导致植株体内内源激素水平的改变。

8.5.3.2 植物生长延缓剂与修剪结合对 IAA 含量的影响

根据图 8.56 所示，对照组 CK 的 IAA 含量最高，为 11.932.63μg·g^{-1}，其次是截干处理，再次是喷施植物生长延缓剂烯效唑 1500mg·g^{-1}5 次的处理，当喷施植物生长延缓剂和截干相结合时 IAA 含量最低，为 8.382.63μg·g^{-1}，是对照组 CK 的 70.24%，同时经过多重比较，4 个处理两两之间在 0.05 水平上差异显著。造成上述结果的原因有可能是植物生长延缓剂和截干对植株内源激素水平的共同作用。

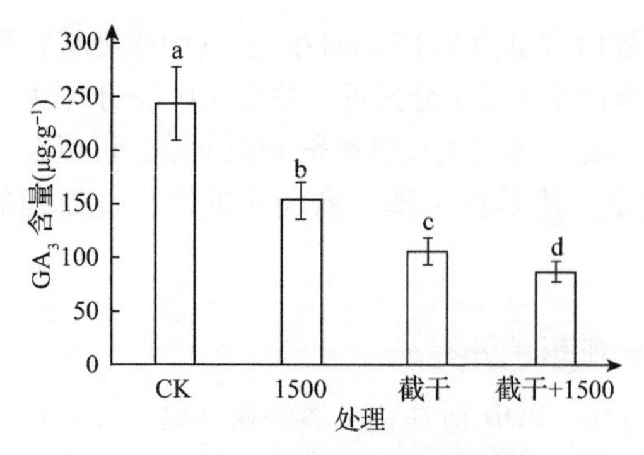

图 8.55 植物生长延缓剂与截干结合对 GA_3 含量的影响

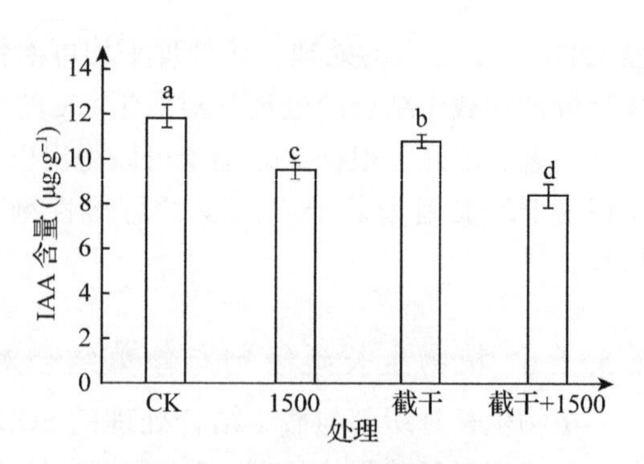

图 8.56 植物生长延缓剂与截干结合对 IAA 含量的影响

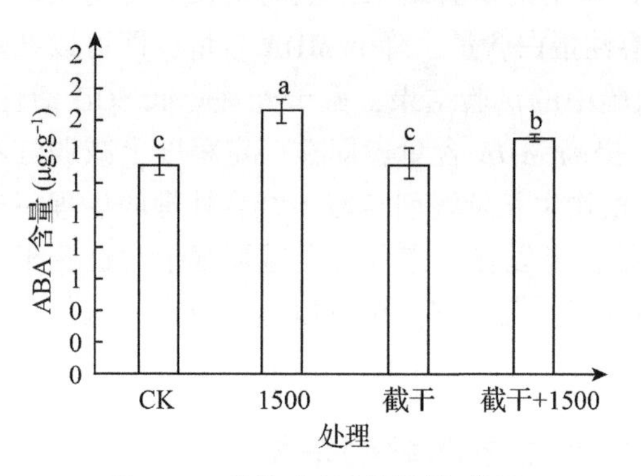

图 8.57 植物生长延缓剂与截干结合对 ABA 含量的影响

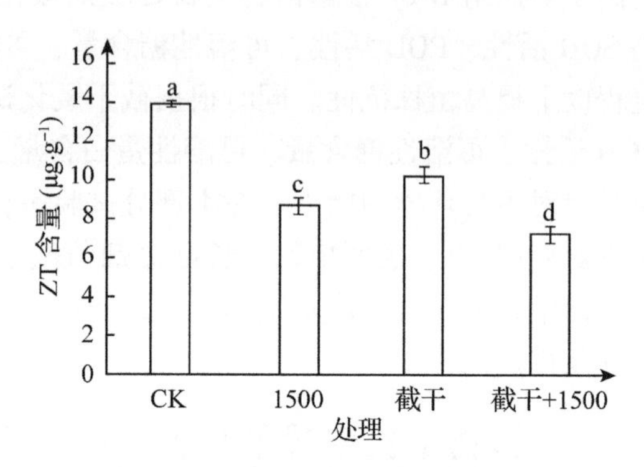

图 8.58 植物生长延缓剂与截干结合对 ZT 含量的影响

8.5.3.3 植物生长延缓剂与修剪结合对 ABA 含量的影响

根据图 8.57 的试验结果，对照组 CK 的 ABA 含量最低，其次是截干处理，再次是喷施植物生长延缓剂和截干结合的处理，为 1.47μg·g^{-1}，是对照组 CK 1.31μg·g^{-1} 的 111.87%，当只喷施植物生长延缓剂时 ABA 含量最高。有研究表明 ABA 能抑制细胞伸长（Gubler F，Kalla R et al.，1995），本次试验中喷施延缓剂与截干结合的处理 ABA 含量低于只喷施延缓剂的处理，原因可能是截干导致的，截干截去一部分生长点对内源激素的合成造成一定影响。

8.5.3.4 植物生长延缓剂与修剪结合对 ZT 含量的影响

根据图 8.58 的试验结果，对照组 CK 的 ZT 含量最高，其次是截干处理，再次是只喷施植物生长延缓剂的处理，喷施植物生长延缓剂和截干结合的处理 ZT 含量最低，为 7.21μg·g^{-1}，是对照组的 51.87%。

8.5.3.5 植物生长延缓剂与修剪结合对内源激素影响小结

植物生长延缓剂与截干结合对红花玉兰内源激素有较大影响，具体表现为 GA_3、IAA、

ZT含量较对照组CK减少，ABA含量较对照组CK增多，造成该结果的原因是植物生长延缓剂和截干二者的相互作用。根据植物生长延缓剂矮化试验的试验结果，植物生长延缓剂能够使植株叶片内GA_3、IAA、ZT含量降低，ABA的含量增多。根据截干矮化试验的试验结果，截干将会降低GA_3、IAA、ABA、ZT含量。但是两个处理共同施加植株，造成的内源激素变化却非简单的相加或相减，而是植株内里复杂的变化过程。一方面通过只喷施植物生长延缓剂的处理来看，本部分试验结果与8.2.3一致；另一方面通过只截干的处理来看，本部分试验结果与8.3.3一致。而二者结合的处理，特别是截干处理后新代替顶芽的侧芽，相比较只截干不喷施植物生长延缓剂的处理，明显表现出生长缓慢节间距变短，说明植物生长延缓剂对植株的幼嫩部位作用较大。同时在本部分试验中，并不是所有截干的植株都出现侧芽代替顶芽的现象，该现象的发生率约55.56%，所以在本部分植物生长延缓剂与截干结合的试验中内源激素的含量出现上述的变化。

8.6 植物生长抑制剂对红花玉兰的矮化作用

8.6.1 整形素大田试验研究

8.6.1.1 不同浓度的整形素对大田苗形态的影响

(1)不同浓度的整形素对大田苗株高的影响

从表8.18中对照来看，红花玉兰嫁接苗在6、7月的平均高生长速率比8、9月大：第一年6月2日至8月2日的高增量ΔH_1达81.0cm，是同年8月2日至10月2日的高增量ΔH_2的2.9倍；第2年结果类似。并且，第二年6月2日至8月2日的高增量ΔH_4仅为第1年相同时期(ΔH_1)的1/10左右，表明红花玉兰嫁接后第一生长季直干性生长极其旺盛，期间高生长幅度远大于第二生长季，且同一年内6、7月的高生长总幅度明显大于8、9月。因此，嫁接后第一年的6、7月是控制红花玉兰嫁接苗株高的关键期，而6月初喷施整形素能够有效控制接穗高生长，从而导致喷药苗木株高降低。

整形素施用初期对苗木高生长有显著的抑制作用，喷施50、100、200$mg\cdot L^{-1}$整形素苗木ΔH_1均显著小于对照($p<0.05$)，但ΔH_2与对照无异($P>0.05$)；而最高浓度300$mg\cdot L^{-1}$处理下，高生长抑制作用最强，ΔH_2仍显著小于对照($p<0.05$)。值得注意的是，

表8.18 不同浓度的整形素对大田苗高生长的影响

整形素浓度($mg\cdot L^{-1}$)	ΔH_1(cm)	ΔH_2(cm)	ΔH_3(cm)	ΔH_4(cm)	ΔH_5(cm)
0(对照)	(81.0±12.3)a	(28.4±6.5)a	(38.3±6.7)a	(8.6±3.1)a	(1.6±0.2)a
50	(18.3±2.4)b	(26.8±10.7)a	(37.0±10.8)a	(6.5±5.3)a	(1.3±0.5)a
100	(24.9±1.0)b	(27.7±14.4)a	(33.2±5.6)a	(7.0±7.4)a	(1.3±0.1)a
200	(2.4±5.2)c	(13.0±8.1)ab	(30.0±6.7)a	(8.3±4.7)a	(1.5±0.3)a
300	(−1.7±2.9)c	(2.2±1.2)b	(34.4±6.2)a	(10.2±4.3)a	(1.1±0.3)a

注：表中数据为平均值±标准差；ΔH_1～ΔH_5依次为相邻两次形态调查时间点之间的苗木高生长量，各生长量间隔时间同表3.2；同列不同小写字母表示处理组间存在显著差异($p<0.05$)。

300mg·L^{-1} 处理下 ΔH_1 为负值，这是因为整形素浓度过高，苗木短期内发生较强药害，导致顶梢干枯、株高缩小。随着时间的推移，整形素的药效降低，各质量浓度下苗木的高增量 ΔH_3、ΔH_4、ΔH_5 与对照差异均不显著($P>0.05$)，说明第一生长季初施用的整形素，仅抑制'娇红2号'第一生长季内的高生长，而对第二生长季的高生长无显著影响，其中 300mg·L^{-1} 对高生长的抑制效果长达4个月，200mg·L^{-1} 的高生长抑制时长2~4个月，可以覆盖第一年的高生长旺盛期，但无法抑制第二年的高生长，因此第二年需对施过整形素的苗木追加矮化措施。

不同浓度的整形素处理下，苗木株高在第一年末均极显著小于对照($p<0.01$，图8.59A)，到第二年苗木高生长逐渐恢复，但相比对照株高仍然显著降低($p<0.05$，图8.59B)，表明整形素喷施可以有效控制苗木株高、实现矮化。低浓度50、100mg·L^{-1} 处理下，苗木第一年末株高为对照的62.2%、71.7%，第二年末株高为对照的70.1%、70.6%。高浓度200、300mg·L^{-1} 处理下，苗木高生长受到强烈抑制，株高在第一年末分别为58.8cm和54.3cm，仅为对照的39.1%和36.1%，显著低于对照及各低浓度处理组($p<0.05$)，到第二年末与低浓度处理组间差异消失，但仍显著小于对照($p<0.05$)，仅为对照株高的51.2%(105.1cm)和51.9%(103.8cm)。从株高的降低程度来看，200mg·L^{-1} 和 300mg·L^{-1} 整形素的矮化效果较好。

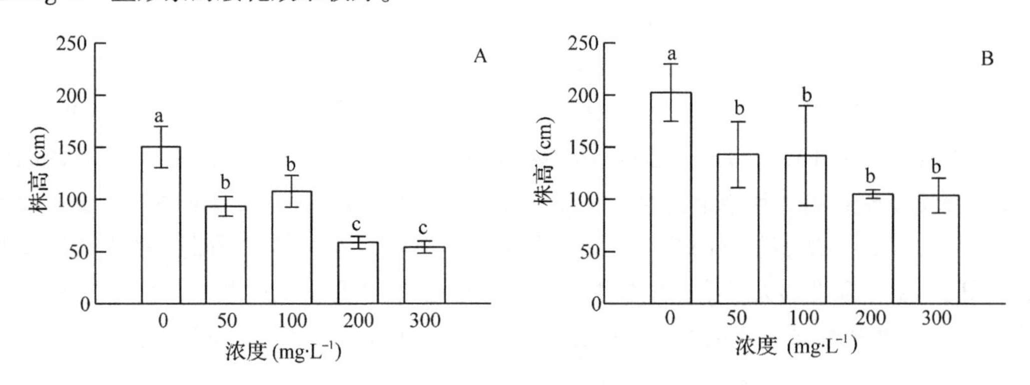

图8.59 不同浓度整形素对大田苗株高的影响

(注：图8.59-A 来自第一年末数据，图8.59-B 来自第二年末数据。)

(2)不同浓度的整形素对大田苗节间距的影响

苗木节间伸长生长受到整形素的制约，不同浓度处理下苗木节间距均显著缩短($p<0.01$，图8.60)。对照节间距平均值为9.15cm，而最低浓度 50mg·L^{-1} 处理下节间距(6.12cm)仅为对照的66.9%。随着整形素浓度的升高，苗木节间距逐渐变大，100、200、300mg·L^{-1} 处理节间距分别为6.51cm、6.55cm、7.19cm，这是由于整形素浓度越高、对苗木顶芽生长的抑制作用越明显，顶芽脱落率升高(图8.61)，从而使节间距趋近于对照。可见，较低浓度整形素通过控制顶梢生长类激素向下运输来抑制节间伸长，从而缩小了苗木的高生长量，而高浓度整形素则主要通过顶芽脱落彻底打破顶端优势、进而抑制苗木的高生长。

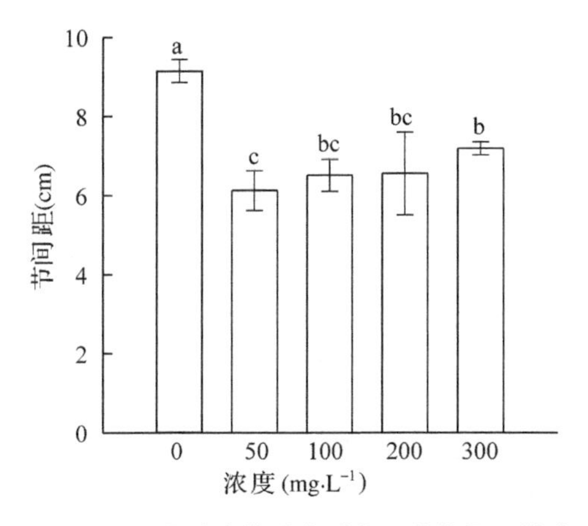

图8.60　不同浓度整形素对大田苗节间距影响

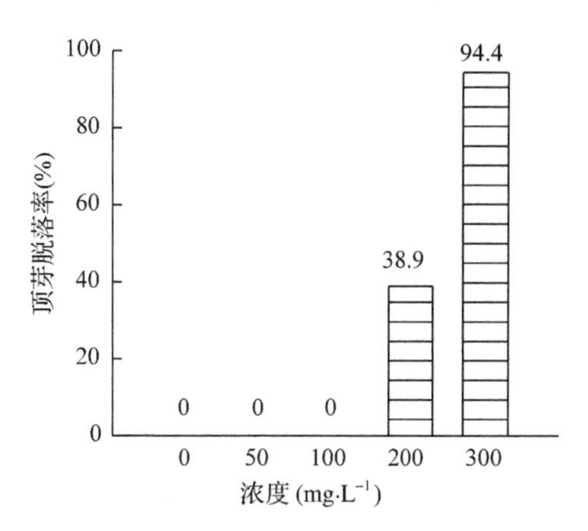

图8.61　不同浓度整形素对大田苗顶芽影响

(3)不同浓度整形素对大田苗茎粗的影响

从表8.19中对照来看，红花玉兰嫁接苗在6、7月的平均粗生长速率比8、9月大：第一年6月2日至8月2日的粗生长量(ΔD_1)是同年8月2日至10月2日(ΔD_2)的2.2倍；第二年结果类似。且第2年苗木粗生长量仅为第一年相同时期的1/2左右。可见红花玉兰嫁接后第一年的6、7月是粗生长的旺盛期，而整形素在6月初喷施将抑制接穗的旺盛粗生长，从而导致喷药苗木茎粗缩小。

整形素施用初期对苗木的粗生长有明显的抑制作用，表现为喷药后两个月内粗增量ΔD_1显著小于对照($P<0.05$)，为对照的57.7%~73.6%。随着时间推移，苗木粗生长对整形素的响应变弱，而喷施不同浓度整形素的苗木粗生长量ΔD_2、ΔD_3、ΔD_4、ΔD_5虽数值上比对照小，但差异未达显著水平($P>0.05$)。由此可见，50~300mg·L^{-1}整形素对苗木粗生长具有明显抑制效应的时段为喷药后两个月内。

表8.19　不同浓度整形素对大田苗粗生长的影响

整形素浓度(mg·L^{-1})	ΔD_1(mm)	ΔD_2(mm)	ΔD_3(mm)	ΔD_4(mm)	ΔD_5(mm)
0(对照)	(5.60±0.76)a	(2.59±1.22)a	(2.74±0.63)a	(2.96±0.61)a	(1.14±0.24)a
50	(4.12±0.96)b	(1.05±0.45)a	(2.30±0.56)a	(2.40±0.55)a	(1.00±0.64)a
100	(3.56±0.14)bc	(1.58±0.66)a	(1.98±0.13)a	(2.05±0.48)a	(0.81±0.41)a
200	(3.23±0.59)c	(0.81±0.23)a	(2.11±0.26)a	(2.23±0.79)a	(0.55±0.18)a
300	(3.92±0.37)bc	(0.49±0.30)a	(1.80±0.29)a	(2.33±0.26)a	(0.54±0.15)a

注：表中数据为平均值±标准差；ΔD_1~ΔD_5依次为相邻两次形态调查时间点之间的苗木粗生长量，其中ΔD_1为2016年6月2日到8月2日，ΔD_2为2016年8月2日到10月2日，ΔD_3为2016年10月2日到2017年6月2日，ΔD_4为2017年6月2日到8月2日，ΔD_5为2017年8月2日到10月2日；同列的不同小写字母间表示差异显著($P<0.05$)。

虽然苗木粗生长量仅在喷药后2个月内明显小于对照(表8.19)，但从图8.62可以看出，不同浓度整形素的苗木茎粗在嫁接后第一年末、第二年末明显小于对照($P<0.01$)。与对照相比，喷药苗木的第一年末茎粗减小了20.9%~30.1%，200mg·L^{-1}处理下茎粗最小，为10.97mm。到第二年末喷药苗木的茎粗相比对照(22.8mm)仍明显缩小($P<0.01$)，

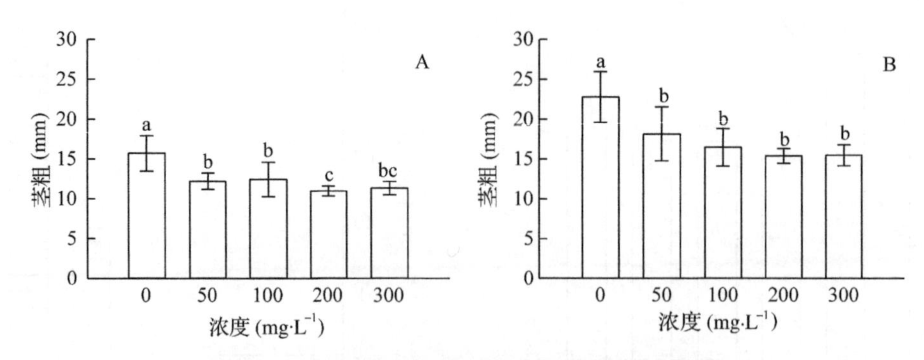

图 8.62　不同浓度的整形素对大田苗茎粗的影响

（注：图 8.62A 表示第一年末数据，图 8.62B 表示第二年末数据。）

降幅为 20.4%~32.5%，但不同喷药组间差异消失（$P>0.05$），表明喷施整形素初期对苗木茎粗造成的细化效果将持续到第二年末。

（4）不同浓度整形素对大田苗高茎比的影响

苗木高茎比反映了主干的矮壮程度，高茎比越大，苗木越倾向于“细高”，不利于矮化栽培。从图 8.63 可以看出，$50mg\cdot L^{-1}$ 和 $100mg\cdot L^{-1}$ 处理苗木第二年末高茎比分别为 7.9 和 8.6，与对照高茎比（9.2）的差别并不明显（$P>0.05$）。而 200、$300mg\cdot L^{-1}$ 整形素作用下，苗木高茎比相比对照显著减小（$P<0.05$），均降为对照的 70.7%，意味着其苗木主干的矮壮程度增加，更有利于稳定枝干结构和提供营养。因此，从高茎比来看，$200mg\cdot L^{-1}$ 和 $300mg\cdot L^{-1}$ 整形素对红花玉兰嫁接苗的矮化效果较好。

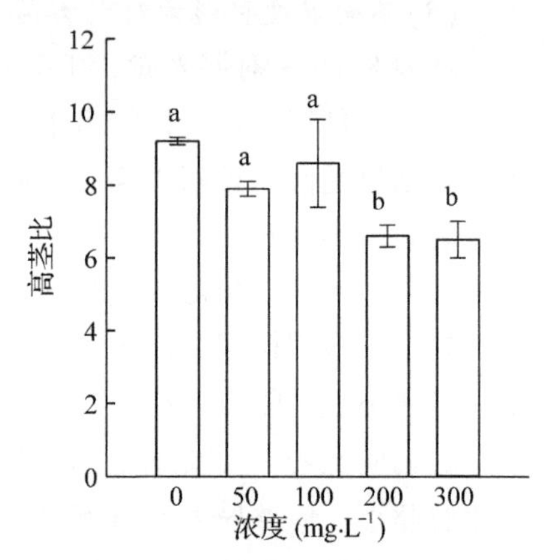

图 8.63　不同浓度整形素对大田苗高茎比影响

（5）不同浓度整形素对大田苗侧枝的影响

侧枝数量多、密生性强是矮化冠型的重要方面。由表 8.20 可知，整形素喷施第一年对苗木的促侧枝效应不明显，第一年末苗木的一级枝数与对照差异均不显著（$P>0.05$），这主要是由于红花玉兰在嫁接后第一年主要进行主干的高生长和粗生长，极少能抽发侧枝。嫁接后第二年是一级枝的大量生长期，期间对照抽生一级枝 13.8 个，而高浓度 $200mg\cdot L^{-1}$ 和 $300mg\cdot L^{-1}$ 处理的苗木一级枝数相较对照明显减少（$P<0.05$），仅为对照的 57.2%（7.9 个）和 32.6%（4.5 个），这主要是由于喷药苗木第一年主干的高生长量显著小于对照（$P<0.05$，表 8.18），饱满侧芽相对较少，进而导致第二年侧枝数减少。此外，第二年末 $300mg\cdot L^{-1}$ 处理的苗木的一级枝数最少，而二级枝数最多，这可能是因为高浓度下苗木主干矮小，饱满侧芽少，抽发的一级枝数少而健壮，能够供应更多二级枝生长，而对照的一级枝数多而细弱，极少抽出二级枝。

侧枝数密度表示苗木平均每 10cm 株高上的侧枝数量，而枝长密度表示苗木平均每 10cm 株高上的侧枝总长度，二者反映了苗木在同等株高条件下的枝量丰富程度。图 8.64 和图 8.65 展示了第二年末苗木侧枝的生长情况。从中可以看出，50、100、$200mg\cdot L^{-1}$ 处理下的一级侧枝密度、二级侧枝密度、枝长密度均与对照差异不显著（$P>0.05$）。但从数值上来看，50、100、200mg·L^{-1} 处理的一级枝数密度相比对照分别提高了 27.4%、16.4% 和 15.4%，二级枝数密度分别降低了 25.0%、62.5% 和 12.5%。而 300mg·L^{-1} 整形素处理下，苗木的一级枝数密度显著降低为对照的 72.1%、二级枝数密度显著升高为对照的 4.3 倍。综上所述，一级枝和二级枝在一定株高上呈现出“此消彼长”趋势，较低浓度 50、100、200mg·L^{-1} 整形素倾向于促一级枝，而较高浓度 300mg·L^{-1} 整形素倾向于促二级枝。基于树体内膛饱满的矮化要求考虑，应当选择一级枝更丰富的 50、100、200mg·L^{-1} 整形素。

表 8.20 不同浓度整形素对大田苗侧枝数的影响

整形素浓度(mg·L^{-1})	一级枝数 1	一级枝数 2	二级枝数 2
0	(0.7±0.6)a	(13.8±2.2)a	(0.5±0.7)a
50	(0.8±0.5)a	(11.6±1.9)a	(0.4±0.5)a
100	(0.4±0.2)a	(10.6±1.6)ab	(0.1±0.2)a
200	(1.2±0.8)a	(7.9±1.4)b	(0.2±0.3)a
300	(0.9±0.3)a	(4.5±1.2)c	(1.2±0.8)a

注 a：一级枝数 1 为第一年末所测，一级枝数 2 和二级枝数 2 为第二年末所测。

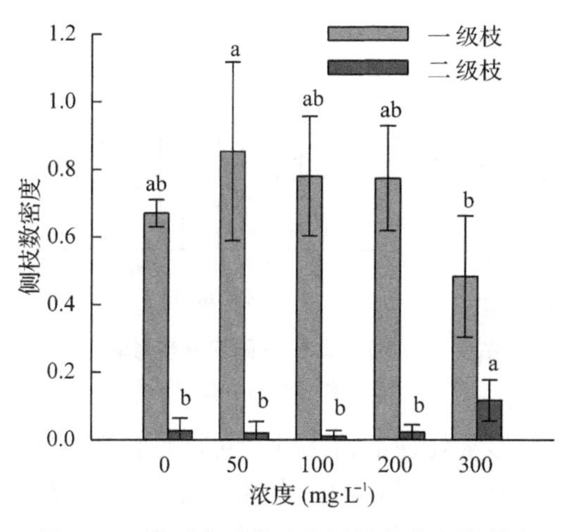

图 8.64 整形素对大田苗侧枝数密度的影响

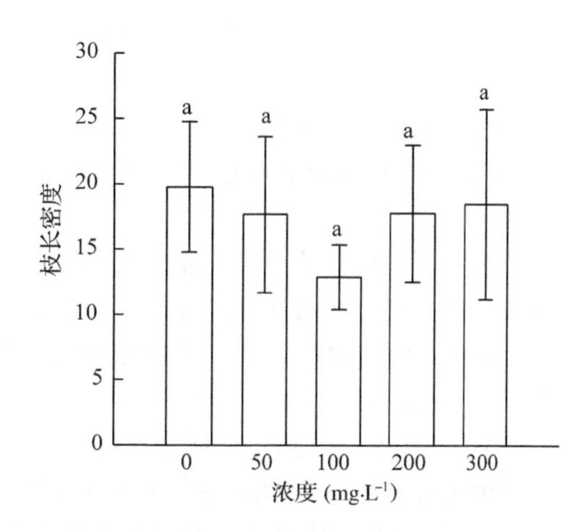

图 8.65 整形素对大田苗枝长密度的影响

8.6.1.2 不同浓度的整形素对大田苗抗性生理的影响

(1) 不同浓度的整形素对大田苗保护酶活性的影响

轻度胁迫下，植株可通过强化 SOD 和 POD 活性保护植物的膜系统结构，但胁迫过度时，保护酶的调节功能反而出现弱化、活性降低(殷东生、魏晓慧，2018)。两个月后，苗木叶片 SOD 活性与对照(367.5U·mg^{-1})差异均不显著($P>0.05$，图 8.66A)，但 POD 活性显著提高($P<0.05$，图 8.66B)，分别达到对照(1175.8U·g^{-1}·min^{-1})的 2.3 倍(2751.7U·g^{-1}·min^{-1})、1.8 倍(2061.9U·g^{-1}·min^{-1})、2.4 倍(2780.8U·g^{-1}·min^{-1})和 2.5 倍(2923.5U·g^{-1}·min^{-1})。表明喷施整形素对苗木形成了轻度生长胁迫，苗木通过升高 POD 活性来增强自身抗性、应对胁迫。

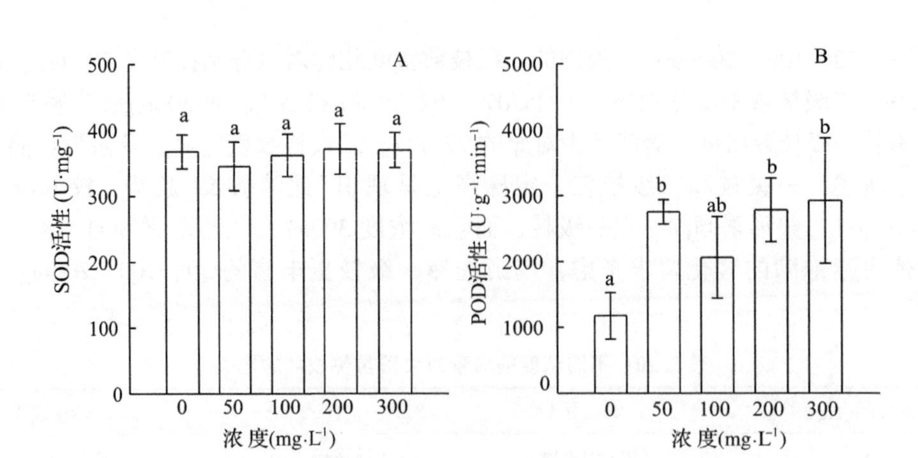

图 8.66 不同浓度整形素对大田苗保护酶活性的影响

(2)不同浓度的整形素对大田苗 MDA 含量的影响

叶片中 MDA 含量反映了叶片的膜脂过氧化程度，含量越高，叶片受损越严重。如图 8.67 所示，不同浓度的整形素处理间苗木叶片 MDA 含量差异不显著($P>0.05$)，表明两个月后苗木叶片膜系统健康，可保证正常代谢活动，50~300mg·L^{-1} 整形素的药效在红花玉兰苗木的胁迫耐受范围内。

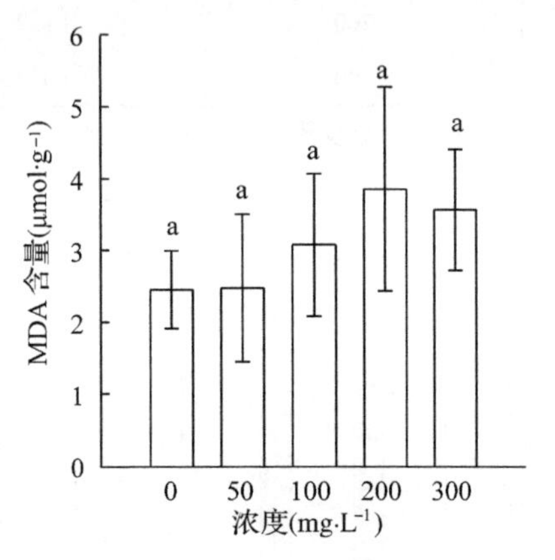

图 8.67 不同浓度整形素对大田苗 MDA 含量的影响

(3)不同浓度的整形素对大田苗渗透调节物质含量的影响

植物可通过调节可溶性糖含量和可溶性蛋白含量来维持渗透平衡，从而维持正常代谢、抵御外界伤害。如图 8.68A 所示，两个月后，不同浓度的整形素处理下苗木可溶性糖含量与对照(3.81%)差异均不显著($P>0.05$)。如图 8.68B 所示，两个月后，不同浓度的整形素处理下苗木叶片可溶性蛋白含量在数值上较对照(13.07mg·g^{-1})均有升高趋势，增幅 20.1%~45.4%，但未达显著水平($P>0.05$)，推测两个月后整形素在苗木体内代谢完全、对植株生理不构成危害。由此可知，50~300mg·L^{-1} 整形素在红花玉兰苗木体内代谢周期约两个月。

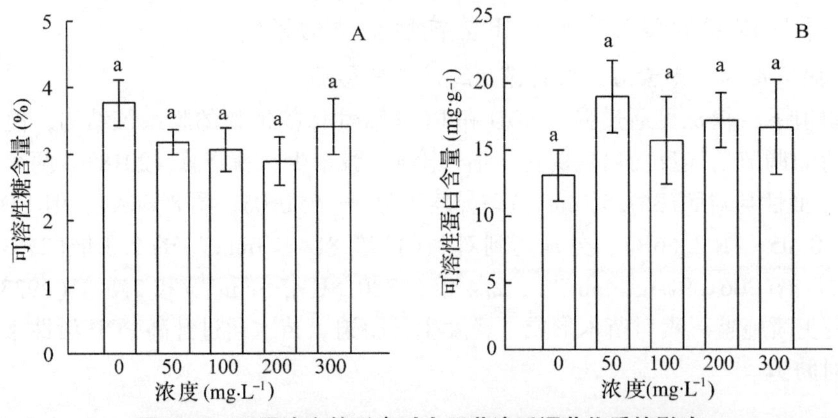

图 8.68 不同浓度整形素对大田苗渗透调节物质的影响

8.6.1.3 不同浓度整形素对大田苗内源激素的影响

(1)不同浓度整形素对大田苗 GA_3 含量的影响

如图8.69A所示，两个月后，50、100、200、300mg·L^{-1} 整形素处理组叶片 GA_3 含量(100.29、152.43、148.06、95.27μg·g^{-1})与对照(108.68μg·g^{-1})差异均不显著($P>0.05$)，可能原因是此时整形素在苗木体内代谢基本代谢完全，不再通过影响 GA_3 含量来抑制苗木生长，还可能因为 GA_3 在植物体内并非单独起作用，故而无法单从 GA_3 含量看出喷药苗木与对照的差异。

(2)不同浓度整形素对大田苗IAA含量的影响

如图8.69B所示，随着整形素浓度的升高，苗木叶片IAA含量呈现先上升后下降的趋势，其中50、100、200mg·L^{-1} 整形素显著提高叶片IAA含量($P<0.05$)，分别为对照(6.47μg·g^{-1})的2.2倍(14.55μg·g^{-1})、2.7倍(17.54μg·g^{-1})和2.4倍(15.36μg·g^{-1})，而最高浓度300mg·L^{-1} 苗木叶片IAA含量(8.01μg·g^{-1})虽达对照的1.2倍，但与对照差异不显著($P>0.05$)。

(3)不同浓度整形素对大田苗ZT含量的影响

如图8.69C所示，苗木叶片的ZT含量在不同浓度处理组间差异显著($P<0.05$)，其中50、100、200mg·L^{-1} 整形素处理组ZT含量(2.97、3.67、2.07μg·g^{-1})与对照(3.28μg·

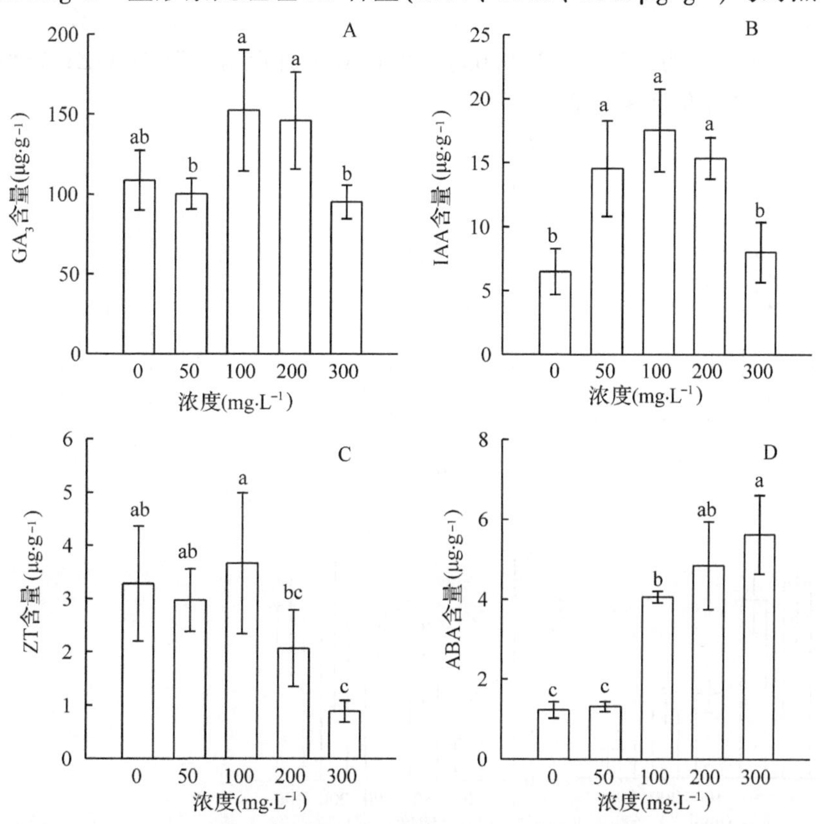

图8.69 整形素对大田苗内源激素含量的影响

g^{-1})无异，而最高浓度300mg·L^{-1}整形素处理组(0.89μg·g^{-1})却显著降低，仅为对照的27.0%，表明最高浓度300mg·L^{-1}整形素对苗木生长的抑制效果最为明显。

(4)不同浓度整形素对大田苗ABA含量的影响

如图8.69D所示，随着整形素浓度的升高，苗木叶片ABA含量逐渐升高。最低浓度50mg·L^{-1}处理的叶片ABA含量(1.32μg·g^{-1})相比对照(1.23μg·g^{-1})提高了7.3%，但与对照差异不显著($P>0.05$)。100、200、300mg·L^{-1}整形素处理组ABA含量均与对照表现出明显的差异，分别达到了对照的3.3倍(4.06μg·g^{-1})、3.9倍(4.85μg·g^{-1})和4.6倍(5.62μg·g^{-1})。整形素喷施对叶片ABA含量的提高效应表明，整形素对苗木生长的抑制作用很可能主要通过增加ABA的合成来完成的。

(5)不同浓度整形素对大田苗内源激素含量比值的影响

图8.70A至图8.70E分别反映了不同浓度的整形素对大田苗GA_3/ABA、IAA/ABA、ZT/ABA、(GA_3+IAA+ZT)/ABA和IAA/ZT的影响。试验开始两个月后，仅最高浓度300mg·L^{-1}处理下红花玉兰叶片IAA/ABA相比对照出现明显下降($P<0.05$)，但红花玉兰叶片GA_3/ABA、ZT/ABA和(GA_3+IAA+ZT)/ABA在不同整形素处理中都表现出明显的降低趋势，且随着喷药浓度的增加而降幅增大，GA_3/ABA分别降至对照的84.5%、41.2%、34.1%和19.2%，ZT/ABA分别降至对照的85.7%、34.1%、17.3%和6.0%，(GA_3+IAA+ZT)/ABA分别降至对照的91.0%、43.0%、35.0%、19.2%。此外，各喷药组的叶片IAA/ZT虽与对照差异均不显著($P>0.05$)，但仍有上升趋势，其IAA/ZT分别为对照的2.1倍、2.1倍、3.4倍和3.8倍。

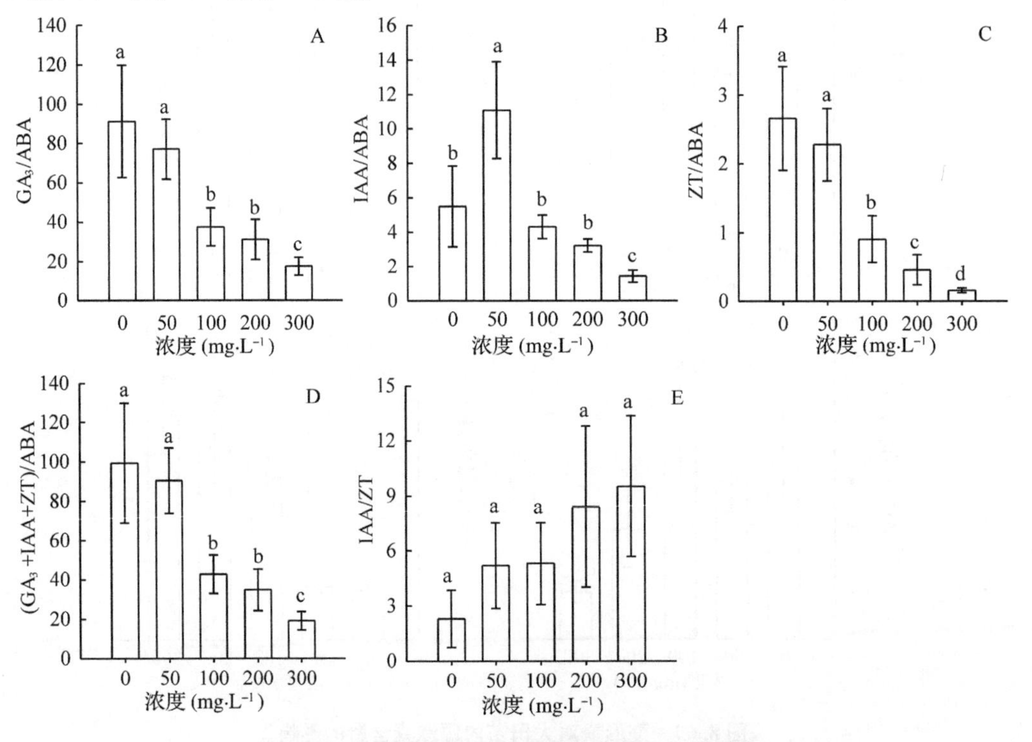

图8.70 整形素对苗木内源激素含量比值的影响

8.6.2 整形素温室盆栽试验研究

8.6.2.1 不同浓度整形素对盆栽苗形态的影响

(1)不同浓度整形素对盆栽苗株高的影响

如图8.71所示，第二生长季末，25、50、75、100mg·L^{-1}整形素处理下苗木株高均显著低于对照(55.5cm，$P<0.01$)，分别为45.0、45.0、42.2、42.9cm，分别是对照的81.1%、81.1%、76.1%、77.3%，且这四个浓度处理组之间差异不明显($P>0.05$)。这说明温室盆栽条件下，25~100mg·L^{-1}整形素喷施均能诱导红花玉兰嫁接苗矮化，而从株高降幅来看，75mg·L^{-1}是最佳的整形素施用浓度，其次可选100mg·L^{-1}。

(2)不同浓度整形素对盆栽苗茎粗的影响

如图8.72所示，第二生长季末，不同浓度的整形素对苗木茎粗影响不显著($P>0.05$)，0、25、50、75、100mg·L^{-1}整形素喷施处理下苗木茎粗分别为7.54mm、7.48mm、7.51mm、7.74mm、7.35mm，说明温室盆栽条件下，整形素喷施对红花玉兰盆栽嫁接苗的粗生长无制约效果。

(3)不同浓度整形素对盆栽苗高茎比的影响

如图8.73所示，第二生长季末，25、50、75、100mg·L^{-1}整形素处理下苗木高茎比均显著低于对照(6.9，$P<0.05$)，数值为6.1、6.2、5.9、5.8，分别是对照的87.7%、90.2%、85.1%、83.3%，且这四个浓度处理组间株高差异不显著。故温室盆栽条件下，25~100mg·L^{-1}整形素喷施均能诱导红花玉兰嫁接苗的主干趋于矮壮，而从高茎比降幅来看，75mg·L^{-1}和100mg·L^{-1}是比较合适的整形素施用浓度。

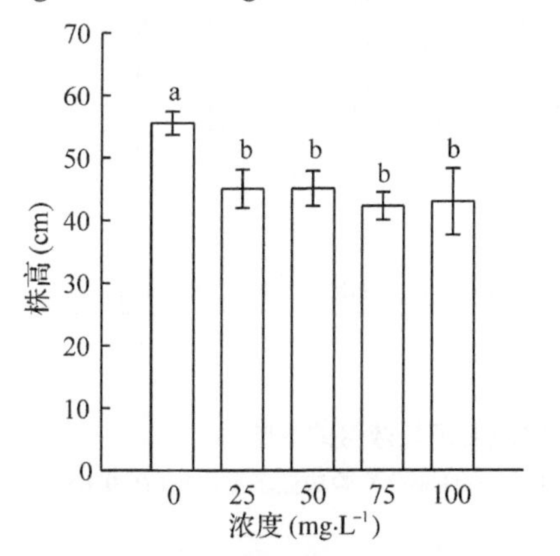

图8.71 不同浓度的整形素对盆栽苗株高的影响

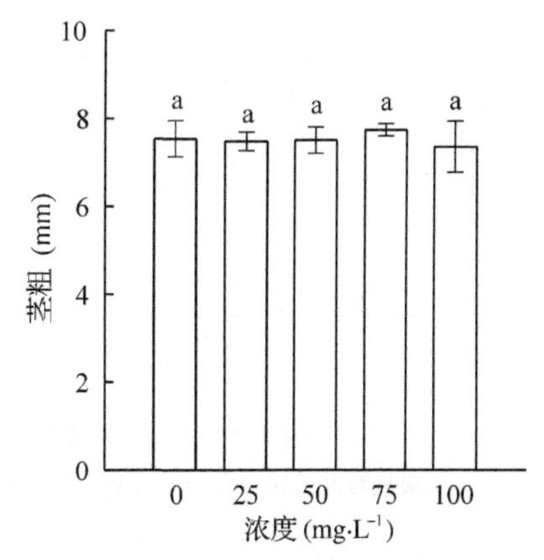

图8.72 不同浓度的整形素对盆栽苗茎粗的影响

(4)不同浓度整形素对盆栽苗侧枝的影响

图8.74和图8.75分别反映了不同浓度的整形素对盆栽苗的枝长密度和侧枝数量情况的影响。第二生长季末，整形素喷施下盆栽苗一级枝数3.6~4.3个，与对照(4.1个)差异均不显著($P>0.05$)，一级枝数密度、枝长密度亦无显著差异($P>0.05$)。但二级枝情况在不同浓度间呈现出差异。嫁接后第二年，对照不抽生二级枝，而25、75、100mg·L^{-1}整形素处理下苗木偶有二级枝，但二级枝数、二级枝数密度与对照差异不显著。50mg·L^{-1}整形

素处理下，苗木二级枝数、二级枝数密度均显著高于对照，但苗木的平均二级枝数不足1个。因此，整形素虽能促进红花玉兰盆栽苗的二级枝提前抽发，但效应很低。此外，整形素喷施不影响一级枝数和一级枝数密度，可能是由于该批苗木断根移栽后第二年仍然受到缓苗影响，生长缓慢，整形素的促侧枝效应未得到体现。

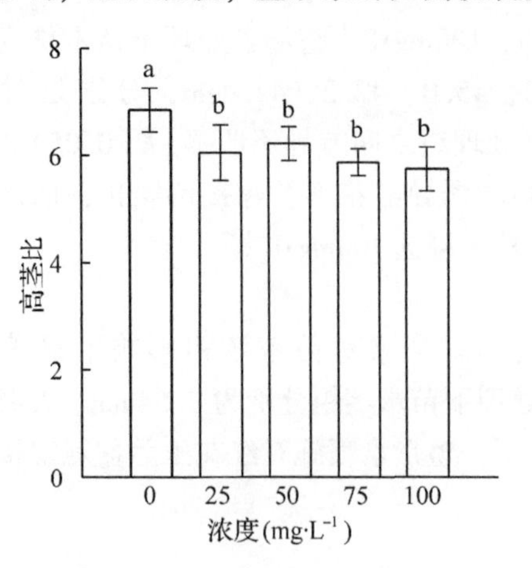

图 8.73 不同浓度的整形素对盆栽苗高茎比影响

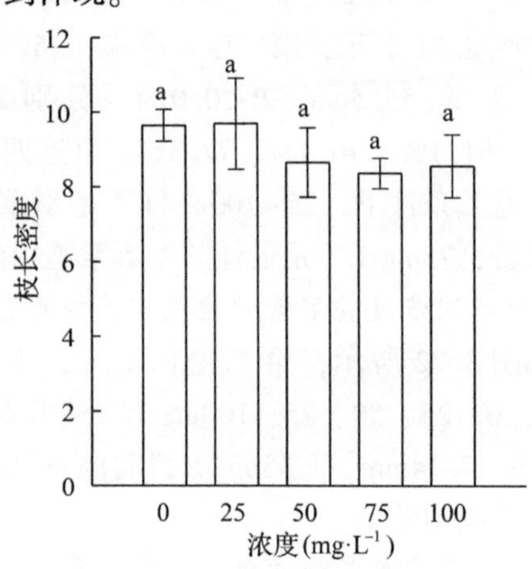

图 8.74 不同浓度的整形素对盆栽苗枝长密度影响

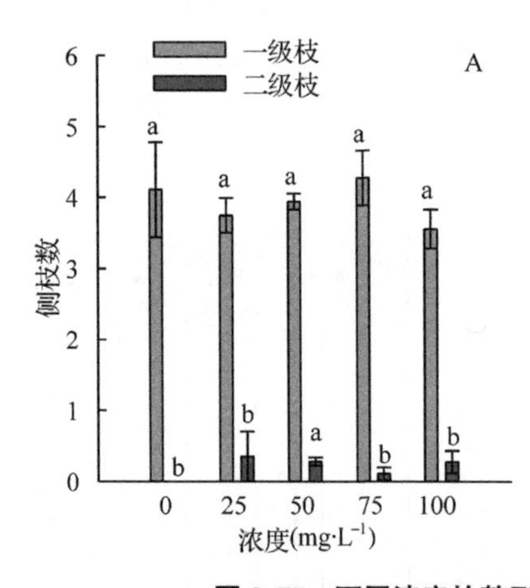

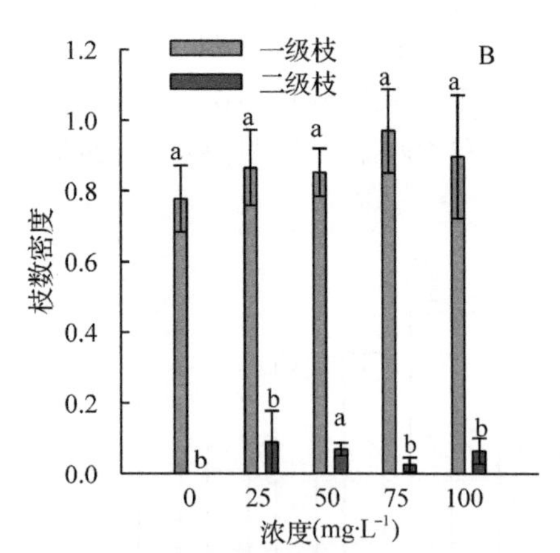

图 8.75 不同浓度的整形素对盆栽苗侧枝数量的影响

（注：二级枝数和二级枝数密度组间方差不齐，采用 Games-Howell 检验法做多重比较($P<0.05$)）

8.6.2.2 不同浓度的整形素对盆栽苗抗性生理的影响

(1)不同浓度的整形素对盆栽苗保护酶活性的影响

如图 8.76 所示，整形素喷施对盆栽苗叶片 SOD 活性有着明显的增强效应。喷药 30d 后，随着整形素浓度的升高，盆栽苗 SOD 活性逐渐升高，25、50、75、100mg·L^{-1} 处理组分别较对照(465.5U·mg^{-1})提高了 5.2%、5.0%、7.6%和 10.4%($P<0.05$)。喷药 60d 后，随着整形素浓度的升高，盆栽苗 SOD 活性先升高后降低，但 25、50、75、100mg·L^{-1} 处理组仍显著高于对照($P<0.05$)，分别较对照(540.0U·mg^{-1})提高了 10.2%、12.6%、10.9%和 7.1%。这意味着喷药 60d 后，25、50、75mg·L^{-1} 整形素对盆栽苗 SOD 酶活性的强化效

应还保持在较高水平，而 100mg·L^{-1} 整形素的强化效应却开始减弱（SOD 活性的增幅减小），可能的原因是红花玉兰盆栽苗难以长时间承受高浓度的整形素作用。

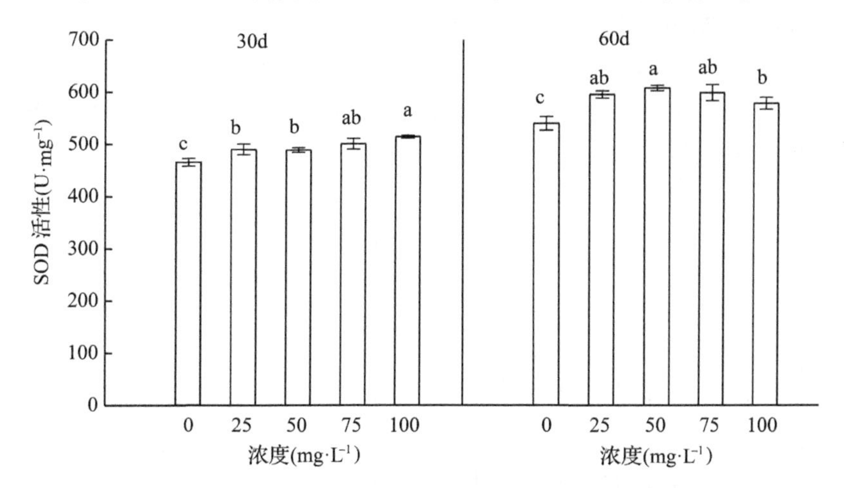

图 8.76　不同浓度的整形素对盆栽苗 SOD 活性的影响

如图 8.77 所示，整形素喷施对盆栽苗叶片 POD 活性有着明显的增强效应。喷药 30d 后，随着整形素浓度的升高，盆栽苗 POD 活性增强，与对照（1316.6U·g^{-1}·min^{-1}）相比，25、50、75、100mg·L^{-1} 处理组分别增加了 3.1%、15.9%、12.7% 和 19.3%。喷药 60d 后，随着整形素浓度的升高，盆栽苗 POD 活性增强，25、50、75、100mg·L^{-1} 处理组分别较对照（1184.7U·g^{-1}·min^{-1}）增加了 5.35%、6.9%、8.8% 和 3.5%，但增幅均比不上喷药 30d 后。

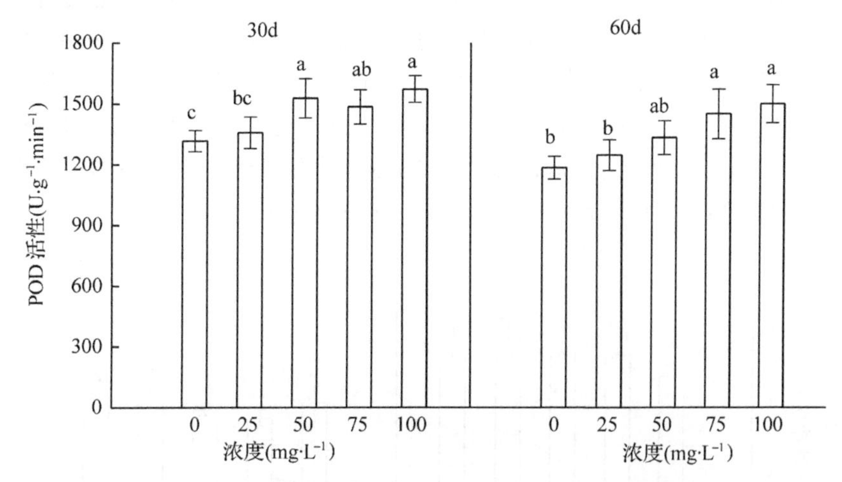

图 8.77　不同浓度的整形素对盆栽苗 POD 活性的影响

（2）不同浓度的整形素对盆栽苗 MDA 含量的影响

如图 8.78 所示，不同浓度的整形素喷施对盆栽苗叶片 MDA 含量的影响有差异，表现为：25mg·L^{-1} 和 50mg·L^{-1} 处理下，30d 后、60d 后的叶片 MDA 含量与对照均无显著差异（$P>0.05$）；75mg·L^{-1} 处理下，叶片 MDA 含量在 30d 后较对照（6.84μmol·g^{-1}）显著增加了

19.4%($P<0.05$)，60d 后恢复到对照水平(4.22μmol·g^{-1})；100mg·L^{-1} 处理下，叶片 MDA 含量在 30d 后较对照显著增加了 25.8%，60d 后增幅放缓，但仍比对照显著高出 12.0%($P<0.05$)。以上表明浓度小于 50mg·L^{-1} 的整形素喷施不会损坏红花玉兰盆栽苗叶片的膜脂结构，而 75mg·L^{-1} 整形素处理下红花玉兰盆栽苗叶片的膜脂过氧化程度在短期内加强、而后通过自身调节逐渐恢复正常，但 100mg·L^{-1} 整形素处理下苗木叶片膜系统遭到严重破坏，60d 后仍无法恢复正常。

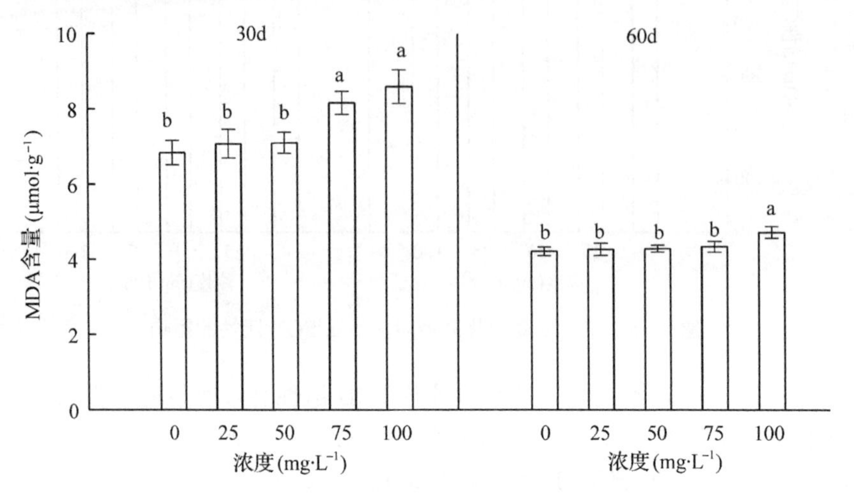

图 8.78 不同浓度的整形素对盆栽苗 MDA 含量的影响

(3)不同浓度的整形素对盆栽苗渗透调节物质含量的影响

如图 8.79 所示，25、50、75、100mg·L^{-1} 的整形素处理下，30d 后盆栽苗叶片可溶性糖含量均显著高于对照(3.29%)，分别提高了 8.8%、9.8%、16.4% 和 9.0%($P<0.05$)，但 60d 后与对照(2.92%)均不显著($P>0.05$)。这说明，整形素喷施后，红花玉兰盆栽苗在一个月内可通过主动积累可溶性糖来增强自身细胞渗透压，从而增强应对胁迫的能力，但 100mg·L^{-1} 处理组的增幅不如 50mg·L^{-1} 和 75mg·L^{-1} 处理组，表示整形素浓度过高、胁迫过强时苗木的渗透调节能力反而不如低浓度、轻度胁迫时。

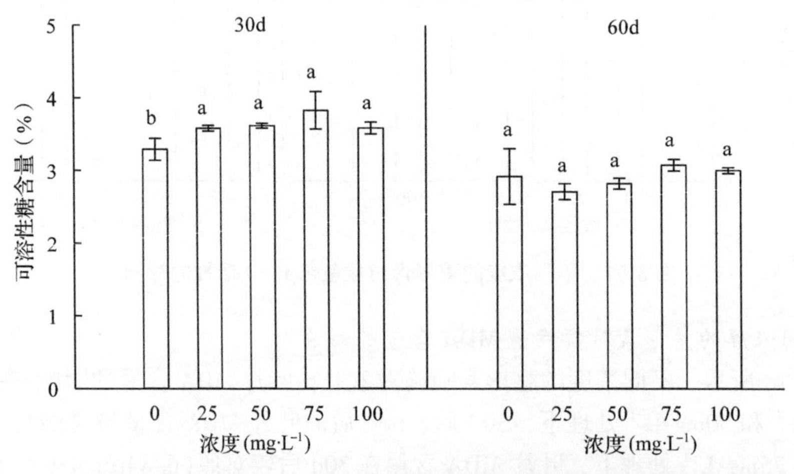

图 8.79 不同浓度的整形素对盆栽苗可溶性糖含量的影响

如图8.80所示，随着整形素浓度的升高，30d后盆栽苗叶片可溶性蛋白含量先增后降，25、50、75、100mg·L^{-1}处理组均显著高于对照(6.3mg·g^{-1})，分别为对照的2.3倍、2.1倍、1.5倍和1.3倍($P<0.05$)。60d后，25、50、75mg·L^{-1}处理组仍显著高于对照(6.48mg·g^{-1})，分别为对照的1.2倍、1.5倍和1.3倍，但最高浓度100mg·L^{-1}处理下叶片可溶性蛋白含量却比对照显著降低了39.6%($P<0.05$)。表明100mg·L^{-1}整形素对红花玉兰盆栽苗的抑制作用过强，生理胁迫过度，苗木逐渐丧失了利用可溶性蛋白调节细胞渗透压的能力、抗性明显下降。

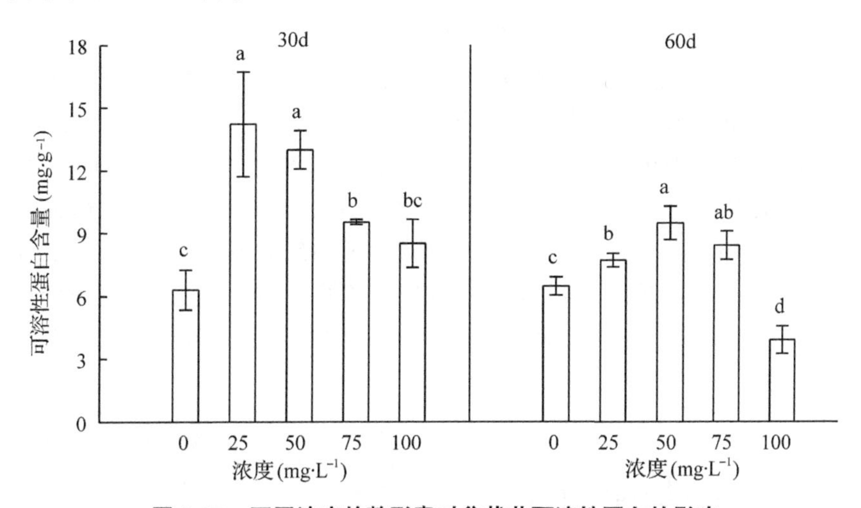

图8.80 不同浓度的整形素对盆栽苗可溶性蛋白的影响

8.6.2.3 不同浓度的整形素对盆栽苗内源激素的影响

(1)不同浓度的整形素对盆栽苗GA_3含量的影响

如图8.81所示，整形素喷施对红花玉兰盆栽苗叶片GA_3含量有明显的降低效应。30d后(图8.81A)，随着喷施浓度的升高，GA_3含量相比对照(34.32μg·g^{-1})的降幅越来越大，

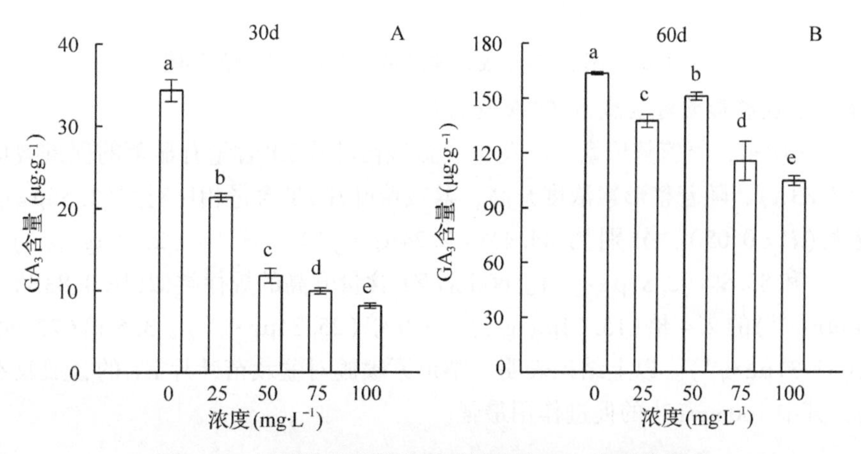

图8.81 不同浓度的整形素对盆栽苗GA_3含量的影响

分别为 37.9%（21.31μg·g⁻¹）、65.7%（11.76μg·g⁻¹）、71.2%（9.90μg·g⁻¹）和 76.5%（8.08μg·g⁻¹）。60d 后（图 8.81B），25、50、75、100mg·L⁻¹ 处理组叶片 GA_3 含量相比对照（163.68μg·g⁻¹）的降幅回缩，分别为 15.9%（137.65μg·g⁻¹）、9.7%（151.07μg·g⁻¹）、23.5%（115.50μg·g⁻¹）和 9.4%（104.69μg·g⁻¹），但 GA_3 含量水平仍然显著低于对照（$P<0.05$），表明整形素喷施后红花玉兰盆栽苗的 GA_3 合成受到明显抑制，随着作用时间的延长，这种抑制效应逐渐降低。因此，当整形素浓度为 75mg·L⁻¹ 时，30d 后和 60d 后的叶片 GA_3 含量相比对照降幅最大，对控制苗木长势最为有利。

（2）不同浓度整形素对盆栽苗 IAA 含量的影响

如图 8.82 所示，喷施整形素对红花玉兰盆栽苗叶片 IAA 含量有显著影响。与对照相比，喷药 30d 后（图 8.82A），只有最高浓度 100mg·L⁻¹ 处理的盆栽苗叶片 IAA 含量（2.17μg·g⁻¹）较对照（6.01μg·g⁻¹）显著降低（$P<0.05$），降幅为 63.9%，而 60d 后 IAA 含量随整形素浓度的升高，变化规律不一致（图 8.82B），其中 25、75、100mg·L⁻¹ 处理组（7.62μg·g⁻¹、15.54μg·g⁻¹、13.78μg·g⁻¹）分别比对照（15.87μg·g⁻¹）降低了 52.0%、2.1% 和 13.2%，而 50mg·L⁻¹ 处理组（24.19μg·g⁻¹）却升高了 52.4%。这种不规律变化的原因可能是整形素施用后第 2 个月内，盆栽苗的 IAA 与其他激素发生相互作用，从而 IAA 含量单独作用规律不明显。

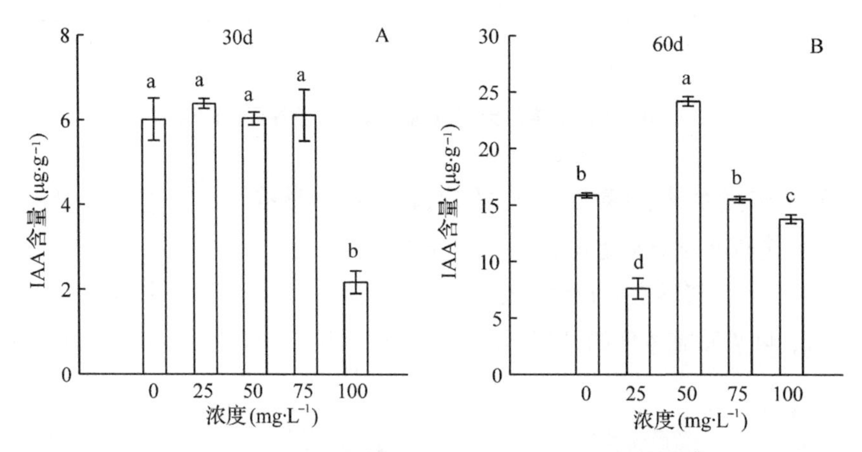

图 8.82　不同浓度的整形素对盆栽苗 IAA 含量的影响

（3）不同浓度整形素对盆栽苗 ZT 含量的影响

如图 8.83 所示，喷施整形素对红花玉兰盆栽苗叶片 ZT 含量有显著的促进效应。喷药 30d 后（图 8.83A），随着整形素浓度升高，盆栽苗叶片 ZT 含量相比对照（1.56μg·g⁻¹）的增幅越来越大（$P<0.05$），分别为 44.4%（2.24μg·g⁻¹）、48.1%（2.31μg·g⁻¹）、47.6%（2.30μg·g⁻¹）和 83.8%（2.87μg·g⁻¹）。60d 后 ZT 含量升高的规律类似（图 8.83B），分别为对照（6.46μg·g⁻¹）的 2.4 倍（15.64μg·g⁻¹）、3.9 倍（25.34μg·g⁻¹）、3.5 倍（22.44μg·g⁻¹）和 5.8 倍（37.31μg·g⁻¹）。以上结果表明，整形素喷施对盆栽苗叶片 ZT 的合成具有明显的促进作用，其中 100mg·L⁻¹ 的促进作用最强。

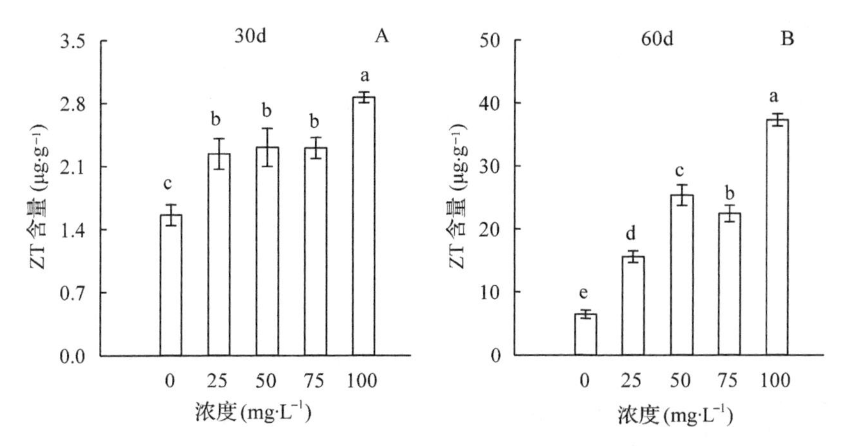

图 8.83　不同浓度的整形素对盆栽苗 ZT 含量的影响

(4)不同浓度整形素对盆栽苗 ABA 含量的影响

如图 8.84 所示，喷施整形素对红花玉兰盆栽苗叶片 ABA 含量有显著影响。喷药 30d 后(图 8.84A)，随着整形素浓度的升高，盆栽苗叶片 ABA 含量相比对照(1.21$\mu g\cdot g^{-1}$)明显降低($P<0.05$)，降幅为 40.8%(0.72$\mu g\cdot g^{-1}$)、40.8%(0.72$\mu g\cdot g^{-1}$)、44.1%(0.68$\mu g\cdot g^{-1}$)和 52.1%(0.58)。而 60d 后(图 8.84B)，50$mg\cdot L^{-1}$ 处理组的 ABA 含量(0.40$\mu g\cdot g^{-1}$)与对照(0.42$\mu g\cdot g^{-1}$)差异不显著，而 25、75、100$mg\cdot L^{-1}$ 处理组均显著升高($P<0.05$)，增幅分别为 70.9%(0.72$\mu g\cdot g^{-1}$)、44.1%(0.61$\mu g\cdot g^{-1}$)和 86.6%(0.79$\mu g\cdot g^{-1}$)。

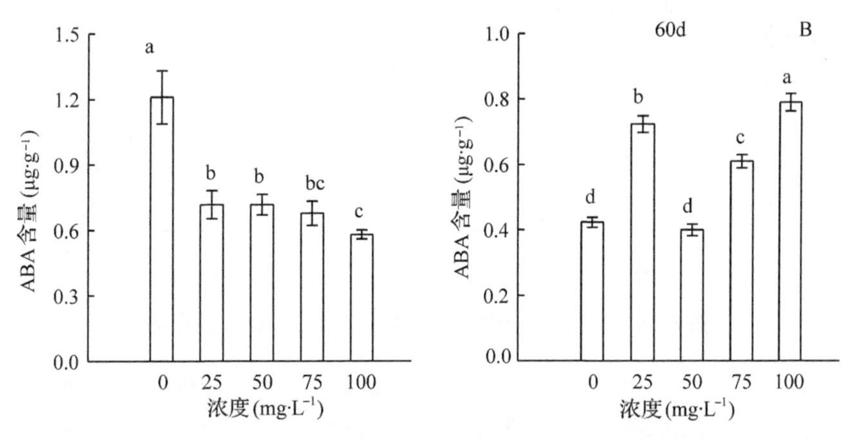

图 8.84　不同浓度的整形素对盆栽苗 ABA 含量的影响

(5)不同浓度整形素对盆栽苗内源激素含量比值的影响

图 8.85 至图 8.89 分别反映了喷施整形素 30d 后和 60d 后的红花玉兰盆栽苗叶片内源激素含量比值 GA_3/ABA、IAA/ABA、ZT/ABA、(GA_3+IAA+ZT)/ABA 及 IAA/ZT。最低浓度 25$mg\cdot L^{-1}$ 处理下盆栽苗内源激素含量比值仍处于促进生长的状态，表现为 30d 后 GA_3/ABA 与对照(28.51)差异不显著、IAA/ABA 较对照(4.99)高出 78.6%，(GA_3+IAA+ZT)/ABA 较对照(34.79)高出 20.1%。而较高浓度 50、75、100$mg\cdot L^{-1}$ 处理对盆栽苗内源激素比值的矮化调控效果明显：30d 后，其盆栽苗叶片 GA_3/ABA 分别降低了 42.1%、48.6%和 51.2%，(GA_3+IAA+ZT)/ABA 分别降低 46.3%、41.8%和 55.1%，有利于控制植株高生

长，且叶片 ZT/ABA 分别升高 141.1%、150.6% 和 164.3%，IAA/ZT 分别降低 25.9%、32.5%和 31.5%，有利于侧枝抽发、丰富树体结构；60d 后，50、75、100mg·L^{-1} 处理下叶片内源激素含量比值的矮化倾向仍在。单从激素含量比值的变化幅度来看，对红花玉兰盆栽苗矮化效果最好的整形素浓度为 100mg·L^{-1}，其次为 75mg·L^{-1}。

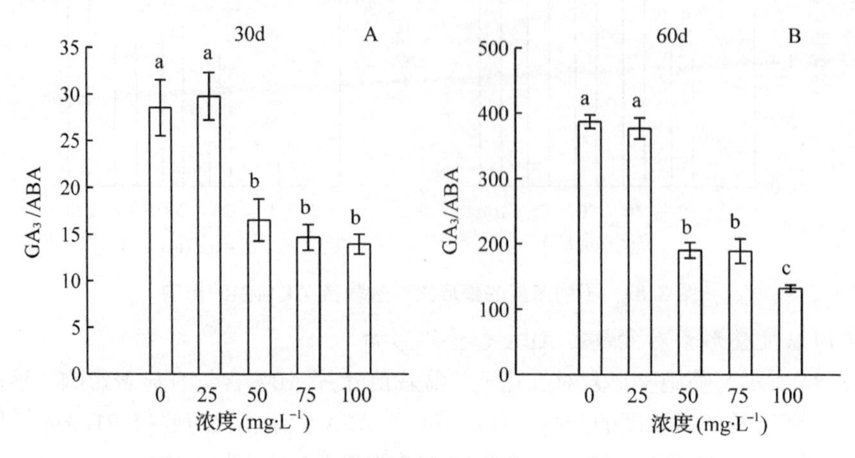

图 8.85 不同浓度的整形素对盆栽苗 GA_3/ABA 的影响

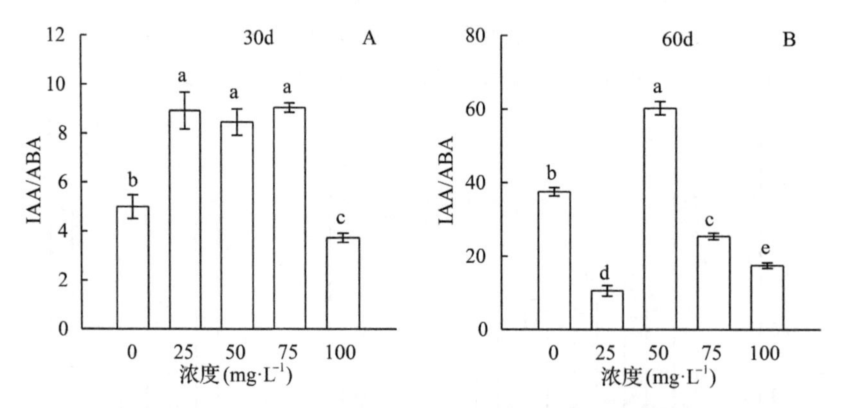

图 8.86 不同浓度的整形素对盆栽苗 IAA/ABA 的影响

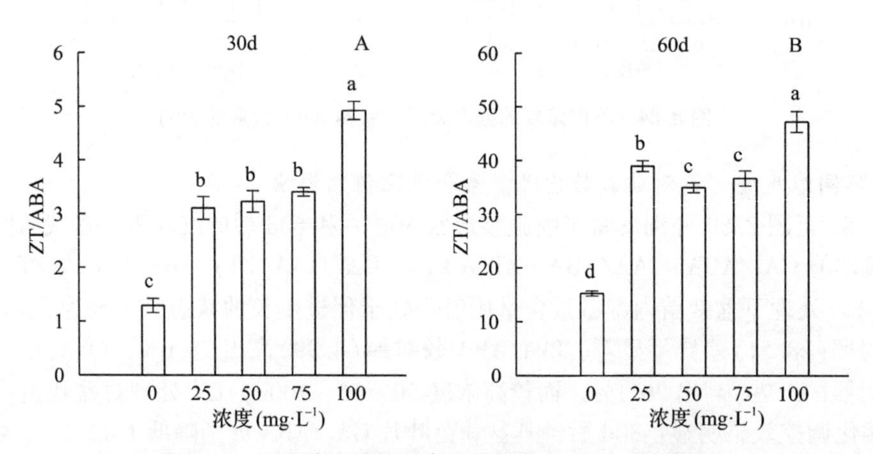

图 8.87 不同浓度的整形素对盆栽苗 ZT/ABA 的影响

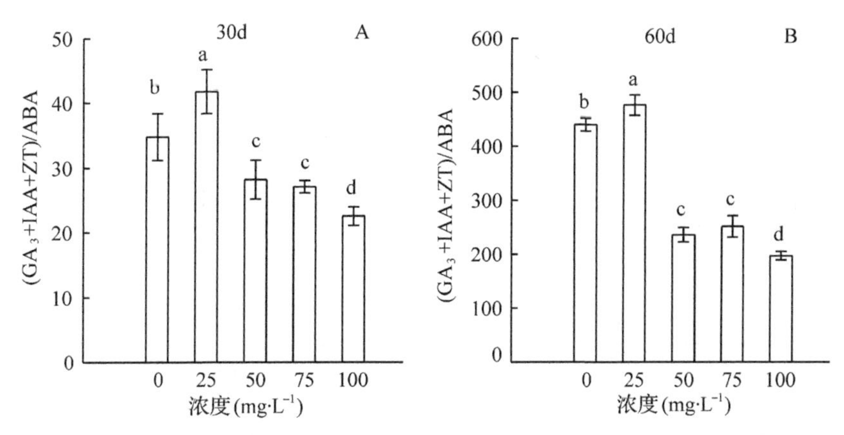

图 8.88 不同浓度的整形素对盆栽苗(GA_3+IAA+ZT)/ABA 的影响

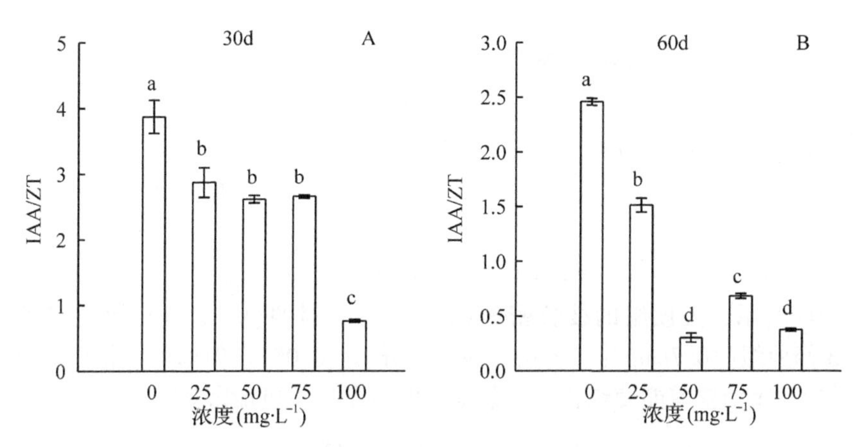

图 8.89 不同浓度的整形素对盆栽苗 IAA/ZT 的影响

8.7 修剪对红花玉兰的矮化作用

8.7.1 不同修剪方式对盆栽苗形态的影响

8.7.1.1 不同修剪方式对盆栽苗株高的影响

如图 8.90 所示，不同修剪方式对盆栽苗木株高的影响存在差异，表现为：去顶组株高为 34.3cm，相比对照(44.4cm)显著降低($P<0.05$)，降幅达 22.8%；1/3 修剪组株高 40.7cm，与对照差异不明显($P>0.05$)。这说明去顶修剪对盆栽红花玉兰苗木具有显著的降低株高效应，更有利于培育株型小巧的红花玉兰盆栽。

8.7.1.2 不同修剪方式对盆栽苗茎粗的影响

如图 8.91 所示，不同修剪方式对红花玉兰盆栽苗的茎粗影响不显著($P>0.05$)，对照、去顶组、1/3 修剪组平均茎粗分别为 7.15mm、6.31mm 和 6.95mm，表明去顶和 1/3 修剪对红花玉兰盆栽苗的粗生长既不抑制，也不促进。

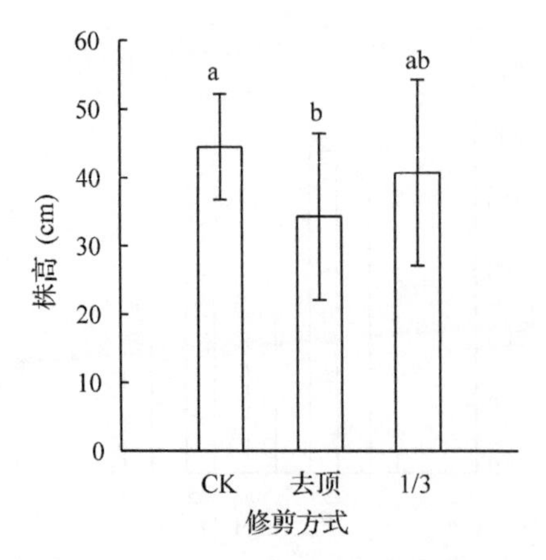

图 8.90 不同修剪方式对盆栽苗株高的影响

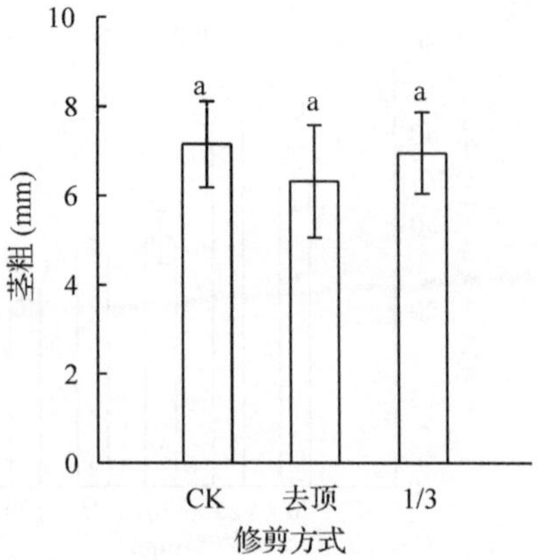

图 8.91 不同修剪方式对盆栽苗茎粗的影响

8.7.1.3 不同修剪方式对盆栽苗高茎比的影响

如图 8.92 所示，去顶组、1/3 修剪组的高茎比(5.6、5.3)与对照(6.3)相比均无显著差异(P>0.05)，但有一定的降低趋势，其盆栽苗高茎比分别为对照的 89.1% 和 85.3%，表明去顶和 1/3 修剪处理对红花玉兰盆栽苗主干的矮壮化生长有轻微的促进效应。

8.7.1.4 不同修剪方式对盆栽枝长密度的影响

如图 8.93 所示，去顶组的枝长密度(13.5cm)与对照(9.8cm)相比有显著差异(P<0.05)；1/3 修剪组(10.7cm)与二者均无显著差异(P>0.05)。但修剪组相比对照组枝长密度均有所增加，表明修剪能使红花玉兰盆栽苗的枝条生长更加密集。

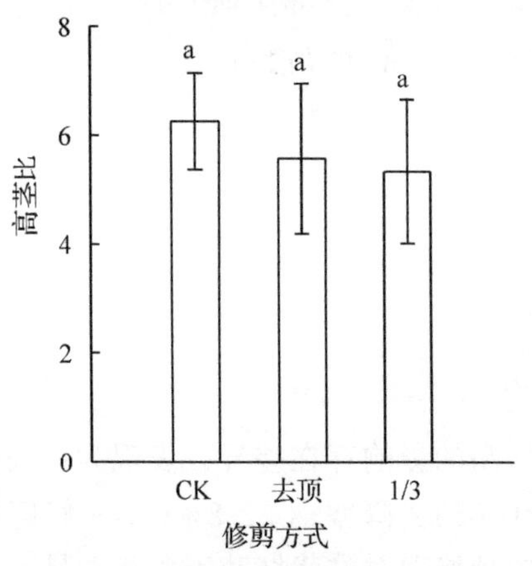

图 8.92 不同修剪方式对盆栽苗高茎比的影响

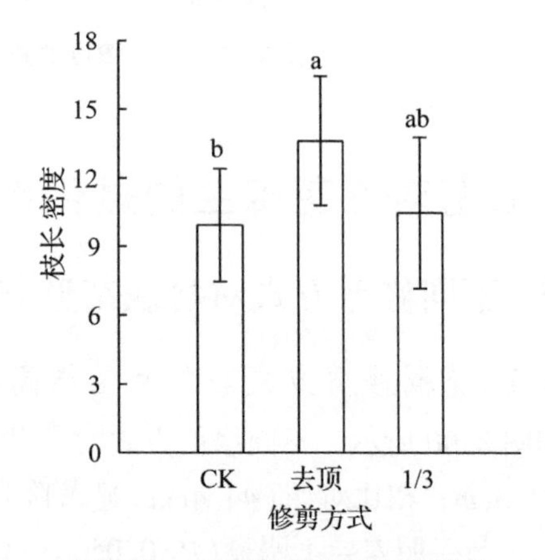

图 8.93 不同修剪方式对盆栽苗枝长密度的影响

8.7.1.5 不同修剪方式对盆栽苗侧枝的影响

如图 8.94-A 所示，一级枝数在不同修剪方式间差异不显著(P>0.05)，对照、去顶组、1/3 修剪组分别为 2.9、3.0、2.4。二级枝数的组间差异显著(P<0.05)，对照无二级枝，而去顶组和 1/3 修剪组均有少量二级枝，平均数量分别为 1.9 个和 1.6 个，说明去顶

修剪和1/3修剪都可促进苗木侧枝趋于多级化生长，从而增加苗木枝干结构的复杂程度，进而诱导冠型矮化。

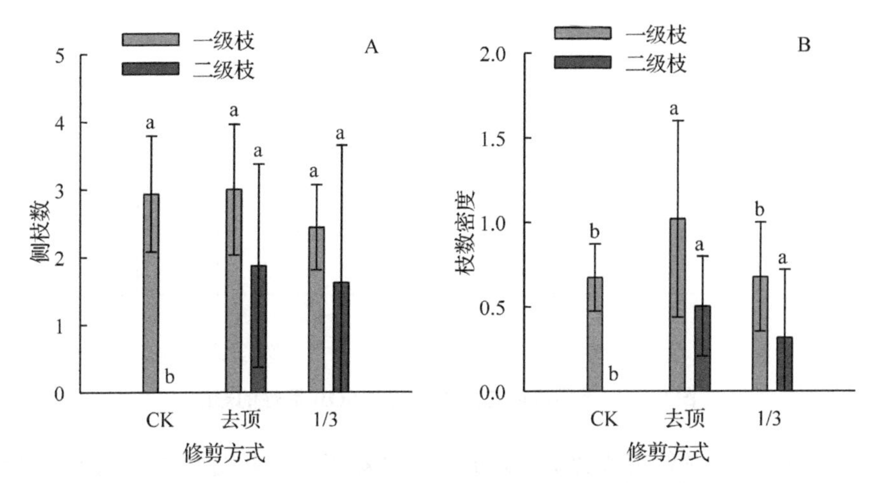

图 8.94　不同修剪方式对盆栽苗侧枝数量的影响

（注：分别对一级枝数、二级枝数、一级枝数密度、二级枝数密度在不同修剪方式间进行多重比较，显著性水平 0.05；由于二级枝数、二级枝数密度的组间方差不齐，采用 Games-Howell 检验法做多重比较，显著性水平 0.05。）

枝数密度反映了枝条在苗木主干上垂直分布的紧凑程度，枝长密度反映了苗木的枝量丰富程度。与对照相比，去顶组的一级枝数密度显著提高了 51.4%(图 8.94-B，$P<0.05$)，表明去顶修剪增大了苗木一级枝生长的紧凑程度。而去顶组的枝长密度与对照无异(图 3-45，$P<0.05$)，说明去顶修剪促进了苗木侧枝生长趋于短小、密集。1/3 修剪组的一级枝数密度、枝长密度与对照差异均不显著，表明 1/3 修剪基本不影响苗木的一级枝的紧凑程度和枝量丰富程度，对苗木的矮化冠型诱导效果不如去顶好。

8.7.2　不同修剪方式对盆栽苗抗性生理的影响

8.7.2.1　不同修剪方式对盆栽苗保护酶活性的影响

图 8.95 反映了不同修剪方式对红花玉兰盆栽苗叶片 SOD 活性的影响。去顶修剪处理下，盆栽苗 SOD 活性在 30d 后为 472.0U·mg^{-1}，比对照高出 7.3%，但差异尚不显著($P>0.05$)，60d 后(463.2U·mg^{-1})显著低于对照($P<0.05$)，降幅 14.3%。在 1/3 修剪处理下，盆栽苗 SOD 活性在 30d 后(571.3U·mg^{-1})显著高于对照($P<0.05$)，增幅 29.9%，而在 60d 后(485.9U·mg^{-1})显著低于对照，降幅 10.0%。

图 8.96 反映了不同修剪方式对红花玉兰盆栽苗叶片 POD 活性的影响。去顶修剪处理下，盆栽苗 POD 活性在 30d 后(3197.2U·g^{-1}·min^{-1})比对照显著升高了 142.8%($P<0.05$)，60d 后 POD 活性恢复正常，为 1310.1U·g^{-1}·min^{-1}，与对照差异不显著($P>0.05$)。在 1/3 修剪处理下，盆栽苗 POD 活性在 30d 后(3694.7U·g^{-1}·min^{-1})比对照显著提高了 180.6%，60d 后 POD 活性(1310.1U·g^{-1}·min^{-1})与对照差异不显著($P>0.05$)。

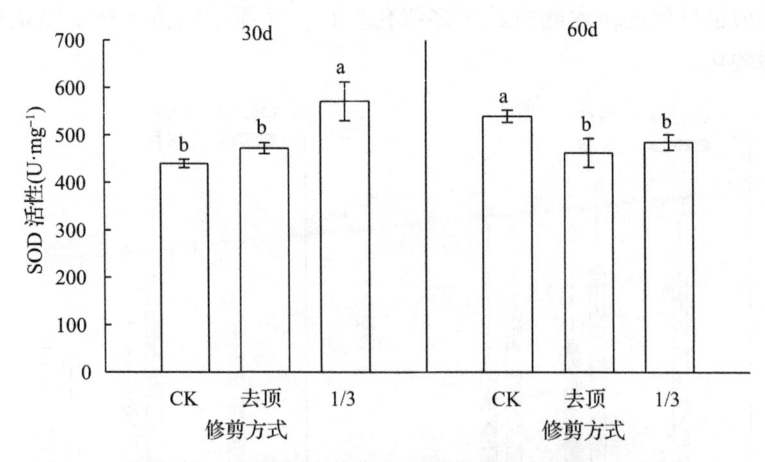

图 8.95 不同修剪方式对盆栽苗 SOD 活性的影响

以上结果表明，去顶修剪或者 1/3 修剪后，红花玉兰盆栽苗叶片的 SOD 和 POD 活性先上升后下降，表明修剪激活了盆栽苗的保护酶防御系统，植株可通过提高 SOD 和 POD 活性来应对自身的机械损伤，并且 1/3 修剪由于机械强度过大对保护酶活性的刺激作用比去顶修剪更强烈。

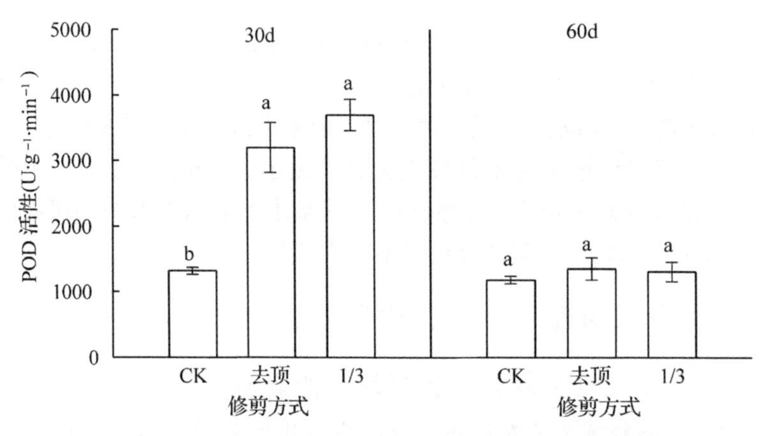

图 8.96 不同修剪方式对盆栽苗 POD 活性的影响

8.7.2.2 不同修剪方式对盆栽苗 MDA 含量的影响

图 8.97 反映了不同修剪方式对红花玉兰盆栽苗叶片 MDA 含量的影响。去顶修剪处理下，盆栽苗 MDA 含量在 30d 后(8.84μmol·g^{-1})、60d 后(3.93μmol·g^{-1})均与对照无显著差异($P>0.05$)。1/3 修剪处理下，盆栽苗 MDA 含量在 30d 后(8.23μmol·g^{-1})与对照差异不显著($P>0.05$)，但 60d 后(7.06μmol·g^{-1})显著高于对照($P<0.05$)，比对照提高了 67.2%。这说明去顶修剪不会损伤红花玉兰盆栽苗叶片，而造成机械损伤更大的 1/3 修剪会使苗木逐渐积累更多的 MDA，从而对叶片细胞膜系统结构形成损害、有碍其正常代谢活动。

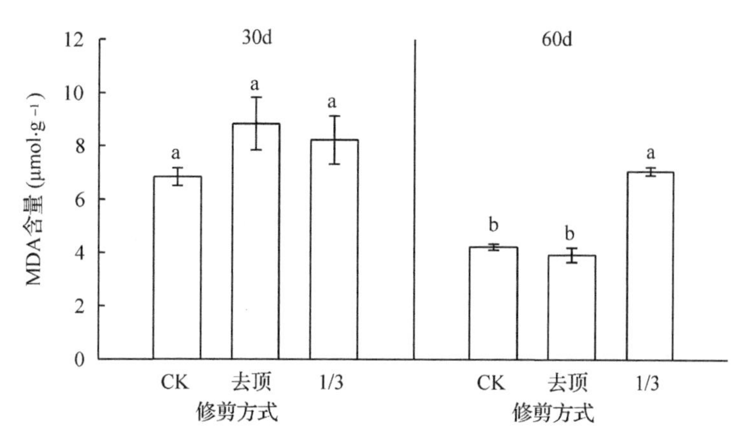

图 8.97 不同修剪方式对盆栽苗 MDA 含量的影响

8.7.2.3 不同修剪方式对盆栽苗渗透调节物质含量的影响

图 8.98 反映了不同修剪方式对红花玉兰盆栽苗叶片可溶性糖含量的影响。去顶修剪处理下，30d 后盆栽苗可溶性糖含量为 4.04%，比对照显著提高了 22.9%（$P<0.05$），到 60d 后可溶性糖含量（2.91%）与对照无显著差异（$P>0.05$）。1/3 修剪处理下，盆栽苗可溶性糖含量在 30d 后（4.44%）、60d 后（3.56%）均显著高于对照（$P<0.05$），分别比对照提高了 34.9% 和 21.8%。这说明盆栽苗可通过主动积累可溶性糖来适应修剪造成的机械伤害，并且 1/3 修剪比去顶修剪对盆栽苗的损伤更大，盆栽苗借助可溶性糖来适应胁迫的时间更久。

图 8.99 反映了不同修剪方式对红花玉兰盆栽苗叶片可溶性蛋白含量的影响。去顶修剪处理下，30d 后盆栽苗可溶性蛋白含量为 8.44mg·g^{-1}，比对照显著提高了 172.9%（$P<0.05$），而 60d 后可溶性蛋白含量（5.54mg·g^{-1}）与对照差异不显著（$P>0.05$）。1/3 修剪处理下，30d 后盆栽苗可溶性蛋白含量为 9.68mg·g^{-1}，比对照显著提高了 198.2%（$P<0.05$），到了 60d 后可溶性蛋白含量（6.04mg·g^{-1}）与对照差异不显著（$P>0.05$）。盆栽苗可通过主动积累可溶性蛋白来适应修剪造成的机械损伤，而无论是去顶修剪还是 1/3 修剪处理下，60d 后盆栽苗的可溶性蛋白含量降回至正常水平。

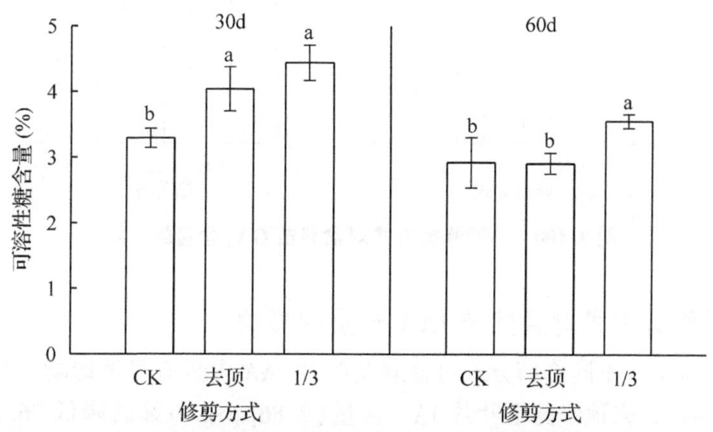

图 8.98 不同修剪方式对盆栽苗可溶性糖含量的影响

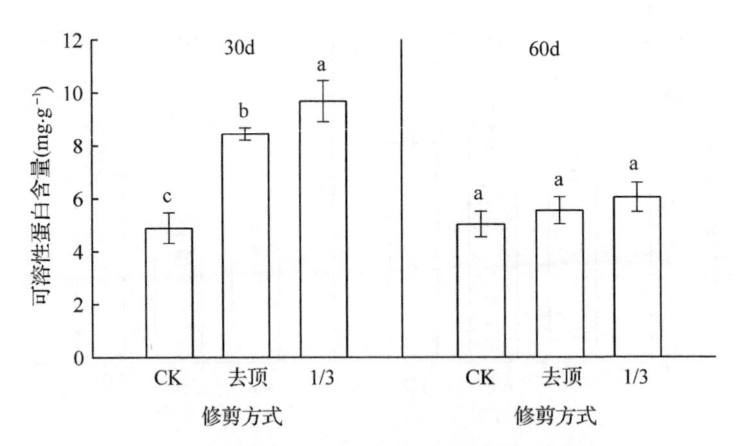

图 8.99 不同修剪方式对盆栽苗可溶性蛋白含量的影响

8.7.3 不同修剪方式对盆栽苗内源激素的影响

8.7.3.1 不同修剪方式对盆栽苗 GA_3 含量的影响

如图 8.100 所示，不同修剪方式对盆栽苗叶片 GA_3 含量有显著的抑制效应。30d 后，与对照相比，去顶修剪下叶片 GA_3 含量(41.89μg·g^{-1})显著降低了 60.1%，而 1/3 修剪处理下(36.92μg·g^{-1})显著降低 64.9%($P<0.05$)，且两种修剪方式之间差异不显著($P>0.05$)。60d 后，去顶修剪下盆栽苗 GA_3 含量(101.83μg·g^{-1})比对照显著降低 37.4%，而 1/3 修剪处理的盆栽苗 GA_3 含量(139.77μg·g^{-1})比对照显著降低 15.9%，但比去顶修剪显著高出 25.5%($P<0.05$)。因此，去顶和 1/3 修剪都可以通过抑制盆栽苗 GA_3 含量来实现控制旺长的目的，且去顶修剪对盆栽苗 GA_3 含量的降低更明显。

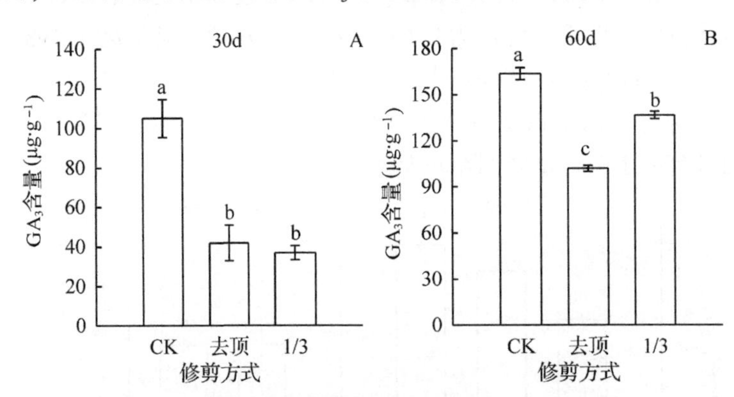

图 8.100 不同修剪方式对盆栽苗 GA_3 含量的影响

8.7.3.2 不同修剪方式对盆栽苗 IAA 含量的影响

如图 8.101 所示，不同修剪方式对盆栽苗叶片 IAA 含量有显著影响。30d 后，与对照(11.98μg·g^{-1})相比，去顶修剪下叶片 IAA 含量(2.86μg·g^{-1})显著降低 76.2%($P<0.05$)，1/3 修剪处理下(4.50μg·g^{-1})显著降低 62.4%($P<0.05$)，且两种修剪方式间差异不显著

(P>0.05)。60d 后，去顶修剪下盆栽苗 IAA 含量($10.92\mu g \cdot g^{-1}$)较对照($15.87\mu g \cdot g^{-1}$)仍然显著降低(P<0.05)，降幅为 31.9%，而 1/3 修剪处理的盆栽苗 IAA 含量($16.66\mu g \cdot g^{-1}$)已恢复并比对照高出 5.0%。这说明去顶修剪对盆栽苗的顶端优势具有更长效的抑制作用，而 1/3 修剪虽可在短期内控制盆栽苗的顶端生长优势，但由于主干迅速抽出侧枝，其顶端生长优势缓缓恢复。

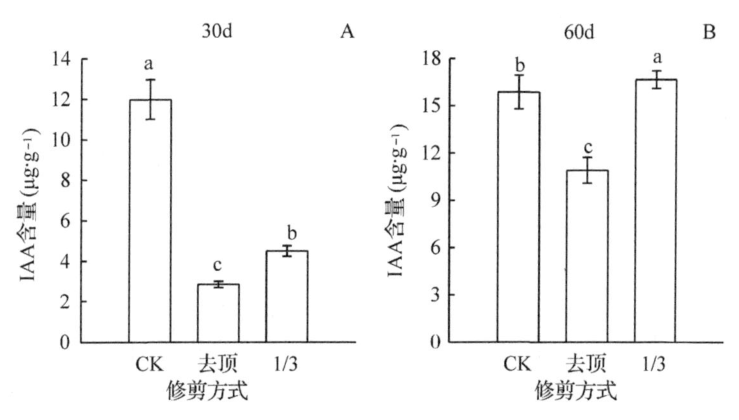

图 8.101　不同修剪方式对盆栽苗 IAA 含量的影响

8.7.3.3　不同修剪方式对盆栽苗 ZT 含量的影响

如图 8.102 所示，不同修剪方式对盆栽苗叶片 IAA 含量有显著的提升效应。30d 后，去顶修剪下叶片 ZT 含量($9.89\mu g \cdot g^{-1}$)与对照($4.72\mu g \cdot g^{-1}$)相比升高 109.3%(P<0.01)，1/3 修剪处理($10.92\mu g \cdot g^{-1}$)相比对照升高 131.3%(P<0.01)、相比去顶修剪升高 10.5%(P<0.05)。60d 后的规律类似,，去顶修剪叶片 ZT 含量($7.12\mu g \cdot g^{-1}$)与对照($5.18\mu g \cdot g^{-1}$)相比高出 37.5%(P<0.05)，1/3 修剪处理($15.22\mu g \cdot g^{-1}$)相比对照高出 193.9%(P<0.01)、相比去顶修剪高出 37.5%(P<0.01)。这说明修剪后盆栽苗的 ZT 含量明显升高，从而促进更多的侧枝抽发以弥补修剪产生的冠型残缺，并且 1/3 修剪对侧枝的促进效应比去顶修剪更强。

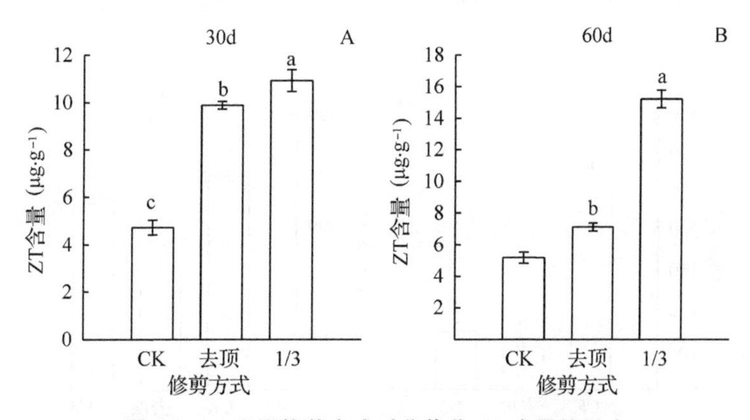

图 8.102　不同修剪方式对盆栽苗 ZT 含量的影响

8.7.3.4 不同修剪方式对盆栽苗ABA含量的影响

如图8.103所示，不同修剪方式对盆栽苗叶片ABA含量有显著的提升效应。30d后，与对照(0.38μg·g^{-1})相比，去顶修剪下叶片ABA含量(0.78μg·g^{-1})显著升高107.1%(P<0.01)，1/3修剪处理(0.51μg·g^{-1})显著升高34.5%(P<0.05)，且两种修剪方式间差异极其显著(P<0.01)，去顶相比1/3修剪高出53.9%。60d后，去顶修剪下叶片ABA含量(0.46μg·g^{-1})仍比对照(0.42μg·g^{-1})高出8.7%，而1/3修剪处理(0.39μg·g^{-1})却比对照减少7.1%(P<0.05)。可见，去顶修剪处理下盆栽苗ABA含量相比对照大幅升高，而1/3修剪处理诱发了更强烈的修剪反应，盆栽苗ABA含量逐渐降低至低于对照水平从而促进侧枝生长。

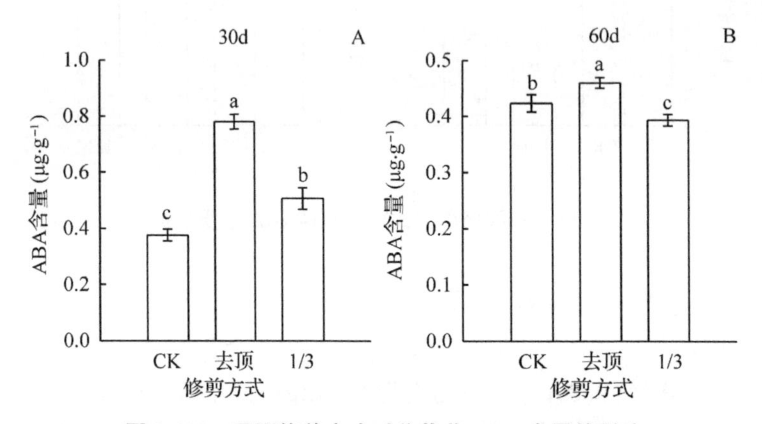

图8.103 不同修剪方式对盆栽苗ABA含量的影响

8.7.3.5 不同修剪方式对盆栽苗内源激素含量比值的影响

图8.104反映了不同修剪方式对盆栽苗叶片GA_3/ABA的影响。30d后，与对照GA_3/ABA(281.02)相比，去顶处理(53.99)显著降低80.8%，1/3修剪处理(73.45)显著降低73.9%(P<0.05)，且两种修剪方式间差异不明显(P>0.05)。60d后，修剪对GA_3/ABA的

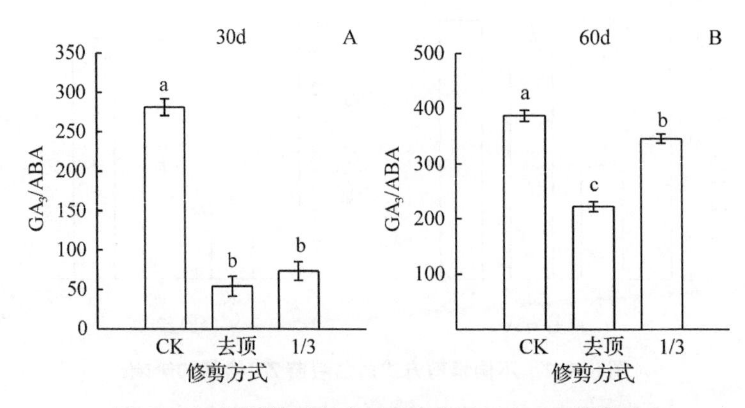

图8.104 不同修剪方式对盆栽苗GA_3/ABA的影响

抑制效应仍在，去顶修剪的盆栽苗 GA_3/ABA(222. 07)比对照(386. 9)显著降低 42. 6%，而 1/3 修剪处理(345. 53)仅比对照减小 10. 7%、比去顶修剪显著高出 35. 7%(P<0. 05)。以上结果表明，去顶修剪对盆栽苗叶片 GA_3/ABA 的降低效应比 1/3 修剪更为明显，能够比 1/3 修剪更有效地控制盆栽苗生长势。

图 8. 105 反映了不同修剪方式对盆栽苗叶片 IAA/ABA 的影响。30d 后，与对照(0. 11)相比，去顶修剪处理的 IAA/ABA(0. 07)显著降低 38. 2%(P<0. 05)，1/3 修剪处理(0. 12)与对照无异(P>0. 05)。60d 后，去顶修剪处理的 IAA/ABA(23. 82)相比对照(37. 52)仍明显降低(P<0. 01)，降幅 36. 5%，而 1/3 修剪对盆栽苗 IAA/ABA 并无抑制作用，反而比对照显著高出 12. 2%(P<0. 05)。

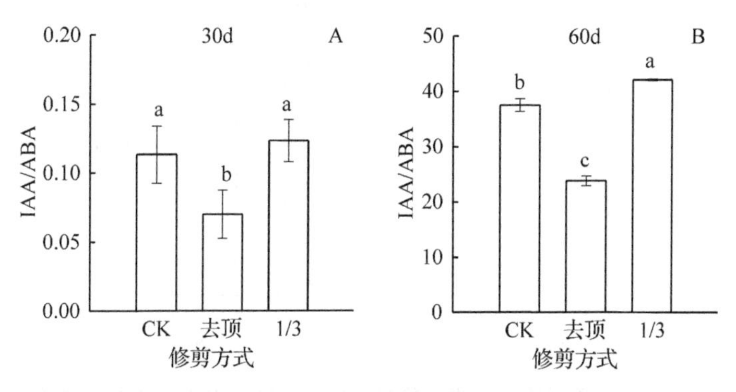

图 8. 105　不同修剪方式对盆栽苗 IAA/ABA 的影响

图 8. 106 反映了不同修剪方式对盆栽苗叶片 ZT/ABA 的影响。30d 后，去顶处理的盆栽苗 ZT/ABA(12. 71)与对照(12. 67)差异不显著(P>0. 05)，而 1/3 修剪处理的盆栽苗 ZT/ABA(21. 63)比对照显著升高了 70. 7%、能够诱发更多的侧枝(P<0. 05)。60d 后，对照 ZT/ABA 为 15. 25，而去顶修剪、1/3 修剪处理的 ZT/ABA(15. 54、38. 46)相比对照分别升高 26. 8%(P<0. 05)和 214. 0%(P<0. 01)。可见，去顶修剪和 1/3 修剪都可以提高盆栽苗的侧枝抽发能力。此外，相比去顶修剪，1/3 修剪更早地通过调节激素含量比值来促进侧枝萌发，调节幅度也更明显。

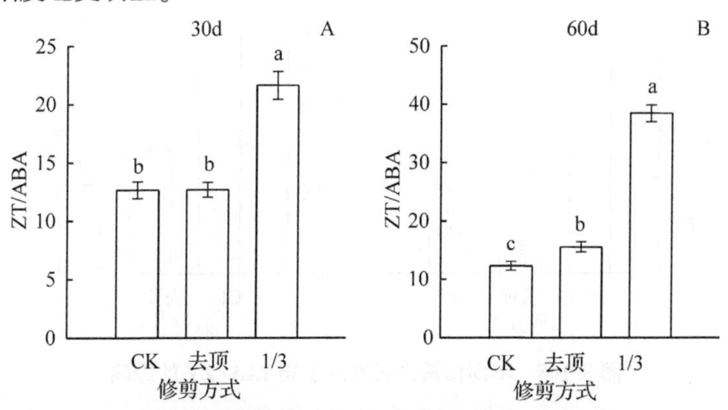

图 8. 106　不同修剪方式对盆栽苗 ZT/ABA 的影响

图 8. 107 反映了不同修剪方式对盆栽苗叶片(GA_3+IAA+ZT)/ABA 的影响。30d 后，与对照(GA_3+IAA+ZT)/ABA(325. 94)相比，去顶处理(70. 35)显著降低 78. 4%(P<0. 01)，1/3 修剪处理(104. 01)显著降低 68. 1%(P<0. 01)，且两种修剪方式间差异显著(P<0. 05)，去顶比 1/3 修剪降低 32. 3%。60d 后，修剪对(GA_3+IAA+ZT)/ABA 的抑制效应有所削弱，1/3 修剪处理(426. 08)与对照(436. 72)已无明显差异(P>0. 05)，而去顶处理(261. 43)仍比对照显著缩小 40. 1%(P<0. 01)。以上结果表明，去顶修剪对盆栽苗叶片(GA_3+IAA+ZT)/ABA 的降低效应比 1/3 修剪更为明显，生长类激素含量的占比更小，能够比 1/3 修剪更有效地控制盆栽苗生长势。

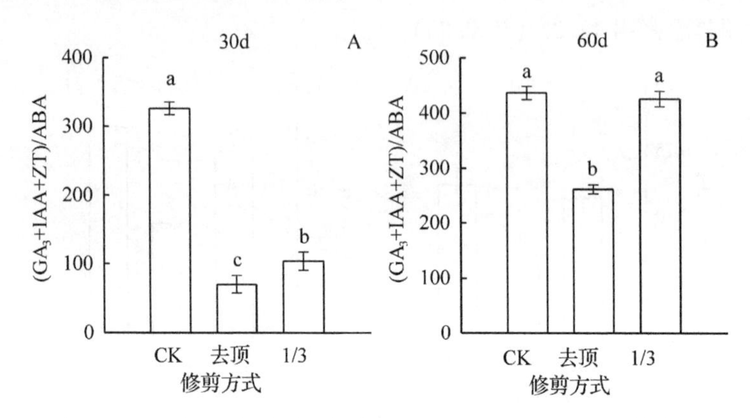

图 8. 107 不同修剪方式对盆栽苗(GA_3+IAA+ZT)/ABA 的影响

图 8. 108 反映了不同修剪方式对盆栽苗叶片 IAA/ZT 的影响。30d 后，与对照 IAA/ZT(2. 54)相比，去顶处理(0. 29)、1/3 修剪处理(0. 41)显著降低了 88. 7% 和 83. 7%(P<0. 01)，两种修剪方式间差异不显著(P>0. 05)。60d 后，与对照(3. 06)相比，去顶处理(1. 53)、1/3 修剪处理(1. 10)显著降低了 50. 0% 和 64. 2%(P<0. 01)，且去顶比 1/3 修剪处理显著高出 39. 8%(P<0. 05)。可见，1/3 修剪对 IAA/ZT 的降低效应更为明显，更有利于激发盆栽苗的侧枝抽发潜力。

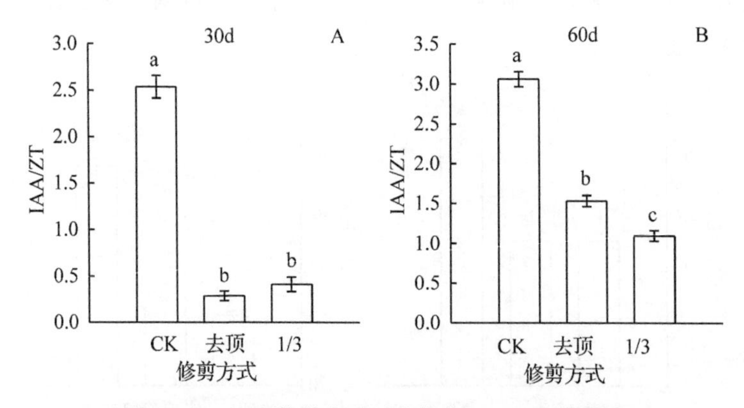

图 8. 108 不同修剪方式对盆栽苗 IAA/ZT 的影响

8.8 植物生长抑制剂与修剪结合对红花玉兰的矮化作用

8.8.1 整形素结合修剪对大田苗形态的影响

8.8.1.1 整形素结合修剪对大田苗株高的影响

如图8.109所示，四个处理中“喷药+修剪”组苗木株高最矮，为103.5cm，相比对照降低了48.9%($P<0.01$)。双因素方差分析结果显示：是否喷施整形素对株高影响显著，喷药组比对照显著降低48.1%($P<0.01$)，而“喷药+修剪”组比修剪组显著降低47.5%($P<0.01$)；是否修剪对株高无影响，对照与修剪组间、喷药组与“喷药+修剪”组间差异均不显著。以上结果表明：单独1/4修剪无法有效降低苗木株高，需配合整形素喷施进行苗木矮化；无论苗木是否经过整形素处理，第二生长季初1/4修剪对苗木高生长的抑制效应都不明显，可能的原因是修剪刺激了侧枝生长，苗木发生了侧枝替代顶梢进行顶端生长的现象。因此，从株高与对照的比较结果来看，仅喷药和“喷药+修剪”均是可取的矮化措施。

8.8.1.2 整形素结合修剪对大田苗茎粗的影响

如图8.110所示，喷药组苗木茎粗15.97mm，比对照(22.30mm)降低了28.4%，即喷施整形素后第二年末茎粗仍表现为明显缩小。双因素方差分析结果显示，是否喷施整形素对茎粗影响极显著($P<0.05$)，是否修剪对苗木茎粗影响不显著($P>0.05$)。但从数值来看，1/4修剪能够使喷药苗木茎粗增加，“喷药+修剪”组苗木茎粗(18.64mm)相比喷药组苗木提高了16.7%，这说明第二生长季初1/4修剪可在一定程度上补偿喷药苗木在第一年产生的主干细化弊端。

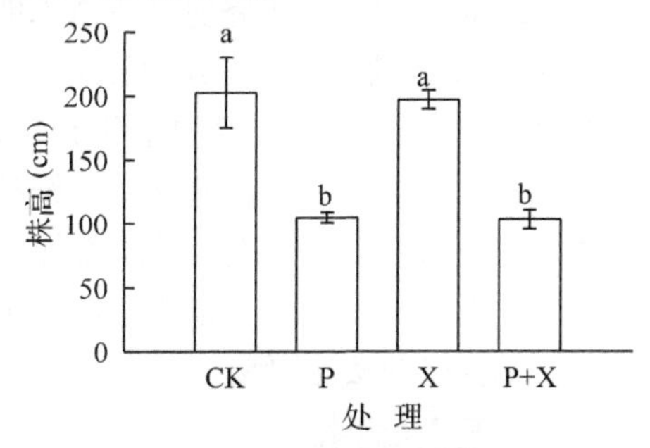

图8.109 整形素结合修剪对大田苗株高的影响

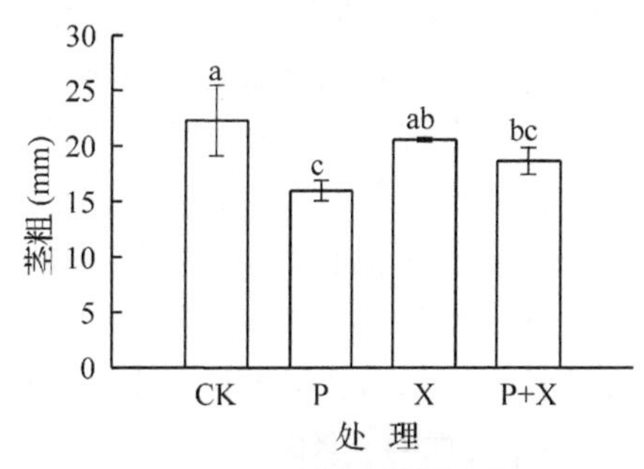

图8.110 整形素结合修剪对大田苗茎粗的影响

8.8.1.3 整形素结合修剪对大田苗高茎比的影响

如图8.111所示，苗木高茎比在不同处理间存在极显著差异($P<0.01$)，其中修剪组与对照的高茎比差异不显著($P>0.05$)，而喷药组、“喷药+修剪”组相比对照均有显著降低($P<0.01$)，降幅分别为28.6%和39.9%，表明单独1/4修剪对红花玉兰大田苗高茎比无影响，而只要在第一年喷施$200mg \cdot L^{-1}$整形素就能有效降低红花玉兰大田苗高茎比，从而使苗木主干趋于矮壮、有利于矮化栽培。

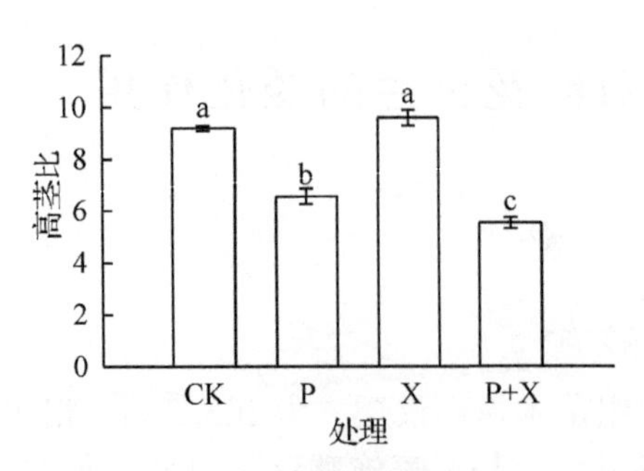

图 8.111 整形素结合修剪对大田苗高茎比的影响

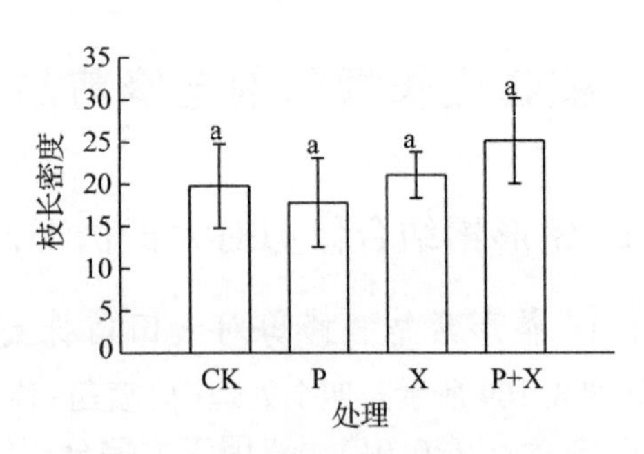

图 8.112 整形素结合修剪对大田苗枝长密度的影响

8.8.1.4 整形素结合修剪对大田苗侧枝的影响

苗木枝长密度在不同处理间差异不显著($P>0.05$，图 8.112)，而苗木一级枝数、二级枝数在不同处理间明显不等($P<0.05$，图 8.113A)。对照苗木一级枝数平均值为 13.8，而喷药组、修剪组、“修剪+喷药”组苗木一级枝数平均值分别为 7.9、5.7、9.7，分别减少了 43.0%、58.9%和 29.5%，这可能是由于喷药组、修剪组、“修剪+喷药”组苗木的主干高度降低导致主干上饱满侧芽数减少。此外，对照与喷药组苗木二级枝数平均值仅为 0.5 和 0.2，而修剪组、“修剪+喷药”组苗木二级枝数平均值却增至 4.5 和 1.6，说明对照和单独喷施 200mg·L^{-1} 整形素处理下苗木第二年极少抽发二级枝，但喷施整形素结合修剪处理能够诱发少量二级枝(1~2 个)，而单独 1/4 修剪处理的促二级枝作用最明显(2~7 个)。

如图 8.113B 所示，与对照相比，修剪组苗木一级枝数密度显著降低($P<0.01$)，降幅 56.2%，而二级枝数密度却显著升高，变为原来的 8.25 倍，说明 1/4 修剪导致苗木能够抽生的一级枝在垂直方向上分布趋于分散，数量少而侧芽较饱满，发育二级枝的能力增强。因此，从骨干枝丰富的矮化要求考虑，单独 1/4 修剪无法达到红花玉兰的矮化栽培目的。与对照相比，喷药使得苗木一级枝数密度增加了 15.4%，但未有显著性差异，二级枝数密度与对照无异($P>0.05$)，而“喷药+修剪”组苗木一级枝数密度较对照明显增加，增幅 37.8%，二级枝数密度也变为原来的 6 倍，表明第二生长季初 1/4 修剪能够明显促进喷药苗木侧枝的抽发，提高其树体枝条丰富程度、促进形成良好的矮化冠型。

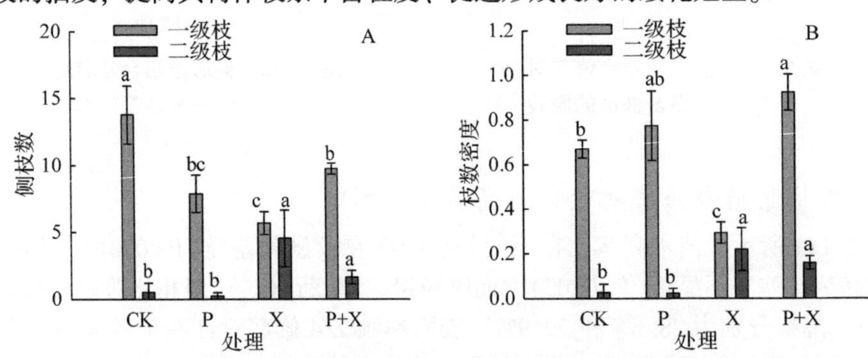

图 8.113 整形素结合修剪对大田苗侧枝数量的影响

(注：图中对一级枝数、二级枝数在不同处理间的差异分别进行了多重比较，不同小写字母间差异显著，$P<0.05$)

8.8.2 整形素结合修剪对大田苗抗性生理的影响

8.8.2.1 整形素结合修剪对大田苗保护酶活性的影响

如图8.114A所示，仅喷药、仅修剪、“喷药+修剪”对红花玉兰叶片SOD活性皆无明显效应($P>0.05$)，分别为对照的96.0%、106.9%、98.7%，表明第二生长季初1/4修剪对未喷药苗木和喷药苗木的叶片SOD活性均无明显影响。如图8.114B所示，仅喷药、仅修剪、“喷药+修剪”对红花玉兰叶片POD活性的作用不明显($P>0.05$)，分别为对照的122.4%、95.1%、134.0%。但不难看出，喷药组和“喷药+修剪”组POD活性较对照有增加趋势，表明第一年喷施200mg·L^{-1}整形素对红花玉兰苗木第二年的POD活性仍有一定的增强效应。综上所述，“喷药+修剪”处理下红花玉兰大田苗第二生长季的叶片SOD活性无影响，但叶片POD活性增幅较大，苗木抗性有所提高。

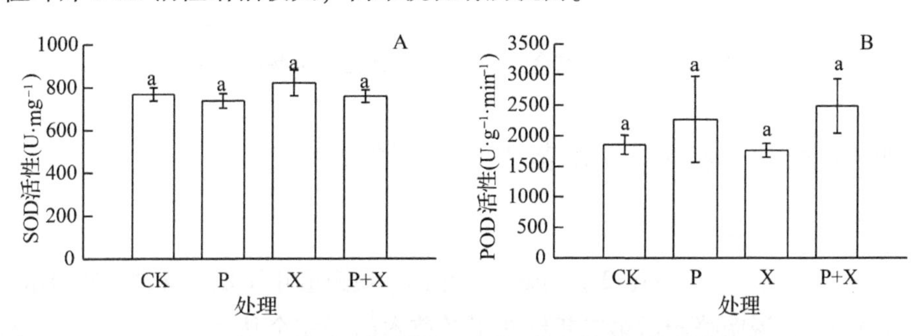

图8.114 整形素结合修剪对大田苗保护酶活性的影响

8.8.2.2 整形素结合修剪对大田苗MDA含量的影响

如图8.115所示，与对照相比，喷药组、修剪组、“喷药+修剪”组叶片MDA含量均无显著差异($P>0.05$)，分别为对照的98.9%、121.6%、103.7%。可以看出，修剪组MDA含量有增加趋势，而“喷药+修剪”组MDA含量却无增加趋势，原因是1/4修剪降低了苗木抗性，使得苗木叶片的膜脂过氧化程度增加、MDA积累增多，而喷施200mg·L^{-1}整形素能够通过提高POD酶活性以保护叶片膜结构，从而弥补1/4修剪对苗木抗性的不良影响。因此，“喷药+修剪”处理对红花玉兰大田苗第二生长季叶片的正常生理活动无不良影响。

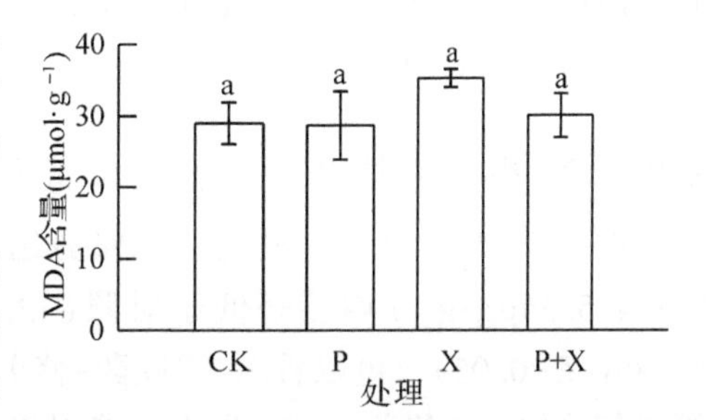

图8.115 整形素结合修剪对大田苗MDA含量的影响

8.8.2.3 整形素结合修剪对大田苗渗透调节物质含量的影响

如图8.116A所示，与对照(3.35%)相比，喷药组(3.28%)、“喷药+修剪”组(3.38%)叶片可溶性糖含量均无显著差异($P>0.05$)，修剪组可溶性糖含量(2.68%)虽与对照差别不大($P>0.05$)，但仍有一定的降低趋势，仅为对照的80.0%。如图8.116B所示，喷药组、“喷药+修剪”组叶片可溶性蛋白含量分别为对照的124.3%、135.9%，但增幅未达显著性水平($P>0.05$)，而修剪组可溶性蛋白含量较对照显著减少($P<0.05$)，仅为对照的82.6%。以上表明：单纯1/4修剪处理下红花玉兰大田苗渗透性调节物质积累减少，适应外界环境变化的能力变弱；喷药、“喷药+修剪”处理均可使红花玉兰大田苗渗透性调节物质积累增加、抗性提高，有利于矮化栽培。

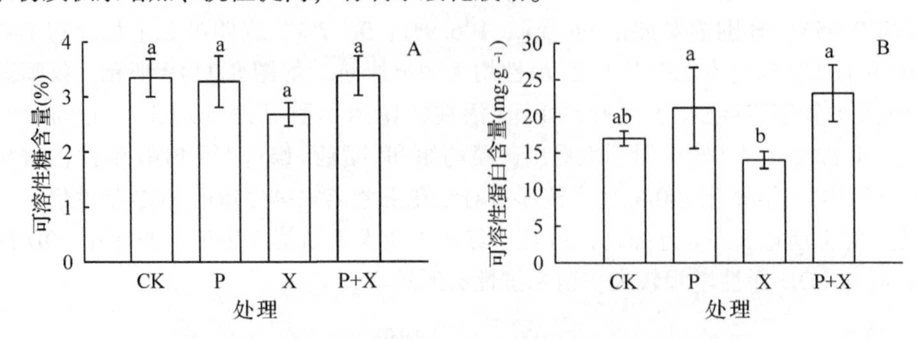

图8.116 整形素结合修剪对大田苗渗透调节物质的影响

8.8.3 整形素结合修剪对大田苗内源激素的影响

8.8.3.1 整形素结合修剪对大田苗 GA_3 含量的影响

如图8.117A所示，与对照(125.02μg·g^{-1})相比，喷药组叶片 GA_3 含量(158.04μg·g^{-1})显著增加($P<0.05$)，说明喷药后第二年红花玉兰苗木已经完全从生长抑制状态恢复并且长势旺盛。修剪对苗木叶片 GA_3 含量影响显著($P<0.05$)，表现为修剪组(95.27μg·g^{-1})、“喷药+修剪”组(80.17μg·g^{-1})显著降低至对照的76.2%和64.1%。以上结果表明，喷施过200mg·L^{-1}整形素的红花玉兰大田苗第二年长势旺盛，基于矮化考虑需对其追加矮化措施，而在喷施整形素的基础上第二年追加1/4修剪处理有利于控制苗木长势，维持整形素所诱导的矮化冠型。

8.8.3.2 整形素结合修剪对大田苗IAA含量的影响

如图8.117B所示，喷药组、修剪组、“喷药+修剪”组苗木叶片IAA含量(11.66、8.88、5.36μg·g^{-1})均显著低于对照(12.52μg·g^{-1})，分别降至对照的93.1%、70.9%、42.8%($P<0.05$)。可以看出，“喷药+修剪”组IAA含量最低，说明在喷施整形素的基础上第二年追加1/4修剪处理可以有效抑制苗木的生长势，从而保证了树体低矮。

8.8.3.3 整形素结合修剪对大田苗ZT含量的影响

如图8.117C所示，相比对照(8.48μg·g^{-1})，喷药组、修剪组、“喷药+修剪”组苗木叶片IAA含量(7.15、6.81、6.15μg·g^{-1})均显著下降($P<0.05$)，分别为对照的84.4%、80.3%和74.2%，而这三个处理组间差异不明显($P>0.05$)。可以看出，仅第一年喷药、仅第二年修剪、“喷药+修剪”处理均对红花玉兰大田苗的促进生长类内源激素ZT水平有一定降低效应。

8.8.3.4 整形素结合修剪对大田苗ABA含量的影响

如图8.117D所示，相比对照(0.48μg·g^{-1})，喷药组、修剪组、“喷药+修剪”组苗木叶片ABA含量(0.58、0.58、0.56μg·g^{-1})均显著升高($P<0.05$)，分别为对照的120.8%、120.8%和116.7%，且这三个处理组间差异不显著。可以看出，仅第一年喷药、仅第二年修剪、“喷药+修剪”处理均能够提高红花玉兰大田苗的抑制生长类内源激素ABA水平，从而使苗木表现出矮化效果。

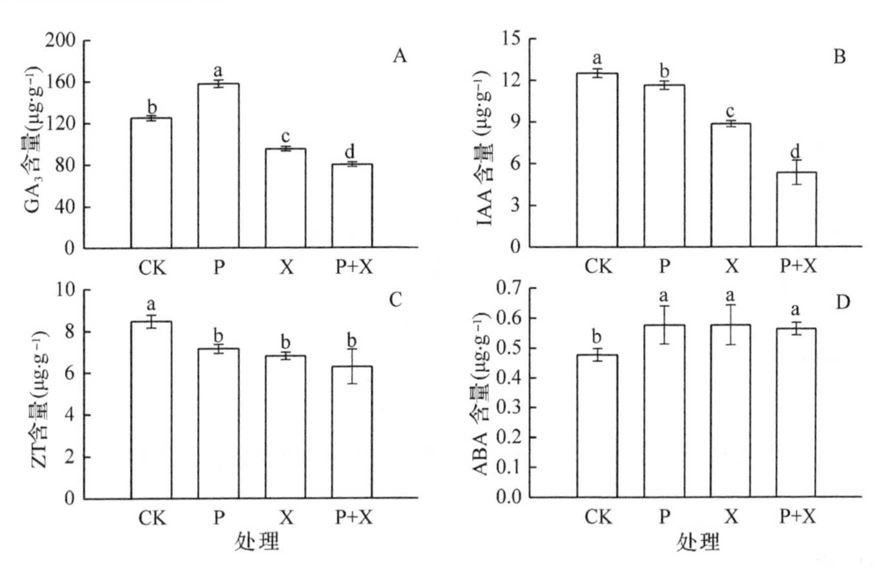

图8.117 整形素结合修剪对大田苗内源激素含量的影响

8.8.3.5 整形素结合修剪对大田苗内源激素含量比值的影响

如图8.118所示，喷药组红花玉兰叶内ZT/ABA(12.44)显著降低至对照(17.89)的69.5%，而喷药组GA_3/ABA、(GA_3+IAA+ZT)/ABA、IAA/ZT(275.48、278.22、1.68)与对照(263.77、308.07、1.48)无显著差异($P>0.05$)，表明第一生长季喷施的200mg·L^{-1}整形素在第二年失去矮化效力，苗木生长势依然比较旺盛，需在第二年对苗木追加矮化措施。相比对照，修剪组苗木叶内GA_3/ABA、ZT/ABA、(GA_3+IAA+ZT)/ABA(167.24、11.97、194.80)都明显降低($P<0.05$)，分别为对照的63.4%、66.9%、63.2%，IAA/ZT(1.31)降为对照的88.5%但差异未达显著性水平($P>0.05$)，表明第二生长季1/4修剪的确在短时间内对苗木生长表现出抑制效应，苗木顶端优势弱化，高生长被强烈抑制。但这种主干顶端抑制效应促进了侧枝的快速生长，从而导致苗木在生长季末株高与对照未表现出差异。与对照相比，“喷药+修剪”组叶内GA_3/ABA、ZT/ABA、(GA_3+IAA+ZT)/ABA、IAA/ZT明显降低($P<0.05$)，分别为对照的54.1%、62.4%、53.0%、59.4%，并且这些激素比值均为四个处理中最小值，说明“喷药+修剪”处理能够通过提高抑制生长类激素水平、降低促进生长类激素水平来控制红花玉兰大田苗的旺盛长势。

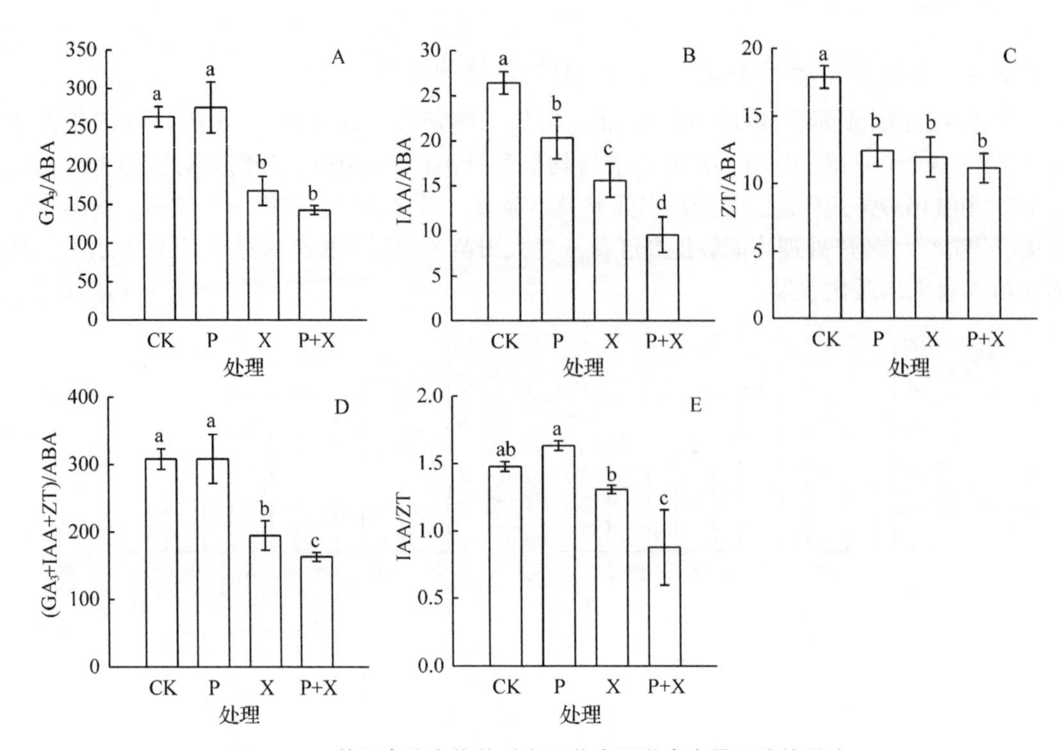

图 8.118　整形素结合修剪对大田苗内源激素含量比值的影响

8.9　小结

(1)植物生长延缓剂矮化部分试验最佳施用组合是烯效唑 1500mg·g^{-1} 施用 5 次。该试验成功使红花玉兰嫁接苗的株高变小，节间距缩小，矮化后的红花玉兰平均株高是对照的 56.94%，节间距是对照的 62.62%，接穗直径和节数相对对照也显著减少。在生理上表现为提高超氧化物歧化酶(SOD)、过氧化物酶(POD)活性，提高可溶性蛋白、可溶性糖含量，降低丙二醛(MDA)含量。植株的生长发育情况主要是受各激素的协同作用，当赤霉素(GA_3)、吲哚乙酸(IAA)、玉米素(ZT)含量越少，脱落酸(ABA)含量越多，则株高越小，矮化效果越好。

(2)烯效唑浓度补充试验结果最佳浓度是 1500mg·g^{-1}。红花玉兰的株高、接穗直径、节数、节间距虽然随着烯效唑浓度的上升而减少，但大部分无显著差异。SOD 活性、POD 活性、可溶性蛋白、MDA、可溶性糖含量均随着烯效唑浓度的上升大致呈现增加趋势。内源激素具体表现为基本上各个处理的 GA_3、IAA、ZT 含量随烯效唑浓度上升而减少，ABA 的含量随烯效唑浓度上升而增多。但根据叶片形态，当烯效唑浓度大等于 2000mg·g^{-1} 时，新生叶片畸形，出现皱缩或粘连变形等情况。

(3)截干矮化效果最好的处理是截干 1/2。对红花玉兰嫁接苗进行不同程度的截干矮化，形态部分试验结果表明截干能有效矮化红花玉兰嫁接苗，当截干 1/2 时可实现株高最矮，接穗直径最小，侧枝数量最少，该处理平均株高为 120.71cm，平均接穗直径

14.62cm，平均侧枝数量5.07枝。在生理上表现为SOD活性跟着截干程度的增强具有先增强后减弱的趋向，同时红花玉兰嫁接苗的POD活性、可溶性糖、可溶性蛋白的含量这三个生理指标则随着截干强度的增强而减少，MDA含量却是相反，随着截干强度的加强而增多，这说明植株在截干后抗性有所下降。而内源激素具体表现为基本上各个截干处理的GA_3、IAA、ZT含量降低，ABA的含量相对不截干的对照组CK而言都有所下降。

(4)延缓剂与截干结合矮化试验最佳矮化处理是将植物生长延缓剂与截干结合。植物生长延缓剂与截干结合能有效矮化红花玉兰嫁接苗，株高减少至11.95cm，是CK平均株高29.31cm的40.77%，接穗直径减少至5.10cm，是CK平均接穗直径6.27cm的81.40%，节数减少到3.9，是对照组CK平均节数6.6的59.09%，平均节间距减少到3.28cm，是对照组平均节间距4.43cm的74.21%。植物生长延缓剂与截干结合处理的SOD活性、POD活性、可溶性糖含量、可溶性蛋白含量均高于只截干的处理，MDA含量低于只截干的处理，同时除了可溶性蛋白含量其余四个生理指标比较接近对照组CK，与CK在0.05水平上差异不显著，可溶性蛋白显著高于对照组CK。植物生长延缓剂与截干结合处理的GA_3、IAA、ZT含量较对照组CK减少，ABA含量较对照组CK增多。

(5)大田条件下，喷施整形素对红花玉兰形态有着明显的矮化效应，最佳浓度是200mg·L^{-1}。喷施不同浓度的整形素后，红花玉兰苗木株高、节间距和高茎比均变小，一级枝数减少，但一级侧枝密度仅在最高浓度300mg·L^{-1}下有减小趋势。最佳浓度200mg·L^{-1}处理下，苗木第二年末茎粗(15.40mm)、株高(105.1cm)和高茎比(6.6)各降至对照的67.5%、51.9%和71.7%，一级枝数(7.9个)降至对照的57.2%，但一级枝数密度(0.77)和枝长密度(17.77cm)分别为对照的115.4%和93.3%。

大田条件下，整形素对红花玉兰高生长的抑制效应仅表现在喷施当年(200mg·L^{-1}整形素药效期4个月)，第二年可追加矮化处理，以优化红花玉兰的矮化冠型。第二年1/4修剪可明显补偿第一年整形素对苗木粗生长的缩减，提升主干健壮程度，并且促发更多侧枝。因此，利用整形素进行红花玉兰矮化栽培的优化方式是与修剪结合，即嫁接后第一年6月初喷施200mg·L^{-1}整形素、第二年6年初进行1/4修剪，可实现嫁接第二年末茎粗(18.64mm)、株高(103.5cm)、高茎比(5.5)分别为对照的83.6%、51.1%、60.1%，一级枝数(9.7个)为对照的70.7%，而一级枝数密度(0.92)和枝长密度(25.11cm)分别增至对照的137.8%和126.9%。

(6)温室盆栽条件下，喷施整形素后红花玉兰茎粗不受影响，而株高、高茎比均减小。最佳浓度75mg·L^{-1}处理下，红花玉兰茎粗7.74mm、株高42.2cm、高茎比5.9，分别为对照的102.7%、76.1%和85.1%，一级枝4.3个、一级枝数密度0.97、枝长密度8.37cm，分别是对照的104.0%、127.8%和86.8%。

(7)温室盆栽条件下，1/3修剪的红花玉兰相比去顶修剪者能更快地恢复顶端生长优势，导致对生长季末红花玉兰形态的矮化效应不明显。去顶修剪的矮化效果较好，红花玉兰茎粗6.32mm(对照的88.3%)，株高34.3cm(对照的77.2%)，高茎比5.6(对照的89.1%)，一级枝3.0个(对照的102.1%)，一级枝数密度1.02(对照的151.4%)，枝长密度13.6cm(对照的137.0%)。

参考文献

Alaoui-Sossé B, Sehmer L, Barnola P, *et al*. 1998. Effect of NaCl salinity on growth and mineral partitioning in *Quercus Robur* L., a rhythmically growing species[J]. Trees, 12(7): 424-430.

Chen W L, Koide R T, David M E. 2017. Root morphology and mycorrhizal type strongly influence root production in nutrient hot spots of mixed forests[J]. Journal of Ecology, 106(1): 148-156.

Constant S, Perewoska I, Alfonso M, *et al*. 1997. Expression of the *psbA* gene during photoinhibition and recovery in *Synechocystis* PCC 6714: inhibition and damage of transcriptional and translational machinery prevent the restoration of photosystem II activity[J]. Plant Molecular Biology, 34(1): 1-13.

Farrish K W. 1991. Spatial andtemporal fineroot distribution in three louisiana forest soils[J]. Soil Science Society of America Journal, 55(6): 1752-1757.

Faust M, Wang S Y, Line J. 1994. The possible role of indole- 3-acetic acid [J]. Amer Soc Hort Sci, 119 (6): 1215-1221.

Fischer RA. 1978. Plant product in the arid and semiarid Zones [J]. Annual Review of Plant Physiology, 29: 222-317.

Fry S C. 1982. Isodityrosine, a new cross-linking amino acid from plant cell-wall glycoprotein. [J]. Biochemical Journal, 204(2): 449-455.

Fry S C. 1984. Isodityrosine, a diphenyl ether cross-link in plant cell wall glycoprotein: Identification, assay, and chemical synthesis[J]. Methods in Enzymology, 107(4): 388-397.

Grossmann K. 1990. Plant growth retardants as tools in physiological research[J]. Physiologia Plantarum, 78 (4): 640 - 648.

Gubler F, Kalla R, Roberts J K, *et al*. 1995. Gibberellin-regulated expression of a *myb* gene in barley aleurone Cells: evidence for *Myb* transactivation of a high-pl α-amylase gene promoter[J]. Plant Cell, 7(11): 1879-1891.

Guo D, Xia M, Wei X, *et al*. 2008. Anatomical traits associated with absorption and mycorrhizal colonization are linked to root branch order in twenty-three Chinese temperate tree species[J]. New Phytologist, 180(3): 673-683.

Han Y, Liang K, Wang H M, *et al*. 2019. Contrasting root foraging strategies of two subtropical coniferous forests under an increased diversity of understory species[J]. Plant and Soil, 436(1): 427-438.

Hartley I P, Armstrong A F, Murthy R, *et al*. 2006. The dependence of respiration on photosynthetic substrate supply and temperature: integrating leaf, soil and ecosystem measurements[J]. Global Change Biology, 12 (10): 1954-1968.

Melis A. 1999. Photosystem-Ⅱ damage and repaire cycle in chloroplasts: what modulate the rate of photodamage *in vivo*[J]. Trends in Plant Seience, 4(4): 130-135.

Morgan P W, Drew M C. 1997. Ethylene and plant responses to stress[J]. Physiologia Plantarum, 100(3): 620-630.

Powles S B. 1984. Photoinhibition of photosynthesis induced by visible light[J]. Annual Review of Plant Physiolo-

gy, 35: 15-44.

Pregitzer K S, De Forest J L, Burton A J, *et al*. 2002. Fine root architecture of nine North American trees[J]. Ecological Monographs, 72(2): 293-309.

Rademacher W. 2000. Growth retardants: effects on gibberellin biosynthesis and other metabolic pathways[J]. Annual Review of Plant Physiology & Plant Molecular Biology, 51(4): 501-531.

Roux S L, Barry G H. 2010. Vegetative growth responses of citrus nursery trees to various growth retardants[J]. Horttechnology, 20(1).

Tang Z C, Kozlowski T T. 1983. Responses of *Pinus banksiana* and *Pinus resinosa* seedlings to flooding[J]. Canadian Journal of Forest Research, 13(4): 633-639.

鲍士旦. 2000. 土壤农化分析(第三版)[M]. 北京: 中国农业出版社.

毕会涛. 2008. 枣苗对移栽胁迫的生理响应与抗蒸腾剂减缓胁迫的生理基础[D]. 郑州: 河南农业大学.

陈彬彬, 郑有飞, 赵国强, 等. 2007. 河南林州植物物候变化特征及其原因分析[J]. 植物资源与环境学报, 16(1): 12-17.

陈瑞芳, 刘颖嘉, 等. 2014. 马蓝光合特性研究[J]. 福建农林大学学报(自然版), 43(3): 225-229.

陈思雨, 贾忠奎, 马履一, 等. 2018. 红花玉兰截干对矮化和生理的影响[J]. 中南林业科技大学学报, 38(10): 53-59.

陈效逑, 张福春. 2001. 近50年北京春季物候的变化及其对气候变化的响应[J]. 中国农业气象, 22(1): 1-5.

陈玉玲, 曹敏, 李云荫, 等. 2000. 干旱条件下黄腐酸对冬小麦幼苗中内源ABA和IAA水平以及SOD和POD活性的影响(简报)[J]. 植物生理学通讯, (04): 311-314.

崔骁勇, 杜占池, 王艳芬. 2000. 内蒙古半干旱草原区沙地植物群落光合特征的动态研究[J]. 植物生态学报, 24(5): 541-546.

崔叶红, 李红晓, 崔睿航, 等. 2015. ABT生根粉对两种观赏树木移栽后生长及抗寒性的影响[J]. 农业与技术, 35(13): 71-74, 79.

董海洲, 高荣岐, 尹燕枰, 等. 1998. 不同贮藏和包装条件下大葱种子生理生化特性的研究[J]. 中国农业科学, (4): 59-64.

窦俊辉, 喻树迅, 范术丽, 等. 2010. SOD与植物胁迫抗性[J]. 分子植物育种, 8(2): 359-364.

杜秀敏, 殷文璇, 等. 2003. 超氧化物歧化酶(SOD)研究进展[J]. 中国生物工程杂志, 23(1): 48-50.

段爱国, 张建国. 2009. 光合作用光响应曲线模型选择及低光强属性界定[J]. 林业科学研究, 22(6): 765-771.

范国强, 黄道发, 傅家瑞. 1996. 花生不同老化种子的蛋白质变化[J]. 华北农学报, 11(1): 133-136.

范国强, 秦文静, 刘玉礼. 1995. 花生种子人工老化过程中发芽率和蛋白质变化[J]. 河南农业大学学报, 29 (4): 337-340.

付金贤, 何贵平, 等. 2007. 南酸枣截干造林对其生长的效应研究[J]. 现代农业科技, (16): 6-7.

傅家瑞. 1991. 顽拗型种子[J]. 植物生理学通讯, 27 (6): 402-406.

甘小洪, 丁雨龙. 2006. 毛竹茎秆纤维细胞发育过程中酸性磷酸酶的动态变化[J]. 南京林业大学学报(自然科学版), 30(3): 13-18.

高俊凤. 2006. 植物生理学实验指导[M]. 北京: 世界图书出版公司.

郭宝林, 杨俊霞, 鲁韧强, 等. 2007. 遮光处理对扶芳藤生长和光合特性的影响[J]. 园艺学报, 34(4): 1033-1036.

郭尧君. 1999. 蛋白质电泳实验技术[M]. 北京: 科学出版社.

韩锦峰, 赫冬梅, 刘华山, 等. 2001. 不同植物激素处理方法对烤烟内烟碱含量的影响[J]. 中国烟草学

报，(02)：22-25.

韩小梅，申双和. 2008. 物候模型研究进展[J]. 生态学杂志，27(1)：89-95.

韩亚，于长文，刘雪峰. 2007. 京桃春季物候期与气温之间的关系[J]. 安徽农业科学，35(15)：4517-4517，4528.

贺婷. 2017. 容器类型、规格及基质配比对圆齿野鸦椿容器苗质量的影响[D]. 南昌：江西农业大学.

黄开勇. 2016. 杉木种子园衰退母树截干后的生理响应及其复壮效应[D]. 北京：中国林业科学研究院.

姜英，彭彦，等. 2010. 植物生长延缓剂对金钱树抗寒性指标的影响[J]. 草业科学，27(09)：51-56.

李春燕，徐雯，刘立伟，等. 2015. 低温条件下拔节期小麦叶片内源激素含量和抗氧化酶活性的变化[J]. 应用生态学报，26(07)：2015-2022.

李冬林，向其柏. 2004. 光照条件对浙江楠幼苗生长及光合特性的影响[J]. 南京林业大学学报(自然科学版)，28(5)：27-31.

李冬旺，张永江，刘连涛，等. 2018. 干旱胁迫对棉花冠层光合、光谱和荧光的影响[J]. 棉花学报，30(3)：242-251.

李合生. 2004. 植物生理生化实验原理和技术[M]. 北京：高等教育出版社.

李荣，周广胜，郭春明，孙守军. 2008. 1981~2005年中国东北榆树物候变化特征及模拟研究[J]. 气象与环境学报，24(5)：20-24.

李轶冰，杨顺强，任广鑫，等. 2009. 低温处理下不同禾本科牧草的生理变化及其抗寒性比较[J]. 生态学报，29(03)：1341-1347.

林鹿，傅家瑞. 1995. 花生种子贮藏蛋白质合成和积累与活力的关系[J]. 热带亚热带植物学报，4 (1)：57-60.

林艳，郭伟珍，徐振华，等. 2012. 大叶女贞抗寒性及冬季叶片丙二醛和可溶性糖含量的变化[J]. 中国农学通报，28(25)：68-72.

林正眉，冯雪莹，周晓琪. 2017. 白兰大树截干后的生长情况初报[J]. 广东园林，39(02)：71-76.

刘刚，费永俊，涂铭，等. 2015. 矮壮素和缩节胺对闽楠幼苗抗寒性的影响[J]. 湖北农业科学，54(06)：1403-1406，1444.

刘军，黄上志，傅家瑞. 1999. 不同活力玉米种子胚萌发过程中蛋白质的变化[J]. 热带亚热带植物学报，7 (1)：65-69.

刘平，杨慧，孟雪，等. 2010. 植物矮化研究进展[J]. 安徽农业科学，38(27)：15442-15443.

刘士哲，连兆煌. 1994. 蔗渣作蔬菜工厂化育苗基质的生物处理与施肥措施研究[J]. 华南农业大学学报，(03)：1-7.

刘现刚，郭素娟. 2011. 菌根化技术及其应用研究进展[J]. 林业实用技术，(02)：3-5.

路艳红. 2004. 栽培措施对北京几种常绿阔叶植物越冬适应性的影响[D]. 北京：北京林业大学.

罗正荣. 1989. 植物激素与抗寒力的关系[J]. 植物生理学通讯，(03)：1-5.

马成仓，高玉葆，王金龙，等. 2004. 小叶锦鸡儿和狭叶锦鸡的光合特性及保护酶系统比较[J]. 生态学报，24(8)：1594-1601.

马戌，王进鑫，张玉玉，等. 2021. 水肥条件对煤矸石土壤上两种牧草光合及生物量的影响[J]. 水土保持研究，28(1)：179-187.

聂磊，谢剑波，梁月明. 2003. 植物生长延缓剂提高结缕草冬季抗寒性的初步研究[J]. 草业科学，(03)：63-65.

潘瑞炽. 1984. 植物生长延缓剂的生理作用及其应用[J]. 华南师范大学学报(自然科学版)，02：121-129.

齐明聪，蒋向瞬. 1988. 苗木活力的探讨[J]. 东北林业大学学报，18(6)：18-24.

钱秀珍，伍晓明，胡琼. 1993. 贮藏时间对油菜种子生理生化形状的影响[J]. 中国油料，(3)：30-32.

任安芝，刘爽. 1999. 植物中的超氧化物歧化酶(SOD)对逆境的反应[J]. 河南科学，17 (6) ：151-152.

芮飞燕，彭祚登，马履一，等. 2007. 北京 4 个玉兰种花期物候观测及其分析[J]. 湖南林业科技，34 (2)：6-8.

沈国舫，翟明普. 2011. 森林培育学[M]. 北京：中国林业出版社.

沈作奎，艾训儒，鲁胜平，等. 2005. 紫玉兰苗木的生长规律[J]. 安徽农业科学，33(6)：1049-1050.

施玉华，马春花，宋冬梅，等. 2018. ABT 生根粉对蝴蝶兰幼苗根系发育的影响[J]. 种业导刊，(3)：22-24.

苏德矿. 1996. 概率论与数理统计[M]. 北京：高等教育出版社.

孙德智，韩晓日，彭靖，等. 2016. 外源水杨酸对 NaCl 胁迫下番茄幼苗 PSⅡ光化学效率及光能分配利用的影响[J]. 园艺学报，43(8)：1482-1492.

孙谷畴，赵平，等. 2000. 亚热带不同林地植物光合作用对空气 CO_2 浓度增高的响应[J]. 应用与环境生物学报，6(1)：1-6.

孙佳音，杨逢建，庞海河，等. 2007. 遮荫对南方红豆杉光合特性及生活史型影响[J]. 植物研究，27 (4)：439-444.

孙文全. 1988. 联苯胺比色法测定果树过氧化物酶活性的研究[J]. 果树科学，5(3)：105-108.

覃鹏，刘飞虎，梁雪妮. 2002. 超氧化物歧化酶与植物抗逆性[J]. 黑龙江农业科学，(01)：31-34.

谭绍满. 1991. 插穗生根成活的理论与技术[J]. 桉树科技，(01)：24-31.

宛敏渭，刘秀珍. 1979. 中国物候观测法[M]. 北京：科学出版社.

王海山，孙红梅. 2012. 植物生长延缓剂提高红茄抗旱性的研究[J]. 中国农学通报，28(07)：126-132.

王建华，刘鸿先，徐同. 1989. 超氧物歧化酶(SOD) 在植物逆境和衰老中的作用[J]. 植物生理学通讯，(1) ：1 - 7，9.

王金强，李思平，刘庆，等. 2020. 喷施生长调节剂缓解甘薯干旱胁迫的机理[J]. 中国农业科学，53 (3)：500-512.

王萍，杨秀莲，王春君，等. 2014. 两种植物生长延缓剂对盆栽日香桂的矮化效应[J]. 南京林业大学学报(自然科学版)，38(S1)：30-34.

王冉，何茜，丁晓纲，等. 2011. N 素指数施肥对沉香苗期光合生理特性的影响[J]. 北京林业大学学报，33(06)：58-64.

王瑞，梁坤伦，周志宇，等. 2012. 不同淹水梯度对紫穗槐的营养生长和生理响应[J]. 草业学报，21 (1)：149-155.

王文通，王伟宏，潘漫，等. 2017. 岭南盆景截干促芽技术初步研究[J]. 湖北农业科学，56(06)：1093-1095，1102.

王学奎. 2006. 植物生理生化实验原理和技术(第二版)[M]. 北京：高等教育出版社.

王引，陈方永，等. 2017. 调环酸钙对东魁杨梅生长与结果的影响研究[J]. 浙江柑橘，34(04)：36-39.

王植，刘世荣. 2007. 全球环境变化对植物物候的影响[J]. 沈阳农业大学学报(社会科学版)，9(3)：350-353.

王忠. 2000. 植物生理学[M]. 北京：中国农业出版社.

吴清，何波祥. 2014. 黎蒴叶片形态的表型多样性分析[J]. 广东林业科技，30(3)：8-13.

吴淑君，王爱国. 1990. 种子自然老化时蛋白质类型的变化[J]. 种子，(2)：8-11.

吴雅婧，刘勇，郭素娟，等. 2010. 植物性原料堆沤基质化处理及氮素释放特性[J]. 东北林业大学学报，38(10)：95-98.

吴远伟. 2008. 川西云杉天然群体表型遗传多样性研究[D]. 雅安：四川农业大学.

肖爱华，陈发菊，贾忠奎，等. 2020. 梯度洗脱高效液相色谱法测定红花玉兰中4种植物激素[J]. 分析试验室，39(03)：249-254.
谢友超，曹福亮，吕祥生. 2001. 截干对叶用银杏叶片生理生化特性及产量的影响[J]. 林业科学研究，(03)：340-344.
徐是雄，等. 1987. 种子生理的研究进展[M]. 广州：中山大学出版社.
徐雪东，张超，秦成，等. 2019. 干旱下接种根际促生细菌对苹果实生苗光合和生理生态特性的影响[J]. 应用生态学报，30(10)：3501-3508.
徐燕，张远彬，乔匀周，等. 2007. 光照强度对川西亚高山红桦幼苗光合及叶绿素荧光特性的影响[J]. 西北林学院学报，22(4)：1-4.
许大全. 1988. 光合作用效率[J]. 植物生理学通讯，(5)：1-7.
薛艳. 2014. 植物生长延缓剂对不同作物的作用及其机理研究[D]. 武汉：华中农业大学.
杨洁，胡日生，童建华，等. 2013. 打顶对烟草腋芽生长及植物激素含量的影响[J]. 烟草科技，(10)：72-75.
杨娜，王冬梅，王百田，等. 2006. 土壤含水量对紫穗槐蒸腾速率与光合速率影响研究[J]. 水土保持应用技术，(3)：1-5.
杨朴丽，徐荣，杨焱，等. 2007. 低温胁迫对诺丽幼苗叶片光合荧光特性的影响[J]. 热带作物学报，42(02)：455-464.
杨腾，马履一，段劼，等. 2014. 氮处理对文冠果幼苗光合、干物质积累和根系生长的影响[J]. 林业科学，50(06)：82-89.
杨文斌，杨茂仁. 1996. 蒸腾速率、阻力与叶内外水势和光强关系的研究[J]. 内蒙古林业科技，(3)：115-119.
杨振华. 2019. EM菌剂对设施草莓生长及生理特性的影响[J]. 贵州农业科学，47(7)：122-126.
殷东生，魏晓慧. 2018. 氮肥对风箱果幼苗形态和生理特性的影响[J]. 植物研究，38(06)：828-833.
张福春. 1995. 气候变化对中国木本植物物候的可能影响[J]. 地理学报，50(5)：402-410.
张明生，谢波，谈锋，等. 2003. 甘薯可溶性蛋白、叶绿素及ATP含量变化与品种抗旱性关系的研究[J]. 中国农业科学，(01)：13-16.
张守仁. 1999. 叶绿素荧光动力学参数的意义及讨论[J]. 植物学通报，16(4)：444-448.
张宪政. 1986. 植物叶绿素含量测定——丙酮乙醇混合液法[J]. 辽宁农业科学，(03)：26-28.
张琰. 2006. 鹅掌楸实生苗生长规律研究初报[J]. 林业实用技术，(12)：8-9.
张永霞，李国旗，张琦，等. 2007. 不同遮荫条件下罗布麻光合特性的初步研究[J]. 西北植物学报 27(12)：2555-2558.
张志良，瞿伟菁. 2003. 植物生理学实验指导[M]. 北京：高等教育出版社.
张中一. 2011. 生根剂促进榕树和小天使生根的试验[J]. 北京农业，(30)：96-97.
赵世杰，刘华山，董新纯. 1997. 植物生理实验指导[M]. 北京：中国农业出版社.
赵文明. 1995. 种子蛋白质基因工程[M]. 西安：陕西科学出版社.
甄红丽. 2012. 植物生长延缓剂对大丽花生长发育的调控作用[D]. 泰安：山东农业大学.
郑昕，孟超，姬志峰，等. 2013. 脱皮榆山西天然居群叶性状表型多样性研究[J]. 园艺学报，40(10)：1951-1960.
钟秋怡，徐霞，张震，等. 2020. 叶面喷施N-乙酰-L-半胱氨酸对机插水稻缓苗的调节效应[J]. 南京农业大学学报，43(4)：605-612.
仲磊，范俊俊，张丹丹，等. 2021. 夏季淹水胁迫对北美枫香苗木叶色及光合荧光特性的影响[J]. 南京林业大学学报(自然科学版)，45(2)：69-76.

周林，马以秀，潘勇，等. 2008. 杨树林带施肥效应及其收获量[J]. 防护林科技，05：57-58.

朱仲龙. 2012. 北京引种红花玉兰的限制因子与越冬防寒技术研究[D]. 北京：北京林业大学.

竺可桢，宛敏渭. 1999. 物候学[M]. 长沙：湖南教育出版社.

左海军，马履一，王梓，等. 2010. 苗木施肥技术及其发展趋势[J]. 世界林业研究，03：39-43.

左文博，吴静利，杨奇，等. 2010. 干旱胁迫对小麦根系活力和可溶性糖含量的影响[J]. 华北农学报，25(06)：191-193.

附录　红花玉兰苗木繁育技术规程

1　范围

本标准规定了红花玉兰播种育苗、嫁接育苗、病虫害防治、苗木出圃的主要技术指标和要求。

本标准适用于玉兰属植物自然分布区和红花玉兰已有引种栽培区播种育苗、嫁接育苗生产。

2　规范性引用文件

下列文件对于本文件的应用是必不可少的。凡是标注日期的引用文件，仅标注日期的版本适用于本文件。凡是不标注日期的引用文件，其最新版本(包括所有的修改单)适用于本文件。

GB/T 6001—1985 育苗技术规程

3　播种育苗

3.1　种实采集与处理

3.1.1　种实采集

在蓇葖果由青绿转为紫红色或黄褐色，果皮微裂露出红色种子时采收。

3.1.2　种子调制及处理

采摘后的果实放在室内阴凉处，待果皮开裂、脱出红色种子，假种皮变黑变软时置于清水中浸泡1~2d，将肿胀发白的假种皮搓洗干净摊开阴干；将新鲜河沙洗净晒干，用0.15%福尔马林或0.5%高锰酸钾溶液进行消毒；按种、沙1∶2的体积比(沙的湿度以手捏成团，松手即散为宜)均匀混合堆放于室内贮藏，或在0~5℃冷库中贮藏；堆放时先在底部铺5cm厚的消毒湿沙，再将种、沙混合物平摊在湿沙上，上覆5~8cm的消毒湿沙；贮藏期间经常翻动种子堆，保持湿度并及时挑出霉变腐坏的种子。

3.2　圃地选择与整理

3.2.1　圃地选择

3.2.1.1　苗圃地宜设在交通方便，有水源的地方。

3.2.1.2　选择地势平缓、排水良好、光照充足、地下水位在60cm以下、土层厚度大于50cm、土壤肥沃、结构疏松、透气良好的微酸性或中性砂壤土或壤土。

3.2.2　整地

秋季播种，播种前将土壤深翻，粉碎土块、清除草根等杂物；春季播种，在秋冬季进

行土壤深翻，亦可在春季播种前进行土壤深翻。其他技术参见 GB/T 6001—1985 第 3 章要求。

3.2.3　施基肥

翻耕前每亩①施 25~50kg 腐熟饼肥。其他技术参见 GB/T 6001—1985 第 4 章要求。

3.2.4　作床

在湿润多雨地区应做高床，床高 20cm，宽 1.0~1.2m，步道宽 40cm。在干旱少雨且地下水位低的地区宜做低床。

3.3　播种

3.3.1　播种时间

春播宜在 2 月下旬至 3 月中旬，最迟不超过 3 月底，北方地区可推迟至 4 月中旬以前。

3.3.2　播种量

每亩播种 10~12.5kg 种子。

3.3.3　播种方法

采用条播或撒播，条播播幅 15cm 左右，行间距为 15~25cm。

3.3.4　覆土与盖草

覆土以不见种子为宜，厚度小于 2cm。覆土后床面覆盖稻草，厚度以不见床土为宜，稻草覆盖后，浇一次透水。

3.4　苗期管理

3.4.1　揭盖

幼苗出土达到 60%~70%后，分 2~3 次选阴天或小雨天揭去盖草。

3.4.2　间苗与定苗

幼苗基本出齐后及时间苗，按 15~25cm 的株距定苗，间出过密苗，并除去弱苗、病虫苗及畸形苗，每亩保留 20000 株左右。

3.4.3　松土除草

松土除草结合施肥灌溉同时进行。其他技术参见 GB/T 6001—1985 9.3 要求。

3.4.4　遮阳

当夏季温度达到 30℃以上，气候干燥时要对红花玉兰幼苗进行遮阴，南方地区遮阳主要采用遮光率为 70%的遮阴网，搭棚架高 1.5m，9 月底气温凉爽时拆除遮阴棚架；北方依据天气情况对幼苗进行遮阴，同时应注意保持适当的湿度。

3.4.5　水肥管理

出苗期保持土壤湿润，不积水。苗木生长期间注意肥料的施入(结合除草进行)，在 5 月下旬以尿素约 5kg/亩追肥，6 月中下旬至 7 月初以尿素约 10kg/亩追肥，8 月中下旬以有机复合肥(氮磷钾 17%，有机质 30%)约 15kg/亩追肥，9 月中旬后停止施肥和灌水，以促进苗木木质化。

---

① 1 亩≈667m^2

4 嫁接育苗

4.1 砧木的选择

可选择白玉兰、望春玉兰等玉兰属植物作为嫁接砧木。通常选用无病害，高60cm以上、地径0.8cm以上的白玉兰作砧木。

4.2 接穗的采集与处理

应选取一年生生长健壮、无病虫危害、枝条节间均匀、芽眼饱满，粗度在0.7cm左右的枝条作为接穗，随采随接，不能马上嫁接的接穗，可用湿润的棉球将剪口包好密封，存放到4℃冰箱中进行保存，3d之内完成嫁接。

4.3 嫁接时间

春季和秋季均可进行嫁接，南方地区春季一般在2月中下旬至3月中旬进行嫁接，秋季一般在8月上中旬至9月中旬。

4.4 嫁接方法

嫁接一般采用腹接法。

在砧木离地8cm左右的腹部或更高的位置选平直一面切削皮层，刀要沿皮部和木质部交界处向下纵切，长度视接穗长短而定，再将削下的砧皮切短1/2或2/3，以利包扎和芽的萌发；根据砧木大小选择接穗大小，使砧木切面与接穗切面吻合；在芽的下方芽对面约0.5cm处向前斜削成30°角的削面，要求削面平滑、中下方见髓心，再在削面背面基部斜削一刀，使接穗基部成楔形，最后在芽点上方约1cm处剪断；将接穗反插入切口底部并插紧，以削面不外露，不插皱接穗、不插破砧木皮层为宜，用清洁的塑料膜捆扎，先把薄膜带折成小条，中间先扎一圈，然后向下，再向上包扎，使接穗与砧木切口密接。

4.5 嫁接后的管理

嫁接后，要及时抹除砧木发出的芽；在接穗芽生长到15~20cm时松除薄膜带；同时将砧木接口以上部分剪掉。发现接穗干枯变黑，应松除薄膜带补接。

5 病虫害防治

常见病有炭疽病、日灼病、黄化病等，虫害有蚱蝉、红蜡蚧、红蜘蛛、吹棉蚧等，发病症状及防治方法见附录。

6 苗木出圃

播种苗地径达0.6cm、苗高达50cm时，即可出圃。出圃时间为当年12月中下旬至翌年3月。起苗前3~4d将苗床浸透，起苗宜选择阴雨天气或晴天的早晚进行。起苗后及时打捆、包装、运输。

嫁接苗成活后第二年即可出圃。